全国优秀教材二等奖

"十四五"职业教育国家规划教材

"双高计划"高水平院校A档建设单位中国特色高水平专业群（A档）核心课程教材
国家精品资源共享课程"包装结构与模切版设计"主讲教材
职业教育"包装技术与设计"专业教学资源库核心课程"包装结构与模切版设计"主讲教材

包装结构与模切版设计
（第二版）

PACKAGING
STRUCTURE
& DIE-CUTTING PLATE
DESIGN
（THE SECOND EDITION）

孙 诚 **主编** ▪

孙 诚 牟信妮 魏 娜 刘士伟 尹 兴 北原聪浩 **编著** ▪
曹国荣 欧建志 **主审** ▪

U0396139

中国轻工业出版社

图书在版编目（CIP）数据

包装结构与模切版设计/孙诚主编. —2 版. —北京：中国轻工业出版社，2023.8

"十二五"职业教育国家规划教材、经全国职业教育教材审定委员会审定

ISBN 978-7-5019-9698-8

Ⅰ.①包…　Ⅱ.①孙…　Ⅲ.①包装容器 – 结构设计 – 高等职业教育 – 教材　Ⅳ.①TB482.2

中国版本图书馆 CIP 数据核字（2014）第 052073 号

责任编辑：杜宇芳

策划编辑：林 媛　杜宇芳　　责任终审：滕炎福　　封面设计：张爱鹏

版式设计：王超男　　　　　　责任校对：燕 杰　　责任监印：张京华

出版发行：中国轻工业出版社（北京东长安街 6 号，邮编：100740）

印　　刷：三河市万龙印装有限公司

经　　销：各地新华书店

版　　次：2023 年 8 月第 2 版第 6 次印刷

开　　本：787×1092　1/16　印张：25.75

字　　数：670 千字

书　　号：ISBN 978-7-5019-9698-8　　　　　　定价：58.00 元

邮购电话：010-65241695

发行电话：010-85119835　传真：85113293

网　　址：http://www.chlip.com.cn

Email：club@ chlip.com.cn

如发现图书残缺请与我社邮购联系调换

231244J2C206ZBW

前　言
（第二版）

本书第二版蒙教育部轻工职业教育教学指导委员会鼎力推荐，国家教材委员会组织评选，荣获首届"全国优秀教材二等奖"，同时入选首批"十四五"职业教育国家规划教材。

本书第二版能够入选"十二五"和"十四五"职业教育国家规划教材，得到教育部全国轻工行业职业教育教学指导委员会、全国包装行业职业教育教学指导委员会、原全国高职高专印刷与包装类专业教学指导委员会和中国轻工业出版社领导与专家的鼎力推荐。

本书第一版 2009 年 8 月作为国家示范性高职院校建设单位重点建设专业核心课程开发教材、国家精品课程和国家精品资源共享课程（专家推荐）主讲教材出版以来，得到全国许多高职院校的包装技术与设计、印刷技术、印刷图文信息处理、计算机美术设计等专业师生的普遍认可，教材使用量稳步提高，使我们倍感鼓舞。

《国家教育事业发展第十二个五年规划》明确指出，"高等职业教育重点培养产业转型升级和企业技术创新需要的发展型、复合型和创新型的技术技能人才"。从国家示范性高职院校建设计划项目要求的"高素质技能型人才培养目标"转型升级为"培养发展型、复合型和创新型的技术技能人才培养目标"，是国家经济社会发展和行业转型升级对高职教育提出的新要求，是进一步提升高职院校服务产业发展能力的新标准。

《中华人民共和国国民经济和社会发展第十二个五年规划纲要》在改造提升制造业、推进重点产业结构调整的任务里，首次提出"包装行业要加快发展先进包装装备、包装新材料和高端包装制品"。中国正在由一个包装大国迈向世界包装强国，2011 年包装行业 GDP 就已经达到 1.3 万亿人民币，世界排名仅次于美国；同年瓦楞纸板产量达 535.95 亿 m^2，超过美国成为世界第一；天津长荣印刷设备股份有限公司主打产品折叠纸盒现代化生产设备，已经能够与老牌企业瑞士 BOBST 公司并驾齐驱，成为世界两强……

第二版重印正值中国共产党第二十次全国代表大会胜利召开之际，二十大报告从"实施科教兴国战略，强化现代化建设人才支撑"的高度，对"办好人民满意的教育"做出专门部署，必须坚持科技是第一生产力、人才是第一资源、创新是第一动力，深入实施科教兴国战略、人才强国战略、创新驱动发展战略。

在新形势和新任务下，我们在包装材料、机械、结构等方面更需要代表核心竞争力的自主创新技术，所以第二版在继续坚持"教学做一体"的实践性、开放性、职业性教学模式的基础上，进一步加强专业基础知识的教学内容，把绿色环保理念、工匠精神、创新教育等基本思想融入课堂教学，提高学生的综合发展能力和创新素养。

第二版增加了绪论，通过用一张纸来设计和制作典型折叠纸盒，学生和读者第一节课就在"做中教、做中学"中体验真实的工作任务，感悟"什么是包装结构设计"，学习"怎样做包装结构设计"；在七夕节糖果包装结构设计、清明节酒类包装结构设计、中秋节月饼包装结构设计、春节年货包装结构设计等四个情境中，增加七夕节糖果塑料盒和塑料瓶包装、清明节玻璃酒瓶及瓶盖包装结构设计的任务；原来简单管式盒和盘式盒的个包装、复杂管式盒和盘式盒的多件包装、个包装＋中包装固定纸盒的系列包装、外包装纸箱等任务中增加新结构设计技巧的训练。

本教材由天津职业大学孙诚教授主编，北京印刷学院曹国荣教授、广州轻工职业技术学院欧建志教授主审。绪论由孙诚教授编写，纸包装结构部分由孙诚教授和江南大学博士、天津职业大学牟信妮教授合编，邦友盒型设计软件及打样机操作部分由牟信妮教授和北京邦友科技开发有限公司董事长北原聪浩先生合编，包装模切版制造部分由天津科技大学博士、天津职业大学魏娜教授编写，塑料容器与瓶盖结构设计部分由牟信妮教授编写，玻璃容器结构设计部分由天津科技大学博士、天津职业大学尹兴副教授编写，金属部分由河南牧业经济学院刘士伟副教授编写，课业由牟信妮教授设计，附录1和附录2由孙诚教授整理，附录3由牟信妮教授和魏娜教授设计。全书由孙诚教授和牟信妮教授统稿，在全书编写过程中得到北京邦友科技开发有限公司孙敬民、席时逸两位工程师、中粮包装（天津）有限公司范平副总工程师、江苏华宇印务有限公司李风利工程师、天津隽思印刷有限公司设计部刘庆贵经理的指导，天津科技大学硕士生谢亚、王静、孙美姣、王文鹏、徐梦、李方、高晶晶等同学参加编写辅助工作。北京邦友科技开发有限公司、天津和兴激光刀模有限公司、上海瀚诚包装器械有限公司提供了部分资料。天津职业大学张爱鹏教授为本书精心设计了封面，天津长荣印刷设备股份有限公司提供了最新型国际专利设备 MK21060SER 双机组全清废模切烫金机的照片。对于为本书编写提供帮助的专家、老师和同学在此一并表示衷心感谢！

本教材也是 2008 年国家精品课程和 2012 年国家精品资源共享课程《包装结构与模切版设计》的主讲教材（国家精品资源共享课程网址：http：//www. icourses. cn/coursestatic/course_4287. html；国家精品课程网址 http：//jpk. tjtc. edu. cn/08/3/），希望使用本教材的师生或同行访问国家课程中心网站：上传有课程整体设计、课程单元设计、教学课件、教学高清录像、模拟仿真设计等丰富的教学资源。

作者的著作权希望得到尊重，本书独创部分的引用须经同意；未经允许，不得以任何形式在其他媒体转载；广大爱好本书的网友不要上传或下载。

恳请广大读者不吝赐教！

作者
2022. 11

前　言
（第一版）

　　2005 年应广州轻工职业技术学院欧建志教授之邀，本书主编为"全国高职高专印刷与包装类专业教学指导委员会规划统编教材"编写《包装结构设计》一书，最初的编写思路是在本科普通高等教育"十五"国家级规划教材《包装结构设计》（第二版）的基础上，根据高职"理论够用，加强实践"的特点，进行"压缩饼干"式的改编。初稿完成后，适逢国家示范性高职院校建设计划项目启动，天津职业大学"包装技术与设计"专业有幸成为全国首批中央财政支持的重点建设专业之一，项目建设要求"根据高技能人才培养的实际需要，改革课程教学内容、教学方法、教学手段和评价方式，建成一大批体现岗位技能要求，促进学生操作能力培养的优质核心课程（教高［2006］14 号文件）。"显然，原作不符合这样的要求。

　　按照示范校建设要求，教材编写人员调查了解了纸包装行业企业中包装设计师、包装绘图打样工和包装模切版设计与制造操作工的职业岗位要求，在教材中精选纸、金属两种包装结构的内容，并且增添了包装计算机辅助设计实用软件和包装模切版制造技术的相关内容，教材名称更改为《包装结构与模切版设计》。新教材的开发基于包装结构设计与模切版制造的实际工作过程，以一类真实的纸包装产品为载体进行学习情境的开发，分为情人节礼品包装 – 巧克力包装纸盒设计、清明节礼品包装 – 酒类包装纸盒设计、中秋节礼品包装 – 月饼包装纸盒设计、春节礼品包装 – 纸箱包装设计四个情境，情境间具有阶梯递进关系，按照结构设计的难度依次进行简单管式盒和盘式盒的个包装、复杂管式盒和盘式盒的多件包装、个包装 + 中包装固定纸盒的系列包装、外包装纸箱结构设计技巧的训练，学生在每个学习情境完成之后，进行产品设计与制作都需经历纸盒结构构思与设计、计算机绘制结构生产图、模切版设计与制作三个环节，这三个环节是同属于纸包装企业一个工段的三个工作岗位。这样的教材设计充分体现了职业性和实践性。

　　新教材用"情境"代替"章"，用"任务"代替"节"，每个情境是一个大项目，每个任务是一个项目，大小项目都是一个完整的工作，只不过是小项目嵌套在大项目中。这样的编写方式，"工作"是完整的，技能训练是循序渐进的，而知识是分散的。完成一项"工作"即有一个成果，也就是做了一件完整的"事"。而过去的学术性的教材则恰恰相反，知识是系统的，"工作"是分散的，只有完成了整门课程的学习之后，才能去做一件完整的"事"。希望读者在使用本书时能够体会这一点。

作者建议在使用本书时"活用教材":

1. 每学完一个情境,学生需要协作完成一个课业,课业与情境紧密相连,是对情境学习过程的完整体现。教学中可以根据实际情况,改变情境的顺序,剪裁其中的内容,也可以在这四种情境之外,另外设计其他情境套入具体的教学内容;

2. 教学方法以学生为主体,有条件的可以选择实训室作为课堂,教师带领学生多种形式的"做中教,做中学":例如根据学生对学习内容掌握情况,教师采用启发、诱导、提问与讲解相结合的方法,学生采用小组讨论、代表发言、其他同学补充或邀请援兵相助,与教师教学互动;根据样品实物,以小组为单位讨论做出评价,教师点评归纳概括引出知识点;教师实例展示,引导学生归纳;教师与学生一起动手制作,在制作中寻找盒型结构的缺陷,提出优化设计的思路与方法。在多样化的学习过程中,学生的潜能得以挖掘,能力得到发挥,同时增强了表达能力、沟通能力、团队协作能力和创新精神;

3. 艺术专业、印刷图文信息处理等专业的学生可以不学习模切版制作部分与金属罐设计的内容。

本教材由孙诚教授主编,曹国荣教授、欧建志教授主审。纸包装结构部分由孙诚教授和牟信妮老师合编,邦友盒型设计软件及打样机操作部分由牟信妮老师和北京邦友科技开发有限公司董事长北原聪浩先生合编,包装模切版制作部分由魏娜老师编写,金属部分由郑州牧业工程高等专科学校刘士伟副教授编写,课业由牟信妮老师设计,附录1和附录2由孙诚教授整理,附录3由牟信妮老师和魏娜老师设计。全书由孙诚教授和牟信妮老师统稿,在全书编写过程中孙敬民、席时逸、孟唯娟、王锐、王丽娟等同志参加大量编写辅助工作。北京邦友科技开发有限公司、天津和兴激光刀模有限公司、上海瀚诚包装器械有限公司提供了部分资料。张爱鹏老师为本书精心设计了封面。对于为本书编写提供帮助的所有人士在此一并致谢!

本教材是2008年国家精品课程《包装结构与模切版设计》的主讲教材,希望使用本教材的师生或同行访问天津职业大学国家精品课程网站:http://www3.tjtc.edu.cn/cping2008/3/网站上有课程整体设计、课程单元设计、教学课件、教学录像、模拟仿真设计等丰富的教学资源。本书独创部分未经作者允许,不得以任何形式在其他媒体转载。希望广大爱好本书的网友也不要上传或下载。

请广大读者不吝赐教!

作者

目　录

绪论　一张纸学结构

一、一张纸做纸盒

你是一位学生，或者是一位入职新人，使用过许许多多的包装，但从未设计过包装，也不知道什么是结构设计。那么，就让我们用一张纸板来"做"入门的第一个纸盒吧，通过"做"来理解什么是"包装结构"，什么是"包装结构设计"。

用一张白纸板做一个漂亮的纸盒当然好了，可是对于初学结构的我们未免有点浪费。所以，建议用一张用过的 A4 废纸来代替白纸板，只要它平整无皱痕就行，至于已经打印上的字就把它看做是纸盒上的装潢好了。

如图 0 - 1（a），把这张 A4 纸垂直放置在桌面，无论如何也立不起来，因为平页纸板承压力较小 ［图 0 - 1（b）］，而一旦对纸张进行适当折叠后，承压力就会很大 ［图 0 - 1（c）］。

下面把这张纸通过裁切、折叠、粘合等工序，当然还需要计算，做成图 0 - 1（d）所示的折叠纸盒：

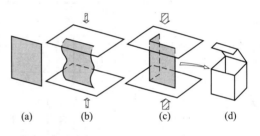

图 0 - 1　折叠压痕线的作用
（a）无痕单片纸　（b）无痕单片纸承压
（c）压痕纸承压　（d）压痕成型纸盒

① 首先制作盒框，把纸张横放，在左侧 10mm 左右（制造商接头位置）处，纵向折叠压痕。剩余部分，纵向两次对折，折出 3 条压痕。这样纵向一共 4 条压痕 ［图 0 - 2（a）］，每两条压痕之间就是盒板。

② 如果把纸张左侧的接头与右侧的盒板粘合，撑开盒身，就形成一个盒框 ［图 0 - 2（b）］，当然，仅有盒框还不能包装内装物，还需要在盒框上设计制作盒盖和盒底。

③ 在纸张横向距上下两端各 10mm 左右（盖或底插入襟片位置）处进行折叠压痕 ［图 0 - 2（c）］。

④ 用直尺量取纵向第 2 条至第 3 条折叠压痕线间的距离 B，用这个数值确定中间两条横向折叠压痕线的位置，即中间两条横向折线与两端横向折线的距离也等于 B ［图 0 - 2（d）］。

⑤ 按图 0 - 2（e）所示黑实线用美工刀裁出纸盒盒坯轮廓，注意在裁下的纸片上标注箭头并保留待用 ［图 0 - 2（f）］。

⑥ 按图 0 - 2（g）所示黑实线用美工刀裁出纸盒盒盖盒底。

⑦ 按图 0 - 2（h）所示用美工刀裁出纸盒防尘襟片，注意防尘襟片的宽度尺寸等于盖（底）板尺寸与盖（底）插入襟片尺寸之和的 1/2，即 $(B + T)/2$；为方便在平板状态下粘合制造商接头和在立体状态下封盖盒盖（底），粘合襟片、防尘襟片和盖（底）插入襟片需切出 15°斜角。

⑧ 粘合制造商接头，再依次折叠盒防尘襟片、盖和底插入襟片就完成图 0－1（d）所示的折叠纸盒，这款纸盒是我们最常见到的包装纸盒，也是世界各国使用最多的包装纸盒，被称为"开天辟地第一盒"。

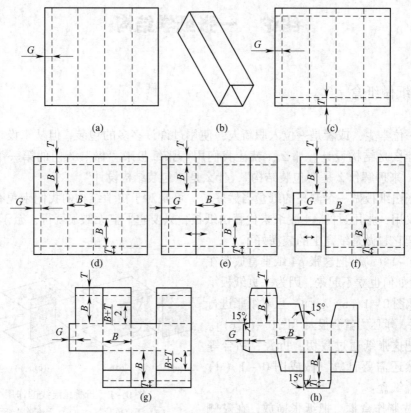

图 0－2　用一张纸学做纸盒

（a）纵向压痕线折叠　（b）形成盒框　（c）、（d）横向压痕线折叠　（e）前、后板裁切线绘制　（f）裁切
（g）盒盖、盒底、防尘襟片裁切线绘制　（h）襟片斜角裁切　G—粘合接头尺寸　B—盒板尺寸　T—插入襟片尺寸

把前面保留标注箭头的纸片洒水润湿，纸片便呈卷曲状［图 0－3（a）］，与卷曲轴向平行的方向即是纸板纹向。纸板纹向对纸盒的结构设计很重要，因为在纸盒的加工及印刷过程中，纸板纵向产生延伸，横向产生收缩，如果在设计中考虑不当，用错了纸板方向，则有可能发生盒壁翘曲、粘合不牢、放置不稳等缺陷，影响在自动包装生产线上的平稳运行及包装外观［图 0－3（b）］。

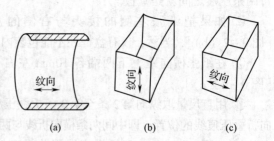

图 0－3　纸板纹向
（a）纸片润湿卷曲　（b）纹向错误　（c）纹向正确

纸板纹向指纸板纵向即机械方向（M. D.），它就是纸板在抄造过程中沿造纸机的运动方向，与之垂直的是纸板横向（C. D.），在纸板生产过程中的工艺原因使纸板纤维组织在纵横向产生了差异。

纸板纹向除了上例可以用水润湿纸板，使其发生卷曲，判断卷曲轴向平行的方向外，还可以通过目视观察纸质中纤维的排列方向进行判定。

《GB/T 450—2008　纸和纸板　试样的采取及试样纵横向、正反面的测定》同时规定了纸板纹向的其他两种测定方法，可参考。

一般情况下纸板纹向应垂直于折叠纸盒的主要压痕线。所谓主要压痕线，就是在折叠纸盒的长、宽、高中，数目最多的那组压痕线。具体地说，对于我们设计制作的管式折叠纸盒，纸板纹向应垂直于纸盒高度方向［图 0 - 3 （c）］，你做对了吗？

二、一个纸盒里的结构

我们做的第一个包装折叠纸盒名为反插式折叠纸盒，详细的结构设计图如图 0 - 4 所示，图中表示了组成反插式纸盒的各部分结构及结构名称。包括：① 组成反插式纸盒的六面体盒板结构：盖板、底板、前板、后板和两个端板；② 接合盒体板的结构部分是粘合接头；③ 封合盒盖（底）的结构：盖（底）插入襟片、防尘襟片；④ 纸盒及各部分结构的制造尺寸：长度、宽度、高度、角度等；⑤ 正确的纸板纹向。

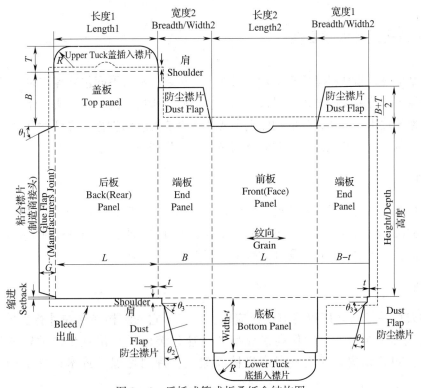

图 0 - 4　反插式管式折叠纸盒结构图

θ_1—粘合襟片斜角，10 ~ 15°　θ_2—防尘襟片辅助斜角，15°　θ_3—防尘襟片主要斜角，45°　t—纸板厚度
R—襟片圆弧半径　B—盖板长度　T—插入襟片宽度　G—粘合襟片宽度

反插指的是它的盒盖和盒底在封盖时，插入纸盒盒体的方向是相反的，也就是盒盖和盒体连接在不同的盒身体板上，为什么这样设计呢？为什么纸盒防尘襟片的尺寸是（B + T）/2？每四个同学为一组，把做的纸盒按照图 0 - 5 拼一下，再去参观制造模切版的工

艺过程，就一目了然了。

在制做纸盒的过程中我们能感悟到包装结构和包装结构设计的作用了吧！

"结构"中的"结"是结合的意思，"构"是构造的意思，世界上的"事"、"物"都存在结构，包装也不例外。我们设计制作的折叠纸盒盒

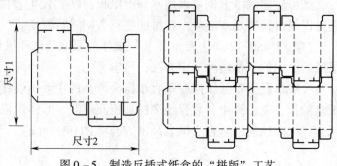

图0-5 制造反插式纸盒的"拼版"工艺

盖与盒体、盒底与盒体等各部的配合关系，就是包装结构。包装结构指包装设计产品的各个组成部分之间相互联系相互作用的技术方式。这些方式可以是连接、配合、排列、布置等，不仅包括包装体各部分之间的关系，还包括包装体与内装物之间的作用关系，内包装（如纸盒）与外包装（如纸箱）的配合关系以及包装系统与外界环境之间的关系。

我们学习研究的包装结构主要指包装容器结构。

三、包装结构设计的重要性

包装结构设计指从科学原理出发，根据不同包装材料、不同包装容器的成型方式，以及包装容器各部分的不同要求，对包装的内、外构造所进行的设计。从设计的目的上主要解决科学性与技术性；从设计的功能上主要体现容装性、保护性、方便性和"环境友好"性，同时与包装造型和装潢设计共同体现显示性与陈列性。

1. 科学性

要使折叠纸盒的盒面保持坚挺，就要合理选择纸板纹向，合理选择就是科学选择。要使包装结构设计达到科学合理，不仅要运用数学、力学、机械学等自然科学的知识，而且要涉及经济学、美学、心理学等社会科学的知识。

2. 技术性

反插式折叠纸盒之所以能够广泛应用，就在于它的结构能够在计算机控制高速全自动生产线和包装线上，确保高速成型和高速包装而不会出现生产故障或导致产品质量下降。包装结构必须充分考虑机械成型性，特别是现代技术条件下的机械成型性。

不容忽视，一个创新的包装结构可能孕育着一项创新的生产技术。

3. 容装性

折叠纸盒有了能与盒体密切配合的盒盖盒底，才能够可靠地容装所规定的内装物数量，保证没有任何泄露或渗漏，这就是容装性。

4. 保护性

包装必须保证内装物在包装产品的"生命周期"即经过一系列的装卸、运输、仓储、陈列、销售直至消费者在有效期限内启用或使用时不被破坏。这里既包括对内装物的保护，也包括对包装自身的保护。折叠纸盒是第一道保护伞，它和瓦楞纸箱、托盘或集装箱密切配合就能做到保护内装物万无一失。

5. 方便性

在"人–包装–产品–环境"系统中，"以人为本"的方便性作为反映现代包装功能的标志之一得到人们的广泛重视。优秀的包装设计要充分考虑人体的结构尺寸和人的生理与心理因素。设计轻巧，易于搬运的包装，可以降低疲劳强度，减少野蛮装卸；携带方便，易于执握的销售包装，又往往可以诱发消费者的购买欲，促进销售。所以，包装必须要方便装填（灌装）、方便运输、方便装卸、方便堆码、方便陈列、方便销售、方便携带、方便开启与再封、方便使用、方便处理等。反插式折叠纸盒就具有多种方便性功能。

6. 环境友好性

图 0–4 表示反插式折叠纸盒可以比其他盒型更节省材料，所以，在"人–包装–产品–环境"系统中，环境友好性也是反映现代包装功能的标志。国际社会越来越注意到包装能够减轻污染和制造污染的双重作用，在经济上走可持续发展的道路，而节省资源、保护环境是可持续发展的关键保证。合理的包装结构对于包装的减量化、资源化和无害化能够发挥重要作用。

7. 显示性

包装结构必须具有明显的辨别性，在琳琅满目的市场货架中以其自身显著的特点使人们能够迅速地辨别出来。

8. 陈列性

包装结构必须在充分显现的前提下具有良好的展示效果，或者说具有理想的吸引力，以诱使消费者当场决策购买，或留有深刻印象以便以后购买。

在世界各国，反插式折叠纸盒用量最大，人们就不可避免出现审美疲劳，它的显示性和陈列性就稍逊。我们"人"且不能十全十美，更何况设计的"结构"呢，好在可以用包装装潢来弥补，这是他们的强项呵！

由 1968 年成立的世界包装组织（WPO）每年颁发一次"世界之星"包装大奖，2014年的评奖标准微调为：

- **保护内装物**
- **方便携带、装填、封闭、开启和再封**
- 销售吸引力
- 图案设计

- 产品质量
- 降低成本、用料经济
- 环境责任、可回用性
- 结构新颖
- **本土特色（产品、材料、市场等）**

　　仔细分析一下，反插式折叠纸盒可都符合上面"黑体字"显示的"六条"，只是成了"开天辟地第一盒"了，所以"结构"不够"新颖"啦！

情境一　七夕节糖果包装结构设计

知识目标

1. 了解纸包装容器结构各部结构名称。
2. 掌握绘图线型类型及功能。
3. 掌握尺寸标注方法。
4. 了解结构设计基本原则。
5. 理解旋转成型理论。
6. 掌握连续摇翼窝进式纸盒设计原理。
7. 了解塑料包装容器设计知识。
8. 掌握计算机辅助设计基础知识和专业设计软件基本工具使用方法。
9. 掌握手工制版设备使用方法及模切底板材料与刀具选取原则。

技能目标

1. 具有正确辨别纸板纹向的技能。
2. 能够正确指出纸盒结构图中作业线的位置。
3. 具有正确运用绘图线型进行手工绘图的技能。
4. 能看懂简单的结构设计图。
5. 具有正确计算纸盒制造尺寸的能力。
6. 具有应用专业设计软件绘制简单盒型的技能。
7. 能够正确使用线锯机、手动弯刀机等各种手动工具制作模切版。

情境：七夕节

七夕节是中国民间的传统节日，又称七姐节、七巧节、乞巧节等。七夕节由星宿崇拜演化而来，为传统意义上的七姐诞，因拜祭"七姐"活动在七月七晚上举行，故名"七夕"。七夕节以爱情、祈福、乞巧为主题，七姐诞的乞巧习俗传入北方西安一带始于汉代，祈求心灵手巧，希望婚姻幸福，家庭美满。

经历史发展，七夕被赋予了"牛郎织女"的美丽爱情传说，使其成为了象征爱情的节日，从而被认为是中国最具浪漫色彩的传统节日，在当代更是产生了"中国情人节"的文化含义。

香醇浓郁，余香飘渺，浓情蜜意的糖果是七夕情人节的佳品之一，巧克力更是节日的经典产品。 一般巧克力糖果为箔纸包裹的粒状或板状，粒状一般固定在塑料盘内，再用盘式折叠纸盒包装，也有不用塑料盘直接把巧克力装入管式折叠纸盒。 板状巧克力通常用盘式折叠纸盒包装。

<h1 style="text-align:center">任务一　认识纸盒结构图</h1>

　　纸盒是由盒坯通过折叠线折叠成型的，对于巧克力纸盒，结构并不复杂，但制造纸盒盒坯的线型是非常丰富的。图1-1-1是各式巧克力纸盒，其上可以看到各种线型，这些线型具有什么功能，在结构设计图上又如何表现呢？

图1-1-1　各式各样的巧克力折叠纸盒

　　纸包装绘图设计符号与计算机代码由欧洲瓦楞纸箱制造商协会（European Federation of Corrugated Board Manufacturers，FEFCO）和欧洲硬纸板组织（The European Solid Board Organization，ESBO）制定，国际瓦楞纸箱协会（The International Corrugated Case Associa-tion，ICCA）采纳在世界范围内通用。不同功能线型的绘图符号是不同的，他们在批量生产进行模切时所选用的刀型也是不一样的，通过计算机识别代码（自动绘图仪的线型命令）以及他们的应用都有所不同。

一、裁切线

1. 裁切线绘图符号

　　如表1-1-1所示，轮廓线、开槽线、裁切线（直边/软边）都属于裁切线，其中轮廓线和直边裁切线用单实线绘图符号表示，开槽线用双实线表示，软边裁切线用波浪线表示。图1-1-2就是一款盒型提手为软边裁切线的结构。

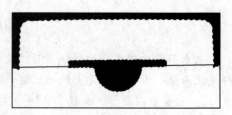

图1-1-2　波纹提手

　　当软边裁切线用于盒盖插入襟片边缘时，其主要作用是防止消费者开启纸盒时被锋利的纸板直线裁切边缘划伤手指或者起装饰作用，如图1-1-3所示。

PACKAGING STRUCTURE & DIE-CUTTING PLATE DESIGN(THE SECOND EDITION)
包装结构与模切版设计(第二版)

（a）　　　　　　（b）　　　　　　（c）　　　　　　（d）

图 1 - 1 - 3　波纹装饰折叠纸盒

1—波纹设计

知识点——裁切、开槽绘图符号与计算机代码

表 1 - 1 - 1　　　　　　　　裁切、开槽绘图符号与计算机代码

序号	名称	绘图线型	计算机代码	功能	模切刀型	应用范围
1	单实线	——————————	CL	轮廓线		① 纸箱（盒）立体轮廓可视线
				裁切线	模切刀模切尖齿刀	② 纸箱（盒）坯切断线
2	双实线	══════════	SC	开槽线	开槽刀	区域开槽切断线
3	波纹线	∿∿∿∿∿∿	SE	软边裁切线	波纹刀	① 盒盖插入襟片边缘波纹切断 ② 盒盖装饰波纹切断
				瓦楞纸板剖面线		③ 瓦楞纸板纵切剖面

注：计算机代码是自动绘图仪的线型命令。

2. 裁切线与模切刀

　　裁切线、开槽线与软边裁切线均用模切刀，仅有裁切线形状的差异。软边裁切刀的波纹是将直线模切刀的整体或刀刃局部弯曲加工而成，如图 1 - 1 - 4 所示。

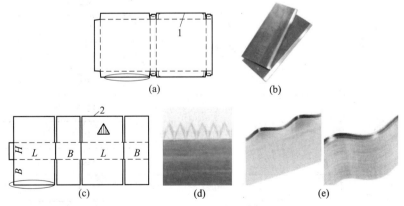

图 1 - 1 - 4　裁切线与模切刀

（a）纸盒　（b）直线模切刀　（c）瓦楞纸箱　（d）模切尖齿刀　（e）波纹刀

1—纸盒裁切线　2—瓦楞纸箱裁切线

图 1 - 1 - 5 为日本超级 "WG" 直线模切刀刃部结构，其 a 部进行了微细研磨，b 部进行了淬火处理，c 部进行了表面脱碳。

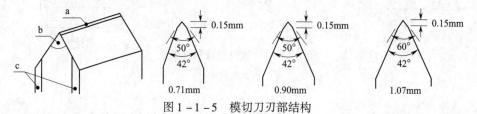

图 1 - 1 - 5　模切刀刃部结构

平板模切刀刀刃类型如表 1 - 1 - 2 所示，波纹刀的波纹值如表 1 - 1 - 3 所示。

表 1 - 1 - 2　　　　　　　　　　平板模切刀刀刃类型

刀刃名称	双刃	单边刃	两段刃	三段刃
剖面图	0.9mm 43° 0.7mm	0.2mm 0.1mm 0.7mm	2.0mm 51° 0.7mm	4.4mm 48° 0.7mm
刀厚度/mm	0.45/0.53/0.71/1.05/1.42/2.13			
刀高度/mm	≤100，23.30/23.77/23.60/23.80，常用 23.80			

表 1 - 1 - 3　　　　　　　　　　波纹值

名称	波形图	波长/mm	波高/mm
微波	A　B	2.0	0.50
超密波		2.0	0.58
特细波		3.2	0.65
细波	A　B	4.8	0.80
中波		6.4	1.25
中大波		9	1.25
大波		12.5	2.0
特大波	A　B	19	3.7
Tsunaml 波		24	8.0
随意波		N/A	1.30 max
浅随意波	B	N/A	0.70 max
双随意波		N/A	1.30 max

PACKAGING STRUCTURE & DIE-CUTTING PLATE DESIGN(THE SECOND EDITION)
包装结构与模切版设计(第二版)

续表

名称	波形图	波长/mm	波高/mm
小扇贝		5	0.9
中扇贝		9	1.0
海浪波		4.0	0.6
之字刀		24	8.0

资料来源：山特维克公司。

二、压痕线

1. 压痕线绘图符号

前已述及，折叠压痕线在纸包装结构中所起的作用如图 0 - 1 所示：一是平页纸板承压力较小，一旦压痕并进行适当折叠后，承压力增大；二是压痕方便纸包装折叠成型。

耐折纸板纸页两面均有足够的长纤维以产生必要的耐折性能和足够的弯曲强度，使其折叠后不会沿压痕线开裂。除了低定量纸板用单长网或双长网生产外，耐折纸板一般用多圆网或叠网纸机制造。这种层合成型的方式，使得压痕时破坏纸板层间结合力。当纸板沿压痕线折叠 90°或 180°时，纸板内层形成凸状，降低外层的拉伸压力，避免外层纸页或涂层沿压痕线产生裂纹（图 1 - 1 - 6）。

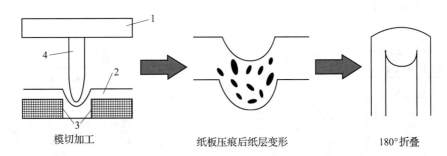

图 1 - 1 - 6 耐折纸板的压痕与折叠
1—模切版 2—纸板 3—底模 4—压线刀

模切加工　　　　纸板压痕后纸层变形　　　　180°折叠

如表 1 - 1 - 4，内折压痕线、外折压痕线和对折压痕线都属于压痕线，绘图符号分别是单虚线、一点点划线和双虚线。

不论是普通纸板还是瓦楞纸板均具有两面性，普通纸板有面层和底层，瓦楞纸板有外面纸和内面纸之分。一般情况下，纸板面层或瓦楞纸板外面纸纤维质量较高，亮度、平滑度及适印性能较好，可作为装潢印刷面。

知识点——内折、外折和对折压痕线

在折叠压痕线中，内折、外折和对折定义为：根据结构需要，如果纸盒（箱）折叠成型时，纸板底层为盒（箱）内角的两个边，而面层为盒（箱）外角的两个边，则为内折，反之为外折。如果纸板180°折叠后，纸板两底层相对，则为内对折，反之为外对折（图1-1-7）。

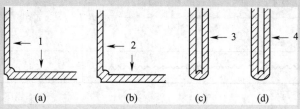

图1-1-7　纸板的内折、外折与对折

（a）内折90°　（b）外折90°　（c）内对折　（d）外对折

1、4—底层　2、3—面层

瓦楞纸板内、外、对折亦如此判断。

一般情况下，内、外对折均用双虚线表示，但在对折线长度较短时，可用单虚线或点划线分别表示内对折或外对折，以保证设计图纸清晰准确，如图1-1-8所示盒型的蹼角（无缝角）处。

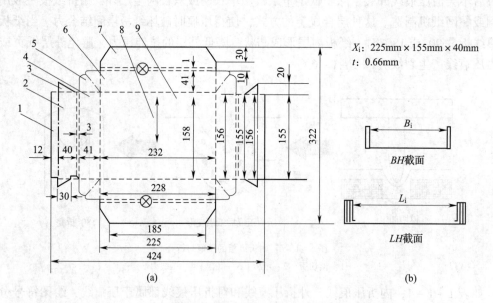

X_i: 225mm × 155mm × 40mm

t: 0.66mm

图1-1-8　双壁蹼角盘式折叠纸盒结构设计图（单位：mm）

（a）结构设计图　（b）折叠成型示意图

1—端襟片　2—端内板　3—端内板襟片　4—端板　5—蹼角

6—侧板　7—侧内板　8—纸板纹向　9—底板

PACKAGING STRUCTURE & DIE-CUTTING PLATE DESIGN(THE SECOND EDITION) 包装结构与模切版设计(第二版)

表 1 - 1 - 4 　　　　　　折叠压痕线的绘图符号与计算机代码

序号	名称	绘图线型	计算机代码	功能	模切刀型	应用范围
1	单虚线	———————————————	CI	内折压痕线	压痕刀	① 大区域内折压痕 ② 小区域内对折压痕
2	点画线	—·—·—·—·—·—·—	CO	外折压痕线	压痕刀	① 大区域外折压痕 ② 小区域外对折压痕
3	双虚线	═══════════	DS	对折压痕线	压痕刀	大区域对折压痕

2. 压痕刀

内、外、对折都使用同样的压痕刀压痕，如图 1 - 1 - 9，所不同的只是纸包装成型立体时的折叠状态。一般压痕刀宽度选择为纸板厚度的 2 倍。

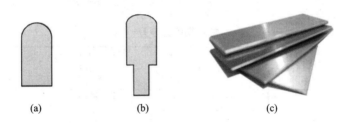

(a) 　　　　　　(b) 　　　　　　(c)

图 1 - 1 - 9 　模切压痕刀（a、b 资料来源：山特维克公司）

(a) 圆头刀　（b）激光刀　（c）压痕刀实物

三、切痕线

1. 切痕线绘图符号

预成型类纸盒（箱），管式盒自锁底的斜折压痕线、盘式自动折叠纸盒与管盘式自动折叠纸盒的斜折压痕线等仅在平板状对折时的作业压痕线，一般都用切痕线，用以降低平折时的反弹作用。

切痕线又称间歇切断线，即切断不是连续进行，用于厚度较大的纸板在较短的折叠线时单纯采用压痕其折叠弯曲性能不理想的场合。其功能等效于内折线、外折线或对折线。

表 1 - 1 - 5　　　　　　折叠切痕线的绘图符号与计算机代码

序号	名称	绘图线型	计算机代码	功能	模切刀型	应用范围
1	三点点画线	—‥—‥—‥—‥—	SI	内折切痕线	模切压痕组合刀	大区域内折间歇切断压痕
2	两点点画线	—·—·—·—·—	SO	外折切痕线	模切压痕组合刀	大区域外折间歇切断压痕

2. 切痕线模切刀

切痕线及模切刀如图 1 - 1 - 10 所示。该线型根据工艺要求需标注切断与非切断的交替长度，用切断长度/非切断长度来表示，如 6/6 就表示切断 6mm 与非切断 6mm 交替进行，常见切痕刀型号见表 1 - 1 - 6。

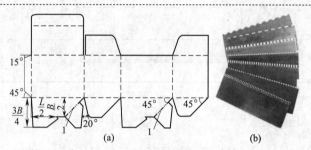

图 1 - 1 - 10　切痕线及模切刀
（a）应用切痕线纸盒　（b）常用切痕刀实物
1—切痕线

表 1 - 1 - 6　　　　　　常用切痕刀型号　　　　　　单位：mm

	尺寸		图示	尺寸		图示
	A	B		A	B	
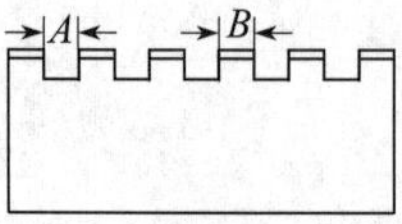	0.7	0.7	----------------	0.7	3.5	— — — —
	0.7	1.5	- - - - - - - -	2.1	2.1	— — — — —
	1.05	1.05	– – – – – – –	3.15	3.15	— — — —
	0.7	1.75	— - — - — -	6	6	— — —
	1.5	1.5	— — — — —			

资料来源：山特维克公司。

四、打孔线

1. 打孔线绘图符号

打孔线作用类似于邮票齿孔线，既方便开启，又显示开痕。

撕裂打孔线与打孔线线型不同但功能相同，如图 1 - 1 - 11 所示，成盒后原盖封死，于撕裂打孔线处形成新盖。

图 1 - 1 - 12 （a）使用了特殊结构的撕裂打孔线，拉链刀刃角度不是传统的 45°，而是 30°。图 1 - 1 - 12 （b）所示撕裂切孔线是将打孔线与切痕线配合起来使用。

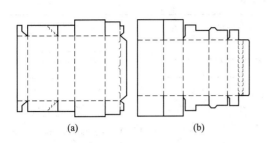

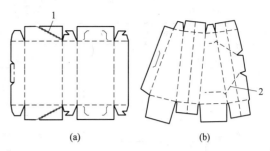

图 1 - 1 - 11　撕裂打孔线折叠纸盒　　　　图 1 - 1 - 12　撕裂打（切）孔线易开式折叠纸盒

　　　　　　　　　　　　　　　　　　　　　　　1—30°撕裂打孔线　2—撕裂切孔线

知识点——打孔线的绘图符号与计算机代码

表 1 - 1 - 7　　　　　　　　　　　打孔线的绘图符号与计算机代码

序号	名称	绘图线型	计算机代码	功能	模切刀型	应用范围
1	点虚线	·—·—·—·—·—·—·—·—·—·—·	PL	打孔线	针齿刀	方便开启结构
2	波浪线	‿‿‿‿‿‿‿‿‿‿‿‿	TP	撕裂打孔线	拉链刀	方便开启结构
3		————————·—·—		撕裂切孔线	模切组合刀	方便开启结构

2. 打孔线模切刀（图 1 - 1 - 13）

　　打孔线刀具是针齿刀，撕裂打孔线刀具是拉链刀（拉链刀类型见表 1 - 1 - 8）。

　　表 1 - 1 - 8 为各种拉链刀的类型。

(a)

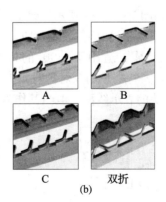

A　　　B

C　　　双折

(b)

图 1 - 1 - 13　打孔线模切刀

（a）针齿刀　（b）拉链刀

（A 型、B 型、C 型、双折型见表 1 - 1 - 8）

表 1 – 1 – 8 拉链刀的类型

平版模切拉链刀	圆压圆模切拉链刀	日本专利拉链刀

（表中图示：平版模切拉链刀 A 45°、B 45°、C 60°、双折 45°，数字表示长度比例；圆压圆模切拉链刀 标准 0.130/0.500、标准W/1/8″缺口 0.125/0.500、开放式 0.225/0.500、0.400倾斜 0.140/0.400、0.375倾斜(5/16″跨度)、0.250倾斜 0.090/0.250、撕裂边 0.035/0.152；日本专利拉链刀）

资料来源：山特维克公司。

五、半切线

1. 半切线绘图符号

　　市场上有些特殊结构的盒型采用印刷面半切折叠线，即从纸的印刷面方向将纸在厚度上切断 1/2，如图 1 – 1 – 14 所示，这需要非常精密的模切技术才能实现。这样的半切线，当应用在非成型作业线成型立体盒型时，在印刷面上不会显露折痕。印刷面半切线可以使折叠更容易和利索，适用于 >90° 的折叠线 ［图 1 – 1 – 15 （a）］和弧形折叠线 ［图 1 – 1 – 15 （b）］，特别是用在对折时，折叠质量较高，纸板折叠后不容易反弹。印刷面半切线尚没有公认的表示线型，但当其作为作业线时，可以如表 1 – 1 – 9 所示。

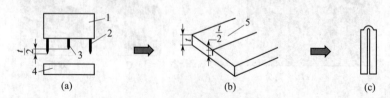

（a）　　　　　　　（b）　　　　　　　（c）

图 1 – 1 – 14　印刷面半切线

（a）印刷面半切线加工　　（b）印刷面半切线　　（c）180 度折叠

1—模切版　2—模切刀　3—半切刀　4—纸板　5—印刷面

知识点——印刷面半切作业线的绘图符号

序号	名称	绘图线型	计算机代码	功能	模切刀型	应用范围
表 1-1-9 印刷面半切作业线的绘图符号

序号	名称	绘图线型	计算机代码	功能	模切刀型	应用范围
1		—————⊗—————		印刷面半切线	精密半切刀	① 印刷面半切作业线 ② >90°折叠线 ③ 弧形折叠线

图 1-1-15（a）是德国 "merci" 250g 装巧克力包装，它除了采用印刷面半切线作为非 90°折叠线之外，开启部位还设计了撕裂切孔线作为开启新盖的线型，只是连接的 "桥" 与切断长度相比特别小，起到容易撕开的作用。

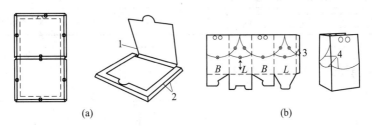

(a)　　　　(b)

图 1-1-15　印刷面半切折叠线纸盒

（a）>90°的折叠线　（b）弧形折叠线

1—撕裂切孔线　2—印刷面半切线　3—刀切线　4—印刷面弧形半切线

2. 半切线模切刀

半切线裁切刀和常规裁切刀类似，只是在刀的高度上有所差异，半切线裁切刀比裁切刀矮半个纸厚，如图 1-1-16 所示。

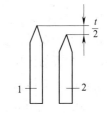

图 1-1-16　模切刀

1—常规模切刀　2—半切线模切刀

六、制造商接头

1. 制造商接头绘图符号

知识点——制造商接头定义

制造商接头指纸包装制造厂商将纸包装交付用户使用前必须以平板状形态完成接合的接头。

制造商接头可分为钉合、胶带粘合和黏合剂粘合。粘合方式不同，盒坯结构也就不同。钉合和黏合剂粘合的制造商接头可以连接到侧板，也可以连接到端板（图 1-1-17）。

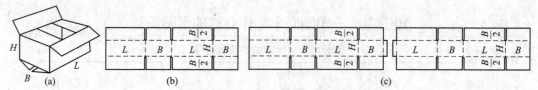

图 1-1-17 0201 型箱制造商接头

（a）0201 箱组装图 （b）胶带粘合接头 （c）U 形钉钉合或黏合剂粘合接头

知识点——制造商接头绘图符号与计算机代码

表 1-1-10 制造商接头绘图符号与计算机代码

名称	绘图线型	计算机代码	功能
S 接头	‖‖‖‖‖‖‖‖‖‖‖‖‖	SJ	U 形钉钉合
T 接头	≪≪≪≪≪≪≪≪≪	TJ	胶带粘合
G 接头	⋀⋀⋀⋀⋀⋀⋀⋀⋀⋀	GJ	黏合剂粘合

2. 制造商接头模切刀（图 1-1-18）

七、作业线

知识点——预折线与作业线

预折线（Prebreak score）：预折线是预折压痕线的简称。在纸盒（箱）制造商接头自动接合过程中仅需折叠 130°且恢复原位的压痕线，或者说当纸盒呈平板状接合接头时并不需要对折的压痕线就是预折线，如图 1-1-19 的 AA_1、CC_1 线。预折只是为了方便自动折叠成型立体盒。

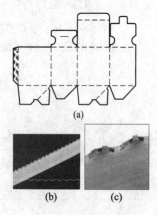

图 1-1-18 涂胶线和涂胶刀

（a）涂胶线 （b）涂胶刀

（c）涂胶刀实物（资料来源：山特维克公司）

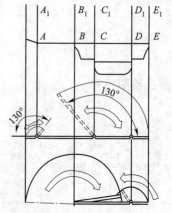

图 1-1-19 预折线与作业线

作业线（Working score）：作业线是作业压痕线的简称。为使纸盒（箱）在平板状态下制造商接头能准确接合，盒坯需要折叠180°的压痕线，或者说当纸盒（箱）以平板状准确接合制造商接头时需要对折的压痕线是作业线，如图1-1-19的BB_1、DD_1线。

为使制造商接头完成接合，盒（箱）坯上必须设计作业线。

图1-1-20（a）所示反插式盒型在自动糊盒机上的制造商接头，接合过程如图1-1-21所示。图1-1-20（b）所示自锁底盒型盒底粘合，成型过程如图1-1-22所示。从中不难看出两种线型的区别。

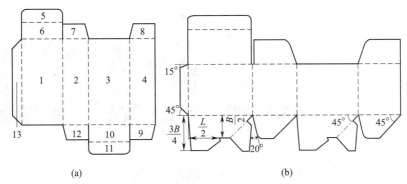

(a)   (b)

图1-1-20　方便在自动糊盒机上接合接头的盒型

（a）反插式盒型　（b）自锁底盒型

1—板1　2—板2　3—板3　4—板4　5—盖插片1　6—盖板1　7—盖板2　8—盖板4
9—底板4　10—底板3　11—底插片1　12—底板2　13—接头

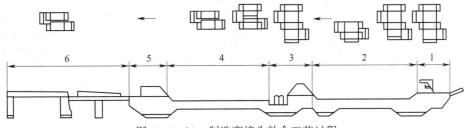

图1-1-21　制造商接头粘合工艺过程

1—给纸　2—预折　3—涂胶　4—折叠　5—排列　6—固胶

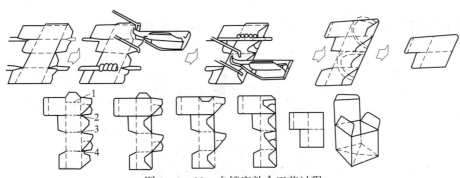

图1-1-22　自锁底粘合工艺过程

1，3—预折线　2，4—作业线

作业线的选取原则是纸盒在自动糊盒机上成型过程最简单（平折次数最少）且方便糊盒机自动操作。图 1 – 1 – 23 是糊盒机的工作过程。

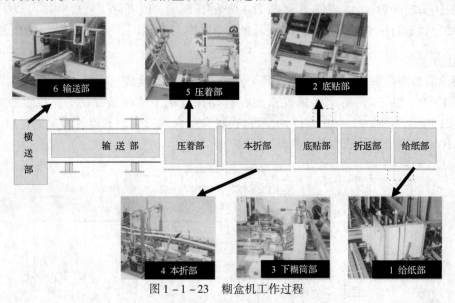

图 1 – 1 – 23　糊盒机工作过程

知识点——作业线的绘图符号

表 1 – 1 – 11　　　　　　　　作业压痕线的绘图符号

序号	名称	绘图线型	计算机代码	功能	模切刀型	应用范围
1		——·——⊗——·——		作业压痕线	压痕刀	压痕作业线
2		—··—·—⊗—·—··—		作业切痕线	切痕刀	预成型类纸盒（箱）作业切痕线

注：作业压痕线的绘图符号是非国际标准。

八、提手

1. 提手绘图符号

提手绘图符号如表 1 – 1 – 12 所示。图 1 – 1 – 24 为提手盒。

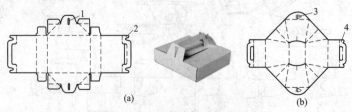

(a)　　　　　　　　　　　(b)

图 1 – 1 – 24　盘式提手折叠纸盒

（a）槽形锁孔结构　（b）扇形锁孔结构

1—槽形阴锁　2—阳锁　3—扇形阴锁　4—阳锁

知识点——提手绘图符号与计算机代码

表1-1-12　　　　　　　　　提手绘图符号与计算机代码

名称	绘图符号	计算机代码	功能
P型提手	▭	PC	全开口提手
U型提手	▭	UC	不完全开口提手
N型提手	▭	NC	不完全开口提手

如果提手窗直接开在盒（箱）面上，则不完全开口提手可起到防尘作用。

如图1-1-24所示两种便携式提手折叠纸盒，提手成对设计，一为U型提手，另一为N型或P型提手，U型提手较之P、N型提手，不易划伤消费者手掌，因为与之接触部位，前者是圆滑的折叠线，后两者是锋利的纸板裁切边缘。这样可以取长补短，既保护了消费者手掌，又避免灰尘从中缝进入盒内。图1-1-24（b）的扇形阴锁可以使提手锁合后，在堆码运输状态下呈平板状，在展示与提携状态下呈直立状。

2. 提手模切刀

提手孔单独制作，也可选择相应的孔型及尺寸，如图1-1-25及表1-1-13。

（a）　　　　　　　　　　　　　　　（b）

图1-1-25　提手孔模切刀

（a）飞机孔　（b）蝴蝶孔

（资料来源：宝马印刷器材有限公司）

表1-1-13　　　　　　　　提手孔——飞机孔型号尺寸　　　　　　　　　单位：mm

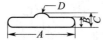

序号	样品	长度A	宽度B	高度C	头RD	序号	样品	长度A	宽度B	高度C	头RD
1	⌒	12	4	6	4	7	⌒	21	4	7	7
2	⌒	14	4	6	4	8	⌒	22	4	7	7
3	⌒	15	4	7	7	9	⌒	24	4	7	7
4	⌒	16	4	7	7	10	⌒	26	4	7.5	8.5
5	⌒	18	4	7	7	11	⌒	27	4	7.5	8.5
6	⌒	20	4	7	7	12	⌒	28	4	7.5	8.5

序号	样品	长度A	宽度B	高度C	头RD	序号	样品	长度A	宽度B	高度C	头RD
13		30	4	7.5	8.5	23		22	6	9	7
14		33	4	7.5	8.5	24		24	6	9	7
15		23	4	8	7	25		26	6	9	7
16		25	4	8	7	26		28	6	9.5	8.5
17		27	5	8.5	8.5	27		30	6	9.5	8.5
18		29	5	8.5	8.5	28		32	6	9.5	8.5
19		30	5	8.5	8.5	29		34	6	9.5	8.5
20		31	5	8.5	8.5	30		36	6	9.5	8.5
21		32	5	8.5	8.5	31		32	6	9.5	12
22		35	5	8.5	8.5	32		32	7	10.5	8.5

资料来源：上海嘉豪印刷器材有限公司。

九、瓦楞楞向与纸板纹向

1. 瓦楞楞向

常见瓦楞纸箱、纸板如图 1-1-26 所示。

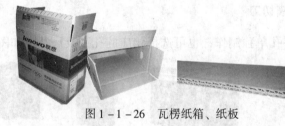

图 1-1-26 瓦楞纸箱、纸板

知识点——瓦楞楞向

瓦楞楞向指瓦楞轴向，也就是与瓦楞纸板机械方向垂直的瓦楞纸板横向。如图 1-1-27 所示。

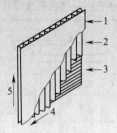

图 1-1-27 瓦楞纸板楞向

1—外面纸 2—瓦楞芯纸 3—内面纸 4—机械方向 5—瓦楞楞向

瓦楞盘式纸盒盒体的瓦楞楞向应与纸盒长度方向平行。对于 02 类瓦楞纸箱则应与纸箱高度方向平行，以提高纸箱抗压强度和堆码载荷。

对于只有一组压痕线的瓦楞纸箱箱坯如部分05类和06类，瓦楞楞向应与该组压痕线垂直，因为与瓦楞楞向平行的纵压线，有可能压至楞腰处，使尺寸精度与折叠性能不易保证（图1-1-28）。

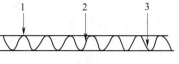

图1-1-28 纵压线位置
1—楞峰 2—楞腰 3—楞谷

瓦楞衬件一般是垂直瓦楞，但有时是水平方向的瓦楞，以抵抗从滑动槽滑下，从输送线传动或流通过程中所引起的冲击力。

知识点——瓦楞楞向与纸板纹向绘图符号与计算机代码

表1-1-14所列瓦楞楞向绘图符号与计算机代码为FEFCO-ESBO标准，纸板纹向绘图符号是非国际标准但为业界公知。

表1-1-14　　　　　　　　　　楞向与纸板纹向绘图符号

名称	绘图符号	计算机代码	功能
楞向		FD	瓦楞楞向指示
纹向	← →	MD	纸板纵向指示

2. 纸板纹向

纸板纹向的重要性及判定方法前已述及。

知识点——纸板纹向定义

纸板纹向指纸板纵向即机械方向（M.D.），它就是纸板在抄造过程中沿造纸机的运动方向，与之垂直的是纸板横向（C.D.）。

对于管式折叠纸盒，纸板纹向应垂直于纸盒高度方向（图0-4）；但是，如果纸盒主要盒面设计为弧面，纸板纹向设计则要与之相反（图1-1-29）。

而盘式折叠纸盒的纹向则应垂直于纸盒长度方向（图1-1-8）。这样，可以在两条主要压痕线的跨距内提供更高的挺度，避免盒底部分发生凸鼓或凹陷，有利于纸盒盒面坚挺平直。但是，正多边形盘式折叠盒型的纸板纹向设计方案，可以是纸板纵向平行或垂直于盒底其中一角的角平分线（图1-1-30）。两种纹向设计都存在一定的缺陷，对纸盒成型都有影响：盒底不坚挺，盒壁扭曲。但两者相比，变形程度还是有所差别。图1-1-30（a）盒角平分线与纸板纹向垂直的角面发生翘曲。图1-1-30（b）盒与纸板纵向平分的角相邻的两角面都往上翘曲，且翘曲程度比图1-1-30（a）盒高，因此应采用图1-1-30（a）盒的纹向设计方案。正六边形盒型同样出现这种问题，但在这两种设计情况下翘曲程度都有所降低。

纸板楞向和纹向设计是一个因盒型结构而异的复杂问题，解决这个难题，一靠设计者积累经验，二要设计者能够充分听取纸包装客户和制造商的意见。

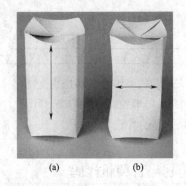
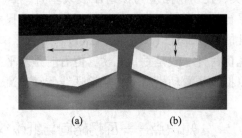

图 1-1-29　管式弧面纸盒纸板纹向设计　　　　图 1-1-30　正五边形盘式折叠纸盒纸板纹向设计
(a) 正确　(b) 错误　　　　　　　　　　　　(a) 正确　(b) 错误

十、纸包装的组装符号

由平面纸页到立体盒（箱）型的过程中，其纸包装成型方式有多种。一些手工组装的盒（箱）型局部可以自动组装，如0216和0712箱型（附表1）。

知识点——纸包装成型方式及代码

表 1-1-15	纸包装成型方式及代码
组装代码	组装方式
M	一般由手工组装
A	一般由机械设备自动组装
M/A	既可以手工组装也可以由设备组装
M+A	需要手工与设备共同组装

十一、纸盒各部分结构名称

如图 1-1-8 和图 1-1-31 分别是盘式和管式盒一般的命名方式。

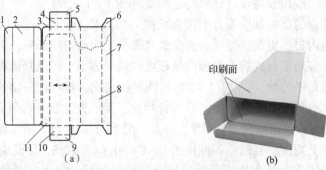

图 1-1-31　管式折叠纸盒结构设计图
(a) 结构设计图　(b) 折叠成型实物图
1—端内板　2—后内板　3—后板　4—盖板　5—盖插入襟片　6—防尘襟片
7—端板　8—前板　9—底插入襟片　10—底板　11—粘合板

PACKAGING STRUCTURE & DIE-CUTTING PLATE DESIGN(THE SECOND EDITION) 包装结构与模切版设计(第二版)

知识点——纸盒结构命名规则

1. 一般情况下盒（箱）板面积等于 LB、LH 或 BH 的称其为板（Panel），小于上述数值则称其为襟片（Flap）。其中 LB 板称为盖板或底板，LH 板称为侧板，BH 板称为端板。在插入式盒（箱）盖或盒（箱）底结构中，连接盖板或底板的襟片称为插入片（Tuck）。

2. 当侧板与盖板连接时，则该侧板称为后板，其相对的另一侧板为前板。

3. 当纸包装为多层结构时，内部板可称为侧内板（前内板或后内板）、端内板、盖内板、底内板等。

4. 所有的 LH 板与 BH 板统称为体板。

5. 襟片按其功能可称为防尘襟片、粘合襟片或锁合襟片。或者按其连接板的名称叫做侧板襟片、侧内板襟片、端板襟片或端内板襟片。

6. 在盘式纸包装结构中，同时连接端板与侧板的襟片称为蹼角（Web Corner）。

纸包装主要结构代号见表 1 – 1 – 16。

表 1 – 1 – 16　　　　　　　　　　纸包装结构代号

插入片	T	襟片	F	箱（盒）板	P
盖插入片	T_u	内襟片	F_i	端板	P_e
底插入片	T_d	外襟片	F_0	侧板	P_s

管式纸包装容器还有另外一种结构命名办法，即按与接头的相对位置依序号命名体板，按与体板的连接位置用序号命名盖板（片）或底板（片）。其命名原则如下（图 1 – 1 – 32）：

a. 与接头连接的体板命名为板 1，其余依次为板 2、板 3、板 4；

b. 与板 x 连接的盖板（片）命名为盖板（片）x；

c. 与板 x 连接的底板（片）命名为底板（片）x；

d. 与盖（底）板 x 连接的插入片命名为盖（底）插片 x。

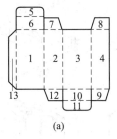
(a)

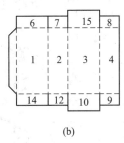
(b)

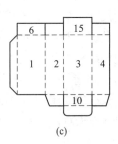
(c)

图 1 – 1 – 32　管式纸包装结构名称

（a）反插式　（b）粘合封口式　（c）粘合封口式/反插式

1—板 1　2—板 2　3—板 3　4—板 4　5—盖插片 1　6—盖板 1　7—盖板 2　8—盖板 4　9—底板 4

10—底板 3　11—底插片 3　12—底板 2　13—接头　14—底板 1　15—盖板 3

板与襟片组成纸包装的面。对于一个长方体纸包装来说，它由盖面、底面、侧（前与后）面及端面组成。

一、尺寸设计

尺寸设计是折叠纸盒结构设计中极其重要的一环，它不仅直接影响到纸盒产品的外观及其内在质量，而且关系到生产及物流成本。

折叠纸盒的尺寸设计，可以根据运输空间由外向内进行设计，即根据外包装瓦楞纸箱内尺寸来依次计算折叠纸盒外尺寸、制造尺寸与内尺寸。也可以根据内装物最大外形尺寸，由内向外逐级计算折叠纸盒内尺寸、制造尺寸与外尺寸。在中国进入 WTO 以来的国际间贸易迅速发展时期，前者的尺寸设计方法是今后发展的方向，因为它可以充分地利用运输空间降低物流成本。

1. 设计尺寸

（1）内尺寸（X_i）

内尺寸指纸包装的容积尺寸。它是测量纸包装容器装量大小的一个重要数据，是计算纸盒或纸箱容积及其和商品内装物或内包装配合的重要设计依据。对于常见长方体纸包装容器，可用 $L_i \times B_i \times H_i$ 表示。

（2）外尺寸（X_o）

外尺寸指纸包装的体积尺寸。它是测量纸包装容器占用空间大小的一个重要数据，是计算纸盒或纸箱体积及其与外包装或运输仓储工具如卡车与货车车厢、集装箱、托盘等配合的重要设计依据。对于长方体纸包装容器，用 $L_0 \times B_0 \times H_0$ 表示。

（3）制造尺寸（X）

制造尺寸指生产尺寸，即在结构设计图上标注的尺寸。它是生产制造纸包装及模切版的重要数据，与内尺寸、外尺寸、纸板厚度和纸包装结构有密切关系。从图 1-2-3 可以看出，制造尺寸并不局限于长、宽、高尺寸，且长、宽、高尺寸不止一组，所以不能用 $L \times B \times H$ 表示。

2. 纸包装主要尺寸

对于长方体纸包装来说，一般有三个主要尺寸：

（1）长度尺寸　纸包装容器开口部位长边尺寸。

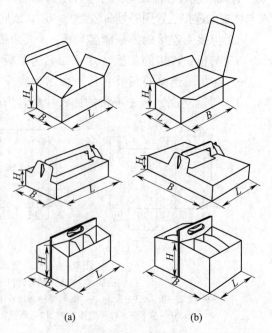

(a)　　　　　　　(b)

图 1-2-1　长度尺寸、宽度尺寸、高度尺寸
(a) 标准状况　　(b) 特殊状况

PACKAGING STRUCTURE & DIE-CUTTING PLATE DESIGN(THE SECOND EDITION)　包装结构与模切版设计(第二版)

（2）宽度尺寸　纸包装容器开口部位短边尺寸。

（3）高度尺寸　纸包装容器从开口部位顶部到容器底部的垂直尺寸。

但是，如果一旦根据上述定义确定了某一种标准盒（箱）型结构的长、宽、高尺寸，或人们已习惯性确认了某种盒（箱）型结构部位的长、宽、高尺寸 [图1-2-1（a）]，那么在具体设计中就有可能出现长度尺寸（L）反而比宽度尺寸（B）小的情况，这时不应拘泥于定义，如图1-2-1（b）所示。

3. 盒(箱)坯尺寸

盒（箱）坯（blank）是在纸盒（箱）在生产过程中，盒（箱）板（sheet）在模切压痕后到接头结合前或组装成型前的半成品状态。

盒（箱）坯尺寸用下式表示：

$$1^{st}尺寸 \times 2^{nd}尺寸$$

式中　1^{st}尺寸——与粘合线平行的盒（箱）坯尺寸

　　　2^{nd}尺寸——与粘合线垂直的盒（箱）坯尺寸

4. 尺寸标注

如图1-2-2所示，在纸包装平面结构设计图上，尺寸标注只应从两个方向进行，即图纸的水平方向和图纸顺时针旋转90°的第一垂直方向。

除非另有规定，尺寸标注单位一般为mm。

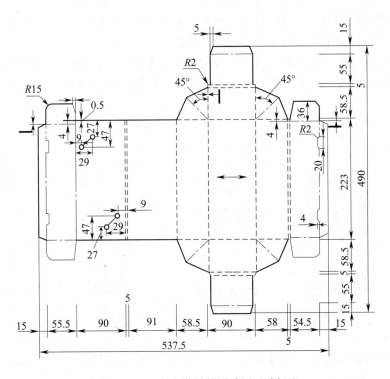

图1-2-2　纸包装结构设计图尺寸标注

二、一般盒体的尺寸设计

1. 由外尺寸计算制造尺寸与内尺寸

（1）外尺寸计算公式　折叠纸盒外尺寸与瓦楞纸箱内尺寸及其盒型排列方式有关（图 1 - 2 - 3）：

$$X_0 = \frac{[T - d(n_x - 1) - k]}{n_x} \qquad (1-2-1)$$

式中　X_0——折叠纸盒外尺寸，mm

T——瓦楞纸箱内尺寸，mm

d——折叠纸盒间隙系数，mm

n_x——折叠纸盒排列数目，mm

k——瓦楞纸箱内尺寸修正系数，mm

其他纸包装外尺寸也可用此公式计算。

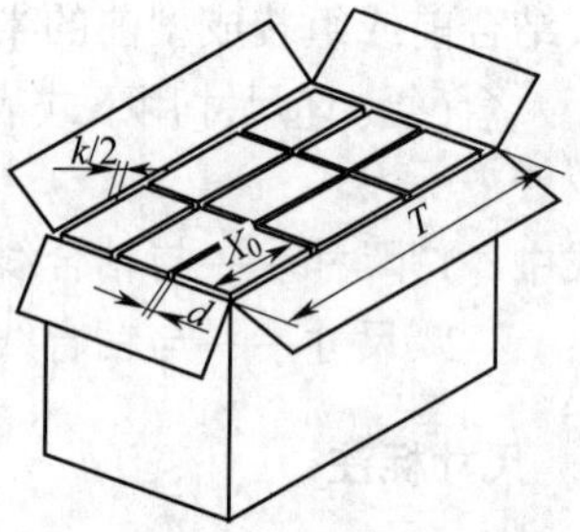

（2）制造尺寸与内尺寸计算公式

对于大多数折叠纸盒来说，结构一般比较复杂。但是，任何一种复杂盒型，都由若干个盒板组成，而任一盒板的两端与相邻盒板的结构关系有以下几类：①"U"型；②复"U"型；③"L"型；④复"L"型；⑤"S"Ⅰ型；⑥"S"Ⅱ型；⑦双"L"型；⑧"b"型。

图 1 - 2 - 3　折叠纸盒外尺寸

各类结构的结构形式、线型表示、制造尺寸计算公式和内尺寸计算公式如表 1 - 2 - 1 所示。设计时可根据不同结构选用不同的计算公式。

对于有作业线需要在平板状态下进行粘合的折叠纸盒，还需要考虑在平板状态下的尺寸关系，对通过表 1 - 2 - 1 计算的结果进行调整，以保证粘合精度。

表 1 - 2 - 1　　　　　　　　折叠纸盒尺寸计算公式

类型		a. "U"型	b. 复"U"型	c. "L"型	d. 复"L"型
结构		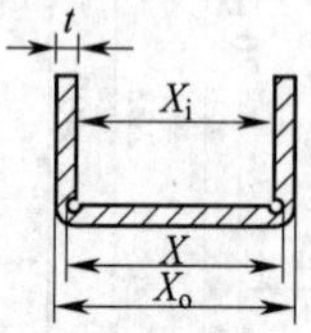	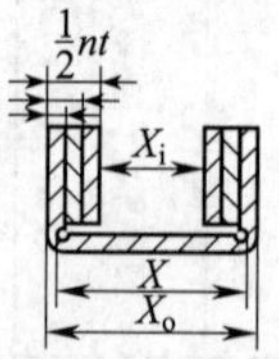	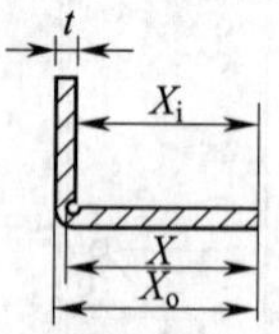	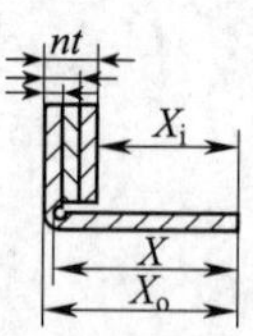
图示		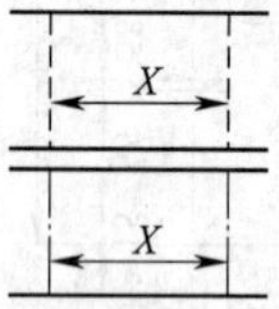	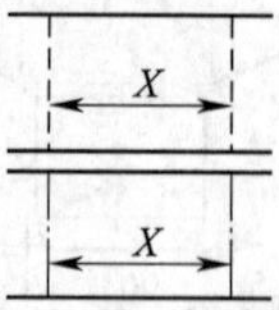	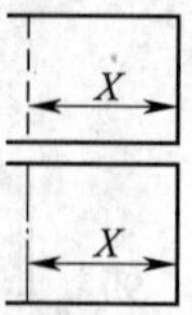	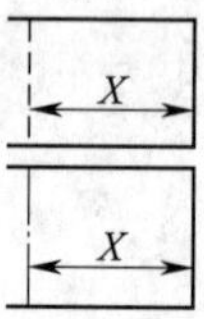
由外尺寸计算	制造尺寸	$X = X_0 - t - k$	$X = X_0 - (n_1 - 1)t - k$	$X = X_0 - \dfrac{1}{2}t - k$	$X = X_0 - \left(n_1 - \dfrac{1}{2}\right)t - k$
	内尺寸	$X_i = X_0 - 2t - k'$	$X_i = X_0 - n_1 t - k'$	$X_i = X_0 - t - k'$	$X_i = X_0 - n_1 t - k'$

PACKAGING STRUCTURE & DIE-CUTTING PLATE DESIGN(THE SECOND EDITION) 包装结构与模切版设计(第二版)

続表 续表

由内尺寸计算	制造尺寸	$X = X_i + t + k$	$X = X_i + (n_2-1)t + k$	$X = X_i + \frac{1}{2}t + k$	$X = X_i + (n_2 - \frac{1}{2})t + k$
	外尺寸	$X_o = X_i + 2t + K$	$X_o = X_i + n_2 t + K$	$X_o = X_i + t + K$	$X_o = X_i + n_2 t + K$
说明		主体结构	主体结构	盒端结构	盒端结构
类型		e. "S" I 型	f. "S" II 型	g. 双"L"型	h. "b" 型

结构 / 图示 示意图

由外尺寸计算	制造尺寸	$X = X_o - t - k$	$X = X_o - t - k$	$X = X_o - n_1 t - k$ $D = (m+1)t$	$X_1 = X_o - t - k$ $X_2 = X_o - \frac{3}{2}t - k$ $D = (m+1)t$
	内尺寸	$X_i = X_o - 2t - k'$	$X_i = X_o - t - k'$	$X_i = X_o - n_1 t - k'$	$X_i = X_o - t - k'$
由内尺寸计算	制造尺寸	$X = X_i + t + k$	$X = X_i + k$	$X_1 = X_i + t + k$ $X_2 = X_i + k$ $D = (m+1)t$	$X = X_i + k$ $X_2 = X_i - \frac{1}{2}t - k$ $D = (m+1)t$
	外尺寸	$X_o = X_i + 2t + K$	$X_o = X_i + t + K$	$X_o = X_i + n_2 t + K$	$X_o = X_i + t + K$
说明		间壁结构	提手结构	双壁结构	双壁盒端结构

注：X—制造尺寸，mm；n_1—由外向内的纸板层数；k'—内尺寸修正系数，mm；X_o—外尺寸，mm；n_2—由内向外的纸板层数；K—外尺寸修正系数，mm；X_i—内尺寸，mm；t—纸板计算厚度，mm；m—双壁结构中间夹持的纸板层数；D—对折线宽度，mm；k—制造尺寸修正系数，mm。

计算纸盒尺寸需要用纸板实际厚度和计算厚度，实际厚度可以先根据纸盒容积及内装物质量参考表 1-2-2 选择，再根据表 1-2-3 选择计算厚度。

表 1-2-2　　　　折叠纸盒选用纸板厚度表（内装物不承重）

纸盒容积 /cm³	内装物质量 /kg	纸板厚度 /mm	纸盒容积 /cm³	内装物质量 /kg	纸板厚度 /mm
0～300	0～0.11	0.46	1800～2500	0.57～0.68	0.71
300～650	0.11～0.23	0.51	2500～3300	0.68～0.91	0.76
650～1000	0.23～0.34	0.56	3300～4100	0.91～1.13	0.81
1000～1300	0.34～0.45	0.61	4100～4900	1.13～1.70	0.91
1300～1800	0.45～0.57	0.66	4900～6150	1.70～2.27	1.02

注：如果根据纸盒容积或内装物质量选择的纸板厚度不同，则取较高值。

表 1 - 2 - 3		纸板计算厚度	单位：mm
实际厚度	计算厚度	实际厚度	计算厚度
≤0.5	0.5	>1	实际厚度
≤1	1		

各类结构的结构形式、线型表示、制造尺寸计算公式和内尺寸计算公式如表 1 - 2 - 1 所示。

例 1 - 2 - 1　按图 1 - 2 - 4 所示尺寸制作管式折叠纸盒，分析其尺寸间的关系，然后运用公式计算制造尺寸和内尺寸，其外尺寸为 50mm × 20mm × 200mm，内装物质量小于 0.1kg，修正系数为 0。

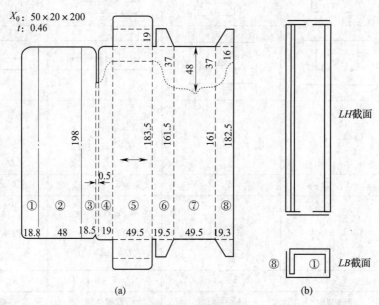

图 1 - 2 - 4　管式折叠纸盒结构设计图（尺寸单位：mm）

(a) 结构设计图　(b) 折叠成型示意图

①~⑧—体板

解：（1）通过纸盒体积求得纸盒应选用的纸板厚度

$V = L_o \times B_o \times H_o = 50 \times 20 \times 200 = 200000 \, (\text{mm}^3) = 200 \, (\text{cm}^3)$

查表 1 - 2 - 2 及表 1 - 2 - 3，$t = 0.5$mm

（2）将体板从左至右（由内向外）编号

因为体板①、⑧为复"L"型，所以

$$B_1 = 20 - \left(3 - \frac{1}{2}\right) \times 0.5 = 18.8 \, (\text{mm})$$

$$B_8 = B_o - \left(n_1 - \frac{1}{2}\right)t - k = 20 - \left(2 - \frac{1}{2}\right) \times 0.5 = 19.3 \, (\text{mm})$$

（3）因为体板②、⑤、⑥、⑦为复"U"型，所以

$$L_2 = 50 - (5 - 1) \times 0.5 = 48 \, (\text{mm})$$

$$L_7 = L_o - (n_1 - 1)t - k = 50 - (2 - 1) \times 0.5 = 49.5 (\text{mm})$$

$$L_5 = L_7 = 49.5\text{mm} \quad （为保证制造商接头在平板状态下准确粘合）$$

$$B_6 = 20 - (2 - 1) \times 0.5 = 19.5 \quad （\text{mm}）$$

（4）因为体板③、④构成双"L"型，所以

$$B_3 = 20 - 3 \times 0.5 = 18.5 \quad （\text{mm}）$$

$$B_4 = B_o - n_1 t - k = 20 - 2 \times 0.5 = 19 \quad （\text{mm}）$$

$$D = (0 + 1) \times 0.5 = 0.5 \quad （\text{mm}）$$

（5）高度方向上

$$H_5 = H_o - (n_1 - 1)t - k = 200 - (2 - 1) \times 0.5 = 199.5 (\text{mm})$$

$$H_7 = H_i = H_o - n_1 t - k' = 200 - 4 \times 0.5 = 198 (\text{mm})$$

$$H_8 = 200 - (4 - 1) \times 0.5 = 198.5 (\text{mm})$$

（6）长、宽内尺寸

$$L_i = L_o - n_1 t - k' = 50 - 5 \times 0.5 = 47.5 (\text{mm})$$

$$B_i = B_o - n_1 t - k' = 20 - 3 \times 0.5 = 18.5 (\text{mm})$$

各尺寸标注如图 1 - 2 - 3，内尺寸为 47.5mm × 18.5mm × 198mm。

2. 由内尺寸计算制造尺寸与外尺寸

（1）内尺寸计算公式

内尺寸计算公式如下：

$$X_i = x_{\max} n_x + d(n_x - 1) + k' \qquad (1 - 2 - 2)$$

式中　X_i——折叠纸盒内尺寸，mm

　　　$x_{\max}$——内装物最大外尺寸，mm

　　　n_x——内装物沿某一方向的排列数目

　　　d——内装物间隙系数，mm

　　　k'——内尺寸修正系数，mm

对于折叠纸盒，在长度与宽度方向上，k' 值一般取 3～5mm，在高度方向上，则取 1～3mm。

k' 值主要取决于产品易变形程度，对于可压缩内装物如针棉织品、服装等可取低限，而对于刚性内装物如仪器仪表、玻璃器皿等则应取高限。

如果为单件内装物，则上式为

$$X_i = x_{\max} + k' \qquad (1 - 2 - 3)$$

（2）制造尺寸与外尺寸计算公式

由内尺寸计算制造尺寸与外尺寸的公式见表 1 - 2 - 1。公式中制造尺寸修正系数一般为长、宽方向取 2mm，高度方向取 1mm。

例 1 - 2 - 2　盘式折叠纸盒结构如图 1 - 1 - 8 所示，其内尺寸为 225mm × 155mm × 40mm，内装物质量为 0.5kg，修正系数为 0，求制造尺寸与外尺寸并制作成型。

解：（1）纸盒容积

$$V = L_i \times B_i \times H_i = 225 \times 155 \times 40 = 1395000 (\text{mm}^3) = 1395 (\text{cm}^3)$$

查表 1 - 2 - 2 及表 1 - 2 - 3，$t = 1\text{mm}$

（2）*LH* 截面上，盒板①、②、③为复"U"型结构，所以

$$L_1 = 225 + (8-1) \times 1 = 232 (\mathrm{mm})$$

$$L_2 = 225 + (4-1) \times 1 = 228 (\mathrm{mm})$$

$$L_3 = 225\mathrm{mm}$$

$$L_o = 225 + 8 \times 1 = 233 (\mathrm{mm})$$

（3）盒板④、⑤为双"L"型结构，所以

$$H_4 = 40 + 1 \times 1 = 41 (\mathrm{mm})$$

$$H_5 = 40\mathrm{mm}$$

$$H_o = 40 + 2 = 42 (\mathrm{mm})$$

$$D_1 = (2+1) \times 1 = 3 (\mathrm{mm})$$

（4）*BH* 截面上，盒板①为"U"型，所以

$$B_1 = 155 + (4-1) \times 1 = 158 (\mathrm{mm})$$

$$B_4 = 155 + (2-1) \times 1 = 156 (\mathrm{mm})$$

$$B_5' = B_i = 155 (\mathrm{mm})$$

$$B_o = 155 + 4 \times 1 = 159 (\mathrm{mm})$$

$$D_2 = (0+1) \times 1 = 1 (\mathrm{mm})$$

各板制造尺寸如图 1-1-8 标注，外尺寸为 233mm×159mm×42mm。

三、包装尺寸标注

通过上面的两个计算实例，我们可以知道，如图 1-2-3 所示，在纸包装平面结构设计图上，尺寸标注只应从两个方向进行，即图纸的水平方向和图纸顺时针旋转90°的第一垂直方向。除非另有规定，尺寸标注单位一般为毫米（mm）。

任务三　认识两种基本盒型：管式盒、盘式盒

一、旋转成型

从前面制作的纸盒可以看出，纸盒从盒坯到立体成型，都需要一定数量的盒板旋转才能成型。如图 1-3-1，纸盒成型后，在盖面或底面上以旋转点为顶点形成两种角，分别为 A 成型角和 B 成型角。

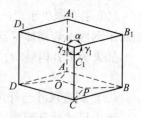

图 1-3-1　成型角

角是旋转成型体类的纸包装成型的关键。

1. A 成型角

在纸包装立体上，盖面或底面上以旋转点为顶点的造型角角度为 A 成型角，用 α

表示。

2. A 成型外角

A 成型角与圆周角之差为 A 成型外角，用 α′ 表示，即

$$\alpha' = 360° - \alpha \tag{1-3-1}$$

式中　　α'——A 成型外角，（°）

　　　　α——A 成型角，（°）

3. B 成型角

在侧面与端面上以旋转点为顶点的造型角角度为 B 成型角，用 γ_n 表示。

由于纸包装的结构特性，在侧面、端面与盖面（或底面）多面相交的任一旋转点，以其为顶点只能有一个 α 角，一个 α' 角，但可以有两个或两个以上的角 γ_n。

如图 1-3-2 所示管式折叠纸盒盒底（盖）组合面的成型过程中，相邻两底（盖）板或襟片为构成 A 成型角所旋转的角度就是旋转角。

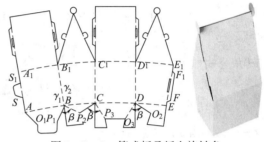

图 1-3-2　管式折叠纸盒旋转角

知识点——旋转角

旋转成型体在纸包装由平面纸板向立体盒（箱）型的成型过程中，相邻侧面与端面的顶边（或底边）以旋转点为顶点而旋转的角度称旋转角，用 β 表示。

图 1-3-3 为欧洲市场的一款巧克力包装，其特点是运输和销售过程中都是长方体，消费者购买后可以拉开成棱台形花篮，作为室内装饰进行陈列展示。

设计要点是端板 a 点和侧板襟片 a_1 点成型后在棱台形花篮状态下重合，形成锁的结构。

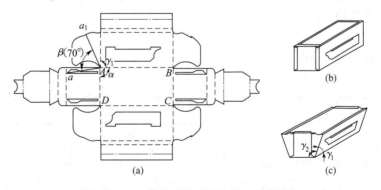

(a)　　(b)　　(c)

图 1-3-3　棱台型巧克力包装盒的旋转角

（a）盒坯结构　　（b）运输销售时的形态　　（c）销售后进行展示的形态

利用旋转角可以设计，

1. 组合面相邻体板或襟片上的重合点，如图 1 - 3 - 2 底面上 P_1、P_2、P_3 三点重合，O_1、O_2、O_3 三点重合；

2. 组合面相邻体板或襟片上的重合线，如图 1 - 3 - 2 底面上 P_1B、P_2B 重合，P_2C、P_3C 重合等；

3. 组合面相邻体板或襟片上的相关结构。

旋转角可以通过公式计算得到。

知识点——旋转角公式 （**TULIC** - 1 公式）*

*注："TULIC" 取自 "Tianjin University of Light Industry" "Cheng Sun"

旋转角公式如下：

$$\beta = 360° - (\alpha + \sum \gamma_n) \qquad (1 - 3 - 2)$$

式中　β——旋转角（°）

　　　α——A 成型角（°）

　　　γ_n——B 成型角（°）

作为特例，如果各个体板的底边（顶边）均在一条直线上，即在公式（1 - 3 - 2）中，$\sum \gamma_n = 180°$，则

$$\beta = 180° - \alpha \qquad (1 - 3 - 3)$$

这类纸包装就是最常见的棱柱体。公式说明，在其成型过程中，垂直于水平面而相邻的两体板（或襟片）所旋转的角度等于 β。

公式（1 - 3 - 2）与公式（1 - 3 - 3）的适用范围：$(\alpha + \sum \gamma_n) < 360°$

按照公式，我们可以计算得到图 1 - 3 - 3 盒板成花篮状所需要旋转的角度，根据这个角度就可确定襟片锁的位置。

计算过程如下：

因为 $\alpha = 90°$　$\gamma_1 = 90°$　$\gamma_2 = 110°$

由公式（1 - 3 - 2），$\beta = 70°$

在图中，可作线段 Aa_1 与 Aa 相交呈 70°，且 Aa_1 等于 Aa，则成型时 a_1 点旋转 β（70°）与 a 点重合（Aa、Aa_1 为确定 a_1 点作图辅助线）。

图 1 - 3 - 4 是彩色微细瓦楞水果包装盒，盒底相邻底片通风孔在盒成型时必须重叠，相邻底片的通风孔圆心与盒底旋转点的

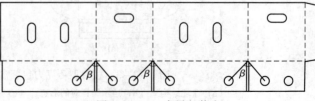

图 1 - 3 - 4　水果包装盒

连线交角为旋转角 β，且两连线相等。

二、管式和盘式折叠纸盒

图 1-3-5 两种盒型盒坯初看是一样的，但是其粘合位置不一样，也就是成型方式有差异，结构特点有区别，成型后图 1-3-5（a）是管式折叠纸盒，图 1-3-5（b）则是盘式折叠纸盒。

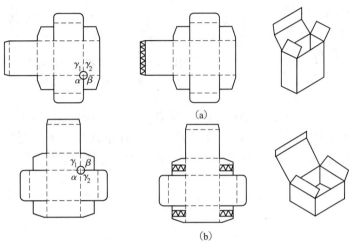

图 1-3-5　管式与盘式折叠纸盒定义及旋转性

（a）管式折叠纸盒　（b）盘式折叠纸盒

1. 管式折叠纸盒

图 1-3-6（a）所示的纸盒，成型以后其盒盖所位于的 LB 面在诸个盒面中面积最小，形状像一根管子，如果按造型属于管式折叠纸盒，但其盒体粘合通过两个 BH 面进行，底板不需折叠固定，同时也不能开启。能否称其管式折叠纸盒呢？

图 1-3-6（b）通过一个接头接合，盒盖和盒底通过锁合成型，又能否称其为管式折叠纸盒呢？

折叠纸盒用结构定义，需要抛弃造型形式上的统一，而是定义在成型特性与制造技术上具有共性结构的同类型纸盒。

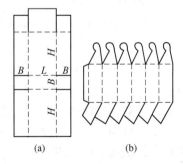

图 1-3-6　管式折叠纸盒

（a）造型定义　（b）结构定义

知识点——管式折叠纸盒定义

管式折叠纸盒是管式结构折叠纸盒的简称，专指在纸盒成型过程中，盒体通过作业线折叠在平板状态下用 1 个接头接合（钉合、粘合或锁合），盒盖与盒底都需要有盒板或襟片通过折叠组装、锁、粘等方式固定或封合的纸盒 [图 1-3-5（a）]。

管式折叠纸盒盒体在生产中的实际成型方式如图1-1-21所示，在使用时只要撑开作业线，盒体自动成型立体。但是，从理论上可以设想，管式折叠纸盒盒体的成型过程是各个体板以每两个相邻体板的交线（即高度方向压痕线）为轴，顺次旋转一定角度而成型。如图1-3-7（a）中，B_1BCC_1、C_1CDD_1……体板

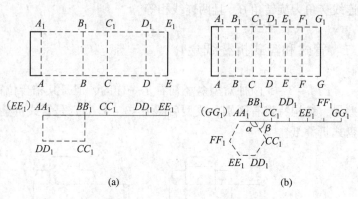

图 1-3-7　管式折叠纸盒的旋转性
（a）四棱柱盒体　（b）六棱柱盒体

围绕B_1B、C_1C……轴依次旋转$90°$而构成横截面为矩形的长方体纸盒。图1-3-7（b）中，诸个体板依次围绕B_1B、C_1C、D_1D……轴依次旋转$60°$而构成横截面为正六边形的棱柱体纸盒。管式折叠纸盒盒体这种连续旋转成型的特性为管式折叠纸盒的旋转性。

2. 盘式折叠纸盒

知识点——盘式折叠纸盒的定义

盘式折叠纸盒是盘式结构折叠纸盒的简称，该盒型的结构由一页纸板以盒底为中心，周围纸板呈γ_n角折叠成主要盒型，角隅处通过锁、粘或其他方法封闭成型；如果需要，这种盒型的一个体板可以延伸组成盒盖［图1-3-5（b）］。

与管式折叠纸盒有所不同，这种盒型在盒底几乎无结构变化，主要的结构变化在盒体位置。

盘式折叠纸盒的角隅等同于管式折叠纸盒的盒盖或盒底的顶角，也就是成型时角隅相邻的各个盒板围绕一点进行旋转，这个旋转点就是盒底平面的各个顶点。因此，用成型角与旋转角的定义，则在角隅处：

盘式折叠纸盒盒底相邻两边所构成的角度为A成型角（α）；体板交线与盒体边线所构成的角度为B成型角（γ_n）。

当盘式折叠纸盒成型时，相邻两体板（侧板和端板）边线重合过程中所旋转的角度为旋转角β。

图1-3-8为侧板是凹六边形的盘式折叠纸盒，侧板与端板通过接头粘合。

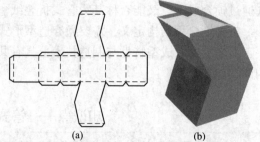

图 1-3-8　凹六边形盘式折叠纸盒
（a）平面结构图　（b）立体成型图

PACKAGING STRUCTURE & DIE-CUTTING PLATE DESIGN(THE SECOND EDITION) 包装结构与模切版设计(第二版)

任务四　设计管式、盘式盒盒体

一、管式盒盒体

1. 作业线设计

　　因为大部分管式折叠纸盒接头是制造商接头，即在平板状态下接合，且这种平板状态经历计数、堆积、捆扎、装箱、储存、运输等环节一直持续到包装内装物之前盒体撑开，所以对这部分盒体最重要的是作业线设计。

　　根据上述要求，作业线应该设计在管式折叠纸盒平面展开图盒体部位的纵向，当把一对作业线折叠后，盒坯两端的相应位置应该重合，即 A、E 点重合，A_1、E_1 点重合（图 1-4-1）。

　　（1）成型作业线

　　图 1-4-1 所示 4 种管式折叠纸盒盒体，其作业线为 BB_1 和 DD_1，当沿着这两条作业线平折时，A、E 点重合，A_1、E_1 点重合。BB_1 和 DD_1 线在立体状态下又起折叠成型作用，所以 BB_1 和 DD_1 线是两条成型作业线。

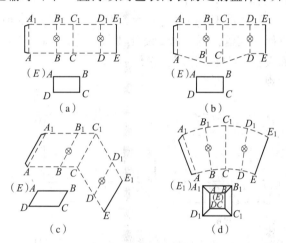

图 1-4-1　简单偶数棱柱（台）
类折叠纸盒作业线设计

（a）直四棱柱　（b）、（c）斜四棱柱　（d）四棱台

　　图 1-4-2（a）所示盒型作业线为 AA_1 和 CC_1，这样，当粘合面 U_1UTT_1、S_1SAA_1 与相应位置在平板状粘合时，平折次数最少（两次）。如果仍如前选用 BB_1 与 DD_1 时，则需三次平折，这时要增加 SS_1 为作业线，势必增加纸盒机械成型的难度。

　　图 1-4-2（b）所示盒体作业线也有三条，首先对折线 SS_1 平折，平面 V_1VSS_1 与平面 S_1SCC_1 重合，然后作业线 TT_1 与 AA_1 共同平折，最后作业线 CC_1 平折完成接头粘合成型。

　　图 1-4-1 与图 1-4-2 所示盒型的作业线在折叠成立体时都起成型作用，这类盒型都是偶数棱柱或偶数正棱台体，所以其作业线是成型作业线。

　　图 1-4-3 所示变形偶数棱柱类折叠纸盒作业线也是成型作业线。

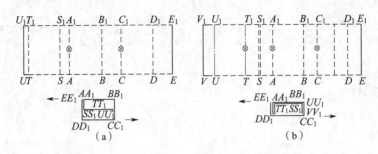

图1-4-2 复杂偶数棱柱类折叠纸盒作业线设计

（2）非成型作业线

对于图1-4-4所示奇数棱柱类盒型，同样也要考虑到平板状接合接头、平板状运输堆码等问题，所以也要设计两条工作线 CC_1 与 AA_1，其中 CC_1 在折叠立体时起成型作用，而 AA_1 不起成型作用，它是一条非成型作业线。

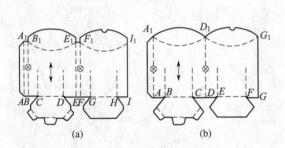

图1-4-3 变形偶数棱柱类折叠纸盒作业线设计
（a）四棱柱 （b）双棱柱

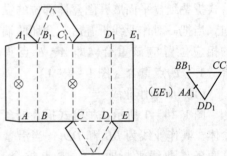

图1-4-4 奇数棱柱类折叠纸盒作业线设计

知识点——非成型作业线

只在制造商接头接合时以对折状态工作而在盒体成型时不工作（折叠）的作业线为非成型作业线。

对于部分异形折叠纸盒（图1-4-5），其成型折叠线不能使盒坯两端在平折后对齐重合，这时必须重新设计两条垂直方向的作业线，而且作业线应视情况延长穿越盖板（襟片）或底板（襟片），如图1-4-5（a）的 BF_1 线和 DG_1 线，图1-4-5（b）的 FF_1 线和 GG_1 线都是非成型作业线。

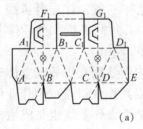

（a）

PACKAGING STRUCTURE & DIE-CUTTING PLATE DESIGN(THE SECOND EDITION) 包装结构与模切版设计(第二版)

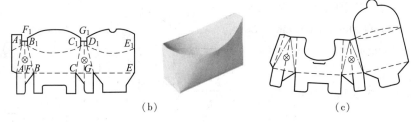

（b）   （c）

图 1 – 4 – 5　异型折叠纸盒作业线设计

如前所述，为了不影响纸盒印刷面外观，非成型作业线可以采用印刷面半切线，这样当成型立体盒型时，不会显露折痕。

（3）作业线的计算

赵郁聪、王德忠提出直四棱台折叠纸盒盒体设计作业线必须满足的条件：

$$\frac{L}{B} = \frac{\cos\gamma_1}{\cos\gamma_2} \qquad\qquad (1 - 4 - 1)$$

式中　L——直四棱台折叠纸盒下底的长，mm

　　　B——直四棱台折叠纸盒下底的宽，mm

　　　γ_1——直四棱台折叠纸盒侧板底角，B 成型角，（°）

　　　γ_2——直四棱台折叠纸盒端板底角，B 成型角，（°）

图 1 – 4 – 6 是两例直四棱台巧克力包装盒，其一是加拿大产"TRUFFETTES"1kg 装松露巧克力包装；另一个是英国"Cadbury"300g 装巧克力包装。

例 1 – 4 – 1　在图 1 – 4 – 6（a）所示的 1kg 装"TRUFFETTES"巧克力直四棱台包装盒体结构中，已知：$L = 148$mm，$\gamma_1 = 95°$，$\gamma_2 = 93°$。

求：$B = ?$

解：由公式（1 – 4 – 1）

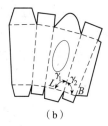

（a）　　　　　　　（b）

图 1 – 4 – 6　直四棱台折叠纸盒

（a）"TRUFFETTES"松露巧克力包装盒

（b）"Cadbury"巧克力包装盒

$$B = \frac{L\cos\gamma_2}{\cos\gamma_1} = \frac{148 \times \cos 93°}{\cos 95°} = 89(\text{mm})$$

异形折叠纸盒盒体具有特殊造型，设计纸盒作业线时需要在尺寸设计上有新的构思。以图 1 – 4 – 7（a）为例，首先选择盒坯左侧 E 成型压痕线为作业线，然后在适当位置选取另外一条成型压痕线为基准线如 B 线，根据尺寸设计非成型作业线。

由下式计算：

$$L_3 = \frac{L_2 - L_1}{2} \qquad\qquad (1 - 4 - 2)$$

式中　L_1——选定作业线与基准线距离，mm

　　　L_2——上述两条线之外其他各纸盒体板宽度之和，mm

　　　L_3——距离基准线的非成型作业线位置，mm（其值为正，该线在基准线左侧，反之在右侧）

例 1-4-2 在图 1-4-7（a）中，已知：$L_1 = 1110\text{mm} + 630\text{mm}$，$L_2 = 360\text{mm} + 860\text{mm} + 190\text{mm} = 1410\text{mm}$。

求：$L_3 = ?$

解：代入公式（1-4-2）计算，得

$$L_3 = [1410 - (1110 + 630)]/2 = -165 \text{ (mm)}$$

所以选择在距 B 线右侧 165mm 处设计一条印刷面半切线作为非成型作业线。

从端板看，图 1-4-7（b）是不规则四边形盒，图 1-4-7（c）是不规则五边形盒，图 1-4-7（d）是一个梯形盒，它们的非成型作业线也是通过计算设计。

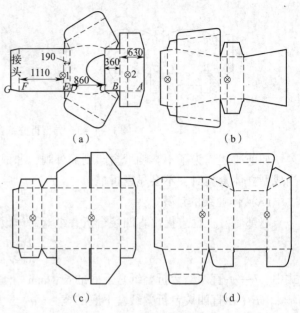

图 1-4-7 根据结构尺寸设计作业线

2. 平分角设计

当折叠纸盒体板为非直角形的异形盒如六边形、八边形（等边或不等边）以及其他变形，如图 1-4-8 所示，如果其非直角角隅在不切断的情况下折叠成型，就需要借助平分角进行。

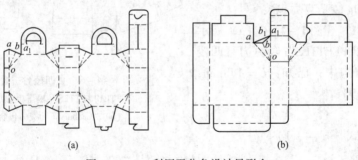

（a）　　　　　　　　　　　　　　（b）

图 1-4-8 利用平分角设计异形盒
（a）八边形盒体　　（b）变形盒体

知识点——平分角

平分角指折叠纸盒盒坯上的一个平面角，被其角平分线分割为相等的两个角；或者一个规则平面几何形，被其中一个角的角平分线分割为全等的两部分，在多数情况下，这一角平分线通常作为对折线，以便在成型过程中或满足其他功能要求时，沿这条角平分线对折后，其左右两个部分（两个半角或全等的两部分）能够重合。

在折叠纸盒的结构设计中，常用到等腰三角形，其顶角平分线判定原则为：等腰三角形底边的垂直平分线等于顶角的角平分线，也就是等腰三角形底边上过顶角的垂线等于顶角的角平分线。利用这一定理可方便平分角的设计：

图 1 - 4 - 8（a）为八边形管式折叠纸盒，其结构的关键是线段 oa 与 oa_1 必须完全重合，因此，在其角隅处采用了平分角设计，即线段 ob 是 $\angle aoa_1$ 的角平分线，这样，在 ob 线外对折后，线段 oa 与 oa_1 重合。

为简化图形，这里内外对折线分别用单虚线和点划线表示。

具体作法如下：① 作线段 oa 等于 oa_1，连接 a、a_1 两点，则 $\triangle aoa_1$ 为等腰三角形；② 过 o 点作线段 aa_1 的垂线 ob，则 $\angle boa_1 = \angle boa$，$\triangle boa_1 \cong \triangle boa$。

图 1 - 4 - 8（b）是带倒出口再密封结构的管式折叠纸盒，其再密封倒出口设计采用平分角结构，因而再密封时，沿线段 ob 进行对折，则线段 oa 与 oa_1 重合，ab 与 a_1b 重合。

具体作法与前例略有不同：① 作线段 oa_1 等于 oa；② 连接 aa_1 作为辅助线；③ 过 o 点作线段 aa_1 的垂线 ob_1，则 $\angle aob_1 = \angle a_1ob_1$；④ 作线段 ab 与 ob_1 交于 b 点，连接 a_1b，则 $\triangle aob \cong \triangle a_1ob$；⑤ 擦去辅助线 aa_1 和 bb_1。

这样，当沿线段 ob 对折时，$\triangle aob$ 与 $\triangle a_1ob$ 才能重合，也就是 oa 与 oa_1，ab 与 a_1b 才能完全重合。

二、盘式盒盒体

1. 组装成型盒体

组装盒直接折叠成型，可辅以锁合或粘合。组装方式有：① 盒端对折组装，如图1-4-9（a）所示；② 非粘合式蹼角与盒端对折组装，如图1-4-9（b）所示。

如果组装式盘式盒的对折线间距加大进化为一个平台台面，则形成宽边盒结构，如图 1 - 4 - 10 所示。

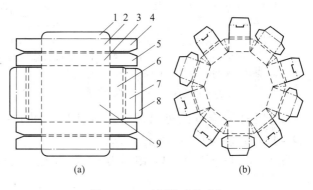

图 1 - 4 - 9　组装式盘式盒

（a）盒端对折组装　（b）非粘合式蹼角与盒端对折组装

1—侧襟片　2—侧内板　3—侧板　4—侧内板襟片　5—侧板襟片
6—端板　7—端内板　8—端襟片　9—底板

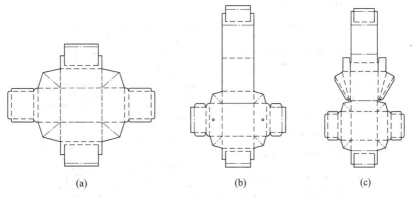

（a）　　　　　　　（b）　　　　　　　（c）

图 1 - 4 - 10　宽边盘式盒

（a）宽边盒　（b）板式盖宽边盒　（c）翻盖宽边盒

2. 锁合成型盒体

按锁口位置的不同，盘式折叠纸盒有下列几种锁合方式，如图 1-4-11 所示。

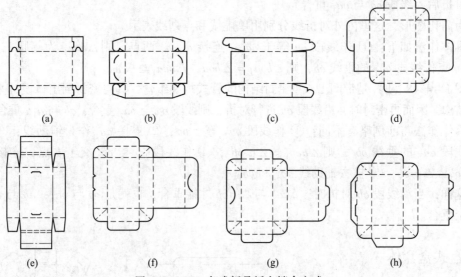

图 1-4-11　盘式折叠纸盒锁合方式

（a）侧板与端板锁合　（b）端板与侧板锁合襟片锁合　（c）锁合襟片与锁合襟片（侧板襟片）锁合

（d）盖板锁合　（e）底板与端襟片锁合　（f）～（h）盖插入襟片与前板锁合

以上几种锁合方式可以任意组合使用，图 1-4-12（a）用三种锁合方式，图 1-4-12（b）、（c）用两种锁合方式。

图 1-4-13 至图 1-4-15 为锁合襟片结构的切口、插入与连接方式。

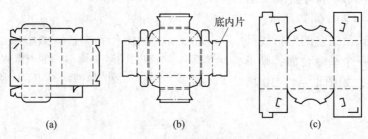

图 1-4-12　盘式折叠纸盒多锁合方式

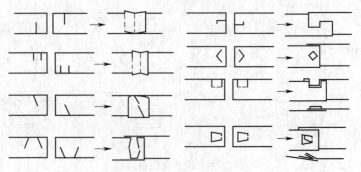

图 1-4-13　锁口结构之一

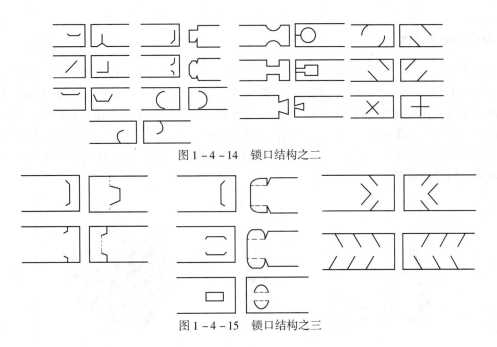

图 1 - 4 - 14 锁口结构之二

图 1 - 4 - 15 锁口结构之三

3. 粘合成型盒体

① 蹼角粘合。盒角不切断形成蹼角连接，采用平分角将连接侧板和端板的蹼角分为全等两部分予以粘合，如图 1 - 4 - 16 所示。

② 襟片粘合。侧板（前、后板）襟片与端板粘合，如图 1 - 4 - 17 所示；端板襟片与侧板（前、后板）粘合。

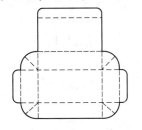

图 1 - 4 - 16 蹼角粘合结构

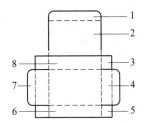

图 1 - 4 - 17 襟片粘合结构

1—盖插入襟片 2—盖板 3—后板襟片 4—端板
5—前板襟片 6—前板 7—防尘襟片 8—后板

③ 内外板粘合。图 1 - 1 - 8 为侧内板与侧板粘合。

4. 组合成型盒体

多种方式组合成型，如图 1 - 4 - 18 所示为两种组装 + 锁合成型的盘式折叠纸盒。

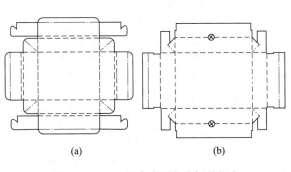

(a)　　　　(b)

图 1 - 4 - 18 组合成型盘式折叠纸盒

5．平分角成型盒体

图1-4-9（b）、图1-4-10、图1-4-11（d）（f）（g）（h）、图1-4-12（b）、图1-4-16和图1-4-18都是利用平分角成型的盒体，盘式盒的粘合式和非粘合式蹼角结构其实就是在角隅处进行平分角处理，即将盒角襟片的顶角平分线作为对折线，使对折线两侧对折后能完全重合，这样，盘式折叠纸盒的侧板（或前后板）与端板的对应边线在成型时于角隅处相交。图1-4-19所示纸盒端板是三角形，通过角隅处蹼角设计，将端板和侧板拉动成型。

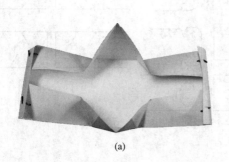 

（a）   （b）

图1-4-19　盘式平分角盒体
（a）纸盒打开　（b）纸盒成型

在一些情况下，通过对折的角平分线设计，可以实现折叠纸盒的某一部分结构方向的转变。

例如，如果采用图1-4-20（a）的设计，则纸板用料的宽度增大，也就是用料量增加，而与此同时在纸板上侧的左右两角，各有一部分剩余纸板未加利用。因此，可以考虑利用这部分纸板设计上侧的两个搭锁，即采用图1-4-20（b）的设计，在盒板上侧的两个角隅处，通过对折的角平分线，使 a_1、a 两点重合，也就是线段 a_1b_1 与 ab_1 重合，线段 ab 与 a_1b 重合。这样，上侧长搭锁在成型时转向90°，与下侧短搭锁在纸盒宽度方向上锁合。显然，这种设计节省了纸板。

如果纸盒某一部分结构需转向 λ 角，则对折线与该结构近边的角度为 $\dfrac{\lambda}{2}$。

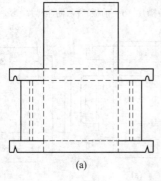 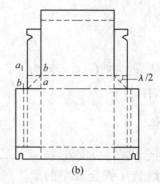

（a）   （b）

图1-4-20　转变方向的平分角设计
（a）设计前　（b）设计后

任务五　设计盒盖结构

盒盖是商品内装物进出的门户，其结构必须便于内装物的装填且装入后不易自开，从而起到保护作用，而在使用中又便于消费者开启。

一、设计管式盒盒盖

1. 插入式

插入式盒盖折叠纸盒如图1-5-1所示，这种盒盖由三部分组成：一个盖板和两个防尘襟片。封盖时盖板插入襟片插入盒体，通过纸板之间的摩擦力进行封合，便于消费者购买前开启观察和多次取用。

为了克服这类盒盖易于自开的缺陷，同时便于机械化包装，现在插入式盒盖的盖板与防尘襟片增加了锁合结构（图1-5-2）。

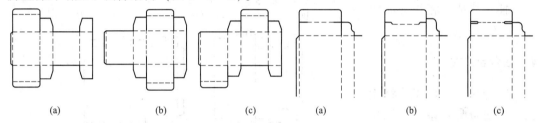

| (a) | (b) | (c) | (a) | (b) | (c) |

图1-5-1　插入式折叠纸盒　　　　　图1-5-2　插入式盒盖锁合结构

（a）飞机式 （b）直插式 （c）法国反插式　　（a）隙孔锁合 （b）曲孔锁合 （c）槽孔锁合

图1-5-3是曲孔锁合反插式折叠纸盒尺寸设计实例。

插入式纸盒在局部设计还可以变化，如图1-5-4是一种无缝反插式折叠纸盒，其防尘襟片以蹼角形式设计，形成无缝结构。

图1-5-5是一种法国反插式增强盖折叠纸盒，其盒盖形成双层结构。

2. 锁口式

这种盒盖结构是主盖板的锁舌或锁舌群插入相对盖板的锁孔内。特点是封口牢固可靠，开启稍嫌不便（图1-5-6）。

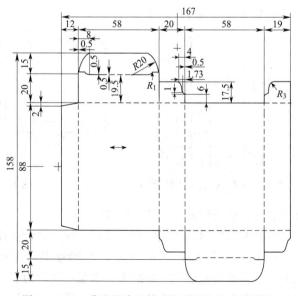

图1-5-3　曲孔锁合反插式折叠纸盒尺寸设计图

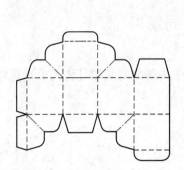

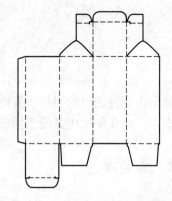

图 1－5－4　无缝反插式折叠纸盒　　　　图 1－5－5　法国反插式增强盖折叠纸盒

图 1－5－7 是一种礼品包装盒，其锁形如蝴蝶，故名蝶式锁。

3. 插锁式

插入与锁口相结合如图 1－5－8 所示。

4. 粘合封口式

粘合封口式盒盖是将盒盖的主盖板与其余三块襟片粘合。有两种粘合方式，如图 1－5－9 所示。

与其他类型的盒盖不同，粘合封口式盒盖盖板与前板

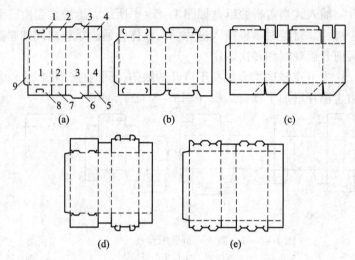

图 1－5－6　锁口式折叠纸盒

1—盖板 1　2—盖板 2　3—盖板 3　4—盖板 4　5—底板 4
6—底板 3　7—底板 2　8—底板 1　9—粘合接头

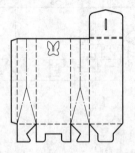

图 1－5－7　蝶式锁折叠纸盒

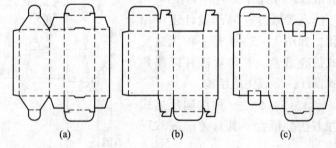

图 1－5－8　插锁式折叠纸盒

连接，这样前视时看不见盖板切口面。

这种盒盖的封口性能较好，开启方便，适合高速全自动包装机。

图 1－5－10（a）所示为瑞士产 200g 装 "TOBLERONE" 三棱柱粘合封口盖（底）巧克力包装纸盒盒坯的主板结构，盒盖盒底均为双条涂胶；为平板状粘合，盒体设计有成型作业线和非成型作业线各一条；盒盖粘合后，从盒体的撕裂打孔线开启新盖，新盖铰链

为切痕线，且只有两个切断口，断痕较长；图 1 - 5 - 10（b）是需要与新盖开启部位粘贴的盖口内衬板结构。

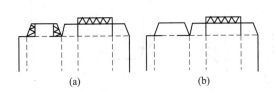

图 1 - 5 - 9　粘合封口式盒盖

（a）双条涂胶　（b）单条涂胶

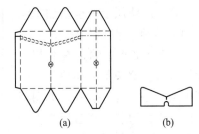

图 1 - 5 - 10　"TOBLERONE"三棱柱粘合
封口盖（底）巧克力包装结构

（a）盒坯主板结构　（b）新盖盖口内衬板结构

5. 显开痕盖

为了能够及时显示盒盖开启痕迹，防止非法开启包装而换之以危害性物品，保证消费者生命与健康安全，维护商品信誉，巧克力包装采用显开痕盖是一个好的方案。

显开痕盖即盒盖开启后不能恢复原状且留下明显痕迹，以引起经销商和消费者警惕。

图 1 - 5 - 11 所示显开痕盖结构，是在原插入式盒盖盖板或盖插入襟片增加一特殊结构，即在纸板面层和底层同一位置各设计一椭圆形半切线，两椭圆长短半径相等但互相垂直，纸板底层椭圆半切线与一个防尘襟片或前板点粘［图 1 - 5 - 11（b）、图 1 - 5 - 11（e）］，开启以后，点粘部分的纸板撕裂成一个"T"字断面，从而起到防止再封和显示开痕的作用［图 1 - 5 - 11（c）、图 1 - 5 - 11（f）］。

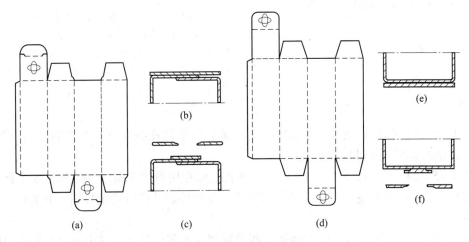

图 1 - 5 - 11　半切缝显开痕盖

图 1 - 5 - 12（a）盒盖盒底各有两个心形间歇切孔，点粘部位也具有显开痕作用。开启时间歇切孔的"桥"断裂，心形部分留在被粘合的盖片上。

折叠纸盒接头一般应连接在后板上，特殊情况下才可连接在能与后板粘合的端板上。图 1 - 5 - 12（a）就是所指的特殊情况，因为如果按图 1 - 5 - 12（b）设计，则接头上的打孔线一定要与端板上的打孔线重合，无形中提高了制造精度要求，而且这个位置上的双层纸板也增加了消费者开启的难度。但是如图 1 – 5 – 12（a）设计，接头上的折叠线与后板折叠线重合，避免了上述缺陷。

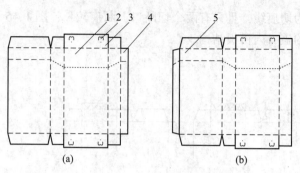

图 1 – 5 – 12　心形切孔显开痕盖
1—前板　2—心形切孔　3—盖板　4—粘合接头　5—后板

图 1 – 5 – 13（a）是一款英国巧克力六棱柱纸盒包装，其盖板插舌的圆形间歇切痕中心与纸板粘合，开启时"桥"断裂而显开痕。失去圆形部分的插舌还可以再插入锁孔，实现再封。

图 1 – 5 – 13（b）是瑞士"Lindt & Sprungli"900g 装巧克力六棱台纸盒，盒盖与图 1 – 5 – 13（a）近似，只是没有显开痕结构。盒底结构初看形似，实际却完全不同。图 1 – 5 – 13（a）盒底是粘合成型，图 1 – 5 – 13（b）是粘合预成型，也就是自动成型，它有两个全底板，其一有数个竖条压痕线起加强筋和增强粘合作用，其二中间带有非成型作业线的底板起到在盒底平板状时和带有数条压痕线的底板粘合的作用，当盒身成型时盒底也自动成型。两底板上的外折切痕线形成盒底凸台结构，盒底四个带锁底片成型时呈对折状态与凸台底板锁合，进一步起到加强作用，增加了这种管式盒的装载量。

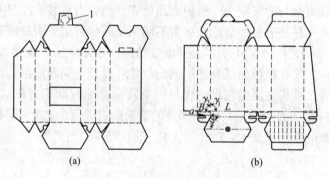

图 1 – 5 – 13　巧克力六棱柱（台）纸盒
（a）英国巧克力六棱柱显开痕盖纸盒
（b）"Lindt&Sprungli"巧克力六棱台加强自锁底纸盒
1—撕裂切孔线　$L = 113.5\text{mm}$，$B = 50\text{mm}$　$\gamma_1 = 91.5°$　$\gamma_2 = 90.7°$

6. 翻盖式

图 1 – 5 – 14（a）的纸盒原盖为粘合封口式，但于打孔线处重新开盖后则为翻盖盒，其打孔线在成型时又起对折作用。

图 1 – 5 – 14（b）与图 1 – 5 – 14（c）相比，纸板用料面积减少，但却增加了接头连接到前板上而产生由接缝引起的前视外观缺陷。这种外观缺陷较之纸板用量的节省，很可能得不偿失。

图 1 – 5 – 14 与图 1 – 5 – 15 翻盖通过折叠成型并有部分粘合，其中盒盖相邻部分的结构关系可以利用旋转角来分析。

图 1 – 5 – 14 前板的凸耳结构与图 1 – 5 – 15 的盒盖前内板凹槽（阴锁）和盒前板凸耳（阳锁）是防止翻盖自开的结构。

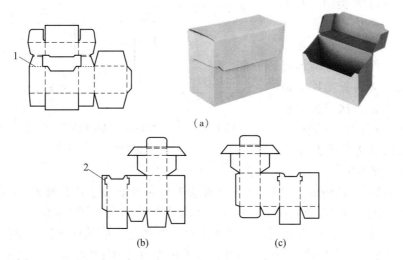

（a）

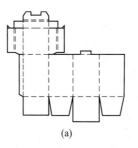

（b）

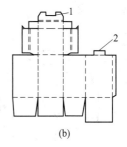

（c）

图 1 - 5 - 14　开新盖的翻盖式折叠纸盒

1—打孔线　2—凸耳

二、设计盘式盒盒盖

除粘合封口盖外，管式结构盒的盒盖形式都可用于盘式结构盒的盒盖，但也有自己独特的结构，如罩盖、抽屉盖等。

1. 罩盖

罩盖式纸盒的盒盖盒体是两个独立的盘式结构，盒盖的长、宽尺寸略大于盒体。按照盒盖盒体的相对高度，罩盖盒可分为下列两种结构类型。

图 1 - 5 - 15　折叠成盖的翻盖式折叠纸盒

（a）纸板用量多　（b）纸板用量少

1—阴锁　2—阳锁

① 天罩地式 $H^+ \geqslant H$，如图 1 - 5 - 16 所示。

图 1 - 5 - 17 是瑞士 "Lindt & Sprungli" 445g 装圣诞巧克力罩盖盒，盒体盒盖同是双壁结构，但盒体是宽边框，盒盖是对折结构。

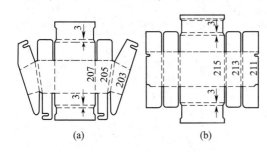

（a）　　　　　（b）

图 1 - 5 - 16　天罩地盘式折叠纸盒

（a）盒体　（b）盒盖

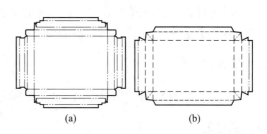

（a）　　　　　（b）

1 - 5 - 17　"Lindt & Sprungli" 圣诞巧克力罩盖盒

（a）盒体　（b）盒盖

图 1 - 5 - 18 是美国夏威夷
226g 装坚果巧克力罩盖盒，盒
体结构与图 1 - 5 - 17 的盒盖结
构略有不同，而其盒盖结构与
之相比，仅在端内板襟片的锁
扣结构上有变化，这类锁扣虽
小却有"四两拨千斤"的效果，
两种盘式盒的盒体盒盖都要注
意角隅结构的旋转性。

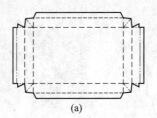 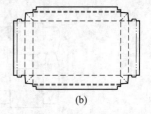

图 1 - 5 - 18　"HAWAIIAN KING" 巧克力罩盖盒

(a) 盒体　(b) 盒盖

　　图 1 - 5 - 19 是 175g 荷兰"Dioste"牌郁金香巧克力正八边形罩盖盒，盒体上棱折叠
压痕线中间部分是印刷面半切线，盒体盒盖都需要粘合成型。图 1 - 5 - 20 是 200g 瑞士
"Lindt & Sprungli"圣诞巧克力正八边形罩盖盒，盒体盒盖的结构相同，都是双壁组装，
盒体板为两组相间，带襟片的外板一组在盒成型过程中其内外板粘合，带锁头的内板一组
其内外板在盒成型过程中组装锁合成型。图 1 - 5 - 21 是 250g 德国"TRUMPF"酒心巧克
力八边形罩盖盒，盒体盒盖结构相同且都是粘合成型，但盒体下棱压痕线的中间段是印刷
面半切线。

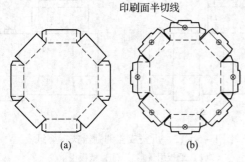

图 1 - 5 - 19　"Dioste"牌郁金香
巧克力正八边形罩盖盒

(a) 盒盖　(b) 盒体

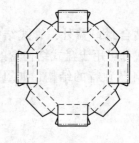

图 1 - 5 - 20　"Lindt & Sprungli" 200g
装圣诞巧克力正八边形罩盖
盒盒盖与盒体结构

　　② 帽盖式 $h < H$，如图 1 - 5 - 22 所示。

2. 翻盖

　　后板延长为铰链式翻盖的一页成型盘式翻盖盒，盒盖长、宽尺寸大于盒体，高度尺寸
等于或小于盒体，如图 1 - 5 - 23 所示。

3. 插入盖

　　插入盖如图 1 - 4 - 16 和图 1 - 4 - 17 所示。

4. 插锁盖

　　插锁盖如图 1 - 5 - 24 所示。

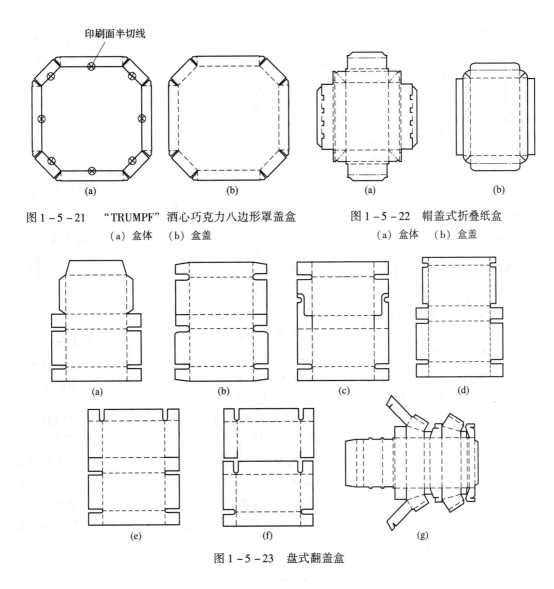

图 1 - 5 - 21　"TRUMPF"酒心巧克力八边形罩盖盒
（a）盒体　（b）盒盖

图 1 - 5 - 22　帽盖式折叠纸盒
（a）盒体　（b）盒盖

（a）　　　（b）　　　（c）　　　（d）

（e）　　　（f）　　　（g）

图 1 - 5 - 23　盘式翻盖盒

5. 抽屉盖

抽屉式盒盖为管式，盒体为盘式，两者各自独立成型。

图 1 - 5 - 25（a）为一抽屉式日本巧克力糖果包装盒，盒底左右两边压痕线上各有两个凸舌，不论是内装物自重还是轻微的推拉都不易使抽屉盖脱落，而盖两边的切除部分又便于盒体的移动。

图 1 - 5 - 25（b）为双盖抽屉盒，通过两个外盖的相互位移既便于取出又便于观察内装物，而盒体两边的折叠部分具有制动作用，使外盖左右移动时不易脱落。

图 1 - 5 - 26 为一平行四边形盒面的抽屉盖盒。

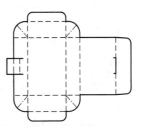

图 1 - 5 - 24　插锁盖

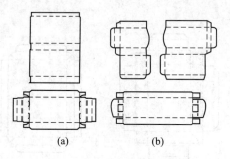

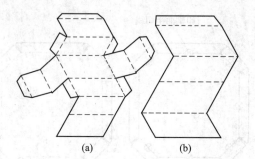

图 1 – 5 – 25　抽屉盖盒　　　　　图 1 – 5 – 26　平行四边形盒面抽屉盖盒
(a)　(b)

6. 板式盖

板式盖的盒盖是一块没有盖前板、盖插入襟片和盖端板的独立盒板，可以和盘式盒体一板成型，如比利时"GUYLIAN"牌 100g 装巧克力的标志性盒型结构（图 1 – 5 – 27）。盖板对折粘合，使得盒盖两面都是印刷面，起到开盖展示和宣传产品的作用，盖内板带有隐蔽的阳锁结构，盖板与盒体宽边框粘合，开启后需要再封时，可以用盖内板阳锁上部的拇指盲孔启动阳锁与盒体前板

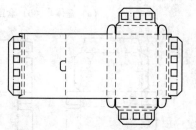

图 1 – 5 – 27　一板成型的比利时
"GUYLIAN"牌巧克力纸盒

中间的阴锁锁合。板式盖的盖板也可单独制造，如德国"merci"400g 装巧克力包装纸盒（图 1 – 5 – 28），它和图 1 – 1 – 15（a）所示相同品牌相同产品的 250g 包装纸盒造型相同，都是四棱台，但结构不同。250g 盒的盒盖与盒体一板成型，盒盖与盒体粘合，盒体是单边结构。400g 盒的盒盖是独立制造的双面盖板［图 1 – 5 – 28（a）］，板式盖的后板与盘式宽框盒体粘合［图 1 – 5 – 28（b）］，盒体中间还粘合有两层衬板，其中一层折叠成多个凸台底托的缓冲装置，为了精确成型，部分折叠线采用半切线结构［图 1 – 5 – 28（c）］，另一层粘在凸台上形成两个浅盘用于置放巧克力［图1 – 5 – 28（d）］。

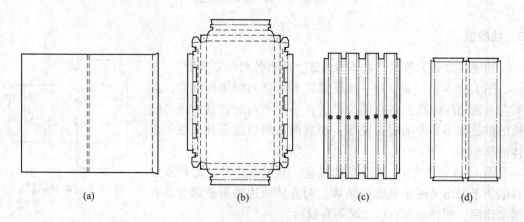

(a)　　　　　(b)　　　　　(c)　　　(d)

图 1 – 5 – 28　多板成型的"merci"400g 装巧克力纸盒
(a) 独立盖板　　(b) 宽边框盘式盒体　　(c) 缓冲底衬　　(d) 浅盘

任务六　设计花形锁纸盒

图 1-6-1 所示纸盒都是花形锁盒。这是一种特殊锁口形式，它们可以通过连续顺次折叠盒盖盖片使其组成造型优美的图案，又称连续摇翼窝进式。花形装饰性极强，可用于糖果及其他礼品的包装，缺点是组装稍嫌麻烦。

(a)　　　　(b)　　　　(c)　　　　(d)　　　　(e)

图 1-6-1　花形锁纸盒

一、管式花形锁盒

1. 花形锁盒盖

（1）正 n 棱柱

从图 1-6-2 可见，这种盒盖的旋转点为 A_1、B_1、C_1……；各盖片锁合点为 o_1、o_2、o_3……；锁合点与旋转点之间的连线 o_1A_1、o_2B_1、o_3C_1……和体板顶边线 A_1B_1、B_1C_1、C_1D_1……的交角为 A 成型角的 1/2。

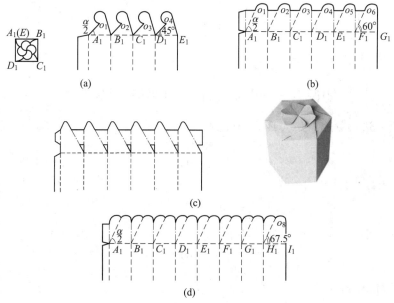

图 1-6-2　正 n 棱柱花形锁盒盖

（a）正四棱柱　（b）正六棱柱　（c）正六棱柱　（d）正八棱柱

$$\frac{1}{2}\alpha = 90° - \frac{180°}{n} \qquad\qquad (1-6-1)$$

式中　α——A 成型角，（°）

　　　n——正 n 棱柱棱数

o_n 点位于与顶边呈 $\alpha/2$ 的斜线和顶边垂直平分线的交点。

在实际设计中，如果确定了 o_1 点，则其他 o_n 点均在盒体顶边的平行线上，且 $|o_n o_{n+1}| = L_\circ$

如果在盒盖的任意一点处打孔，以便穿缎带等装饰件（图 1-6-3），可以利用旋转角在各个盖片上定点。

如图 1-6-4 所示，作图如下：① 按设计要求选择 P_6 点；② 连接 $P_6 F_1$，过 F_1 点作线段 $P_5 F_1$、$P_6 F_1$ 等长，且 $\angle P_5 F_1 P_6 = \beta$（这里是 60°），则纸盒成型后，$P_5 P_6$ 两点重合；③ 同理，连接 $P_5 E_1$，过 E_1 点作线段 $P_4 E_1$ 与 $P_5 E_1$ 等长，且 $\angle P_4 E_1 P_5 = \beta$，则 P_4、P_5、P_6 三点必然重合。

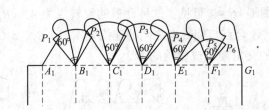

图 1-6-3　穿孔花形锁盒盖　　　图 1-6-4　正 n 边形盒盖盖片上任意点的重合

对于正 n 边形盒盖，其 A 成型角 α 为

$$\alpha = \frac{180°(n-2)}{n}$$

代入公式（1-3-3）

$$\beta = 180° - \frac{180°(n-2)}{n}$$

简化之，即

$$\beta = \frac{360°}{n} \qquad\qquad (1-6-2)$$

式中　β——旋转角（°）

　　　n——正 n 边形盒盖的边数

（2）任意 n 棱柱

对于任意 n 棱柱管式折叠纸盒来说，其 A 成型角各不相同，因此其旋转角 β 也各不相同。

图 1-6-5 为一不等边三棱柱折叠纸盒的盒盖结构，我们在盒盖上任选一点 o 作为花形锁盒盖各个摇翼的固定交点（o 点一般选在形心位置）。

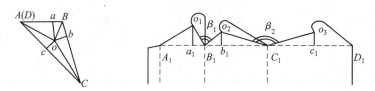

图 1-6-5　任意 n 棱柱花形锁盒盖

不等边三棱柱纸盒的 A 成型角依次为 α_1、α_2；

按公式（1-3-3），则相应的旋转角依次为 $180° - \alpha_1$、$180° - \alpha_2$。

作图如下：

① 将 $\triangle ABC$ 依次展开成线段 A_1B_1、B_1C_1、C_1D_1；

② 在俯视图上过 O 点作 AB 的垂线，并用同样方法在展开图中线段 A_1B_1 上方确定 o_1 点，即 $o_1a_1 = oa$，$A_1a_1 = Aa$；

③ 连接 o_1B_1，并过 B_1 点作线段 o_2B_1 与 o_1B_1 等长，且 $\angle o_1B_1o_2 = 180° - \alpha_1$；

④ 连接 o_2C_1，并过 C_1 点作线段 o_3C_1 与 o_2C_1 等长，且 $\angle o_2C_1o_3 = 180° - \alpha_2$，则 o_1、o_2、o_3 三点在纸盒成型后必然重合；

⑤ 过 o_1、o_2、o_3 三点作几何图形，则纸盒成型后盒盖也构成美丽的花锁图案。

该设计采用如下方法将更简单，即如同步骤②，在盒俯视图上过 o 点作三角形三条边的垂线，在展开图上分别确定 a_1、b_1、c_1 三点，使得 $A_1a_1 = Aa$、$B_1b_1 = Bb$、$C_1c_1 = Cc$，并过这三点作垂线，分别截取 $o_1a_1 = oa$、$o_2b_1 = ob$、$o_3c_1 = oc$，即可确定 o_1、o_2、o_3 三点。

（3）正 n 棱台

图 1-6-6（a）正 n 棱台盒盖盖片摇翼相交点 O_n 与正 n 边形旋转点 A、B、C、D……的连线和正 n 边形对应边 AB、BC、CD……所构成的角度仍等于 $\dfrac{\alpha}{2}$，但旋转角 β 不同于正 n 棱柱。

在实际设计中，如果确定了 o_1 点，则其他 o_n 点在以正 n 棱台的梯形盒面两斜边延长线交点为圆点，该圆点与 o_1 点连线为半径所作的圆弧线上。

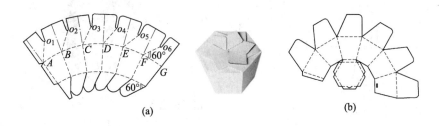

(a)　　　　　　　　　　　　　　(b)

图 1-6-6　正六棱台花形锁纸盒

（4）盒型的曲线变形

如图 1－6－7，花形锁纸盒的直线线段如 AB、BC、CD……以及 O_1B、O_2C、O_3D…… 可以用弧线来代替，以增加纸盒造型的趣味变化，但必须强调，不论如何变化，$\angle O_1BA$、$\angle O_2CB$、$\angle O_3DC$……不变，依然等于 $\dfrac{\alpha}{2}$。

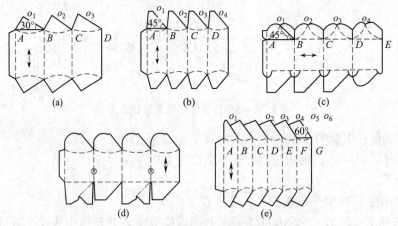

图 1－6－7　花形锁纸盒盒体的曲线变形

（a）正三棱柱　　（b）、（c）、（d）正四棱柱　　（e）正六棱柱

图 1－6－8（a）是正四棱台花锁盒。图 1－6－8（b）、图 1－6－8（c）都是四棱柱花锁盒，其锁合点位置都在盒盖形心，而且从旋转点到锁合点的连线是曲线。

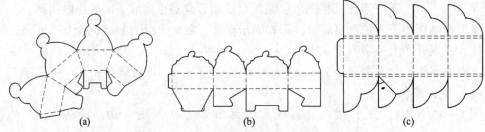

图 1－6－8　花形锁纸盒盒盖的曲线变形

（a）正四棱台　　（b）直四棱柱　　（c）正四棱柱

图 1－6－9 是一种摇翼对折的花形锁盒盖。

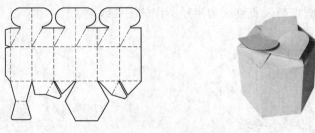

图 1－6－9　对折花形锁盒盖

表 1－6－1 为常用正 n 棱柱纸盒的 $\dfrac{\alpha}{2}$ 和 β 数值，供设计时参考。

如果 $\alpha/2$ 角大于表内数据，则折叠纸盒成为锥顶花锁盒或台顶花锁盒（图 1-6-10）。

表 1-6-1 　　　　　　　　常用正 n 棱柱纸盒的 $\dfrac{\alpha}{2}$ 和 β 值 　　　　　　　单位：（°）

n	$\dfrac{\alpha}{2}$	β	n	$\dfrac{\alpha}{2}$	β
3	30	120	6	60	60
4	45	90	7	64.3	51.4
5	54	72	8	67.5	45

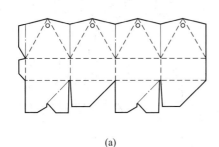 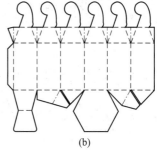

(a) 　　　　　　　　　　　　　　　　(b)

图 1-6-10　锥顶或台顶花锁折叠纸盒

（a）锥顶　（b）台顶

2. 花形锁盒底

花形锁盒底基本结构如盒盖，不同之处在于组装时折叠方向与盒盖相反，即花纹在盒内而不在盒外，这样可以提高承载能力，反之则无法实现锁底，内装物将从盒底漏出。

盒底组装过程如下：

① 将各底片内折 180° 依次折入盒内；

② 从盒内依次放下底片插别即可成型。

知识点——花形锁盒底的设计条件

如图 1-6-11，为便于组装，花形锁底片设计比盖片要简单一些，但也要保证啮合点 o 的存在，即符合下列条件：$\angle ABB_1 = \dfrac{\alpha}{2}$

$\angle ABB_2 \geqslant \beta$

$BB_2 \leqslant AB$

$BB_1 > AB/2\cos\left(\dfrac{\alpha}{2}\right)$。

即 B_1 点要超过 AB 的垂直平分线与 BB_1 的交点。

从表 1-6-1 可见，当 $n < 6$ 时，$\dfrac{\alpha}{2} < \beta$

当 $n = 6$ 时，$\dfrac{\alpha}{2} = \beta$

当 $n > 6$ 时，$\dfrac{\alpha}{2} > \beta$

所以，当 $n \geq 6$ 时，$\angle ABB_2 = \angle ABB_1 = \dfrac{\alpha}{2}$。

其他底片结构同理。

图 1-6-11（d）盒底花形锁的三角形切孔可以减少盒底成型时的应力，方便折叠成型。

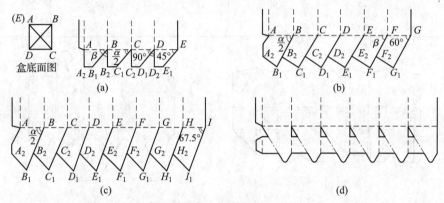

图 1-6-11　花形锁盒底结构

（a）正四棱柱　　（b）、（d）正六棱柱　　（c）正八棱柱

图 1-6-12 花形锁盖结构同时用于盒底，则可进行拼接，既省料又省工。

二、盘式花形锁盒

如图 1-6-13 所示，盘式盒的花形锁盖成型后与管式折叠纸盒中的花形锁盒盖相同。

图 1-6-13（b）中 oa、o_1a_1 为作图辅助线。

图 1-6-14 所示为一款罩盖盒的花锁式盒盖，但其结构是管式，所以进行设计时按照管式花锁盒盖设计方法进行设计即可。

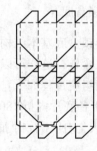

图 1-6-12　可省料拼排的花形锁盒结构

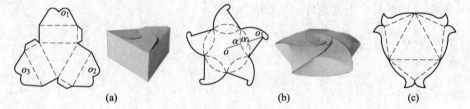

图 1-6-13　盘式花形锁盖

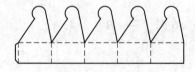

图 1-6-14　罩盖式花形锁盒盒盖平面结构图

任务七　设计管盘式折叠纸盒

一、管盘式折叠纸盒

1. 凹多边形管盘式折叠纸盒

对于凸多边形折叠纸盒，在其角隅处的任一个旋转点上，必然满足 TULIC – 1 公式，

$$\beta = 360° - (\alpha + \sum \gamma_n)$$

从上式可以看出

因为　β 必须大于 0

所以　$(\alpha + \sum \gamma_n)$ 必须小于 360°

这意味着就传统异形盒的每一个旋转点来说，以该点为顶点的所有成型角（包括 A、B 两类）之和不能大于 360°。

而对于凹多边形折叠纸盒，由于在一个凹边的旋转点上，A、B 成型角之和大于 360°。显然，在一页纸板成型的条件下，单独采用管式或盘式的成型方法不易成型，但采用管盘式成型就比较容易。

知识点——管盘式折叠纸盒定义

　　管盘式结构折叠纸盒简称管盘式折叠纸盒，是以盒底板为中心，部分盒体板向上折叠一定角度，而另一部分盒体板则旋转折叠一定角度，两种成形结构接合后组成盒的主体结构。

在图 1 – 7 – 1 所示 ABCDEF 凹六边形中，除 $\angle AFE > 180°$ 外，其余五个角均小于 180°。因此，从整体上看，该盒型的六个体板中有五个可以盘式成型，即体板与底板以一定角度（90°）折叠成型，相邻体板在角隅处粘合。唯独 FF_1E_1E 板不能用传统盘式盒成型方法成型，因为在 $\angle AFE$ 处，

$$\alpha > 180°, \quad \gamma_1 + \gamma_2 + \alpha > 360°$$

但可以利用管式盒旋转成型的特点来设计，即 $EE_1F_3F_2$ 板以 EE_1 为轴旋转 β 角。这样，线段 EF_2 与 EF 重合，F_2F_3 与 FF_1 重合，管式底板 EF_2HG 与盘式底板 ABCDEF 的一部分重合。

图 1 – 7 – 2 为一组装双壁五星形管盘式折叠纸盒，在盒底的 10 个旋转点上有 5 个点的 A、B 成型角之和大于 360°，因此，在该盒型的 10 个体板中，5 个以盘式成型，5 个以管式成型，两者相互间隔。盒底则有 5 个小三角形与原五星形盒底重合。

2. 长方体管盘式折叠纸盒

在 $(\alpha + \sum \gamma_n) < 360°$ 的情况下，也可以采用部分盒体用盘式盒向上折叠成型，而部

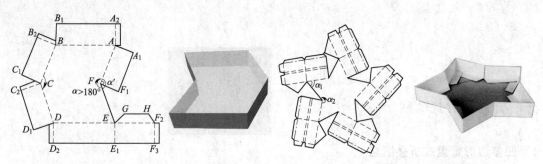

图 1－7－1　凹六边形管盘式折叠纸盒　　　　图 1－7－2　管盘式五星型折叠纸盒

分盒体用管式盒的旋转成型方法成型，如图 1－3－6（a）所示长方体管盘式折叠纸盒，该盒有两个粘合接头。

图 1－7－3 是一个组装管盘式折叠纸盒，其盒体两个侧板是盘式成型，两个端板是管式成型，因为组装固定所以没有接头。

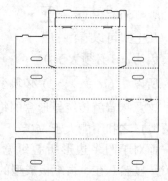

图 1－7－3　组装管盘式折叠纸盒

3. 异形体管盘式折叠纸盒

图 1－7－4 是一组端板旋转成型并通过锁扣结构或粘合结构进行固定的管盘式折叠纸盒。其中，图 1－7－4（a）是屋顶造型，图 1－7－4（b）是蜡烛造型，图 1－7－4（c）是弧顶盖棱台盒，这是意大利 230g 装"Raffaello"椰蓉杏仁糖果酥球包装盒。

图 1－7－5 是一个鸟巢形管盘式折叠纸盒。

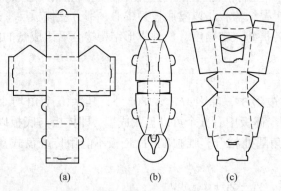

（a）　　　　（b）　　　　（c）

图 1－7－4　异形管盘式折叠纸盒　　　　图 1－7－5　鸟巢形管盘式折叠纸盒
（a）、（b）锁扣固定　（c）粘合固定

图 1－7－6（a）是一个类似于管式折叠纸盒正掀封口盖的正掀封口管盘式折叠纸盒。该盒盒底有一条非成型作业线，盒体端板有两条成型作业线，使得盒体两个制造商接头可以在平板状态下与相邻侧板粘合。图 1－7－6（b）是去掉正掀封口盖结构的管盘式折叠纸盒，这就是人们熟悉的快餐店用炸薯条包装盒，它有三条作业线和两个制造商粘合接头。

图 1－7－7 是电吹风器的管盘式结构纸盒包装，依对称六边形盒底为中心，三个长边和一个短边的盒体板向上折叠 90°，两个中边盒体板旋转 45°成型，内装物不外露，但可依靠盒型和图案显示。

PACKAGING STRUCTURE & DIE-CUTTING PLATE DESIGN(THE SECOND EDITION)
包装结构与模切版设计(第二版)

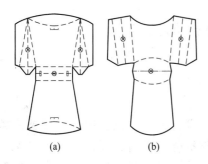
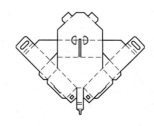

图 1-7-6　正掀封口管盘式折叠纸盒　　　图 1-7-7　电吹风器的管盘式结构纸盒包装

二、管盘式纸盒纹向

图 1-7-8 是管盘式纸盒在不同纹向设计方案下分别对纸盒正面和底面的对比,可以看出图 1-7-8(b)盒由于纸板纹向设计不合理,盒壁发生明显凹陷扭曲变形,且底板不坚挺,在底板中间的角面处发生翘曲。

图 1-7-9 是正五角星管盘式折叠纸盒在不同纹向设计方案(同正多边形盘式折叠纸盒纸板纹向设计方案)下,分别对纸盒立放和盒底对盒底平放的对比,可以看出不管哪种纸板纹向设计都使盒底向上凸,五角往外翘曲。通过盒底对盒底平放的对比,可以看出纸盒变形的程度,在理想情况下,两盒底应吻合紧密,中间不存在缝隙。因此不管哪种纸板纹向设计都存在明显缺陷。

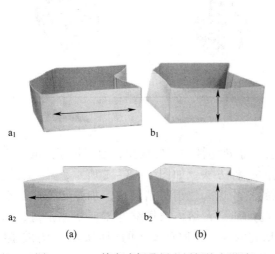
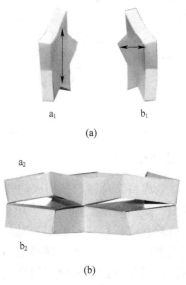

图 1-7-8　管盘式折叠纸盒纸板纹向设计　　　图 1-7-9　正五角星管盘式折叠
　　　　(a)正确　(b)错误　　　　　　　　　　　　　纸盒纸板纹向设计

任务八　设计巧克力塑料包装容器

一、巧克力塑料包装分类及成型工艺

塑料包装容器因质轻、耐蚀、防潮、设计灵活等特点，在包装领域应用越来越广泛，根据包装产品的形态不同，如粉末、液体、黏稠体、颗粒、固体等产品形态，对包装容器的形态设计要求也不同，产生了箱、盒、盘、桶、袋、瓶、包、罐等塑料包装容器形状。

根据包装容器的不同特性，如成品精致、外形不规则、壁薄、壁厚、大型等，成型方法各不相同，主要有注射成型、挤出吹塑、注射吹塑、模压成型、真空成型、热压成型、旋转模塑和发泡热成型等成型方法。

巧克力包装除纸质包装以外，塑料、金属包装应用也较为广泛。采用硬质塑料包装容器如瓶、罐、盒等，可视面大、质感强，外观精美。

巧克力产品主要有颗、块、豆、片、棒等固体形状，对于巧克力硬质塑料包装主要包括盒、瓶、碗、罐及内衬等包装结构。不同塑料容器成型方法和工艺技术要求各不相同，主要产品的常用成型工艺如表 1 – 8 – 1 所示。

表 1 – 8 – 1　　　　　　　　　　巧克力硬质塑料包装及生产工艺

主要类别	塑料盒	塑料罐	内衬
实物图片			
成型工艺	注射成型	注吹成型	热成型

1. 注射成型工艺

注射成型又称注射模塑或注塑，主要用于热塑性塑料的成型，也可用于热固性塑料的成型，是塑料成型加工中采用最普遍的一种方法。如图 1 – 8 – 1 所示，其工艺过程为：将粒状或粉状热塑性塑料从注射机的料斗送入注射机料筒内，加热转变成具有良好流动性的熔体；随后，在柱塞或螺杆的加压下，熔体被压缩并轴向快速推进，通过机筒前的喷嘴快速注入预先闭合的模具型腔内，熔体取得型腔的型样后转变为成型物；经一定时间冷却凝固定型后开启模具取得制品。巧克力塑料包装盒主要通过注射成型方式成型。

注射成型能制造外形复杂、尺寸精确的容器制品；生产性能好，成型周期短，可实现自动化或半自动化生产，效率高；制品无需进一步修饰或加工等，但所需模具复杂，制造成本高，故只适合于容器制品的大量生产。

PACKAGING STRUCTURE & DIE-CUTTING PLATE DESIGN(THE SECOND EDITION)　包装结构与模切版设计(第二版)

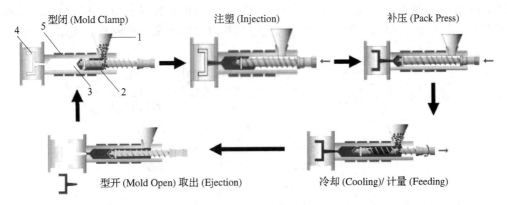

图 1-8-1　注射成型原理及工作流程图

1—料斗　2—塑料　3—料筒　4—注射模具　5—加热装置

2．注射－吹塑成型工艺

注射－吹塑成型工艺过程是由注塑机将塑料熔体注入带吹气型芯的管坯模具成型管坯，启模，管坯带着型芯转入吹塑模具；闭合吹塑模具，在型芯坯中通入压缩空气将其吹胀，利用空气的压力使坯料沿膜腔变形，使之紧贴于模腔壁上，冷却定型，启模即得容器制品，如图1-8-2所示。巧克力塑料包装罐主要通过注射－吹塑成型工艺制成。

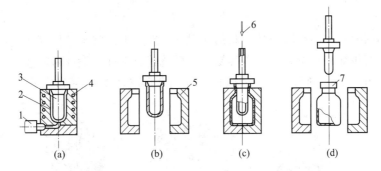

图 1-8-2　注射－吹塑成型原理及工作流程图

（a）注料成型　（b）转位到吹塑模　（c）充气吹塑　（d）开模

1—注射机喷嘴　2—型坯　3—型芯　4—加热器　5—吹塑模　6—压缩空气　7—塑料制品

注射吹塑尺寸精度高，质量偏差小，吹塑周期易控制，生产效率高等，但模具制造要求高，只适合生产容器容积小（小于2L）、形状简单、批量大的中空容器。注射－吹塑产品不需要修整，一般不产生边角料，容器类制品颈部尺寸精度好，容易满足瓶口配合要求；容器类制品表面光洁程度好，用透明性塑料制品可制得透明度非常高的制品。但注射－吹塑成本较高，一般用于较小体积的大口径包装罐制品。

3．热成型工艺

热成型工艺过程是将热塑性塑料片材加热至近熔融状态，借助片材两面的压力差、重力、机械力使其贴覆在（凹/凸）模具的轮廓上，冷却定型、脱模、修剪而成，如图1-8-3所示。按照成型方式不同，可分为凹模真空成型、凸模真空成型、模塞助压成型、对模成型等。因抽真空热成型应用较普遍，通常热成型也称真空成型。热成型最适合用于薄壁且浅深度的塑料制品成型，巧克力包装用塑料内衬通常采用热成型方式加工而成。

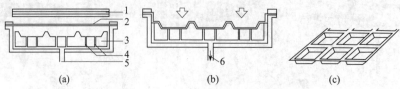

图1-8-3　热成型真空凹模原理图

（a）塑料片材加热　　（b）真空吸塑　　（c）成型

1—加热板　2—片材　3—模具　4—抽气孔　5—空气通道　6—抽气

热成型工艺在制品结构上可得到最薄（0.05mm）的制品；成型制品尺寸可大可小，大的可达2m（直径）；片材薄厚改变自由，塑料片材可延伸，增加强度，可得到耐冲击性高的成型品。但制作复杂结构制品较困难，尺寸精度低、成型深度有限，不易制得带锐角形状的制品。

二、塑料盒注射成型结构设计要素

巧克力塑料盒外形结构相对简单，产品设计要点如下：

1. 形状结构

在满足使用要求和不影响产品外观的前提下，应遵循形状与结构简化设计的原则。形状和结构设计的越简单，熔体充模越容易，质量就越有保证。设计时需注意以下几点：

① 结构简单，形状对称，避免不规则的几何图形（图1-8-4）。

图1-8-4　巧克力塑料盒

② 矩形盒的侧壁由于内应力作用易引起内凹变形，为此可将侧壁设计的稍微外凸一些（图1-8-5）。深度较浅的盒类制品，为避免翘曲变形，可将其底边设计成倒角形状［图1-8-6（b）］，为丰富盒型结构，其他棱边也可做倒角设计［图1-8-6（c）］。

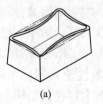
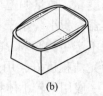

(a)　　　　　　(b)　　　　　　(c)

图1-8-5　薄壁容器侧壁变形

③ 为增强塑料盒的外观效果，在盒盖上可做一些较浅的凹凸造型，同时也可增强盒盖刚度（图1-8-7）。

PACKAGING STRUCTURE & DIE-CUTTING PLATE DESIGN(THE SECOND EDITION)　包装结构与模切版设计（第二版）

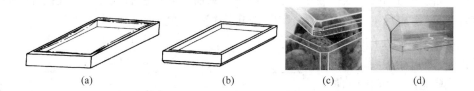

图1-8-6　薄壁容器防变形结构

(a) 直角设计　(b) 底边倒角设计　(c)、(d) 棱边倒角设计

④ 对于薄壳状巧克力包装盒，为增加产品刚度，可将其容器盖、底或容器侧面设计成波纹形、瓦楞形、拱形等，如图1-8-8。

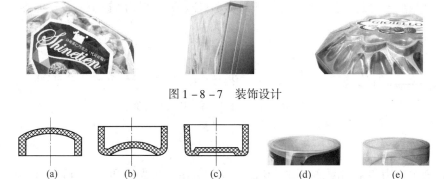

图1-8-7　装饰设计

图1-8-8　容器盖或底部曲拱增强

(a) 拱形盖　(b) 拱形底　(c) 曲拱底　(d) 拱形底实物　(e) 曲拱底实物

⑤ 当盒的整个底平面作为支承面时，为防止因翘曲变形使容器底部不平，可在底面设计凸出的支撑点、角、圈或以环形的凸边作为支撑面，如图1-8-9。

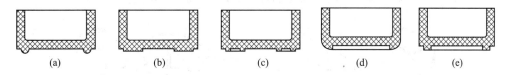

图1-8-9　塑件支承面

(a) 点支承　(b) 角支承　(c) 环支承　(d)、(e) 凸边环形支承

2. 壁厚

塑料盒壁厚设计需要依据塑料盒的使用要求（强度、刚度、重量、尺寸等）及成型工艺要求（熔体流动阻力、顶出强度和刚度等）而定，同时在设计时应遵循以下两项基本原则：

① 壁厚减小原则。通常，厚度的确定随塑料品种及塑料盒大小而定，在满足塑料盒强度的情况下，壁尽量薄，如果壁太厚，塑料盒会出现弯曲（warp）或裂纹（crack）。巧克力塑料盒厚度通常为1.0~3.0mm。

② 壁厚均匀原则。壁厚均匀可使塑料盒在成型过程中，熔体流动性均衡，冷却均衡，

能保证降低内应力和减小因壁厚不一、取向不一致所引起的翘曲程度，因此设计时同一塑料盒各部分壁厚应尽量均匀，壁厚不均匀时可进行以下处理：

a. 厚薄交接处的平稳过渡：对于一般工艺，当塑料盒厚薄不可避免时，应在厚薄交接处逐渐过渡，避免突变，厚度比例一般不超过3∶1。壁厚过渡形式如图1-8-10所示，阶梯式过渡，应尽量避免；锥形过渡（长厚比大于3），较好；圆弧过渡，效果最好。

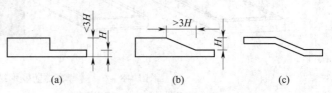

图1-8-10　壁厚过渡形式
（a）阶梯式过渡　（b）锥形过渡　（c）圆弧过渡

b. 壁厚趋于一致：对于塑料盒厚壁部位尽量减薄，使厚薄趋于一致，如图1-8-11所示。

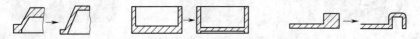

图1-8-11　塑件壁厚一致改进方案

3. 圆角

塑料盒中应力集中问题是不可避免的，应力集中对巧克力塑料盒有较大影响，降低使用性能，缩短正常使用寿命。为了使熔料易于流动和避免应力集中，应在拐角、棱边、凹槽等轮廓过渡与厚薄交接处加设圆角，不仅可使应力分散，同时还能改善树脂的流动性，也有利于制件脱模，如图1-8-12所示，同时塑料盒内外表面的拐角处圆角设计应如图1-8-13（b）所示，保证圆角处壁厚均匀一致。对于注塑塑料盒，$R \geqslant 0.5\text{mm}$，通常$R = (1 \sim 1.4)t$，脆性的如聚苯乙烯之类的塑料品种，$R = 1.0 \sim 1.5\text{mm}$。

图1-8-12　转角部位圆角设计
（a）直角设计应力集中　（b）圆角设计应力分散

圆弧半径由图1-8-14可知，当$\dfrac{内圆半径}{壁厚} = R_i / T$的比值增加时，应力集中系数降低。当$R_i / T < 0.3$时，降低幅度较大，$R_i / T > 0.6$时，曲线趋于平缓，通常$R_i / T$为$0.6 \sim 0.75$。

但对于某些特殊情况，如使用上的特殊需要或在分型面、模具的型芯与型腔配合处外，只能采用尖角，在实际应用中应根据具体情况而定。

4. 脱模斜度

塑料盒成型冷却会产生收缩，使塑料盒紧箍在凹模或型芯上，为了便于塑料盒从模腔中脱出，防止因脱模力过大而损坏塑料盒或膜腔，设计时需在脱模的平行方向设计脱模斜度，同时注塑时树脂容易流动，如图 1-8-15 所示。

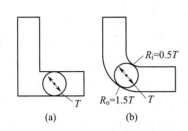

图 1-8-13　直角变圆角改进设计
（a）直角设计　（b）圆角壁厚一致

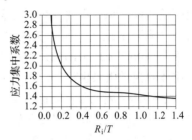

图 1-8-14　悬臂梁应力集中
系数对 R_i/T 的关系曲线

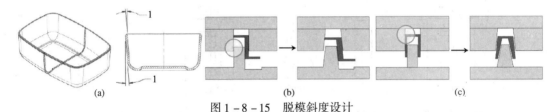

图 1-8-15　脱模斜度设计
（a）脱模斜度设计　（b）减少脱模摩擦　（c）改善结构注射
1—脱模斜度

知识点——脱膜斜度设计要点

1. 制品收缩率大，形状复杂且很不规则，其脱模斜度宜取较大值；
2. 材料性脆、刚性大、玻璃纤维增强的制品，脱模斜度要尽可能大；
3. 尺寸较大或尺寸精度要求高的制品，脱模斜度宜取小值；
4. 塑件上带有表面花纹时，每蚀刻深度增加 0.02mm，脱模斜度应增加 1°；
5. 制件内表面的脱模斜度应大于其外表面的脱模斜度。

　　注塑盒如果不准有明显斜度，外表面也应取 5′，内表面取 10′~20′；在许可情况下，取稍大值为好，一般取 30′~1°30′，部分尺寸结构角度设计可参照图 1-8-16；在同样盒型结构下，自润滑性好的塑料取 1°；软质塑料（聚乙烯、聚丙烯）取 1°15′，硬质塑料（ABS、聚碳酸酯等）取 1°45′；用玻璃纤维增强的材料要比未增强的取大 1°；盒壁上如有数个孔或矩形格，易采用 4°~5°。

　　对于因外观上的要求，不允许有脱模斜度的，应在模具结构上采取措施，这样虽然加工成本提高，但能达到制品设计者的要求。

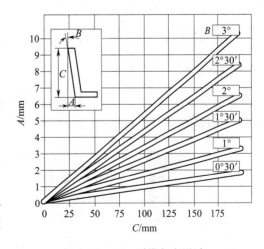

图 1-8-16　脱模角度设计

5. 标志、文字和符号

由于装潢或标识的需要，巧克力塑料盒上常塑有文字、图案或标志（图1-8-17）。标志有凸（阳）文或凹（阴）文两类，对应模具为凹（阴）文和凸（阳）文。由于模具型腔壁面上凸形字体加工困难，塑件表面字体尽量选择凸形字体。塑件表面凸形字体高度不同，字体的视觉效果也不同，当凸突起高度为0.08mm时，字体能显示；当凸起高度为0.4mm时，字体清晰明显；若凸起高度超过0.8mm时，需在模具型腔壁面上凹形字体沿深度方向设计出脱模斜度，以便于制品脱模。通常文字与符号的凸起高度应大于0.2mm，0.3~0.5mm为宜。线条宽度在0.3mm以上，一般0.8mm为宜，并使两线条间距不小于0.4mm。当凸起的文字或符号设计在浅框内时，其边框可比字体高出0.3mm以上，文字符号的脱模斜度可大于10°。

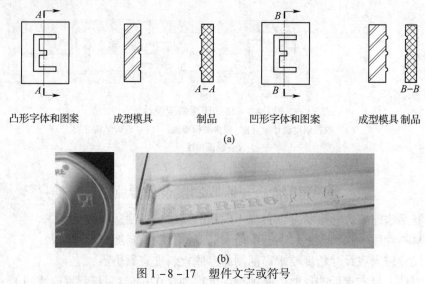

凸形字体和图案　　成型模具　　制品　　凹形字体和图案　　成型模具 制品

(a)

(b)

图1-8-17　塑件文字或符号

（a）文字及模具　　（b）凸文实物

三、塑料罐注射吹塑成型结构设计要素

巧克力塑料罐主要通过注射-吹塑成型方式成型，产品设计要点如下。

1. 形状与结构

塑料罐尽量对称，不提倡极端脱离型坯才能成型的形状，或偏离型坯中心的制品，不要设计成棱角形（图1-8-18）。

图1-8-18　巧克力塑料罐

2. 尺寸控制

注射吹塑塑料罐尺寸精度要求较高，尺寸设计上要注意以下几点：

① 塑料罐高度不宜过高，罐高与颈部内径之比通常不能超过 10。

② 塑料罐口部尺寸要大，罐口部内径通常不得小于容器最大直径的 1/3，极端情况下也不得小于 1/4。

③ 椭圆形塑料罐的椭圆度，即椭圆截面的长轴和短轴的比例不超过 2。

④ 塑料罐的容量一般多用于小规格容器。

3. 圆角

塑料罐应避免断面和外形突然变化，壁面交接处不宜设计成尖角，尖角部位在成型时有困难，而且受冲击易破裂。为使塑料罐便于成型及避免局部壁厚变薄，在有转角、凹槽和加强筋的部位尽可能制成较大的圆弧或采用球面过渡结构，从而获得壁厚较均匀一致的产品。

圆弧半径随塑料罐的形状不同而变化，圆柱形罐边缘的圆弧半径应不小于容器直径的 1/10；椭圆形罐以最小的直径为准；短形塑料罐转角圆弧半径最小值 $r \geqslant 0.15h$，其中 h 为模具型腔的深度，一般为瓶径的一半。

4. 支承面

巧克力罐等中空成型的容器底部通常不完全作为支承面，一般设计为内凹状，如图 1 – 8 – 19 所示，底边设计为圆角过渡，以提高容器的支承平稳性，同时还可使其具有较高的耐冲击性能。

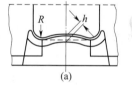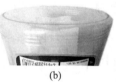

　　　　　　　(a)　　　　　　　(b)

图 1 – 8 – 19　容器支承面设计

（a）示意图　（b）实物图

R—底边圆角半径　h—凹槽深度

5. 脱模斜度

吹塑成型模具一般由两半阴模构成，不需要凸模，制品收缩大，故在一般情况下，脱模斜度为零。为避免拐角处壁厚厚薄不匀，此处脱模斜度通常取 1/60，深部取 1/15。塑料罐表面带有波纹状图案时，脱模斜度必须为 1/15 以上。

6. 加强筋

塑料罐等吹塑制品也可以通过设计加强筋提高产品的结构刚度，如容器的侧壁部分以凹凸形式设计的加强筋，纵向布置的可以提高垂直强度，周向布置的可以提高环向刚度。周向布置不能靠近容器肩部或底部，且如果容器纵向承压较大，尽量避免水平圆周槽，都会造成应力集中或降低纵向强度与开裂。

7. 螺纹

根据塑料罐使用要求，瓶口可进行螺纹设计，螺纹形状一般为六边形或梯形，螺纹圈数可一圈或多圈，但需符合相关标准。常见的几种口部螺纹设计如图 1 - 8 - 20 所示。

四、内衬热成型结构设计要素

热成型工艺是生产效率最高，而生产成本最低的方法之一。热成型最适宜制造薄壁且浅深度的塑料制品，如巧克力内衬盘（图 1 - 8 - 21）。

图 1 - 8 - 20　螺纹设计　　　　　　　　图 1 - 8 - 21　巧克力内衬盘
（a）示意图　　（b）实物

热成型工艺的产品设计要点如下：

1. 壁厚

热成型片材厚度一般为 0.1 ~ 10mm，甚至可达 20mm，但过薄或过厚的片材会使成型变得困难。

2. 牵伸比

牵伸比是指制品的深度 h 与宽度 b 之比，即 $h:b$，如图 1 - 8 - 22 所示，反映了塑件成型的难易程度，其值越大，成型越困难。牵伸比受多种因素限制：

① 牵伸比与塑料品种有关，其值越大，要求塑料的可拉伸性越大。片材的延伸性差，则过度的牵伸，制品就要破裂。一般对聚烯烃一类的材料，牵伸比不大于 1.5；对聚氨酯热塑性弹性体，牵伸比可取 4 以上。

② 牵伸比与模具形状有关，其值越大，模具斜度越大。单阴模真空成型，牵伸比不可超 0.5:1。

③ 牵伸比与制品几何形状有关，制品表面平整，牵伸比可越大，相对应的脱模斜度也越大。

④ 牵伸比与最小壁厚有关，其值越大，最小壁厚越小。

3. 转角设计

内衬片材成型时的纵横牵伸，易使制件转角处变薄或发生皱褶，因此圆角半径 R 尽可能大，将直角改为圆角。最小圆角半径等于片材厚度，一般可取 5 ~ 10mm，或壁厚的 3 ~ 5 倍。但圆角半径过大会使制品角隅处和整体的刚性降低。为此，可通过倒角设计代替大的 R 角，如图 1 - 8 - 23 所示。

4. 脱模斜度

热成型内衬的脱模斜度取决于模具的类型和模具的表面状况，通常为 0.5°～4°，阳模成型制品的脱模斜度要大于用阴模。以 ABS 为例，阳模成型，制品的脱模斜度可取 2°～3°，而阴模成型，脱模斜度可取 0.5°～1°。较大的脱模斜度有利于减少制品转角处的薄化程度，使制品壁厚趋于均匀，如图 1 - 8 - 24 所示，应将直角改为斜角。

图 1 - 8 - 22　牵伸比

图 1 - 8 - 23　转角设计
（a）直角设计　（b）圆角设计　（c）导角设计

5. 加强筋

巧克力内衬为薄壁结构，采用中空筋起刚性加强作用。采用波纹状的加强筋以提高面板或底部的刚性。侧壁的增强一般采用图 1 - 8 - 25 所示的方法，设计加强筋。凹凸增强条纹设计时数量不宜过密、起伏不宜过大，以免成型时壁太薄。

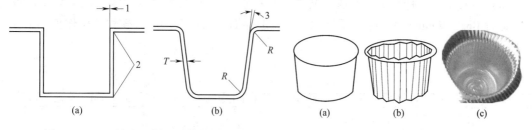

图 1 - 8 - 24　热成型制品脱模斜度设计
（a）直角设计（劣）　（b）斜角设计（良）
1—倾斜角（0°）　2—直角边　3—倾斜角（阴模至
少 0.25°，阳模至少 1°）

图 1 - 8 - 25　内衬加强筋设计
（a）未设计加强筋　（b）设计加强筋
（c）加强筋实物

任务九　计算机绘制反插式纸盒

一、纸盒包装 CAD 软件

国际上流行的纸盒包装 CAD 软件有日本邦友（Hoyu Technology）公司的 Box - vellum，比利时艾司科（EskoArtwork）公司的 Artios CAD，英国 Arden 公司的 Impack，荷兰 BCSI 公司的 PackDesign 2000，英国 AGCAD 公司的 Kasemake，加拿大 EngView 公司的 EngView Package Designer 等。

二、Box – Vellum 软件

1. Box – Vellum 的功能

Box – Vellum 是日本邦友（HoyuTech）公司研制开发的纸盒/纸箱结构设计 CAD/CAM 软件。Box – Vellum 吸收借鉴了当前国际包装设计的先进理念和方法，通过与数字打样机、纸盒打样机等相关设备的整合，为用户提供纸盒/纸箱设计加工的系统解决方案。可以完成从盒/箱型结构的最初设计、尺寸标注、桥位设计、拼排到后期驱动切割打样机、开模机等一系列工作，能方便、优质、精密地完成包装纸盒的结构设计及制图；可自动生成辅助线、自动对图纸进行标注、完成经典盒型的参数化功能；具有一个包含 300 多种盒型的盒型库，用户可以增加自定义的盒型种类、数量，对盒型库进行扩充。此外，由 Box – Vellum 设计的盒型结构图纸，可直接导入到平面设计软件，平面设计人员可直接在盒型结构图纸上进行平面设计，根据盒型的结构调整图形的相对位置，以达到完美的效果。设计完成后，可通过数字打样系统将盒型外观打印出样品，通过平面设计图纸的定位线，定位在盒型打样机上进行样品制作。

2. Box – Vellum 的界面

Box – Vellum 软件是 .exe 可执行文件，直接点击 .exe 文件即可运行 Box – Vellum 软件。运行 Box – Vellum 后，会短暂出现一个欢迎界面，然后直接进入软件的操作界面，如图 1 – 9 – 1 所示。

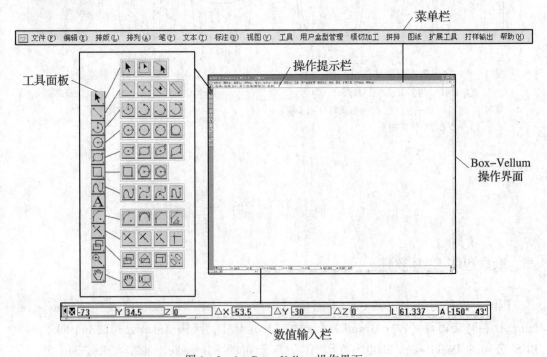

图 1 – 9 – 1　Box – Vellum 操作界面

Box – Vellum 的操作界面主要包括菜单栏、工具面板、数值输入栏、操作提示栏和绘图界面。

（1）Box – Vellum 工具面板

工具面板包括选择目标工具、直线型工具、圆弧、圆、椭圆、多边形、曲线生成工具、插入文本工具、转角工具、线段编辑工具、图形操作工具、缩放工具和图形移动查看等13种工具，每一种工具具有多种使用方法，利用工具面板上的工具可以快捷、准确地完成各种纸盒、纸箱的结构设计。

（2）数值输入栏

选出工具后，屏幕左下侧出现一个与此选用工具有关的数值输入栏。例如，在选择单线工具 ✎ 后，会出现图1-9-2所示的图形属性的数值输入栏。对于不同的工具，绘图参数也不同，各代表不同含义。如"X"、"Y"、"Z"表示起始作图点的 X、Y、Z 坐标值，"ΔX"、"ΔY"、"ΔZ"表示终点相对起点的 X、Y、Z 增量，"L"表示长度、"A"表示角度，"d"表示距离，"T"表示厚度，"R"表示半径，"dA"表示增量角，"D"表示直径，"W"表示宽度，"H"表示高度等。

| X 0 | Y 0 | Z 0 | △X 0 | △Y 0 | △Z 0 | L | A 0° |

图1-9-2　数值输入栏

输入数值时，可以按动 Tab 键，输入栏按顺序朝右移动，选择输入栏，进行数值输入；也可以直接用鼠标点击输入栏进行数值输入。

（3）Box – Vellum 菜单

设计者利用工具面板中的工具完成结构设计后，需要选择菜单中的具体功能来完成尺寸标注、盒型图输出等操作。整个用户界面由文件、编辑、排版、排列、笔、文本、标注、视图、工具、用户盒型管理、模切加工、拼排、图纸、扩展工具、帮助等15个菜单组成。

三、软件应用

1. 利用软件盒型库导入盒型

选择"文件" > "盒型库"菜单，"盒型库打开与插入"窗口打开，如图1-9-3（a）所示；点击左侧树状菜单可选择、预览盒型；按住鼠标左键不放点击盒型预览窗口，点击部分被放大，方便用户查看参数和细部结构，如图1-9-3（b）所示；点击"插入显示居中"和"打开"按钮可直接居中打开参数化盒型；点击"插入显示居中"和"插入"按钮，在绘图界面点击，便可居中插入选择的参数化盒型，如图1-9-3（c）所示；也可通过点选窗口中的"解析参数"、"变参实参化"进行参数解析，使变参实参化，如图1-9-3（d）、图1-9-3（e）所示；另可通过"纸型选择"、"更多参数/更少参数"等选项对所选盒型进行设置。

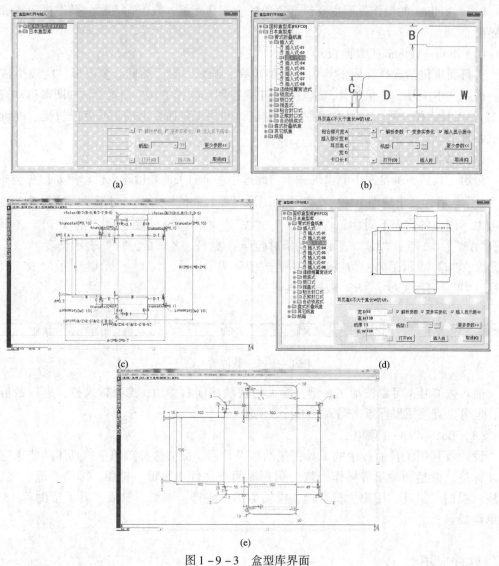

图1-9-3　盒型库界面

知识点——Box – Vellum 盒型库

Box – Vellum 拥有一个功能非常强大的盒型库:

① 拥有包括欧洲和日本常用的 300 多种盒型,设计人员只要从中将所需盒型选出,输入盒型主要参数或直接打开、插入,盒型的展开图将自动计算生成显示在屏幕上,用户可在此基础上对盒型做进一步修改,直到符合要求。

② 用户可通过盒型预显查找和使用手册文件名索引查找两种方式来查找所需盒型。排列方式有国际盒型库和日本盒型库。

③ 支持用户自定义盒型的添加,用户可任意添加盒型,建立自己的用户盒型库。支持用户管理,用户用的文档可以按类查阅快速检索,实现现有资源的有效利用。

2. 利用绘图和编辑工具绘制盒型

如果盒型库中没有用户所需的相同或相似的盒型，用户可利用绘图和编辑工具自行绘制所需盒型，以设计法国反插式折叠纸盒为例，介绍绘图和编辑工具的使用方法和技巧。

（1）作图环境设定

选择"笔"菜单，从"线型"子菜单中选出需使用的线条类型，本例选择轮廓线，如图1-9-4。

从"颜色"子菜单中选择已选线型"轮廓线"的颜色，本例选择黑色。

从"权"子菜单中选出已选线型"轮廓线"的线条宽度，本例选择0.35mm。

从"模式"子菜单中设定"轮廓线"用"实线"表示。

图1-9-4 笔/线型菜单界面

知识点——作图环境设定

设定线型属性时，也可直接选择【线型】子菜单中的【线的样式设定】对话框中，选择线条类型，或从【颜色】、【权】、【模式】子菜单中选择其他属性。在这种情况下，现有线条类型属性被一次性更改。

缺省情况下，线条类型属性如下：

编号	线条类型	颜色	权（线宽）	模式（形状）
1	轮廓线	黑	0.35mm	实线
2	可见线	黑	0.70mm	实线
3	隐藏线	红	0.50mm	虚线（M）
4	破折线	黄	0.50mm	一点画线（S）
5	点画线	绿	0.35mm	一点画线（S）
6	假想线	浅蓝	0.35mm	二点画线（S）
7	标注线	蓝	0.35mm	实线
8	注释线	黑	0.05mm	实线
9	辅助线	洋红	0.18mm	点线

线宽在0.35mm以下的线条屏幕显示时都为单像素线条，只有当用打印机或绘图机输出时才能区分出线条的线宽差别来。

提示：①要求连续更改线条类型时，点击［应用］按钮，选择下一步需要更改的线条类型。当所有设定结束后，点击OK按钮，关闭对话框。编辑线条类型后，新属性生效，且在再次从【笔】菜单的【线型】子菜单中选出【线的样式设定】功能前保持不变。

② 此子菜单对标注没有影响。需要更改标注颜色时，应使用【标注】菜单的【颜色】子菜单。

③ 在 Vellum 程序中，每个页面最多可设定 8 种不同线宽类型的线条。但在用【宽度编辑】对话框改变线条宽度后，所有作出图形的线条变成为改变后的线宽类型。

（2）绘制盒体

① 选择"文件" > "新建"（Ctrl + N）菜单，新建一个文件。

② 选择"线段"工具 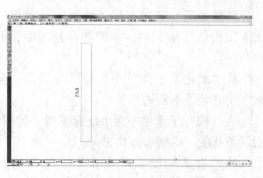，在数值输入栏中设定线段的长度（L）：250，角度（A）：−90（Box – vellum 中，X 轴正向角度为零，顺时针旋转的角度为负值，逆时针旋转的角度为正值），绘制结果如图 1 – 9 – 5。

图 1 – 9 – 5　绘制线段

知识点——作图方法

在 Box – Vellum 程序中，调用作图工具作图有"点击光标"和"拖动光标"两种方法：

点击光标是指将光标指向作图点点击鼠标进行作图。

拖动光标是指将光标指向作图起始点，按住鼠标键，将光标移至下一个作图点，释放鼠标键完成作图。

作图时可任意选用光标点击或光标拖动法。

各个工具的图标中已标出使用此工具时需要输入的作图点，例如："线段"工具图标 标有两个作图点，即进行绘图需要输入两个作图点。

③ 选择"平行线"工具 ，拖动新线段离开上一步骤绘制的线段，在数值输入栏（d）中设定要移动的距离：18，绘制结果如图 1 – 9 – 6。

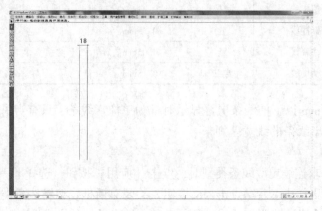

图 1 – 9 – 6　绘制平行线

知识点——线段工具

╲ ╲╲ ✦ ╲ 线段工具。此工具用于绘制单线、连续线段、现有线段的平行线、墙线、圆和圆弧的切线等。画出线段后，其坐标、长度以及角度等参数显示在数值输入栏中。

╲ 线段工具。用于在两点间绘制线段。按住 Ctrl 键不放，点击鼠标可绘制出与前面作出的线段/长度角度相同的线段；可使用数值输入栏，设定各种参数，如线段起点的 X、Y、Z 坐标值、到终点的 X、Y、Z 增量、长度、角度等；也可作线段的垂线、圆弧的切线或垂线，将光标移至线段或圆弧上，显示出"附着"提示文字，将光标朝适当方向（切线方向或垂直方向）拖动，显示出"切线"或"垂线"提示文字。在出现"切线"或"垂线"显示后，沿圆弧拖动线段，使线段达到所要求长度。

╲╲ 连续线段工具。是把原有线段的终点作为下一节线段的起点，绘制延长线段。当绘制出的线段不是所要求线段时，可按动 Esc 键，删除最后一次绘制的线段。或按动 Delete 键，则删除绘制中的整条连续线段。要结束线段绘制，双击鼠标或选择其他工具。当把圆弧作为连续线段的一部分绘制时，按住 Ctrl 键，光标形状变成圆弧形，此时点击鼠标。利用圆弧绘制功能时，必须首先绘制出线段。

✦ 平行线工具。是绘制现有线段的平行线（复制现有线段）。在线段上点击鼠标，按住鼠标键不放，将光标拖至所要求位置，释放按键；或按住鼠标键不放，将光标拖向要移动的方向，在数值输入栏内输入距离值，按动 Enter 键。

╲ 墙线工具。用来绘制建筑物和容器等的墙壁。用法与 [线段] 工具相同，只是要在 [T]（厚度）数值输入栏中输入数值，设定壁厚。墙壁交叉部分的线条会自动被消除。按住鼠标左键不放，然后点击 Shift 键，可改变墙线的加厚侧。

---

④ 继续选择"平行线"工具 ✦ ，拖动新线段分别离开最近距离的线段，假设纸板厚度为 1mm，在数值输入栏 （d） 中分别设定要移动的距离：150、100、150、99，绘制结果如图 1 – 9 – 7。

⑤ 选择"连续线段"工具 ╲╲ ，依次连接体板上下线段端点，绘制结果如图 1 – 9 – 8。

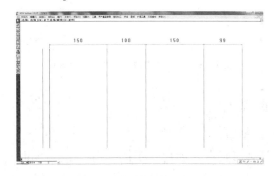

图 1 – 9 – 7　绘制体板竖直平行线

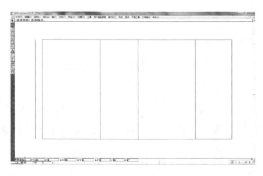

图 1 – 9 – 8　绘制体板水平线

扩充知识——多边形工具

□◎◎ 多边形工具。此工具用来绘制长方形、圆内/圆外接多边形。

□ 长方形工具。通过设定两个制图点，绘制由这两个点定义的长方形。拖动光标会出现橡皮筋线，可在显示图形的帮助下绘制出长方形；采用点击方法绘制图形时，不出现橡皮筋线；绘制正方形时，在45°辅助线上指定第二个作图点；按住 Ctrl 键点击鼠标，可绘制出以点击点为基准，与前一个长方形大小相同的另一个长方形；也可使用数值输入栏设定初始点 X、Y 的坐标，以及长方形的长和宽。

◎ 多边形(圆内接多边形)工具。缺省多边形是六边形，可在"斜边"数值输入栏中改变多边形边数，可通过点击中心点后向外拖动光标或再点击一点作为边线点两种方式绘制多边形；按住 Ctrl 键点击鼠标，可绘制出把点击点作为中心点，与前一个多边形大小相同的多边形；可使用数值输入栏设定中心点的 X、Y、Z 坐标、连接圆直径(D)和边数。

◎ 多边形(圆外接多边形)工具。绘制方法与多边形(圆内接多边形)工具相同。

---

(3) 完成粘和接头

① 选择"线段"工具 ╲ ，分别以 A、B 端点为起点绘制斜线段。A 端：$L = 30$，$A = -165$；

B 端：$L = 30$，$A = 165$，绘制结果如图 1-9-9。

② 删除多余线段。选择"选择"工具 ▸ ，选择要删除图形的边界，然后选择"整形切断"工具 ╳ ，点击要求切除的图形；也可选择"整形角"工具 ┳ ，按住 Shift 键并点击保留角内侧。对于可直接删除的线段，选择"选择"工具 ▸ ，按 Delete 键即可，粘合接头修剪完成后如图 1-9-10。

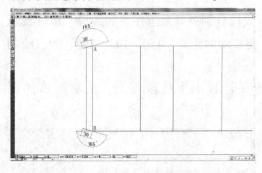

图 1-9-9　粘合襟片斜边绘制

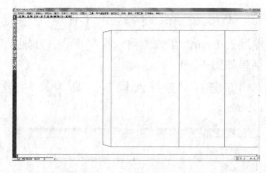

图 1-9-10　修剪粘合襟片多余线段

知识点——选择工具

▸ ▸ ▸ 选择工具。此工具可用于选择图形、框选、选择控制点；跟踪；画线选择等：

▸ 选择工具。可选择一个或多个图形以及控制点。选择多个图形时，按住 Shift 键，分别点击要选择的图形；也可用按住鼠标左键线框框住希望选中的多个图形。如果按住 Shift 键点击已被选中的图形，则可解除该图形的被选状态。

选择点，可采用拖动对象选择指针和对象点击两种方法进行选择。

选择工具还可移动和复制图形，将光标靠近被选图形，当指针变成4指向箭头（✛）后，即可拖动指针，移动被选图形。按住 Ctrl 键，拖动指针可得到原图的复制件。

提示：

在 Box – Vellum 程序中，构成图形的某一个点也作为一个图形来处理。所有图形都含有两个或两个以上的点，称这些点为控制点。如一条线段由起始点和终点两个控制点构成。可用【编辑】菜单中的【可选的点】功能显示控制点。在选择构成图形的控制点时，首先从【编辑】菜单中选出【可选的点】功能，左侧标上选项标记"√"，通过选择工具框选控制点即可被选中，可对控制点进行拖拽等操作。若"可选的点"不处于"on"状态，则不能用拖动指针方式选择控制点。

当显示出控制点时，无论【编辑】菜单中的【可选的点】处于"on"还是"off"状态，都可以进行选择控制点的操作。

构成图形控制点的缺省状态为画面不显示。选中需显示控制点的图形后，从【排版】菜单中选择【显示点】功能，即可显示出控制点，选择【不显示点】功能则取消控制点显示状态。

▣ 跟踪工具。是一种可自动识别和选择重合图形外框或内框的工具。使用此种跟踪工具，可在复杂图形中方便地选择出阴影区域涂色区域等。

▨ 划线选择工具。按住鼠标左键画出直线，与直线相交的对象将被选中。

选择某个图形时，调出 [选择] 工具，点击该图形。点击后的图形变成红色。对于组合图形，可点击图形中的任意位置选择图形。

设定选出部分的显示时，从【格式】菜单的【环境设定】子菜单中选出【选择图形…】选项，可为选出的部分分别设定 [闪烁]、[颜色]，也可同时设定 [闪烁]、[颜色] 等属性。

知识点——线段整形工具

▨▨▨╁ 线段整形工具。此工具包括整形修剪、切断和角工具：

▨ 和 ▨ 整形（修剪）工具。是以选出的边界线为界，修剪掉多余线段。操作时，应先选出边界线，再选择整形（修剪）工具，前者需要点击要求修剪掉的图形，则图形在边界线位置被修剪掉。后者需要点击要求保留的图形，则图形在边界线位置被保留，边界线的另一边图形被修剪掉。

▨ 整形（切断）工具。是以选出的边界线为界，切断线段或圆弧。按住 Ctrl 键，点击后的线段的属性变成当前使用的线条类型。操作时，应先选出边界线，再选择整形（切断）工具，点击要求切断的图形，则图形在边界线位置被切断。

╁ 整形（角）工具。通过延长不平行线段或删除多余线段编辑形成角。将线段延长到与其它线段相交处时，首先点击延长线，然后，按住 Ctrl 键，点击其它线段。删除线段时，点击希望成角的两条临边即可，也可以按住 Shift 键，点击希望成角的图形内侧，生成角。

（4）绘制盒盖

① 选择"平行线"工具 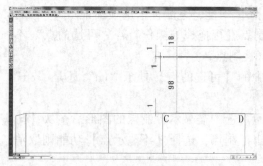，以线段 *CD* 为基准，向上拖动新线段分别离开距离最近的水平线段，在数值输入栏（d）中设定要移动的距离分别是：1、98、1、1、18，绘制结果如图 1-9-11。

② 选择"线段"工具 ，分别绘制竖直线连接线段端点；选择"平行线"工具 ，拖动新线段离开盖板竖直边缘线段，在数值输入栏（d）中设定要移动的距离：1、7，如图 1-9-12。

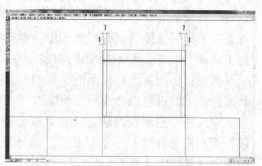

图 1-9-11　绘制盖板水平平行线　　　　图 1-9-12　绘制盖板竖直平行线

扩充知识点——圆弧工具

圆弧工具。此工具绘制圆弧时，应根据不同情况分别选用不同绘制方法。绘制出圆弧后，坐标值、半径、角度、增量角等数值将在数值输入栏中显示出来。

圆弧（中心/半径）工具。通过确定中心、起点和终点三个参照点绘制圆弧；点击圆弧中心点位置，将光标指向圆弧的起点位置，按住鼠标键拖动光标，可随着光标的移动作出橡皮筋状弧线。

圆弧（三点）工具。前者是通过确定圆弧的起点、圆弧上一点和圆弧终点来绘制，后者是通过确定圆弧的起点、圆弧的终点和圆弧上一点来绘制。若按住 Ctrl 键不放，当参照图形上出现"附着"文字提示后，进行点击，这样作出的圆弧将可能不通过三点，而是连接到参照图形的相切点上。如要显示橡皮筋形状圆弧时，按住鼠标键，拖动第 3 个设定点。

圆弧（切线）工具。把第一个设定点作为圆弧的起点，第二个设定点作为方向矢量（切线矢量），第三个设定点作为圆弧的终点绘制圆弧。

③ 删除多余线段。选择"选择"工具 ，选择要删除图形的边界，然后选择"整形切断"工具 ，点击要求切除的图形；对于可直接删除的线段，选择"选择"工具 ，按 Delete 键即可；如需删除的线段有两条边界，可按住 Shift 键选择两条边界，再选择"整形切断"工具 ，点击要删除的中间的线段（小技巧：可框选修剪范围内的所有图形作为修剪边界，再利用整形工具可进行多线段修整，一次修整完毕），修正后如图 1-9-13。

（5）绘制防尘襟片

① 选择"平行线"工具 ，分别拖动新线段离开端板长、宽边线段，在数值输入栏（d）中设定要移动的距离：1、7、59（1/2 宽＋1/2 插舌），如图 1 - 9 - 14。

② 以 F 点为起点，绘制斜线段，数值输入栏中 L：80，A：75；以 F 点为起点向上作垂直线，与第一条相遇线段的相交，以此相交点为起点作 45°线段，与斜线段的相交，绘制结果如图 1 - 9 - 15。

图 1 - 9 - 13 修剪盖板多余线段

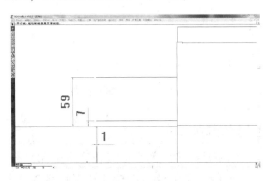

图 1 - 9 - 14 绘制防尘襟片水平平行线

图 1 - 9 - 15 绘制防尘襟片锁舌

扩充知识点——圆形工具

圆形工具。此工具绘制圆时，根据情况可分别选用以下四种方法：

圆（中心/半径）工具。通过设定圆心和半径绘制圆。采用此工具绘制圆形有以下两种方法。

点击两个制图点：第一个点击点是圆心，第二个点击点是半径。

拖动光标绘制圆形：将光标指向圆心，按住鼠标拖动光标至半径长度位置，释放鼠标键。

按住 Ctrl 键，点击鼠标可绘制出与上一个圆的直径相同的另一个圆。也可在数值输入栏中输入圆心的 X、Y 坐标值和圆直径来绘制。

圆（直径）工具。把设定的两个作图点作为直径绘制圆形。用此工具绘制圆形时，可采取以下两种方法：点击两个制图点；拖动光标设定直径。可使用数值输入栏，设定表示直径一个端点的 X、Y 坐标值及另一个端点相对于第一个端点的位移。

圆（三点）工具。通过设定三个制图点，绘制圆形。按动 Ctrl 键图形上会出现"附着"提示文字，此时点击鼠标，屏幕上会出现经过三点的连接图形。若要显示橡皮筋图线，按住鼠标拖动第三个制图点。在数值输入栏中分别显示出三个制图点的 X、Y 坐标值。

圆（切线）工具。用来绘制连接两个选定图形的圆。可通过数值输入栏设定圆直径。

③ 删除多余线段。操作方法同图 1 - 9 - 9，修正后如图 1 - 9 - 16。

（6）编辑圆角

选择"圆角（两点）"工具 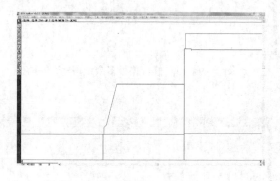，在数值输入栏中输入圆角半径 R 为 7，分别点击襟片上需要绘制圆角的两条邻边，半径 R 改为 13，分别点击盒盖插舌需要绘制圆角的两条邻边，设计结果如图 1 - 9 - 17。

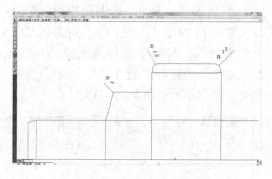

图 1 - 9 - 16　修剪防尘襟片多余线段　　　　图 1 - 9 - 17　编辑圆角

知识点——圆角工具和倒角工具

圆角工具和倒角工具。此工具的作用是按确定的半径或长度将由非平行线段、曲线等构成的角修改成圆角或倒角。绘制圆角、倒角后，将自动整理直线部分。不需要整理时，在制作圆角、倒角时应按住 Ctrl 键，点击鼠标。

圆角（两点）工具。点击的两个图形绘制圆角，缺省半径为 5mm。生成圆角后，原交点角会自动消除。若要保留原交点角，按住 Ctrl 键，按动鼠标键即可。在数值输入栏中输入半径，可以在生成圆角前进行，也可以在生成圆角后进行。按住 Shift 键，点击图形上某个角的内侧，也可以使此角变成圆角。

圆角（三点）工具。制作连接三个图形的倒角。在三个图形上显示有"附着"提示状态下进行点击。制作倒角后交点角部分自动被删除。如果不希望删除时，按住 Ctrl 键点击图形。

倒角（两点）工具。在两条线间制作倒角。从交点到倒角位置的缺省距离为 5mm。制作倒角时，交点角部分自动被删除。如果不希望删除时，按住 Ctrl 键，点击图形。可在数值输入栏内输入从交点到倒角位置的距离。在需要形成倒角的角的内侧，按住 Shift 键，进行点击，可制成倒角。

倒角（角度/长度）工具。按照指定的角度和距离制作倒角。"A"是指第二次选出的线段与倒角线间形成的角度。从交点到倒角位置的缺省距离为 5mm，角度为 45°。

（7）编辑相同结构

因为所绘盒型盒底与盒盖、盒盖防尘襟片与盒底防尘襟片尺寸与结构相同，所以可以通过复制旋转、镜像等方式得到相同结构，提高绘图效率及准确一致性。

① 复制盒底及一侧防尘襟片。选择"选择"工具 ，按住 Shift 键，选择所有要复制

的线段，选择"旋转"工具 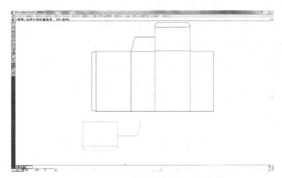（图标），指定旋转中心点，在数据输入栏 A 中输入 -180，按住 Ctrl 键（复制）+ Enter 键，得到复制并旋转图形，如图 1 - 9 - 18。选择"选择"工具 ，选定位置确定的点作为基点，如图 1 - 9 - 19（a）盒底左上方端点放置位置确定，选其作为基点，可将图形准确定位，删除原先后板底边线段，编辑结果如图 1 - 9 - 19（b）。

图 1 - 9 - 18　复制旋转相同结构

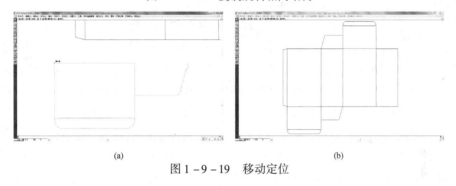

(a)　　　　　　　　　　　　　　　　　　(b)

图 1 - 9 - 19　移动定位

知识点——图形移位变形工具

图形移位变形工具。此工具用于移动、旋转、放大和缩小图形，以及生成镜像图形等。在选用此工具前，必须先选出需要编辑的图形。复制图形时，按住 Ctrl 键进行操作即可：

图形移动工具。用于图形移位和图形复制。移动拷贝时，按住 Ctrl 键，用鼠标点击图形移入位置。增加移动图形时，按住 Shift 键，点击所需图形。选择多个图形时，图形间的相对位置一致。此外，也可以采用先点击参照点，再点击位移点的方法移动被选图形。参照点和位移点都没有必要一定要在被移动图形内。当点击位置不在图形上时，图形将相对于点击点移位。也可通过在数值输入栏，输入 X、Y、Z 值，确定移动距离，移动图形。

旋转工具。用来转动图形，被选定图形将以指定点为中心进行旋转。需要获得被选图形的转动拷贝时，按住 Ctrl 键，点击转动点。增加转动图形时，按住 Shift 键，点击图形。选择多个图形时，各图形的相对位置一致。此外，也可以采用先点击参照点，再点击旋转点方法转动被选图形。参照点和旋转点都没有必要一定要在被移动图形内。当点击位置不在图形上时，图形将相对于点击点旋转。也可在数值输入栏中输入旋转角度转动图形。

⊡ 放大/缩小工具。用于按比例放大或缩小图形（相似形）。需要图形的放大/缩小复制件时，按住 Ctrl 键点击放大/缩小的位置。增加放大/缩小图形时，按住 Ctrl 键点击图形。不采用拖动方式，采用点击参照点和放大/缩小位置的方法也可以实现图形的缩放。可在数值输入栏中输入正确的缩放比例值，缩放图形。

⌖ 生成图形镜像工具。用来指定一根对称轴，在对称轴的另一侧生成原图形的镜像图形。需要生成镜像复制图形时，按住 Ctrl 键，指定作为对称轴的直线。增加镜像移位图形时，按住 Ctrl 键，点击图形。指定对称轴时，可采用两点点击法，可以采用拖动指针的方法。不要求对称轴一定与图形平行。

扩充知识点——椭圆工具

◉ ◎ ◐ ◑ 椭圆工具。此工具用来绘制内接长方形或平行四边形的椭圆。绘制椭圆时，根据不同情况可分别选用以下四种方法：

◉ ［椭圆（中心/角）］工具。通过设定中心和一个角参数来绘制内接于长方形的椭圆。拖动光标会出现橡皮筋线，可在显示图形的帮助下绘制出椭圆。采用点击方法绘制椭圆时，不出现橡皮筋线。当两个点位于垂直线或水平线上时绘制成一条直线。可按住 Ctrl 键点击鼠标，绘制出与前一个椭圆的大小倾斜角相同的椭圆。也可使用数值输入栏，设定中心坐标椭圆长轴半径短轴半径和角度值等参数。

◎ ［椭圆（对角线）］工具。通过设定两个对角点绘制内接于由两个对角点定义的长方形的椭圆。拖动光标会出现橡皮筋线，可在显示图形的帮助下绘制椭圆。采用点击方法绘制椭圆时，不出现橡皮筋线。当两个点位于垂直线或水平线上时绘制成一条直线。

可按住 Ctrl 键点击鼠标，绘制出与前一个椭圆的大小、倾斜角相同的椭圆。可使用数值输入栏，设定左下点的 XY 坐标值、椭圆长轴、短轴和角度值。

◐ ［椭圆（三点）］工具。通过设定中心、边线中心和一个角这样三个制图点绘制内接由三个制图点定义的平行四边形的椭圆。当三个制图点都在一条垂直线或水平线上时会绘制成直线。可按住 Ctrl 键点击鼠标，绘制出与前一个椭圆的大小、倾斜角相同的椭圆。也可使用数值输入栏设定中心点的 X、Y 坐标、平行四边形的 1/2 边长长度、角度值等。

◑ ［椭圆（长轴/短轴）］工具。通过设定三个角顶点绘制内接于由三个角顶点定义而成的平行四边形的椭圆。当三个点都在一条垂直线或水平线上时绘制一条直线。可按住 Ctrl 键点击鼠标，绘制出与前一个椭圆的大小、倾斜角相同的椭圆。可用数值输入栏设定平行四边形一个角的 X、Y 坐标、边长和角度。

② 镜像其余防尘襟片。选择"选择"工具 ▶ ，按住 Shift 键，选择所有要镜像复制的襟片线段，选择"镜像"工具 ⌖ ，按住 Ctrl 键（复制），选择前板中垂线作为镜像对称轴，如图 1－9－20（a），编辑结果如图 1－9－20（b）。

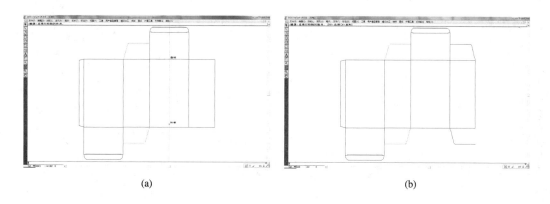

(a)　　　　　　　　　　　　　　　　　　(b)

图 1 - 9 - 20　镜像防尘襟片

扩充知识点——曲线工具

　　🅝🅝🅝🅝曲线工具。用来绘制 NURB（Non - UniformRationalB）曲线。有两种曲线绘制工具和两种曲线编辑工具：

　　🅝［曲线（过点）］工具。通过点击制图点绘制曲线，作图结束后双击鼠标，在数值输入栏内显示出最后一次设定的制图点的 X、Y、Z 坐标值。

　　🅝［曲线（矢量）］工具。用点击点定义的矢量计算出控制点，通过此控制点将首矢量和末矢量连接起来，绘制出曲线。作图结束时，双击鼠标。在数值输入栏中显示最后设定点的 XYZ 坐标值。

　　🅝［曲线编辑（增加点）］工具。用来在已作出的曲线上增加控制点。可选择工具，在曲线上点击光标，增加控制点。移动控制点时，可在保持曲线残余部分不变形的情况下固定邻接控制点。

　　为确认新增加的控制点（以及已有的控制点），首先选择曲线，然后选择【排版】菜单中的【显示点】选项。在使用此工具前，最好先显示出制图点。

　　🅝［曲线编辑（固定点）］工具。用来锁定控制点，修改曲线。可不影响其它部分，只修改控制点之间的曲线线段。选出工具，在锁定点上点击鼠标。被点击控制点上出现（▽）标记，控制点被锁定。按住鼠标拖动光标将要锁定的几个控制点同时包围起来后释放鼠标，可一次锁定多个控制点。再次点击被锁定的控制点，解除锁定。［选择］工具选出想要移动部分的控制点后，光标会变成一个 4 指向箭头此时拖动光标便可移动/修改曲线。

　　在使用此工具前，选择【排版】菜单中的【显示点】功能，显示出控制点。

　　③补齐空缺部分。选择"线段"工具 🖊，绘制空缺线段，如图 1 - 9 - 21（a），选择"整形切断"工具 🗙，修剪一纸厚多余线段，设计编辑结果如图 1 - 9 - 21（b）。

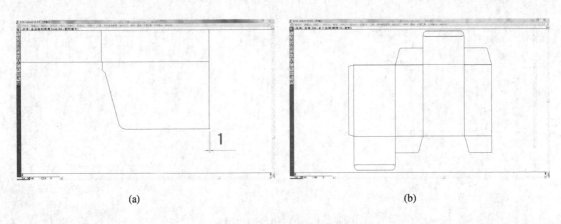

(a)　　　　　　　　　　　　　　　　　(b)

图 1 – 9 – 21　结构图绘制完成

知识点小结——用工具复制图形

采用下面的作图工具作图时，可按住 Ctrl 键，复制出多幅相同图形。

[选择] 工具 　　　　　　　　　　　　　▶

[单线] 工具 　　　　　　　　　　　　　＼

[圆（中心/半径）] 工具 　　　　　　　◉

[椭圆] 工具 　　　　　　　　　　　◉◔◑◿

[多边形] 工具 　　　　　　　　　　▢◉◍▤

[移动变形] 工具 　　　　　　　　　▣◸▣◿

④ 切断多功能线段。对于同一条线段中各部分裁切或压痕功能不同时，需要将其切断，分别设置功能。如图 1 – 9 – 22，长度为 99 的线段为压痕线，长度为 1 的线段为裁切线，在绘图时两者为一条线段，因此需要将其从中间连接处切断。

选择"选择"工具 ▶，选择防尘襟片锁舌竖直线作为线段切断边界，选择整形（切断）工具 ✕，点击要求切断的线段，线段被切断。

⑤ 图层转化。为了更清晰的识别纸盒结构，以及方便盒型打样，需要将压痕线与裁切线分别置于不同图层中。目前纸盒所有线型均在裁切线层（cut），选择"扩展工具" > "层间传递面板"子菜单，选择所有需要压痕线段，点击"层间传递面板"中间滚轮图标，线段便被传送到具有压痕属性的图层中。至此法国反插式折叠纸盒平面展开图形设计完毕，如图 1 – 9 – 23。

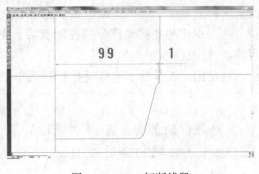

图 1 – 9 – 22　切断线段

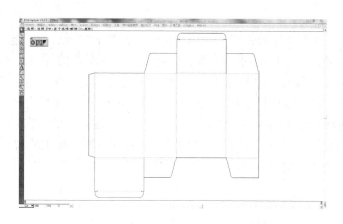

图 1 - 9 - 23　转化线型

知识点——扩展工具

"扩展工具"菜单,可提供许多特殊的功能:

扩展工具>层间传送工具面板:主要对结构图中模切线与压痕线进行控制。如选出图形,选择小刀图标后,线段便被传送到具有剪切属性的图层中,选择滚轮图标后,线段便被传送到具有压痕属性的图层中。

扩展工具>层间传送:将选出的线段传送到指定的图层中。被传送图形的线条类型、粗细、颜色等属性将变成转入图层的设定属性。

扩展工具>两点间的长度:此工具的主要用途是测量图形的尺寸,在设计和打样输

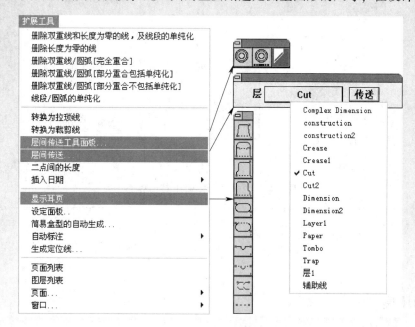

图 1 - 9 - 24　扩展工具菜单界面

出时用途广泛。

扩展工具 > 显示耳页工具面板：生成各种耳页，如上图所示。通过参数设置栏输入相应的参数，或通过直接点击两个作图点，则一次生成所需的耳页，同时自动完成标注，制作出由尺寸线和辅助线构成的可重新绘制的独立图形，减少了设计者的工作量，节省了设计时间，当不需要显示尺寸线时，按住"Shift"键，完成上述操作。

扩展工具 > 简易盒型的自动生成：该工具的主要功能是自动生成简易盒型。在窗口中输入相应的参数，点击 OK，再点击"图形化"按钮，则自动生成盒型。

3. 保存盒型

在盒型被导入或绘制后可进行有选择的保存盒型。

选择"文件"〉"保存"／"另存为"，输入文件名，存储为 .Vlm 格式的文件；

选择"文件"〉"输出"，选择保存的文件格式，点击"OK"即可。

知识点——文件输出

Box – Vellum 能在完成结构图设计后输出为其它常用 CAD 软件、CorelDraw、PhotoShop 等通用图形软件和桌面排版软件能够接受的格式，可以输出 DXF 文件格式到其它 CAD 软件，如：将 ∗.Vellum 文件格式输出为 ∗.DXF 文件格式，则可以在 AutoCAD 下打开该文件，即使没有 Box – Vellum 软件的用户也能够打开结构图；可以输出 EPS 文件格式到 Illustrator 中进行装潢等的进一步设计，菜单界面如图 1 – 9 – 25 所示。

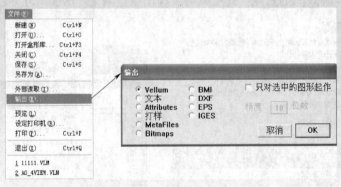

图 1 – 9 – 25　文件/输出菜单界面

任务十　手工制模切版

一、模切压痕工艺

以模切刀排成模（或用钢板雕刻成模），在模切机上把纸板冲切成一定形状的工艺称为模切工艺；利用压痕刀通过压印，在纸板上压出痕迹或留下利于弯折的槽痕的工艺称为压痕工艺。模切压痕的工作原理如图 1 - 10 - 1 所示，模切压痕版的制作流程如图 1 - 10 - 2 所示，① 模切版底版的制作，按照纸盒或纸箱加工的设计要求，在底版上绘出轮廓或画出冲模轮廓。② 按轮廓线锯出窄槽。③ 按照设计的规格与要求，将模切刀与压痕刀锏切成最大的成型线段。④ 使用弯刀机、桥位机进行弧度、角度和桥位的加工。⑤ 根据纸盒或纸箱设计规格和造型，使用胶合板将模切刀与压痕刀嵌入底板锯缝，并且保证两者应同底板平面垂直，间隙要适当，不应在嵌入或加工中出现变形或扭动等现象。

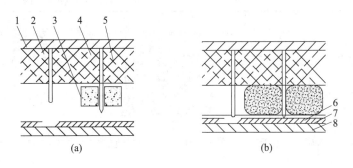

图 1 - 10 - 1　模切压痕工作原理图

（a）离压状态　（b）合压状态

1—版台　2—压痕刀　3—海绵胶条　4—模切刀　5—衬空材料　6—纸板　7—垫板　8—压板

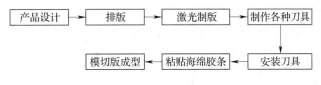

图 1 - 10 - 2　模切压痕工艺流程

二、模切压痕版材料的选择

1. 板材的选择

模切纸盒、纸箱的板材除目前国内常用的多层木胶合板（图 1 - 10 - 3）外，国外还流行使用纤维塑胶板（图 1 - 10 - 4）和三明治钢板（图 1 - 10 - 5）。纤维塑胶板材，即使在温度和相对湿度有较大变化的情况下，也不会产生明显的尺寸变化。它采用计算机控制的高压水喷射切割工艺既保证了加工精度，又避免了激光切割开槽时因产生气体和烟雾带来的环保问题。三明治钢板上下为钢板、中间采用合成塑料填充料结构，与之相配套使用的底模（背衬）也采用钢板材料。纤维塑胶板和三明治钢板不仅精度高，克服了多层木胶合板易受湿度和温度变化影响的缺点，而且换刀次数分别为多层木胶合板的 3 倍和 6 倍以上。在国外，除了对纤维塑胶板采用高压水喷射开槽外，多层木胶合板和三明治钢板一般采用激光切割方法加工。在纸包装结构模切版制作过程中大多数使用木板作为模切版板材，如表 1 - 10 - 1 所示。

表 1 – 10 – 1　　　　　　　　　　　模切版板材

纸张类型	适用板材	适用范围
200~550g/m² 卡纸、不干胶、塑胶	18mm 木板	包装盒、烟盒、不干胶、卡牌、贺卡、电子产品标签等
瓦楞纸、海绵产品	15mm 木板	瓦楞纸箱、海绵产品
电子产品、塑胶产品	20mm 木板	用于模切压力较大的情况
不干胶	10mm/8mm 木板	用于小面积模切的不干胶印刷品
	5mm 木板	
吸塑类产品	15mm 木板	配以 2mm 不锈钢衬板及两张 15mm 木板衬板

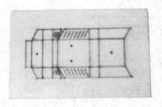  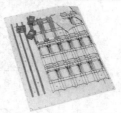

图 1 – 10 – 3　多层木胶合板　　　图 1 – 10 – 4　纤维塑胶板　　　图 1 – 10 – 5　三明治钢板

2. 模切刀的选择

模切刀（die – cutting rule），是指由钢制成，顶端有刃的制模切版的片状材料。模切刀根据功能不同可分为平版模切刀、圆压圆模切刀（如尖齿刀优力刀等）、特殊效果刀（如点线刀波纹刀等）。

模切刀的厚度与高度根据产品需求适配，常用的平版模切刀厚度与高度如表 1 – 10 – 2 所示。

表 1 – 10 – 2　　　　　卡纸盒常用模切刀片厚度与高度　　　　　单位：mm

模切刀片厚度	0.71	1.05	1.42
模切刀片高度	22.8~23.8	22.4~23.3	20.5~23

知识点——模切刀片的刀锋类型

刀片的刀锋形状有低峰（C）、单边（S）、高峰（F）和单边高峰（SF）四种。

（1）低峰刀是应用最广泛的一种模切刀，在模切 450g/m² 以下的卡纸或一些厚度小于 0.5mm 的材料时，低峰是理想的形式。常用低峰刀的角度为 52°。

（2）高峰刀与单边高峰适用于模切较厚材料。

（3）单边刀用于闭合形材料的模切或者要求切边是直边的场合。

模切刀在选择过程中主要考虑以下两方面因素：

（1）模切版制作过程中刀片应易于弯曲成型，一方面可以满足现代社会对各种造型的高档包装的要求，另一方面可以缩短模切的制版时间，提高工作效率；其次刀片应易于装版，将刀片装入开好槽的模版时，应该松紧适度，轻轻用制版锤敲打即可将刀片嵌入；最后刀片还应满足接头处对接良好，避免接头处切不断或崩口。

（2）模切过程要求刀片将纸盒或纸箱均匀地切断，这样利于制作优良的包装纸盒或纸箱；另外，刀的寿命应尽可能满足一个批次产品的模切操作，如果中间换刀不仅浪费时间，而且需要重新调整模切位置及压力等各方面参数。

3．压痕刀的选择

压痕刀具俗称为钢线、压痕线或者啤线。在制作模切版中，压痕刀是另外一种关键的材料，也是折叠纸盒成型的重要元件。制造压痕刀的材料具有耐磨损、弯曲度大等特性。根据压痕需要，压痕刀的形状有单头线、双头线、圆头线、平头线和尖头线等，具体情况如表1-10-3所示。不同的纸包装成型立体折叠状态，所使用的压痕刀也不同，一般压痕刀宽度选择为纸板厚度的2倍。

表1-10-3　　　　　　　　　　　　压痕刀类型

刀刃名称	圆头线	窄头线	双线	激光线	十字线
剖面图					
刀厚度/mm	0.71/1.05/1.42/2.13	头：0.4/0.53 身：0.71 头：0.71/0.90 身：1.05	1.42	头：1.05/1.42 身：0.71 头：1.42 身：1.05 头：2.13/2.84 身：1.05/1.42	头：1.05 身：2.13 头：1.42 身：2.84
刀高度/mm	≤30	≤23.80	≤23.80	≤27	≤23.62
用途	通用	复杂盒型或压痕要求细密	较厚的卡纸	瓦楞纸板	重型瓦楞纸板

资料来源：山特维克公司。

三、手工制版工艺过程

1．底版的制作

按照产品设计或样品的要求，将平面展开图上的模切线和压痕线，按实际大小，准确无误地复制到底版上，并制出镶嵌刀线的狭缝，这里主要介绍手工制版的工艺过程。

其工艺流程为：绘制盒样图→绘制拼版设计图→复制拼版设计图→拼版设计图转移到胶合板上→钻孔和锯缝。

（1）绘制纸盒样图　绘制纸盒的黑白稿刀线图，绘制过程中要求尺寸精确，线条清晰准确，传统的绘制方法使用手工绘制，这种绘制工艺不仅需要耗费大量的时间，而且制作精度差，效果很不理想，特别是一些版面较复杂的异形盒，若操作工技术不娴熟，绘制效果就更差了，常常造成废版。因此可采用计算机绘制的方法，绘制纸盒结构图，如图1-10-6所示，图中①表示裁切刀的位置，②表示压痕刀的位置。绘制完成盒型的样图之后，然后进行"桥位"设计，如图1-10-7所示。采用计算机绘图直接输出到胶片上，极大地提高了制作效率和精度，有效地保证了模切版与印刷版套合的准确性。

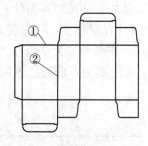

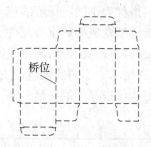

图1-10-6　计算机绘制盒样图　　　　　　图1-10-7　盒样图"桥位"设计

知识点——桥位设计

桥位是指在制作底版时，刀槽采用间歇切断的方法，这样能够保证底版完成刀槽切割后，中间的板材不脱落如图1-10-8所示。

因此为了模切刀与压痕刀在底版的正确安装，同样需要在模切刀与压痕刀的底部进行打桥位如图1-10-9所示。

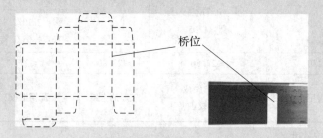

图1-10-8　纸盒底版桥位设计　图1-10-9　刀片中的桥位设计

通常在盒坯轮廓图的四周都要设置桥位。一般根据边的尺寸来决定是否设计桥位，设计几个桥位。当纸盒某一边的尺寸不大时，可以在该边上只设计一个桥位，桥位的位置可以居中；当尺寸较大时，可以留两个桥甚至更多；当边的长度较小时，可以不设置桥位。传统的桥位设计方法如图1-10-10所示。

在设计桥位时要考虑诸多影响因素。如刀具在工作时的热胀冷缩现象、刀具的强度等。在模切过程中，由于刀具与纸板反复摩擦产生大量热量，会使刀具产生热胀冷缩现象，影响模切精度。假设由于热量使每片模切刀伸长0.5mm，那么桥两端的两段模切刀就总共伸长1mm，桥位的长度就相应缩短1mm，所以刀具热胀冷缩的影响不可忽视。

PACKAGING STRUCTURE & DIE-CUTTING PLATE DESIGN(THE SECOND EDITION) 包装结构与模切版设计(第二版)

桥位的数量也取决于模切刀的长度。显然，桥位的数目越少，每一段刀具的平均长度越大，刀具也越容易弯曲变形，在生产使用过程中就越容易损坏。这对模切工序能否顺利进行有很大影响，长的刀具意味着在模切生产过程中，可能会造成更加频繁的停机更换刀具。

出于以上考虑，可在模切版中适当增加桥位来解决这些问题。增加桥的数目，可以缩短模切刀的长度，使模切刀的强度增加，不易弯曲变形。而且由于每一段模切刀的长度缩短，热胀冷缩的程度也相应降低，对模切精度的影响也降低了。传统的图 1 - 10 - 10 桥位方法可以改成图 1 - 10 - 11 的方法。

图 1 - 10 - 10 和图 1 - 10 - 11 的区别是图 1 - 10 - 10 竖向压痕线和横向压痕线均只有一处桥位（断点），图 1 - 10 - 11 竖向压痕线有两处桥位（断点），横向压痕线有一处桥位（断点），如下：

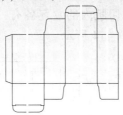 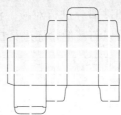

图 1 - 10 - 10　传统的桥位方法　　　　图 1 - 10 - 11　改进后的桥位方法

（2）绘制拼版设计图　根据纸盒样图和可印刷的最大纸张尺寸，进行拼版设计，拼版设计要考虑节约纸张和便于模切后自动清除废边。

知识点——盒坯的拼接

平排是一种较为简单的排列方式。当盒坯的轮廓较为平直的时候，盒坯与盒坯的拼接较为简单，只需平行排列即可，例如盘式折叠纸盒中的 Beers 式和 Brightwoods 式折叠纸盒，如图 1 - 10 - 12 所示。

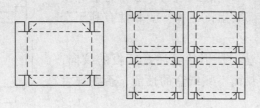

图 1 - 10 - 12　Beers 纸盒排版

模切版上最多可以摆放的纸盒个数可以按如下方法来计算：

$$长度方向上最多可以排布纸盒个数为 \left[\frac{平排尺寸1}{1^{st}尺寸} \right] 个$$

$$宽度方向上最多可以排布纸盒个数为 \left[\frac{平排尺寸2}{2^{nd}尺寸} \right] 个$$

整个版面最多可以排列纸盒的个数为：

$$\left[\frac{平排尺寸1}{1^{st}尺寸}\right] \times \left[\frac{平排尺寸2}{2^{nd}尺寸}\right]个$$

式中　$[x]$——不大于 x 的最大整数

平排尺寸 1——模切版内盒坯平排后与粘合线平行的尺寸

平排尺寸 2——模切版内盒坯平排后与粘合线垂直的尺寸

　　1^{st}尺寸——盒坯尺寸中与粘合线平行的尺寸

　　2^{nd}尺寸——盒坯尺寸中与粘合线垂直的尺寸

以管式纸盒盒坯为例，如图 1-10-13 所示，在大多数情况下，盒坯轮廓形状不是平直的，这就要求盒坯与盒坯之间进行套拼以提高纸板利用率。套拼的关键在于充分利用盒坯轮廓的凸出与凹进部分进行对接。注意到排列在模切版内的盒坯各有一端无法进行拼接，只有另一端可以与其他盒坯进行拼接，如图 1-10-14 所示。

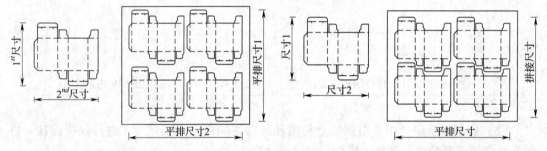

图 1-10-13　管式纸盒盒坯的平排　　　　图 1-10-14　管式纸盒盒坯拼接排版

除了通过采用将盒坯进行拼接来提高原料利用率，还可以采用套拼等方法，甚至可以考虑将不同盒型的盒坯拼在一张大版上，以实现最大限度的利用原材料。因为套拼可以节省纸板如图 1-10-15，所以采用改变纸盒结构的方法来进行套拼，如锁底式结构一般作为盒底使用，但如果盒盖、盒底都采用该结构，就非常有利于套拼。

但是在采用这些方法时，仍然要注意纸板的纹向，不能仅仅为了节约原材料而不顾纸盒的性能，否则很可能得不偿失。

（3）复制拼版设计图　模切版轮廓图样胶片制作完

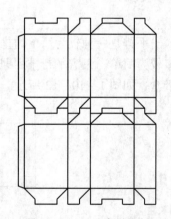

图 1-10-15　套拼排版

成后，先在胶合板适当的部位上涂刷白乳胶，同时用模切刀将胶水刮平刮均匀后，即可将胶片的正面平对着胶合板粘贴上去，而后再用布在胶片背面稍微用力均匀抹平，使胶片平复紧贴于胶合板上。胶液干燥后，锯板时，锯路只要顺沿着胶片上图样轮廓线切割，就可以准确无误地完成锯板工作。

（4）钻孔和锯缝　锯床的工作是利用锯条的上下往返运动，用特制超窄锯条在底版上加工出可装模切刀和压痕刀用的窄缝，超窄锯条的厚度等于相应位置模切刀或压痕刀的厚度，常用厚度为 0.7～2.0mm，宽度为 1.5～3.0mm 的锯条，锯床上配有电钻，可以在模版上钻孔，钻孔后，可以通过孔在版上穿过锯条进行切割，如图1－10－16所示。

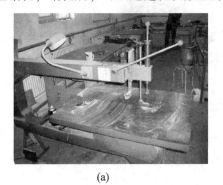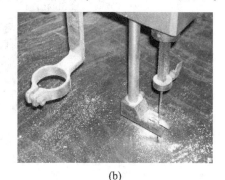

(a)   (b)

图1－10－16　手动线锯机

（a）手动锯床　（b）锯条

2. 模切刀与压痕刀的制作

模切版底版制作完成之后，使用手动弯刀机、裁刀机、切角机等各种手动设备将模切刀条与压痕刀条刀轧断、弯圆或弯成各种角度。具体操作步骤如下：

（1）模切刀与压痕刀的裁切　按设计的规格与要求，将模切刀和压痕刀裁切成最大的成型线段，主要使用裁刀机完成（图1－10－17）。

对模切刀和压痕刀进行裁剪，首先要量出模切所需要模切刀或压痕刀的长度，在裁刀机上有挡规可对刀条进行长度定位，挡规定位好以后要求将模切版上所有同样长度的模切刀或压痕刀一次性裁剪完成，进行量取第二段长度，重新进行挡规定位，这样可以有效提高工作效率，如图1－10－18所示。

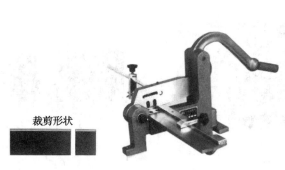

图1－10－17　裁刀机   图1－10－18　裁刀机的操作过程

（资料来源：唐山胜利实业总公司）

（2）模切刀与压痕刀成型加工　将已经裁切好的模切刀与压痕刀，按照要求加工成各种几何形状，主要使用手动弯刀机完成，如图1－10－19所示。手动弯刀机主要用于对刀条的圆弧或角度精确成型，每台设备上都配有成型各种常用圆弧和角度的专用模具，如图1－10－20所示，模切刀或压痕刀的成型位置和弯曲程度都有相应的挡规进行定位，以保证在同一版面的相同圆弧和角度的通用性，使操作更加方便迅速。

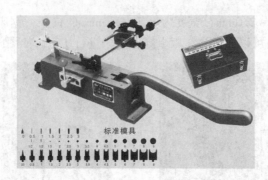

图 1 – 10 – 19　手动弯刀机

（资料来源：唐山胜利实业总公司）

（a）　　　　　　　　　　　（b）　　　　　　　　　　　（c）

图 1 – 10 – 20　手动弯刀机及专用模具

（a）弯刀机　　（b）弯折模具　　（c）弯折后刀模

（3）桥位加工　模切刀与压痕刀在安装之前，一定要进行桥位加工，才能顺利安装到模切版底版中，桥位加工主要使用桥位机完成，如图 1 – 10 – 21 所示，主要完成在刀条背部冲出和模版同样宽度与高度的过桥孔，可以保证顺利装刀。

（a）　　　　　　　　　　　（b）　　　　　　　　　　　（c）

图 1 – 10 – 21　桥位加工流程图

（a）桥位机　　（b）加工过程　　（c）加工后刀模

（4）鹰嘴加工　在制作模切版时，垂直相交的两模切刀，因为横向模切刀刃口处刀刃斜面的存在，在垂直模切刀断面如果切割成直线会造成垂直相交处切不断的现象，刀片切角机就是解决两模切刀垂直相交处不能完全密合的问题，通过刀片切角机的切割，模切刀的端面刃口部可自动切出一个尖角，正好和横向模切刀刃口斜面相对，可以有效地进行两模切刀垂直相交处切断，如图 1 – 10 – 22、图 1 – 10 – 23 所示。

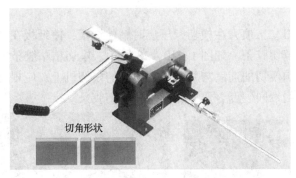

切角形状

图 1 - 10 - 22　刀片切角机

（资料来源：唐山胜利实业总公司）

图 1 - 10 - 23　模切版中的鹰嘴部位

（5）开连接点　开连接点是模切版制作中不可或缺的工序，连接点是在模切刀刃口部位开出一定宽度的小口，在模切过程中，使废纸边在模切后仍有局部连在整个印张上而不离开，以便下一步走纸顺畅。开连接点应使用专用设备，如图 1 - 10 - 24 所示，用砂轮磨削开边连接点，不应用锤子和錾子去开连接点，否则会损坏刀线和搭角，并在连接点部分容易产生毛刺。因为模切刀桥位的位置悬空，因此不宜开连接点。连接点宽度有 0.3、0.4、0.5、0.6、0.8、1.0mm 等大小不同的规格，常用的规格为 0.4mm。连接点通常打在成型产品看不到的隐蔽处，一般管式折叠纸盒连接点设计在纸盒的防尘襟片处，如图 1 - 10 - 25 所示，成型后外观处的连接点应越小越好，以免影响成品外观。

图 1 - 10 - 24　开连接点专用设备

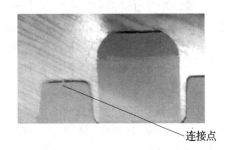

连接点

图 1 - 10 - 25　纸盒连接点设计

3. 模切刀与压痕刀的安装

使用橡胶锤将模切刀与压痕刀嵌入底板锯缝，如图 1 - 10 - 26 所示，嵌入后应保证模切刀与压痕刀同底版平面垂直，间隙要适当，不应在嵌入或加工中出现变形或扭动等现象，可以用钳子进行调节，使刀具平整，如图 1 - 10 - 27 所示。如果版面是由多块底版组成，应先将单个底版排好成型后，再逐个排列定型，最后统一夹紧固定。排好后的印版，其纵向和横向线要互成90°角，各边线要互相平行，这样整个版面才能平整。另外，模切刀与压痕刀接口要排放在合适的位置，接口间隙要适当，不能因压力作用而发生重叠或间隙过大等现象。

4. 海绵条的安装

模切版装刀完成后，为了防止模切刀、压痕刀在模切、压痕时粘住纸板，使纸板在模切时走纸顺畅，在刀线两侧要粘贴弹性模切胶条，如图 1-10-28 所示。模切粘贴胶条在模切中起着非常重要的作用，它直接影响模切的速度与质量。在不同的模切机上，应根据模切的速度和模切纸板及有关条件，选用不同硬度、尺寸、形状的模切胶条。

图 1-10-26　模切刀与　　　图 1-10-27　模切刀与　　　图 1-10-28　海绵胶条
　　　压痕刀的安装　　　　　　　压痕刀的调整　　　　　　　粘贴过程

知识点——海绵条选取原则

（1）硬性海绵胶条多放在模切刀口下沿的空档处，软性海绵胶条多放在模切刀下沿或模切刀与模切刀之间的缝隙之中。

（2）模切刀之间的距离如果小于 8mm，则应选择硬度为 HS600 的海绵胶条。

（3）模切刀之间的距离如果大于 10mm，则应选择硬度为 HS250（瓦楞纸板）或 350（卡纸板）的海绵胶条。

（4）模切刀与钢线的距离如果小于 10mm，则应选择硬度为 HS700 的拱型海绵胶条；如果大于 10mm，则应选择硬度为 HS350 的海绵胶条。

（5）模切刀的打口位置使用硬度为 HS700 的拱型海绵胶条，用于保护连点不被拉断。

模切胶条在模切时，会被压缩变形，如果距离压痕刀过近，会使胶条在受压时产生侧向分力，容易导致纸张在模切时产生拉毛现象，影响模切效果；如果距离模切刀太远，则起不到防止纸板粘刀的作用，因此模切胶条距离刀线的距离以 1~2mm 为宜。

5. 压痕模的安装

压痕模的种类和规格很多，能适合以各种密集程度分布的压痕刀，如图 1-10-29 所示。

为满足不同纸厚的要求，同一槽深的压痕模有不同的槽宽（0.8~4.0mm），同一槽宽的压痕模有不同的槽深（0.6~1.0mm），为纸盒生产提供最大的灵活性，压痕模的安装要求如图

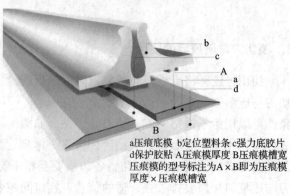

a压痕底模 b定位塑料条 c强力底胶片
d保护胶贴 A压痕模厚度 B压痕模槽宽
压痕模的型号标注为A×B即为压痕模
厚度×压痕模槽宽

图 1-10-29　压痕模结构图

1 – 10 – 30 所示：① $d_A \leqslant d_C$；② $d_B = (1.3 \sim 1.5)d_C + d_D$。压痕模的安装步骤如图 1 – 10 – 31 所示，① 计算所需的压痕模长度；② 剪取所需的压痕模；③ 将剪取的压痕模装在模切版相应的压痕槽上；④ 撕掉压痕模上的保护胶纸；⑤ 将装有压痕模的模切版放在机器上压合，压痕模便牢固地粘贴在底模版上；⑥ 去除定位胶条；⑦ 已经成型的底模。

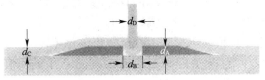

图 1 – 10 – 30　压痕原理示意图

d_A—压痕模厚度　d_B—压痕宽度　d_C—卡纸厚度　d_D—压痕刀厚度

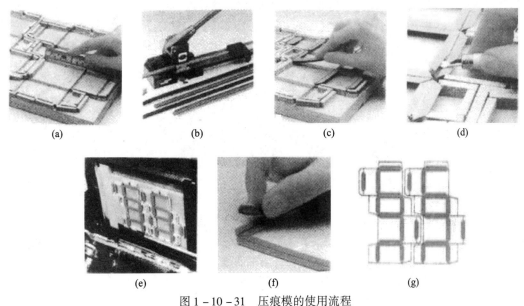

图 1 – 10 – 31　压痕模的使用流程

（a）量取长度　（b）剪取　（c）装于模切版　（d）撕掉保护胶纸

（e）合压　（f）去除定位胶条　（g）底模成型

知识点——压痕模的选取

在模切厚板纸时：

压痕模的槽深 = 纸厚

压痕模的槽宽 = 1.5 倍纸厚 + 压痕刀的厚度

压痕模的高度 = 压痕刀高度 – （纸厚 ± 0.05mm）

在模切瓦楞纸板时：

压痕模的槽深 = 瓦楞纸板压实时的厚度

压痕模的槽宽 = 2 倍瓦楞纸板纸厚 + 压痕刀的厚度

压痕模的高度 = 压痕刀高度 – 瓦楞纸板压实时厚度

知识点——压痕模的常用类型

压痕模按使用位置不同主要可分为四种不同的类型即：标准型、超窄型、单边狭窄型、连坑型。

标准型——用于工作中压痕刀两侧距离较宽的位置，该类型号为普通型。

超窄型——用于压痕刀与模切刀距离较近的位置。

单边狭窄型——用于压痕刀与模切刀距离较近的位置。

连坑型——用于配合两条或两条以上距离在4mm以下的压痕刀使用。

情境二　清明节酒类包装结构设计

1. 了解玻璃酒瓶与瓶盖包装设计知识。
2. 掌握锁底式纸盒基本结构及设计原理。
3. 掌握自锁底式纸盒基本结构及设计原理。
4. 了解提手纸盒基本结构及设计原理。
5. 掌握间壁纸盒设计原理。
6. 了解专业计算机辅助设计软件高级功能。
7. 掌握激光切割机、电脑弯刀机的工作原理。

1. 具有正确设计、制作各种锁底结构、自锁底结构纸盒的技能。
2. 具有正确设计、制作纸盒提手的技能。
3. 具有正确设计、制作各种间壁纸盒的技能。
4. 能够较熟练的运用专业软件进行纸盒高级功能操作技能。
5. 能够熟练使用激光切割机、电脑弯刀机等各种工具制作模切版。

情境：　清明节

　　清明节在我国已有 2000 多年的历史，是我国二十四节气中唯一的节日。 古有清明前一天为"寒食节"之说，相传起于春秋时期晋文公悼念介子推"割股充饥"一事，后逐渐形成清明、寒食合二为一。 近年来，每逢这一"清洁而明净"的时节，人们都纷纷走出家门，携亲带友，选择以扫墓踏青、郊游的方式追思故人，赋予传统节日以新的内容。 祭祀古人，免不了饮酒，唐代杜牧诗曰："清明时节雨纷纷，路上行人欲断魂。 借问酒家何处有，牧童遥指杏花村"。

　　今天进入超市，酒盒包装琳琅满目，代表了一种新的酒文化。 一般白酒、葡萄酒、黄酒用单盒包装，而啤酒则多用集合包装。

任务一　设计玻璃酒瓶包装

　　玻璃是非晶无机非金属材料，主要成分是硅酸盐。根据成分的不同，可分为钠钙玻璃、硼硅酸盐玻璃（中性玻璃）、石英玻璃、铅玻璃等。而用玻璃制作的容器是常用的包装容器之一。用于包装包装容器的主要是钠钙玻璃、硼硅酸盐玻璃。

玻璃包装容器虽然有易破损、质量大的缺点，但由于其造型美观、颜色透明、不污染内装物等优点，使得它在包装中的使用经久不衰，被视为最好的包装材料。主要应用在食品、饮料、化妆品和药品的包装，如图2-1-1所示。

图2-1-1　各式各样的玻璃包装容器

玻璃是一种透明的半固体、半液体物质，在熔融时形成连续网络结构，冷却过程中黏度逐渐增大并硬化而不结晶的硅酸盐类非金属材料。它的主要成分是硅酸盐，根据成分的多少，可分为钠钙玻璃、硼硅酸盐玻璃（中性玻璃）、石英玻璃、铅玻璃等。用于包装容器的主要是钠钙玻璃、中性玻璃。

一、玻璃包装容器的分类

玻璃包装容器通常称为玻璃瓶，其种类繁多，分类方法大致有以下几种：① 按制造方法分为模制瓶和管制瓶；② 按色泽可分为无色透明瓶、有色瓶和不透明的混浊玻璃瓶；③ 按造型分为圆形瓶和异形瓶；④ 按瓶口大小分为窄口瓶（小口瓶）和广口瓶（一般以瓶口直径30mm为界划分）；⑤ 按瓶口形式分为磨口瓶、普通塞瓶、螺旋盖瓶、凸耳瓶、冠形盖瓶、滚压盖瓶；⑥ 按用途分为食品包装瓶、饮料瓶、酒瓶、输液瓶、试剂瓶、化妆品瓶等；⑦ 按容积分为小型瓶和大型瓶（以容量5L为分界）；⑧ 按使用次数还可分为一次用瓶和复用（回收）瓶；⑨ 按瓶壁厚度可分为厚壁瓶和轻量瓶。

本文主要以酒类玻璃瓶进行介绍。酒类包装容器属于细口瓶，即瓶颈直径与瓶身直径差异较大，如图2-1-2、图2-1-3所示。

1. 白酒瓶

白酒（Chinese spirits）又名烧酒、白干，是中国的传统饮料酒。据《本草纲目》记载："烧酒非古法也，自元时创始，其法用浓酒和糟入甑（指蒸锅），蒸令气上，用

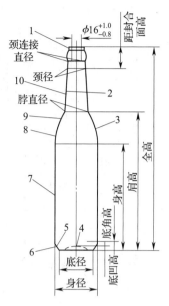
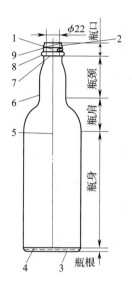

图 2-1-2 长颈端肩瓶

1—瓶口 2—颈内弧 3—肩内弧 4—底凹弧
5—底角弧 6—瓶底 7—瓶身 8—瓶肩
9—肩外弧 10—瓶颈

图 2-1-3 凸颈瓶

1—口模合缝线 2—封合面 3—凹形底
4—底模合缝线 5—成型模合缝线 6—颈根
7—口模合缝线 8—加强环 9—螺纹

器承滴露。"由此可以得出，我国白酒的生产已有很长的历史。白酒是以粮谷为主要原料，用大曲、小曲或麸曲及酒母等为糖化发酵剂，经蒸煮、糖化、发酵、蒸馏而制成的。

白酒瓶绝大多数使用的是玻璃瓶。玻璃瓶按产品玻璃种类进行分类，分为晶质料、高白料玻璃瓶、普料玻璃瓶和乳浊料玻璃瓶四类。酒瓶满口多为 530mL，净容量为 500mL。

2. 葡萄酒瓶

葡萄酒（wine）是以鲜葡萄或葡萄汁为原料，经全部或部分发酵酿制而成的，含有一定酒精度的发酵酒。葡萄酒按色泽分类可分为白葡萄酒、桃红葡萄酒、红葡萄酒；按含糖量分类可分为干葡萄酒、半干葡萄酒、半甜葡萄酒、甜葡萄酒；按二氧化碳含量分类可分为平静葡萄酒、起泡葡萄酒、高泡葡萄酒、低泡葡萄酒。

葡萄酒瓶多为玻璃瓶。葡萄酒瓶按瓶型分为长颈瓶（莱茵瓶）、波尔多瓶、莎达妮瓶、至樽瓶等；按颜色分为翠绿色、黄绿色、枯叶色、无色、琥珀色等；按容量分为 375、750mL 等。常见瓶型及各部位名称如图 2-1-4 所示。

3. 啤酒瓶

啤酒（beer）是人类最古老的酒精饮料，以麦芽、水为主要原料，加啤酒花（包括酒花制品），经酵母发酵酿制而成的、含有二氧化碳的、起泡的、低酒精度的发酵酒。啤酒按色度分为淡色啤酒、浓色啤酒、黑色啤酒；按加工工艺分为熟啤酒、生啤酒、鲜啤酒和特种啤酒，特种啤酒主要包括干啤酒、冰啤酒、低醇啤酒、无醇啤酒、小麦啤酒、浑浊啤酒、果蔬类啤酒（包括果蔬汁型和果蔬味型）。

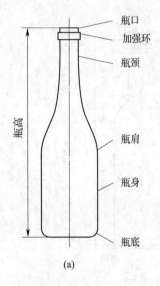
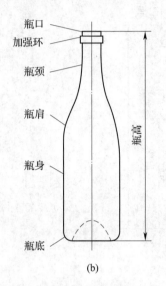
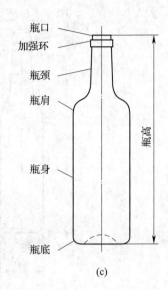

(a)   (b)   (c)

图 2 – 1 – 4   常见红酒瓶瓶形及各部位名称
(a) 长颈瓶   (b) 莎达妮瓶   (c) 波尔多瓶

长期以来，玻璃瓶为啤酒的主要容器，颈细下粗，瓶形及各部位名称如图 2 – 1 – 5 所示。啤酒瓶按重量分为啤酒瓶和轻量一次啤酒瓶，按产品质量分为优等品、一等品和合格品。

随着酒业的迅速发展以及消费群体的扩大，国际上酒包装的新材料、新容器相继得到开发和应用。为了克服瓶装啤酒的抗冲性及耐压性较差的缺点，聚酯（PET）啤酒瓶应运而生。聚酯啤酒瓶具有卓越的阻隔 CO_2、O_2、水及芳香味的性能，具有抗冲击性高，强度高，轻量性等优点，还有可回收利用，运输方便，已在许多国家使用，潜力巨大。

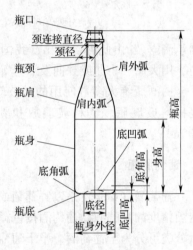

图 2 – 1 – 5   啤酒瓶

二、常用的酒类玻璃包装容器的尺寸规格

玻璃包装容器的容量规格、主要尺寸，要根据用户的订货要求，同时满足生产设备和模具的系列化、标准化的要求。普通瓶罐要优先选用适宜内装物的标准瓶形、容量规格和主要结构尺寸，然后再进行局部的结构及尺寸设计。对于瓶形、结构特异的酒瓶，也要尽量选用相关标准的直径、高度尺寸系列值。下面主要介绍常用的酒瓶的规格尺寸。

1. 一般酒瓶

对于一般玻璃酒瓶的规格尺寸和参数，设计时可参考表 2 – 1 – 1。

表 2 – 1 – 1   酒瓶的规格尺寸参数

公称容量/mL	125	250	350	500	640	750
满口容量/mL	140 ± 6	270 ± 8	375 ± 8	530 ± 10	670 ± 10	785 ± 15
直径/mm	46，47，52，57，59，61，63，65，68，70，72，(75)，79，82，85，90					
瓶高/mm	130，140，150，160，170，180，195，210，225，231，240，255，270，285，289，300					

2. 白酒瓶

对于 500mL 的冠形瓶口白酒瓶，《QB/T 3562—1999 500mL 冠形瓶口白酒瓶》规定了它的规格尺寸和容量见表 2 – 1 – 2，理化性能应符合表 2 – 1 – 3 规定。

表 2 – 1 – 2   500mL 冠形瓶口白酒瓶的规格尺寸

项目名称	指标	项目名称	指标
瓶高/mm	240 ± 2	瓶口内径/mm	$16^{+1}_{-0.8}$
瓶身外径/mm	72 ± 2	满口容量/mL	530 ± 10
瓶口外径/mm	26.3 ± 0.3	质量/g	≤400

表 2 – 1 – 3   500mL 冠形瓶口白酒瓶的理化性能表

项目名称	指标
耐热急变/℃	急冷温差≥35 时，不破裂
耐内压力/MPa	≥0.49
内应力/级	真实应力≤4
耐稀酸侵蚀	酸性溶液应呈红色

3. 葡萄酒瓶

中国包装总公司于 2000 年 6 月 1 日发布了中华人民共和国包装行业标准《BB/T 0018—2000 包装容器 葡萄酒瓶》，750、375mL 葡萄酒瓶的规格尺寸见表 2 – 1 – 4，理化性能应符合表 2 – 1 – 5 规定。

表 2 – 1 – 4   750mL、375mL 葡萄酒瓶的规格尺寸

项目名称	规格尺寸					
	长颈瓶		波尔多瓶		莎达妮瓶	至樽瓶
	750mL	375mL	750mL	375mL	750mL	750mL
满口容量/mL	770 ± 10	390 ± 7	770 ± 10	395 ± 7	770 ± 10	775 ± 10
瓶高/mm	330 ± 1.9	250 ± 1.6	289 ± 1.8	235 ± 1.5	296 ± 1.7	321 ± 2
瓶身外径/mm	77.4 ± 1.6	64.0 ± 1.5	76.5 ± 1.6	62.0 ± 1.5	82.2 ± 1.7	74 ± 2
瓶身内径/mm	18.5 ± 0.5	18.5 ± 0.5	18.5 ± 0.5	18.5 ± 0.5	18.5 ± 0.5	18.5 ± 0.5
	距瓶口封面 3mm 以下直径大于 17mm					

续表

项目名称	规格尺寸					
	长颈瓶		波尔多瓶		莎达妮瓶	至樽瓶
	750mL	375mL	750mL	375mL	750mL	750mL
瓶口外径/mm	≤28.0	≤28.0	≤28.0	≤28.0	≤28.0	29.65±0.35
垂直轴偏差/mm	≤3.6	≤2.8	≤3.2	≤2.7	≤3.3	≤3.5
瓶身厚度/mm	≥1.4	≥1.4	≥1.4	≥1.4	≥2.0	≥1.8
瓶底厚度/mm	≥2.3	≥2.3	≥2.8	≥2.6	≥3.0	≥3.0
瓶口倾斜/mm	≤0.7	≤0.7	≤0.7	≤0.7	≤0.7	≤0.7
同一瓶壁厚薄差	<2:1					
同一瓶底厚薄差	<2:1					
圆度/mm	≤2.0					

表 2-1-5 葡萄酒瓶的理化性能

项目名称	指标
抗热震性/℃	温差≥40
内表面耐水浸蚀性/级	HC3
内应力/级	真实应力≤4

4. 啤酒瓶

《GB 4544—1996 啤酒瓶》规定了 640mL 啤酒瓶的规格尺寸如表 2-1-6 所示，理化性能应符合表 2-1-7 规定。

表 2-1-6 640mL 啤酒瓶规格尺寸

项目名称	基本量和极限偏差		
	优等品	一等品	合格品
满口容量/mL	670±10		
瓶身外径/mm	75±1.4	75±1.6	75±1.8
垂直轴偏差/mm	≤3.2	≤3.6	≤4.0
瓶高/mm	289±1.5	289±1.8	289±1.8
瓶身厚度/mm	≥2.0		

表 2-1-7 啤酒瓶理化性能表

项目名称	指标		
	优等品	一等品	合格品
耐内压力/MPa	≥1.6	≥1.4	≥1.2
抗热震性/℃	温差≥42	温差≥41	温差≥39
内应力/级	真实应力≤4		
内表面耐水性/级	HC3		
抗冲击/J	≥0.8	≥0.7	≥0.6

三、玻璃瓶瓶口的结构

玻璃瓶的瓶口的结构不仅要适应内装物的充填、倾倒、取用的要求，还要满足封盖的要求。常见的有冠形、塞封和螺纹瓶口结构三种形式。

1. 冠形瓶口

用来承接冠形瓶盖的瓶口叫冠形瓶口。多用于啤酒、清凉饮料以及启封后不再需要塞封的各种瓶子。根据《QB/T 3562—1999 500mL 冠形瓶口白酒瓶》，冠形瓶口的部位名称及王冠盖如图 2-1-6 所示，冠形瓶口的部位尺寸应符合图 2-1-7，并且规定自封合面向下 35mm 内的瓶颈直径不大于 30mm。

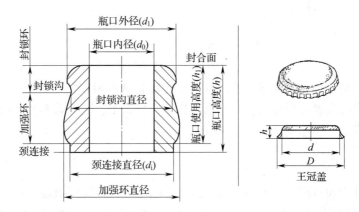

图 2-1-6 冠形瓶口结构及各部位名称及王冠盖

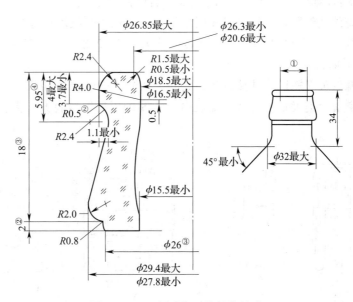

图 2-1-7 冠形瓶口的部位尺寸

注：① 在 1.5~3.0mm 深度处的瓶口内径应介于 18.5~16.5mm，需进行重复封装或经受特殊消毒处理的回收瓶，瓶口内径应介于 16.6~15.6mm；② 最佳半径；③ 适合于玻璃制造的公称尺寸；④ 仅为制造而定的尺寸。

2. 塞形瓶口

塞形瓶口是一种简单而传统的瓶口形式，是把瓶塞压入到瓶颈内，并靠瓶塞与瓶颈的摩擦作用实现的，其瓶口尺寸如图2-1-8所示。

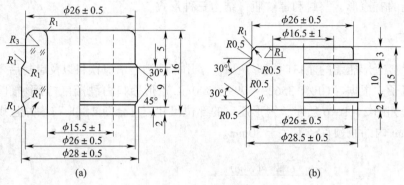

图2-1-8　塑料塞形瓶口尺寸

(a) 葡萄酒瓶口　　(b) 白酒瓶口

塞形瓶口需包敷金属箔或塑料箔，有时还要用特殊材料浸渍（图2-1-9）。箔可以防止空气经由多孔塞渗入到瓶内，确保内装物的原始状态、风味等不变，同时也提高了装潢的档次和具有显开痕作用。

3. 螺纹瓶口

对于经常开启和封闭而又不便使用开启工具的瓶子，常采用螺纹封口。玻璃瓶口螺纹牙型多为圆形，螺距较大，扣数较少，开启、封盖的旋合速度较快。根据《GB/T 174449—1998　包装　玻璃容器　螺纹瓶口尺寸》，螺纹瓶口分为三种。

（1）单头螺纹玻璃瓶口　其接口螺旋之间为连续式的螺纹玻璃瓶口，如图2-1-10（a）所示。螺纹只有一个起始线，螺纹扣数一般为1.5～2扣，相对多头螺纹旋合速度较慢，适合于小口瓶形。

（2）多头螺纹玻璃瓶口　其接口螺旋之间为间断式的螺纹玻璃瓶口，如图2-1-10（b）所示。瓶盖旋合速度快，一般只需旋合1/4圈即可旋紧或打开。多头螺纹瓶口多用于大口瓶罐上。

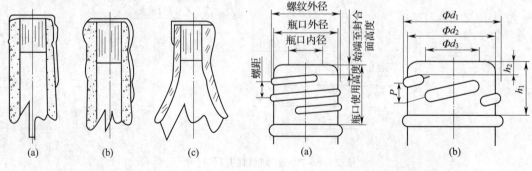

图2-1-9　外敷箔冠的塞封瓶口

图2-1-10　玻璃螺纹瓶口结构

(a) 单头　　(b) 多头

（3）防盗螺纹玻璃瓶口　其开启之前需要拧断瓶盖的螺纹玻璃瓶口，有三种结构类型，如图 2 – 1 – 11 所示。防盗螺纹玻璃瓶口与防盗瓶盖结构相适应，是在螺纹瓶口的结构上增加瓶盖裙锁扣的凸环或锁沟，其作用是当螺纹瓶盖旋开时，约束螺纹瓶盖沿轴向上移，迫使盖裙上的扭断线断开，把螺纹盖旋下。

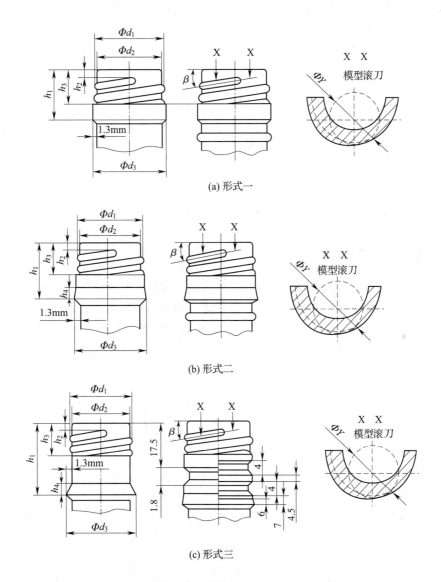

(a) 形式一

(b) 形式二

(c) 形式三

图 2 – 1 – 11　防盗螺纹瓶口的三种结构形式

四、玻璃瓶的瓶体结构

1. 玻璃瓶瓶底的结构

玻璃瓶的瓶底较厚，起支撑作用。瓶底一般都设计成圆角的形式。瓶底圆角取决于成型模与底模的结合方式。若成型模同底模的结合系垂直于瓶轴线，即圆角向瓶身的过渡处是水平的，其结构如图 2 - 1 - 12 （a）所示；如果圆角位于瓶根，即成型模身以挤压法制造则其瓶底圆角结构如图 2 - 1 - 12 （b）；双圆角瓶底结构如图 2 - 1 - 12 （c），双圆角底适合瓶径较大的瓶子，它可以更好地承受内应力；内凹底能保证瓶子的稳定性。由于瓶型种类及制瓶机械的不同，其形状和尺寸多种多样。机械化制瓶常用球冠形截面内凹底，如图 2 - 1 - 12 （d）所示。

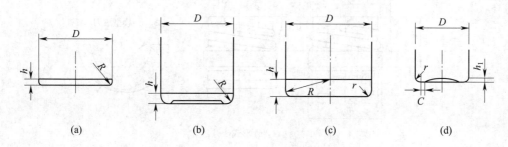

图 2 - 1 - 12　玻璃瓶瓶底的结构

2. 玻璃瓶瓶颈、瓶肩的结构

玻璃瓶的瓶颈、瓶肩是瓶口与瓶身的过渡部位，应结合瓶身形状、结构尺寸及强度要求进行设计。瓶颈和瓶肩样式变化多端，有长颈、短颈、溜肩、端肩、斜肩、阶梯肩及无肩等多种形式，如图 2 - 1 - 13 所示。设计时还可以在常见结构形式的基础上，结合客户需要，进行组合、变异设计。

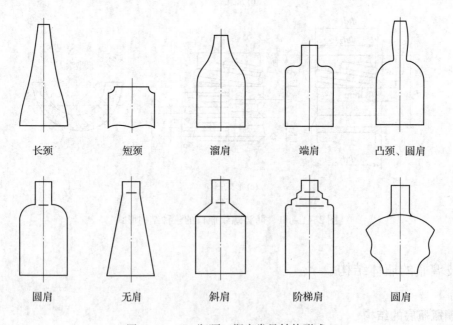

图 2 - 1 - 13　瓶颈、瓶肩常见结构形式

3. 玻璃瓶瓶根的结构

瓶根作为瓶身与瓶底的过渡，其形状一般要服从整体造型的需要。但瓶根形状对瓶的强度影响较大，如图2-1-14所示。图2-1-14（a）瓶身笔直，瓶根棱角是锐角，所以垂直负荷强度好。由于底的接触面积大，因而垂直负荷不产生更大的弯曲应力。同样道理，对冲击是不适当的，由于底部尖锐，所以冲击产生的应力就更大些，

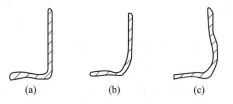

图2-1-14 玻璃瓶瓶根的结构

瓶子本身的抗机械冲击强度就差些。抗热冲击也比较弱，由热冲击而引起的破损几乎都是在这部分引起，如果这里有擦伤强度就更差了。抗水冲击强度也不好。根据水冲击原理，在瓶根的弯曲面处产生一个较强的弯曲应力，由此引起一个很强的拉应力；如外表面受到擦伤，抗水冲击强度则更加弱些。图2-1-14（b）瓶根结构抗机械冲击较好，因为弯曲的大部分在底圆的曲面上，接触点在上部，所以几乎不易受擦伤。抗扭转应力的破坏也很强。又由于瓶根处不易擦伤，所以抗热冲击也较好。对垂直负荷来讲，虽在笔直部分的应力大部分传下来，但还是较好的。对水冲击来说，由于负荷平均分布，也比较好。图2-1-14（c）瓶根结构加上一个球形突出部，对机械冲击抵抗较好，抗垂直负荷尚可，抗热冲击也是较好的。但对水冲击的抵抗特别不好，这是由于内部应力与表面伤痕集中在同一位置上。因此，设计时要避免这一造型。

4. 脱模斜度

与塑料容器一样，在压制法生产中，为了易于从玻璃制品中拔出冲头或从模具中取出制品，玻璃容器的内外侧壁必须具有一定的脱模斜度，脱模斜度的大小取决于压制制品的深度或高度以及玻璃料的收缩率。

如果没有脱模斜度，则容器出模就要不断摩擦模具侧壁，结果导致模壁变形或者表面出现细沟纹。细沟纹导致容器侧壁出现细裂纹，而且进一步引起脱模困难。当然，脱模斜度不单纯是为了便于从玻璃制品中拔出冲头，有时则出于结构上的要求，例如脱模斜度可以使容器壁厚得以增强或削弱；有时则利用脱模斜度调节玻璃料在模壁和冲头之间的流动速度，因为玻璃断面变化及其冷却，可以使玻璃料在模腔内的流动性降低。

表2-1-8为压制法生产玻璃容器的最小脱模斜度。表中数据来自生产实践及以普通钠钙玻璃为原料的实验结果。

表2-1-8　　　　　　　　　普通玻璃包装最小脱模斜度

开模至容器出模之间的时间/s	每100mm平均长度的最小斜度/（′）		开模至容器出模之间的时间/s	每100mm平均长度的最小斜度/（′）	
	内表面	外表面		内表面	外表面
5~20	20	40	60~80	80	25
20~40	40	35	80~	100	20
40~60	60	30			

任务二　设计酒瓶瓶盖

一、酒瓶瓶盖的基本类型

16 世纪末到 19 世纪，随着包装产业的发展，促进了包装密封技术的产生。根据不同产品的特性及不同用途需求，其包装容器封盖类型繁冗复杂，结构设计变化多样，尺寸设计科学严谨。在酒类密封发展进程中，16 世纪中叶，欧洲已普遍使用锥形软木塞密封包装瓶口；1856 年发明了加软木垫的螺纹盖；1892 年发明了冲压密封的王冠盖；时至今日，酒类瓶盖花样百变，使密封更安全、便捷、可靠。

1. 酒瓶盖的功能

酒瓶盖作为酒类包装的重要组成部分，对于保证酒的质量和塑造酒的个性至关重要。酒瓶盖主要有以下功能：

① 密封性。酒瓶盖可防止酒外逸或外界物质入侵，对酒起到保护作用，这是酒瓶盖最基本的功能。

② 方便性。能够根据酒的不同使用需求选择设计不同的功能瓶盖，方便生产、流通、使用、储藏等。

③ 防伪性。防止产品伪劣或不法分子将产品置换，防伪瓶盖设计确保产品真实、可靠、安全。

④ 信息传达。通过瓶盖可获取商品的部分信息，如品牌、生产日期、复杂瓶盖开启方法等。

⑤ 装饰美观性。酒瓶盖对酒包装外观效果往往可以起到画龙点睛的作用。

酒瓶瓶盖及组件见图 2 - 2 - 1。

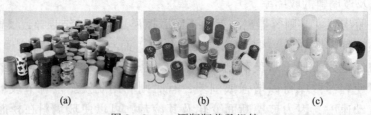

（a）　　　　　　　　　　　（b）　　　　　　　　　　　（c）

图 2 - 2 - 1　酒瓶瓶盖及组件
（a）葡萄酒瓶盖　　（b）白酒瓶盖　　（c）组合瓶盖塑料件

2. 酒瓶盖的种类

酒类瓶盖品种多样，随着技术发展，新结构、新功能不断涌现，常见类型可分为以下几类：

① 按材质分　可分为塑料瓶盖、玻璃瓶盖、氧化铝瓶盖、马口铁瓶盖、铝塑组合瓶盖、木质瓶盖、水晶瓶盖、陶瓷瓶盖等。

② 按用途分　可分为葡萄酒瓶盖、白酒瓶盖、啤酒瓶盖、黄酒瓶盖、米酒瓶盖、药酒瓶盖、果酒瓶盖、洋酒瓶盖等。

③ 按功能分　可分为普通密封盖、方便盖、防伪盖、防盗盖、显开痕盖（Pilfer - Proof）等。

PACKAGING STRUCTURE & DIE-CUTTING PLATE DESIGN（THE SECOND EDITION）

包装结构与模切版设计（第二版）

④ 按垫片分　可分为单片盖、两片盖等。

⑤ 按结构分　可分为冠形瓶盖、螺旋瓶盖、爆裂式瓶盖、顶出式瓶盖、撕拉式瓶盖、卡环式瓶盖、撬断式瓶盖、组合式瓶盖、瓶塞等。

二、酒类包装瓶盖结构

根据酒的品种特性不同，瓶盖结构也各有特点。啤酒采用冠形盖，承压强；葡萄酒要求瓶盖具有稳定的低通透甚至零通透性，防止瓶内葡萄酒氧化，使葡萄酒维持新鲜和保留果香，一般采用软木塞，现逐渐过渡为铝制螺旋盖；对于白酒而言，尤其是高档白酒，防伪包装尤其重要，因此在螺纹盖基础上衍生出了结构各异的防伪瓶盖。例如为防止随意打开瓶盖的显开痕系列结构，如螺旋盖系列、爆裂式系列、顶出式系列、撕拉式系列、卡环式系列；防止不法分子将伪劣产品回灌入瓶的结构，如回止球系列防伪结构；防止酒瓶被回收复用而设计的一次性破坏开启结构，如撬断系列防伪瓶盖。

1. 冠形瓶盖

（1）标准冠形瓶盖　冠形瓶盖（Crown Bottle Caps）历史悠久，密封性能良好，瓶盖口为波纹状，形似王冠，又名王冠盖，如图 2 - 2 - 2 所示。封盖时波纹裙部被压折到瓶口上缘锁环处，与之紧密扣合。开启时需用借助开瓶器开启瓶盖，其基本尺寸见表 2 - 2 - 1，各类产品略有不同。

图 2 - 2 - 2　冠形瓶盖

表 2 - 2 - 1　　　　　冠形瓶盖基本尺寸及偏差（GB/T 13521—1992）　　　　单位：mm

示意图	名称	基本尺寸		极限偏差
剖面图	厚度 S	$0.23 \sim 0.28$		—
	外径 D	32.1		±0.02
	内径 d	26.75		±0.15
	高度 H	中间型 6.10	标准型 6.75	+0.15 0
俯视图	齿数 Z	21		—
	盖角半径 r	1.7		±0.2
	盖顶半径 R	$140 \sim 200$		—

（2）易拉冠形瓶盖　传统冠形瓶盖需要借助开瓶器开启，且存在安全隐患。易拉开启结构给冠形瓶盖开启带来方便，开启时扳起拉环，将手指扣入，一拉即可沿切缝将瓶盖拉开直至整个脱离瓶口。

拉环位置灵活多变，图2-2-3（a）～图2-2-3（c）瓶盖成型后拉环都嵌在瓶盖盖顶中，但铆钉位置不同，图2-2-3（a）铆钉在盖体上，图2-2-3（b）铆钉在盖顶中心，图2-2-3（c）靠近盖顶边缘。图2-2-3（d）～图2-2-3（f）瓶盖成型后拉环都依附在瓶盖侧面，其中图2-2-3（d）拉环通过铆钉与瓶盖连接，图2-2-3（e）、（f）拉环与瓶盖一体成型，瓶盖环裙较短。

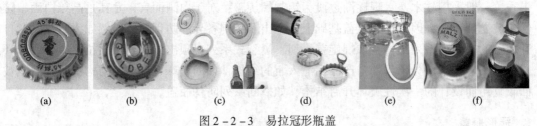

（a）　　　（b）　　　（c）　　　（d）　　　（e）　　　（f）

图2-2-3　易拉冠形瓶盖

2. 螺旋瓶盖

在酒类瓶盖中，螺旋瓶盖（Screw-off Bottle Caps）一般为连点式显开痕瓶盖。通过在盖体一定高度的圆周位置上切槽，形成一系列窄小连点"桥"与盖筒（环）连接［图2-2-4（a）］。扭转开启时连点断裂，下半部盖筒（环）留在瓶颈处［图2-2-4（b）］。瓶盖再次封闭时，断裂的连点明显被开启过，具有显开痕功能，达到警示防伪效果。

（a）　　　　　　　　　（b）

图2-2-4　螺旋瓶盖开启过程
（a）连点式显开痕螺旋盖　（b）螺旋瓶盖开启过程
1—连接点（桥）

（1）铝制螺旋瓶盖　铝制螺旋瓶盖发明于1856年，1972年首次将螺旋盖用于商业葡萄酒包装，其具有易开启、再封方便、成本低、方便储存、可回收、密封性能优异等特点，同时在葡萄酒包装中螺旋瓶盖具有可免除木塞污染、消除随机氧化、避免风味变化、保留酒香、利于长期储存、不受温度和湿度影响、阻隔气体液体及虫害等优点，螺旋瓶盖在葡萄酒密封中正在取代木塞，目前在澳大利亚和新西兰本土葡萄酒中螺旋瓶盖比例超过80%。

铝制螺旋瓶盖也称滚压式螺旋瓶盖（图2-2-5）。因在生产过程中，先预制未有螺纹盖体的盖坯，在酒瓶密封时，螺旋盖被模具压在瓶口的同时，螺纹滚轮以瓶口螺纹为纹路自上而下将盖外壳滚压形成瓶盖螺纹，凹槽滚轮沿瓶盖高速旋转将瓶盖压入形成凹槽，将螺旋帽紧固在瓶颈四周。连点个数会因生产商不同，一般情况下为8个，尺寸为（1.4±0.1）mm。

根据筒长不同，铝制螺旋瓶盖可分为长筒螺旋瓶盖、中筒螺旋瓶盖、短筒螺旋瓶盖，如图2-2-6所示。

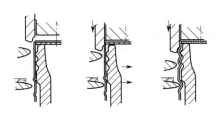

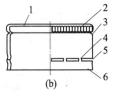

图 2 - 2 - 5 滚压式螺旋盖成型过程

图 2 - 2 - 6 铝制螺旋瓶盖

（a）长、中、短筒螺旋瓶盖 （b）螺旋瓶盖示意图

1—垫片 2—滚花 3—凹槽

4—连点（桥） 5—切槽 6—显开环

目前很多瓶盖企业都有各自品牌的螺旋瓶盖，如法国佩希内公司的"斯蒂文"螺旋瓶盖，奥斯凯普公司的"苏普尔万"螺旋瓶盖等。长筒螺旋瓶盖和短筒螺旋瓶盖常用尺寸见表 2 - 2 - 2 及表 2 - 2 - 3，不同瓶盖公司尺寸略有不同。对于 750mL 瓶装葡萄酒，30 × 60 螺旋瓶盖是目前国际葡萄酒行业的标准形式。瓶盖尺寸不同，所用铝板厚度也不同，见表 2 - 2 - 4。

表 2 - 2 - 2　　　　　　　　　　　长筒螺纹瓶盖常用型号　　　　　　　　　单位：mm

图示	常用尺寸	Φ_1	Φ_2	Φ_3	H_1	H_2
	25 × 43	25.6	24.7	25.0	12.5 ± 0.3	42.8 ± 0.3
	30 × 50	29.7	28.7	29.0	18 ± 0.3	49.5 ± 0.3
	30 × 60	29.7	28.7	29.0	18 ± 0.3	59.5 ± 0.3
	31.5 × 60	31.4	30.5	30.8	18 ± 0.3	59.5 ± 0.3

资料来源：佩希内包装公司。

表 2 - 2 - 3　　　　　　　　　　　短筒螺旋瓶盖尺寸　　　　　　　　　　单位：mm

图示	常用尺寸	ϕ_1	ϕ_2	ϕ_3	H_1	H_2	H_3
	22	22.0	20.9	22.5	3.5	3.8	14.8
		22.4	21.2	23.0	4.0	4.0	15.1
	25	25.2	23.9	25.5	3.5	3.8	16.4
		25.6	24.2	26.0	4.0	4.0	16.6
	28	28.2	26.5	28.5	4.0	3.8	17.6
		28.6	27.0	29.0	5.0	4.0	18.0
	31.5	31.5	30.0	31.8	4.0	3.8	17.5
		32.0	30.2	32.3	5.0	4.0	18.0
	38	38.8	36.3	39.0	4.5	3.8	16.3
		39.3	37.0	39.5	5.5	4.0	16.8
	46	45.5	44.5	46.5	4.5	3.8	15.9
		46.0	45.0	47.0	5.5	4.0	16.4
	53	52.5	51.5	53.2	4.5	3.8	18.5
		53.0	52.0	53.7	5.5	4.0	18.0

ϕ_1、ϕ_3 表示瓶盖外径尺寸

（Outside Diameter），

ϕ_2 表示瓶盖内径尺寸（Inside Diameter）

资料来源：Narendra Packaging。

表 2 - 2 - 4　　　　　　　　铝防伪瓶盖尺寸及铝板厚度（BB/T 0034—2006）

图示	瓶盖长径比 h/d	铝板厚度/mm
衬垫	0.6	≥0.18
	0.6~0.75	≥0.21
	>0.75	≥0.22

（2）塑料螺旋瓶盖　酒类包装中，散装酒主要用塑料瓶（桶）进行包装，与之匹配的瓶盖一般采用塑料螺旋盖（图2-2-7）。按显开痕结构分为连点显开痕瓶盖［图2-2-8（a）］和拉环显开痕瓶盖［图2-2-8（b）］；按瓶盖体结构一般分为有垫瓶盖、无垫瓶盖（图2-2-9）。

图 2 - 2 - 7　散装酒塑料包装

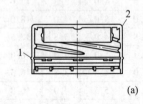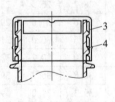

（a）　　　　　（b）

图 2 - 2 - 8　塑料螺旋瓶盖

（a）连点显开痕　（b）拉环显开痕

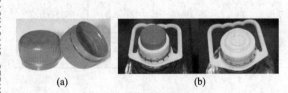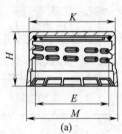

（a）　　　　　（b）

图 2 - 2 - 9　塑料螺旋盖

（a）有垫瓶盖　（b）无垫瓶盖

E—螺纹内径　H—瓶盖高度

K—防滑齿外径　M—最大外径　P—内塞外径

散装酒类包装中大多采用无垫片结构，主要分为两道密封瓶盖和三道密封瓶盖，如图2-2-10所示。

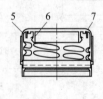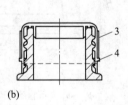

（a）　　　　　　　　　　　　（b）

图 2 - 2 - 10　塑料防盗瓶盖

（a）无垫两道密封结构　　（b）无垫三道密封结构

1、6—内塞　2—斜封环　3—无垫瓶盖　4—瓶口　5—侧封环　7—顶封环

（资料来源：山东郓东酒类包装有限公司）

无垫片两道密封瓶盖密封结构依次为内塞和斜封环。其密封原理为：封盖后内塞深入瓶口内部，起到主密封作用；斜封环紧顶在瓶口顶部外侧圆角处，起辅助密封作用。

无垫片三道密封瓶盖密封结构依次为内塞、顶封环和侧封环。其密封原理为：封盖后内塞深入瓶口内部，内塞外侧有锯齿状环形突起，使内塞与瓶口内侧紧密接触，顶封环压在瓶口顶面，侧封环包围在瓶口外侧。内塞起主密封作用；顶封环和侧封环起辅助密封作用，确保饮品在搬运或运输过程中受到挤压、碰撞，不发生渗漏和变质。

塑料防盗瓶盖尺寸公差见表 2－2－5。

表 2－2－5　　　　　塑料防盗瓶盖尺寸公差（GB/T 17876—2010）　　　　单位：mm

部位名称	公差等级	基本尺寸				
		14～18	18～24	24～30	30～40	40～50
最大外径 M	MT6a	0.54	0.62	0.70	0.80	0.94
瓶盖高度 H	MT6b	0.74	0.82	0.90	1.00	1.14
螺纹内径 E	MT6a	0.54	0.62	0.70	0.80	0.94
防滑齿外径 K	MT6a	0.54	0.62	0.70	0.80	0.94
内塞外径 P	MT6a	0.54	0.62	0.70	0.80	0.94
未注公差	MT7a	±0.39	±0.44	±0.50	±0.57	±0.66

3. 爆裂式瓶盖

爆裂式瓶盖根据爆裂的结构不同主要分为爆裂环瓶盖、爆裂片瓶盖和爆裂层瓶盖。

（1）爆裂片瓶盖　在爆裂环设计原理基础上延伸出来的断齿瓶盖、断瓣瓶盖，通过旋拧上瓶盖的力将盖筒连接的塑料齿和塑料瓣切断，达到显开痕作用，如图 2－2－11 所示。

(a)　　　　　　　(b)

图 2－2－11　爆裂片瓶盖
（a）断齿瓶盖　（b）断瓣瓶盖
1—断齿　2—断瓣
（资料来源：海普制盖）

（2）爆裂环瓶盖　爆裂式显开痕瓶盖为通过在盖体一定高度位置的圆周上切槽和在预爆裂的环上加竖切痕，开启时显开环的连点和竖切痕均爆裂的防伪瓶盖，显开痕性能好，开启封装简单，如图 2－2－12 所示。

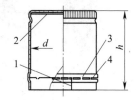

图 2－2－12　爆裂环瓶盖
1—竖切痕　2—垫片　3—连点（桥）　4—切槽　5—爆裂环

（3）爆裂层瓶盖 除通过旋拧爆裂开启方式外，还可以通过在瓶盖外层单独增加一层爆裂层，如图2-2-13所示。通过掀开外层瓶盖顶部盖片向外用力即可掰断爆裂外层瓶盖。

图2-2-13 爆裂层瓶盖

4. 顶出式瓶盖

顶出式瓶盖（Spout-out Bottle Caps）在瓶盖顶部中间部位圆周上切槽，形成一系列窄小连点"桥"的小圆片与盖顶连接。单层旋转顶出盖，盒盖内部塑料件上升，顶开顶部连点圆片，断点盖脱落，不能再复原，防伪性强，仅通过旋转即可打开，操作方便，但瓶口再封性欠佳。双层顶出盖将顶出塑料件增加螺纹与瓶盖，形成第二层盖，瓶盖开启后可完成再次封盖功能，单层顶出盖的缺陷，如图2-2-14所示。

图2-2-14 顶出式瓶盖
（a）顶出盖示意图 （b）单层旋转顶出盖 （c）双层顶出盖
1—连点 2—切槽 3—盖顶圆片 4—内层盖

5. 撕拉式瓶盖

撕拉式瓶盖（Tear-off Bottle Caps）是在瓶盖的一定高度上沿盖体圆周水平平行半切两道撕拉轨迹，在两轨迹间一定位置上完全裁断作为撕拉舌片。打开瓶盖时拉动舌片，沿半切轨迹撕拉开，瓶盖即可打开 [图2-2-15（a）]。瓶盖的结构、轨迹的位置和设计形式可灵活多变。图2-2-15（b）为瓶盖内层撕拉圆周设计；图2-2-15（c）、（d）材料较厚，舌片设计较大，周围留有空间，方便手指掀开舌片，其中图2-2-15（c）设计在盖体中下位置，舌片撕拉掉后，盒盖整体外观不完整，图2-2-15（d）设计在盖体上边缘，内层单独增加一瓶盖，舌片撕拉掉后，盒盖整体外观完整；图2-2-15（e）的撕拉半切线为波浪线设计。

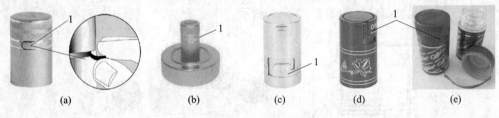

图2-2-15 撕拉式瓶盖
1—舌片

6. 卡环式瓶盖

酒瓶瓶口在上瓶盖和瓶口连接外围安装有牢固的防伪卡环，只有扳断锁扣或打开锁环，才能打开卡环，开启瓶盖，如图2-2-16所示。

图2-2-16　卡环式瓶盖
（a）锁扣开环过程　（b）锁环设计

7. 撬断式瓶盖

撬断式结构主要分瓶口设计部分撬断结构（图2-2-17）和瓶盖和瓶体连接结构。酒瓶上配有开瓶器用于撬断瓶口，使其不能再重复使用，但撬断处瓶口断面不均匀，同时断裂时碎片，存在一定的安全隐患。

8. 组合式瓶盖

一般组合式防伪瓶盖从单组合到两组合、三组合、六组合不等，瓶盖的组合结构越多，生产难度越大，成本越高，但防伪功能也越强，图2-2-18为各类不同组合防回灌防伪瓶盖。部分瓶盖组合结构中，塑料件与瓶口牢固嵌套在一起，欲将其与瓶盖分离，只能毁坏瓶盖或破坏包装瓶，为回收利用带来不便。

图2-2-17　撬断式瓶盖
1—瓶盖缺口设计　2—需撬断的瓶体结构

图2-2-18　不同组合防回灌防伪瓶盖

酒类瓶盖包装中，大部分螺旋瓶盖、爆裂式、顶出式、撕拉式、卡扣式、撬断式瓶盖都是双层防伪结构，外层显开痕瓶盖打开后，内层通过塑料件组合构成另外一层防伪结构。防伪瓶盖外层由上盖和盖筒构成，内层防伪结构由三部分塑料件组合构成，形成五组合双层防伪结构，如图2-2-19所示。

在组合设计中，利用回止球进行防回灌设计为内装物提供一种有效的防伪措施，尤其是在高档白酒行业。在设计时既要保证瓶中酒能以合适的流速顺畅倒出，又要保证伪劣产

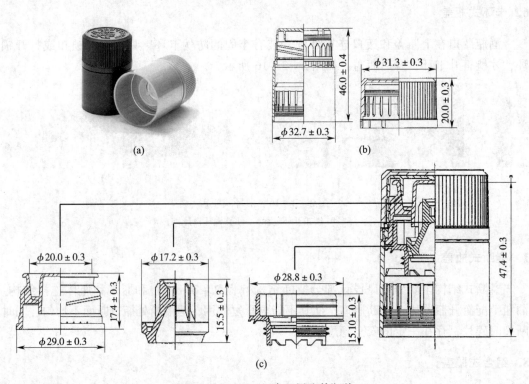

图 2 - 2 - 19　五组合双层防伪瓶盖
（a）防伪瓶盖　（b）上盖和盖筒结构　（c）内层防伪结构

品不能被回灌入瓶。回止球设计是典型设计之一。伪劣产品回灌时，回止球能够卡在瓶盖内层组合入口，封闭入口；产品正常倾倒时，回止球顺势脱离入口，逗留在形腔之内，产品通过内层入口及其他组合出口顺利流出。图 2 - 2 - 20 所示为利用回止球防回灌原理设计的不同组合结构设计方案。

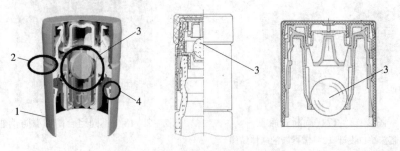

图 2 - 2 - 20　防回灌组合结构设计
1—瓶盖　2—显开痕　3—回止球　4—反锁结构

9. 瓶塞

（1）根据瓶塞材料分类　瓶塞主要用于葡萄酒瓶和部分白酒的密封，对保持酒的品质有重要作用。根据瓶塞材料结构组成不同，主要分为以下几类，如图 2 - 2 - 21 所示。

① 天然软木塞（Natural Cork Stoppers）　天然软木塞是由一块或几块天然软木加工而

成的瓶塞，主要用于不含气葡萄酒和储藏期较长葡萄酒的密封。软木塞是一种自然产品，原料为栎树皮，原料要求苛刻，弹性好，密封效果好，能够长期保质，能降解。

有的天然软木塞，因为质量相对较差，其表面的孔洞中的杂质会对酒的质量有所影响，用软木粉末和粘合剂的混合物在软木塞的表面涂抹均匀，填充软木塞的缺陷和呼吸孔，也称填充塞（Colmated Corks Stoppers），通常用于低档葡萄酒。

② 复合软木塞（Agglomerated Cork stoppers） 又名聚合塞，用黏合剂将软木颗粒混合，在一定温度和压力下，压制成板、棒或单体后加工而成，长期与酒接触后，会影响酒质或发生渗漏现象，多用于短期内消费的葡萄酒。

③ 贴片软木塞（Pasted N + N Cork Stoppers、Technical Cork stoppers） 用复合塞做塞体，在塞体两端或一端粘贴 1 片或 2 片天然软木圆片的塞子。通常表示为贴片 0 + 1 软木塞、贴片 0 + 2 软木塞、贴片 1 + 1 软木塞、贴片 2 + 2 软木塞等，其接触酒的部分为天然材质，这种瓶塞既具有天然塞的特质，又优于复合塞或合成塞的密封性能。

④ 合成塞（Synthetic Cork Stoppers） 又名高分子塞，在尺寸及外形上与天然木塞非常相似，是采用塑料类的高分子材料通过注射或挤出成型。回弹性好、密封性高，不掉碎屑，尺寸一致，不潮不霉，无毒无味，但不易降解，环保性较差。

图 2 – 2 – 21　不同材质的瓶塞

（a）天然软木塞　　（b）复合软木塞　　（c）1 + 1 复合软木塞　　（d）合成塞

1—共挤成型合成塞　2—注射成型合成塞

（2）根据外形结构分类　根据瓶塞外形结构不同，可分为柱形塞、锥形塞、T 形塞、环裙塞和异形塞等，见表 2 – 2 – 6，尺寸偏差见表 2 – 2 – 7。

表 2 – 2 – 6　　　　　　　　　　　　　　　　酒瓶瓶塞类型

类型	柱形塞	锥形塞	T 形塞	环裙塞	异形塞
示意图					
符号含义	H：瓶塞高度		ϕ_1：塞子直径　ϕ_2：帽子直径 H_1：塞子高度　　H_2：帽子高度		
	ϕ：瓶塞直径	ϕ_1：小头直径 ϕ_2：大头直径		ϕ_3：环裙直径	ϕ_3：帽子最大直径

表 2 - 2 - 7　　　　　　　　　　酒瓶瓶塞尺寸偏差（GB/T 23778—2009）　　　　　　　单位：mm

分类	直径允许偏差	长度允许偏差	不圆度允许偏差
天然塞	±0.5	±1.0	≤0.5
其他塞*	±0.4	±0.5	≤0.4
贴片塞的贴片单片厚度		≥3.5	

注：起泡酒用贴片塞的贴片单片厚度≥6.0mm。

* 加顶塞直径、不圆度以柱体为准。

① 柱形塞（Cylindrical Cork Stoppers）：柱形塞高度方向直径一致，如图 2 - 2 - 21 所示，包装时完全塞进瓶口，末端与瓶口平齐，使用时需要用专用启塞工具开启。

② 锥形塞（Tapered Cork Stoppers）：锥形塞高度方向上直径由大逐渐变小，如图 2 - 2 - 22 所示。包装时部分进入瓶口。

图 2 - 2 - 22　锥形塞

③ T 形塞（T - top Cork Stoppers）：又称丁字塞、加顶塞，是一种顶大体小的丁字形软木塞，塞体可为圆柱形或圆锥形，根据不同的材质可分为以下几类：

a. 软木（合成）T 形塞　塞体用软木或合成塞加工而成，塞顶的材料可以为木头、塑料、陶瓷、玻璃或金属等，如图 2 - 2 - 23 所示。图 2 - 2 - 23（a）为比利时 Chimay 智美红帽啤酒封装设计，用铁丝扣将 T 形瓶塞与瓶体进行固定。图 2 - 2 - 23（d）为在 T 形

（a）　　　　　　　　（b）　　　　　　　　（c）　　　　　　　　（d）

图 2 - 2 - 23　软木（合成）T 形塞

（a）聚合塞　　（b）陶瓷帽软木塞　　（c）金属帽合成塞　　（d）螺纹软木塞

塞的基础上设计的带有螺纹的聚合软木塞（Helix）及专门相应的玻璃瓶（阿莫林集团 Amorim Group 与欧文斯伊利诺斯 O. I. 合作研发，2013），兼具便捷开启密封及天然木塞的好处。T 形塞在尺寸选择时可参照图 2 - 2 - 24，$\phi_1 \approx \phi_3 + 1mm$，$\phi_2 \approx \phi_4$。

b. 玻璃 T 形塞　玻璃塞子密封犹如软木塞一样古老，玻璃塞化学性能稳定，不影响产品品质，但由于玻璃塞密封性存在问题，逐渐被取代。Alcoa 公司的产品 Vino - Lok 通过在玻璃塞上套有透明塑料软垫和外层包装保证了密封性。使用时，首先去撕拉掉外层包装，然后打开金属盖，即可取出玻璃塞，如图 2 - 2 - 25 所示。此瓶塞以铝瓶盖固定，可重封、可循环利用而且外形优雅、美观大方，但成本偏高。

④ 环裙塞：环裙塞塞体设计有多条凸起的环筋，形成多道密封，保证内装物免受氧化，同时环筋插入和开启方便，塞顶的材料可以为陶瓷、水晶、木头、塑料、玻璃、金属等，如图 2 - 2 - 26 所示。

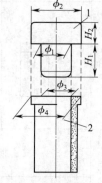

图 2 - 2 - 24　T 形塞瓶塞尺寸

图 2 - 2 - 25　玻璃 T 形塞

图 2 - 2 - 26　环裙塞

（a）陶瓷塞　（b）水晶塞　（c）木头塞

⑤ 撕拉塑料塞 – Zork：Zork 是一种新型的葡萄酒密封结构，2002 年发明于澳大利亚。开启时将条带绕撕拉轨迹解封后上提即可轻松开启。避免了软木塞的一些缺点。分为 Zork STL 和 Zork SPK 两个系列，开启再封容易、安全，可回收。

a. Zork STL　Zork STL 在条带撕拉掉后，剩余部分形如 T 形塞，可轻松拔出，再封方便，瓶塞与瓶口紧密配合，密封效果好，如图 2 - 2 - 27 所示。

图 2 - 2 - 27　Zork STL 瓶塞

（a）瓶盖开启过程　（b）瓶塞开启前后剖面图

b. Zork SPK　Zork SPK 是 Zork STL 的姊妹盖，比软木塞减少 40% 的碳排放量，不需要开瓶器即可轻松开启，避免木塞污染，可再封和完全回收。与 Zork STL 相同需撕拉条带后开启瓶盖，不同之处在于再封时需先按下瓶盖中间按钮套在瓶口，再按下外围瓶盖完全封合，如图 2 - 2 - 28 所示，保存酒中的气泡与新鲜度。

图 2 - 2 - 28　Zork SPK 瓶塞

（a）瓶塞封装效果　（b）瓶塞结构组成　（c）开启再封方法

任务三　设计锁底与自锁底纸盒结构

一、锁底式纸盒

锁底式结构能包装多种类型的商品，盒底能承受一定的重量，因而在单瓶酒盒包装中广泛采用，如图 2 - 3 - 1 所示。

图 2 – 3 – 2 所示锁底式结构盒底,其成型时需组装,盒底成型以后,p_1,p_2,p_3 点重合,o_1,o_2,o_3 点重合。

如果底板 2、底板 4 略作如图 2 – 3 – 2 (c) 的改进,则可增大盒底强度,因而称其为增强快锁底。

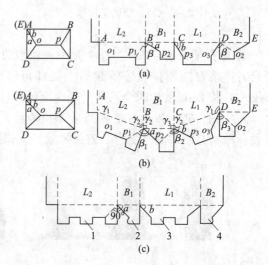

(a)

(b)

(c)

图 2 – 3 – 1 锁底式酒盒

图 2 – 3 – 2 锁底式(1.2.3 底/快锁底)结构
1~4—底板

知识点—— 锁底式锁合点定位原则

锁底式锁合点 o、p 的定位原则如下(图 2 – 3 – 2):

(1) op 连线位于盒底矩形中位线。

(2) o、p 点与各自邻近旋转点的连线同盒底 B 边所构成的角度为 $\angle a$,同盒底 L 边所构成角度为 $\angle b$。

$\angle a$、$\angle b$ 与纸盒长宽比有关,

当 $\alpha = 90°$ 时,

$L/B \leqslant 1.5$,$\angle a = 30°$,$\angle b = 60°$

$1.5 < L/B \leqslant 2.5$,$\angle a = 45°$,$\angle b = 45°$

$L/B > 2.5$,则如图 2 – 3 – 2 (c) 所示,增加锁底啮合点,立体成型如图 2 – 3 – 3,也就是将纸盒长边按奇数等分,且 $\angle a + \angle b = 90°$。

当 $\alpha \neq 90°$ 时,则 $\angle a$、$\angle b$ 确定原则是 $\angle a + \angle b = \alpha$。

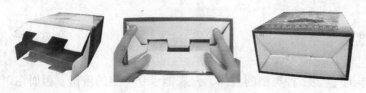

图 2 – 3 – 3 快锁底成型过程

PACKAGING STRUCTURE & DIE-CUTTING PLATE DESIGN(THE SECOND EDITION) 包装结构与模切版设计(第二版)

知识点——1.2.3. 锁底盒

酒盒包装中常用的锁底式盒底结构因其成型过程分为三个步骤，又称1.2.3. 底（图2-3-3）；还因与其他锁底式相比，组装成型速度比较快，也称快锁底。

图2-3-4是4个多棱形管式折叠纸盒的快锁底结构。

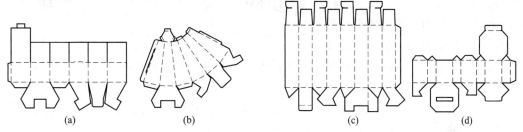

图2-3-4 六棱柱（台）和八棱柱快锁底盒

图2-3-5为另外4种形式锁的直角六面体锁底盒，因其结构较复杂，所以成型过程费时费力。

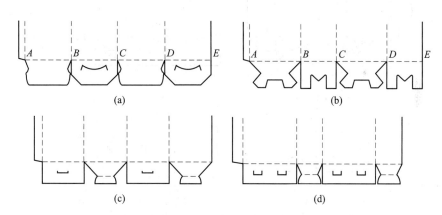

图2-3-5 锁底盒结构

图2-3-6为非快锁底的六棱柱（台）锁底盒。

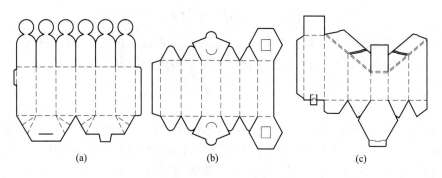

图2-3-6 六棱柱（台）锁底盒

二、自锁底纸盒

自锁底即自动锁底式，其结构是在锁底式结构的基础上改进而来的。它的盒型结构如图 1 - 1 - 20 (b) 所示，在糊盒机械设备上的成型过程如图 1 - 1 - 22 所示。盒底成型以后仍然可以折叠成平板状运输，到达纸盒自动包装生产线以

图 2 - 3 - 7　自锁底酒盒实物图

后，只要撑开盒体，盒底自动成封合状态，省去了其他类型盒底的成型工序和成型时间。因此，这种结构比较适合自动化生产和包装，如图 2 - 3 - 7 所示。

在管式盒中，只要有压痕线（不一定是作业线）能够使盒体折叠成平板状，都可设计自锁底。

（1）粘合角与粘合余角　如图 2 - 3 - 8 所示，自锁式盒底的关键结构是一条与纸盒底边呈 δ' 角的折叠线，δ' 角以外部分将与相邻底片粘合形成锁底。

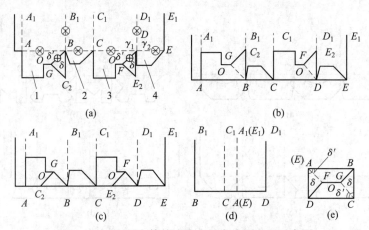

图 2 - 3 - 8　长方体管式盒自锁底成型过程示意图
1—底板 1（主底板）　2—底板 2（副底板）　3—底板 3　4—底板 4

知识点—— 粘合角 （δ） 定义

粘合角即与旋转点相交的盒底作业线与裁切线所构成的角度，亦即自锁底主片的粘合面中，以旋转点为顶点的两条粘合面边界线所构成的角度叫粘合角，即 $\angle C_2BG$ 和 $\angle E_2DF$。

当纸盒盒底平折或张开时，为避免底片与体板相互影响，实际设计中的粘合角一般小于理论值 2°~5°，而且，在一定条件下裁切线可以向内继续移动使实际粘合角缩小。只要折叠线 BG（DF）位置不变，就不会影响自锁底的功能。因此，在实际设计中，δ 与理论值有差距，可以在一定条件下变化。为方便起见，需要选择一个固定值的角度。

PACKAGING STRUCTURE & DIE-CUTTING PLATE DESIGN(THE SECOND EDITION) 包装结构与模切版设计(第二版)

在自锁底盒主底片上，与旋转点相交的作业线和盒体与盒底的交线所构成的角度叫粘合余角。

由于作业线 BF（DF）位置不变，盒体与盒底的交线 AB（CD）不变，所以 δ' 是一个固定值。

从理论上

$$\delta + \delta' = \alpha \tag{2-3-1}$$

式中 δ——理论粘合角，（°）

　　 δ'——粘合余角，（°）

　　 α——A 成型角，（°）

这样，自锁式盒底的结构问题可以归结为 δ 的求值问题。

（2）TULIC-2 公式——粘合余角求解公式

一般管式折叠纸盒自锁底粘合余角求解公式如下：

粘和余角公式：　　　$$\delta' = \frac{1}{2}(\alpha + \gamma_1 - \gamma_2) \tag{2-3-2}$$

式中 δ'——粘合余角，（°）

　　 α——A 成型角，（°）

　　 γ_1——与作业线底片相连体板的 B 成型角，（°）

　　 γ_2——与无作业线底片相连体板的 B 成型角，（°）

（3）棱柱形管式折叠纸盒自锁底结构　在棱柱形管式折叠纸盒的结构中，因为 $\gamma_1 = \gamma_2 = 90°$

代入公式（2-3-2），得

$$\delta' = \frac{\alpha}{2} \tag{2-3-3}$$

可见棱柱形管式折叠纸盒自锁底只是一般管式折叠纸盒的特例。

如果公式（2-3-3）中，$\alpha = 90°$

则　　　　　$\delta' = 45°$

这就是长方体管式折叠纸盒自锁底粘合余角的值。

由于图 2-3-8 和图 2-3-9 所示自锁底成型后盒底各底板不在同一平面上，凹凸不平影响了对酒瓶保护效果，因而可以采用图 2-3-10 所示的另一种自锁底结构，它

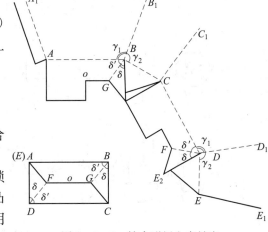

图 2-3-9 棱台形纸盒自锁底

的主底板是一块整板（LB），所以称其为增强式自锁底。此时的 δ' 角不能设计在整板的主底片上，只能设计在副底片或宽度为 $B/2$ 的主底板上。

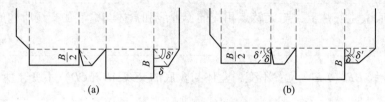

图 2-3-10　增强式自锁底结构

图 2-3-11 为 4 种正四棱柱折叠纸盒自锁底结构，其 δ' 也等于 45°。

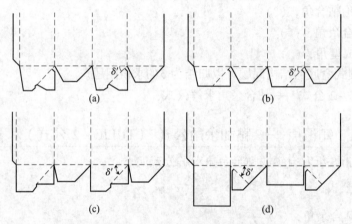

图 2-3-11　正四棱柱折叠纸盒自锁底结构

图 2-3-12 是六棱柱管式折叠纸盒自锁底结构的 6 种形式，作业线都是 C 线和 F 线，其中（a）~（e）是正六棱柱，（b）~（f）是增强底结构，而（c）~（f）较（a）、（b）增加了一个大的粘合面，盒底强度更大，盒底中线可视为一种非成型作业线。

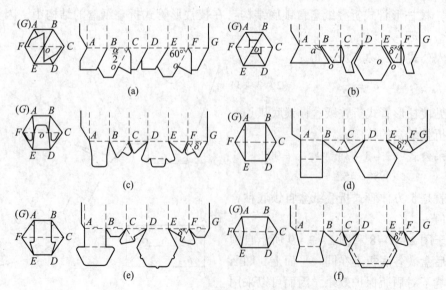

图 2-3-12　六棱柱管式折叠纸盒自锁底结构

因为　　$\alpha = 120°$　$\gamma_1 = 90°$　$\gamma_2 = 90°$

所以　　$\delta' = \dfrac{\alpha}{2} = 60°$

这几种盒底可以和花形锁盒盖配合使用。

图2-3-13也可视为一种独特的正六棱柱自锁底。其特点是没有盒底斜作业线，只保留有一个非成型作业线，当然也用不着计算 δ' 角。

图2-3-13　一种独特的正六棱柱自锁底

图2-3-14所示六棱柱管式折叠纸盒自锁底结构介于图2-3-12（a）与图2-3-12（b）之间。

如图2-3-15所示正三棱柱，由于有成型作业线 C_1C 和非成型作业线 A_1A，使得该盒型可以设计自锁底。

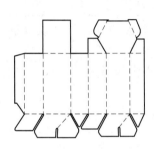

图2-3-14　六棱柱管式
折叠纸盒自锁底

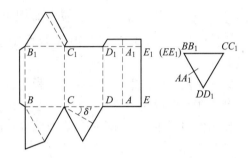

图2-3-15　正三棱柱管式折叠纸盒自锁式结构

因为　　$\alpha = 60°$　$\gamma_1 = \gamma_2 = 90°$

所以　　$\delta' = \dfrac{\alpha}{2} = 30°$

图2-3-16为4种正八棱柱管式折叠纸盒自锁底结构，与正六棱柱自锁底结构成型时不同，盒底主板在平板状态下不能粘合。

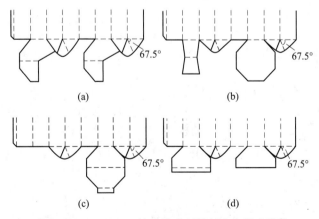

图2-3-16　正八棱柱管式折叠纸盒自锁式结构

（4）异形管式折叠纸盒自锁底结构　图2-3-17是横截面为平行四边形的异棱柱纸盒自锁底结构。

因为　$\gamma_1 = 90°$　$\gamma_2 = 90°$

所以　$\delta' = \dfrac{\alpha_1}{2}$

具体作法如下：

① 将平行四边形诸边依次展开。

② 平行四边形两条对角线作为平行四边形底片的交点 o。

③ 作 α_1 的平分线且交于平行四边形中位线。

④ 作 α_2 的平分线且交于平行四边形中位线。

则两条角平分线与平行四边形一条斜边所围三角形区域为粘合面。

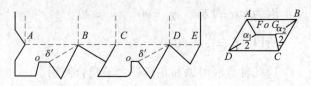

图 2 – 3 – 17　异棱柱折叠纸盒自锁底结构

知识点——自锁底防平板粘合反弹处理

在实际生产中，为了防止自锁底成型时在固胶工段纸板的反弹，采取以下 3 种设计：

① 自锁底底板的粘合角边线与相邻底板边线设计 20° 以内的斜角；

② 粘合角在与旋转点相连处切去一个小直角；

③ 底板粘合面与非粘合面之间的作业线设计成切痕线。

例 2 – 3 – 1　在图 2 – 3 – 9 结构中

已知：$\gamma_1 = 110°$　$\gamma_2 = 100°$　$\alpha = 90°$

求：$\delta' = ?$

解：$\delta' = \dfrac{\alpha + \gamma_1 - \gamma_2}{2} = \dfrac{90 + 110 - 100}{2} = 50°$

例 2 – 3 – 2　在图 2 – 3 – 18（a）结构中

已知：$\gamma_1 = 70°$　$\gamma_2 = 90°$　$\gamma_3 = 110°$　$\alpha = 90°$

求：$\delta'_1 = ?$　$\delta'_2 = ?$

解：$\delta'_1 = \dfrac{\alpha + \gamma_1 - \gamma_2}{2} = \dfrac{90 + 70 - 90}{2} = 35°$

$\delta'_2 = \dfrac{\alpha + \gamma_3 - \gamma_2}{2} = \dfrac{90 + 110 - 90}{2} = 55°$

例 2 – 3 – 3　在图 2 – 3 – 18（b）结构中

已知：$\gamma_1 = 110°$　$\gamma_2 = 70°$　$\alpha = 110°$

求：$\delta'_1 = ?$　　$\delta'_2 = ?$

解：$\delta'_1 = \dfrac{\alpha + \gamma_1 - \gamma_2}{2} = \dfrac{110 + 110 - 70}{2} = 75°$

$\delta'_2 = \dfrac{\alpha + \gamma_2 - \gamma_1}{2} = \dfrac{110 + 70 - 110}{2} = 35°$

如果设计自锁底的异形盒在平折后，两端接头不能重合，则可考虑把粘合接头改为如图1-3-2的锁舌锁孔接头结构，或如图2-3-19接头不进行接合，这时并不影响公式（2-3-2）的应用。

图2-3-19中找不到成型作业线，并且也没有考虑设计非成型作业线，而是选择 B_1B、D_1D 线作平折压痕线。

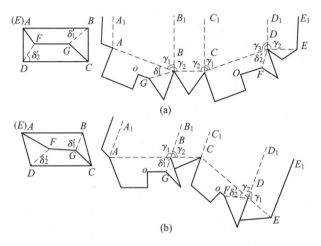

图2-3-18 异形管式折叠纸盒自锁底结构

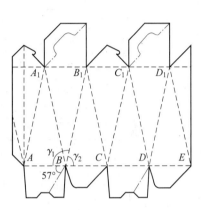

图2-3-19 例2-3-4盒型图

例2-3-4 在图2-3-19结构中

已知：$\gamma_1 = 102°$　$\gamma_2 = 78°$　$\alpha = 90°$

求：$\delta' = ?$

解：$\delta' = \dfrac{\alpha + \gamma_1 - \gamma_2}{2} = \dfrac{90 + 102 - 78}{2} = 57°$

知识点——粘合余角设计注意事项

从以上几例可知，在粘合余角公式的具体应用中，需注意以下几点：

① 在某一旋转点的两个 B 成型角中，与粘合余角 δ' 相邻的角为公式中的 γ_1，另一个为 γ_2。如果两者交换了位置，公式应相应变动，如例2-3-3。

② 粘合余角和粘合角也可以设计在副底片上以加强盒底结构；或者在两组中，一组设计在半板的主底片上，一组设计在副底片上，此时仍要坚持只有与 δ' 相邻的 B 成型角才是公式中 γ_1 的原则。

③ 两个主底片上的相交点 o 有时为粘合余角角度限制，不一定能设计在盒底中心点，这时可沿盒底中位线向左右相对移动适当距离。

图2-3-20是一组自锁底结构的纸盒，请注意 γ_1 与 γ_2 的位置。

图2-3-21为一组日本专利纸盒的自锁底结构，其中（a）为锁底与自锁相结合的盒底结构。

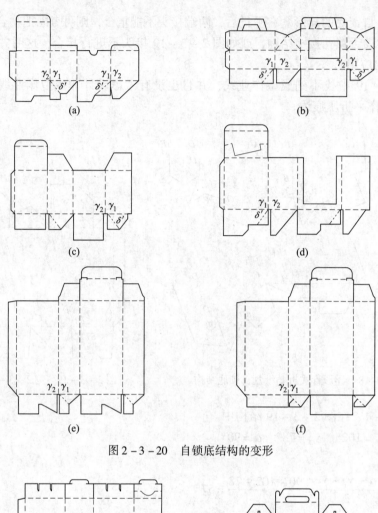

图 2 – 3 – 20　自锁底结构的变形

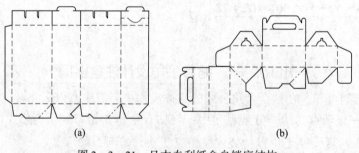

图 2 – 3 – 21　日本专利纸盒自锁底结构

任务四　设计提手盒

一、提手结构

纸盒提手为便于消费者携带，如图 2 – 4 – 1 所示。提手的位置一般如下设计：

① 在盒体体板设置提手，如图 2 – 4 – 2 所示。

② 在盖板或盖板延长板部分设置提手，如图 2 – 4 – 3 所示。

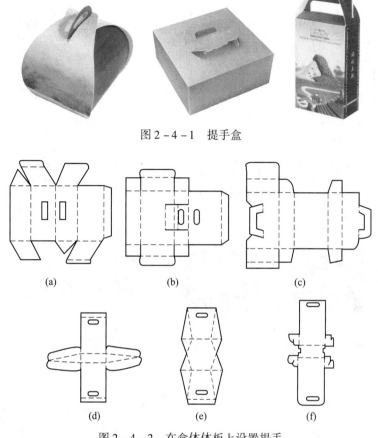

图 2 - 4 - 1　提手盒

图 2 - 4 - 2　在盒体体板上设置提手

(a)　　　　　(b)　　　　　(c)

(d)　　　　　(e)　　　　　(f)

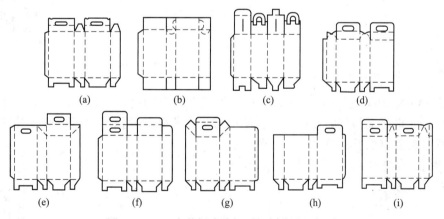

(a)　　　　(b)　　　　(c)　　　　(d)

(e)　　　(f)　　　(g)　　　(h)　　　(i)

图 2 - 4 - 3　在盖板或盖板延长部分设置提手

　　图 2 - 4 - 4 是最常见的提手盒。图 2 - 4 - 5 的纸盒是在图 2 - 4 - 4 的基础上将提手梁锁孔改成扇形不完全开孔，这样提梁在运输状态中可以自动平折，提携时可以自动成型，避免了组装时的繁琐，是一项日本专利技术。

　　如果提手长度小于手掌正向执握宽度与必要的承重尺寸之和，则可以考虑利用纸盒对角线设计提手，如图 2 - 4 - 6 所示，或设计圆提手孔，以方便手指提携，如图 2 - 4 - 7 所示。

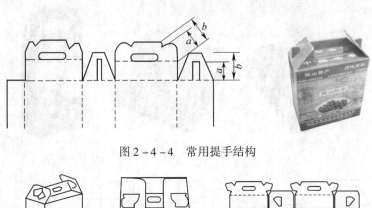

图2-4-4　常用提手结构

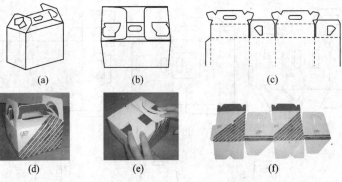

(a)　　　　　　(b)　　　　　　(c)

(d)　　　　　　(e)　　　　　　(f)

图2-4-5　扇形不完全开孔的提梁锁孔

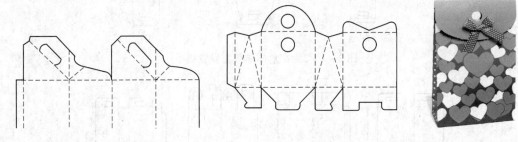

图2-4-6　提手加长结构　　　　　图2-4-7　圆孔提手盒

　　图2-4-8（b）是一项日本专利U形不完全开口提手。它是经过一系列研究由图2-4-8（a）改进而得到的最佳设计，使得与手掌的接触面积更大而更符合人体工程学原理，而且提手窗纸板经两次折叠，降低了内装物对提手窗开启的影响程度，如图2-4-8（c）所示。

二、包装提手的尺度

　　（1）提手尺寸　一般情况下，不论何种包装材料，只要采用一体成型结构的提手，就需要考虑4个主要尺寸，如图2-4-9所示。

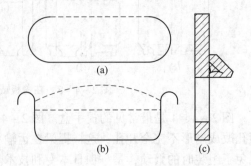

图2-4-8　日本专利提手
(a) 原提手窗　(b) 专利提手窗　(c) 使用示意图

PACKAGING STRUCTURE & DIE-CUTTING PLATE DESIGN(THE SECOND EDITION) 包装结构与模切版设计（第二版）

① 提手长度（L）：提手长度与手幅宽度有关，它应等于或略大于手幅宽度，以便手掌从该尺寸方向上能自由伸入提手窗。

② 提手宽度（b）：提手宽度与手掌厚度有关，它应等于或略大于手掌厚度，以便手掌从该尺寸方向上也能自由伸入提手窗。

③ 提梁高度（h）：提梁高度（如果提梁存在）与手掌执握尺寸有关，从主观愿望上讲，它应等于或略小于手掌执握尺寸，以便执握动作更舒适、更轻松、更牢靠。但是，如果提梁高度过小，由于重力和人在行进间带来振动的影响，提手极易在提手窗纵端的提梁位置上撕裂破坏。

由于包装提手一般为片材开窗，所以手掌执握提梁不同于握柄操作。

④ 提手窗与提手的端点距离（d）：这是一个强度薄弱之处，不宜过小。

在上述 4 个主要尺寸中，L、b、h 与人体手掌结构尺寸有关，设计时要考虑尺度问题，其中 h 应同时考虑强度问题，此时应综合平衡。

（2）手掌相关尺寸　人体手掌通过提手携带包装时，涉及 3 个相关尺寸，如图 2 - 4 - 10 所示：

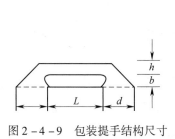

图 2 - 4 - 9　包装提手结构尺寸

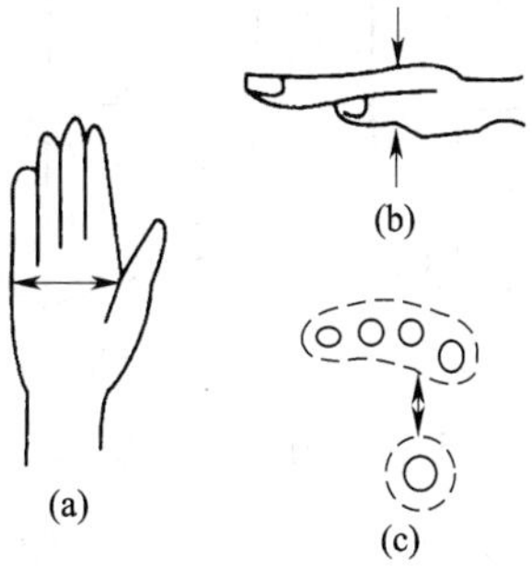

图 2 - 4 - 10　人体手掌相关尺寸
（a）手幅宽度　（b）手掌厚度　（c）手掌执握尺寸

① 手幅宽度：人体构造尺寸，指手掌平伸展开，拇指伸出，其余四指并拢，拇指与食指指骨间肌内侧至掌心外侧间的尺寸。

② 手掌厚度：人体构造尺寸，指手掌平伸展开，拇指伸出后掌心至掌背间的垂直尺寸。

③ 手掌执握尺寸：人体功能尺寸，指手掌自然握拳，拳眼内侧最大尺寸。

（3）提手尺度　在提手设计中采用极端个体尺寸，既可以避免无限制扩大提手长宽尺寸而带来材料的浪费和强度的消弱，又可以限定可设计提手的包装最小尺寸范围，还可以使绝大多数人能进行安全舒适的提携式搬运。

① 提手长度：选择手幅宽度大尺寸，即手幅宽度大的极端个体能自由伸入，则小于该个体的手幅宽度均能自由伸入，其值为 85.5mm，圆整为 86mm。

② 提手宽度：选择手掌厚度大尺寸，即手掌厚度大的极端个体能自由伸入，则小于该个体的手掌宽度均能自由伸入，其值为 30.6mm，圆整为 31mm。

③ 提梁高度：选择手掌执握小尺寸，手掌执握尺寸小的极端个体能握拢，则大于该个体的手掌执握尺寸均能握拢，其值为 21mm（为保证强度，实际设计可能大于此值）。

任务五　设计间壁底式纸盒

一、间壁封底式

间壁封底式纸盒可用于包装多件小瓶啤酒，如图2-5-1所示。

间壁封底式结构是将折叠纸盒的四个底板在封底的同时，其延长板将纸盒分隔。间壁板有效地分隔和固定单个瓶装物，防止碰撞损坏。由于纸盒主体与间壁隔板一页成型，所以强度和挺度都较高。

如果高度方向不设计间壁，则间壁的排列数目用 $m \times n$ 表示，如图2-5-2，其中 m 为纸盒长度方向的内装物数目，n 为宽度方向的内装物数目。间壁板的数目为 $(m-1) \times (n-1)$。

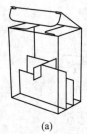
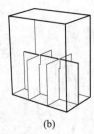
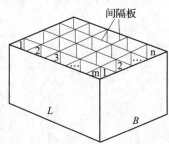

图2-5-1　间壁封底式纸盒　　　　图2-5-2　间壁排列数目

间壁的排列方向一般为两种，P型排列和Q型排列，如图2-5-3所示。

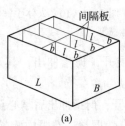
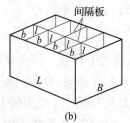

图2-5-3　间壁排列方向
(a) P型排列　　(b) Q型排列

由图2-5-3可以看出：P：$l /\!/ L$，$b /\!/ B$；
　　　　　　　　　　　Q：$l /\!/ B$，$b /\!/ L$。

其中，l，b 代表内装物的长与宽，L，B 代表纸盒包装的长与宽。

同一个纸盒的排列方式，不论是排列数目还是排列方向，可以是单一结构，也可是混合结构，但一般是单一结构。最常见的排列数目为 2×3 与 3×2。

这类盒型设计时既要考虑封底，也要考虑间壁板的折叠与组装成型。图2-5-4所示盒型的设计思路为：

① 两个 LH 板连接底板各封底1/3［图2-5-4（a）］，且其上延伸间壁板可以折叠90°。

② 两个 BH 板连接的底板完成其余1/3封底，但因其延伸间壁板只能在中间1/3底的

范围内折叠90°，所以底板只能设计成梯形［图2-5-4（b）］。

③ 在完成全部封底任务的底板延长板上设计间壁［图2-5-4（c）］。

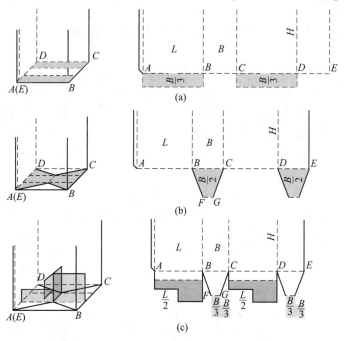

图2-5-4 2×3间壁封底式结构设计步骤

知识点——间壁封底式纸盒盒底尺寸设计规律

长方体盒型在等分间隔时，如果不考虑纸板厚度，根据旋转性，与侧板连接的盒底板第一水平压痕线与盒底线的距离为B/n，与端板连接的盒底板第一水平压痕线与盒底线的距离为L/m，例如图2-5-4的该距离分别为$B/3$和$L/2$；图2-5-5则为$B/2$和$L/3$。

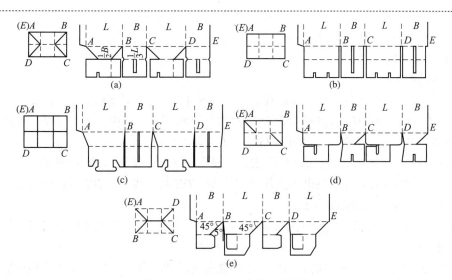

图2-5-5 3×2间壁封底式结构

二、间壁自锁底

图 2-5-6 是各种间壁自锁底纸盒的盒底仰视图和平面结构图。

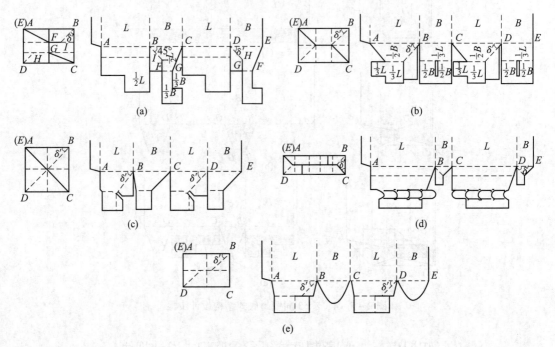

图 2-5-6　间壁自锁底结构

间壁自锁底纸盒是在间壁封底式纸盒基础上加以自锁而成。有两种类型，一类是纵横向间壁板分别设计在 LH 和 BH 的底板延长板上，一类是都设计在同一底板延长板上。前者如图 2-5-6（a）～（c），后者如图 2-5-6（d）、图 2-5-6（e）和图 2-5-7。

例如，可以在图 2-5-4（c）的基础上设计间壁自锁底。

因为　$\gamma_1 = \gamma_2 = 90°$　$\alpha = 90°$

所以　$\delta' = 45°$

设计步骤如下：

① 因为 B、D 线为作业线，所以在图 2-5-4（c）盒底图基础上，于图 2-5-6（a）盒底图上作折线 $BIFGHD$，将矩形 $ABCD$ 分割为全等两部分，其中，BI 与 DH 为作业线，IF 与 HG 为裁切线，且 $\angle CDH = \angle ADH = 45°$，$\angle CBI = \angle ABI = 45°$。

② 对图 2-5-4（c）进行适当修改，即根据图 2-5-4（c）展开图和 2-5-6（a）盒底图，在图 2-5-4（c）展开图上作出虚线 BI、DH 与实线 IF、HG，即设计 δ'。

③ 确定粘合面，其长度小于 L。

图 2-5-6（d）所示盒型的间壁板原始位置在 $LB/2$ 面，依靠内装物自身重力使其下折形成间壁。

图 2-5-7 为 LH 板连接的底边延长板独立完成纵横向间壁工作，其设计程序为：

① BH 板连接底板上设计粘贴余角，该板不承担间壁板和封底工作［图 2-5-7（a）］；

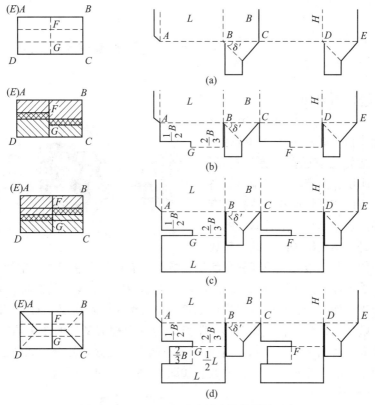

图 2-5-7　2×3 间壁自锁底结构设计程序

② LH 板连接的底板至少应封底 1/2，考虑到还要在 B/3 处进行间壁，因此有 L/2 部分板前延至 2B/3 进行封底 [图 2-5-7 (b)]。

③ LH 板连接底板延长板实现横向间壁 [图 2-5-7 (c)]。

④ 在该板上局部裁切宽度为 2B/3 的纸板，进行 90°折叠实现纵向间壁 [图 2-5-7 (d)]。

为了方便间壁板自动成型，可以把间壁板设计成图 2-5-8，其中图 2-5-8 (c) 为 3×3 间壁结构。

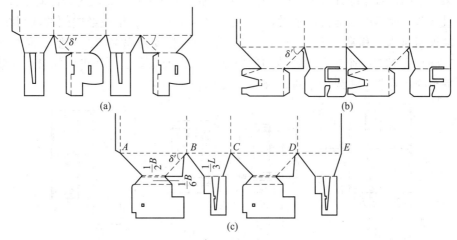

图 2-5-8　间壁自锁底结构

任务六　设计非管非盘式折叠纸盒

一、非管非盘式折叠纸盒

　　非管非盘式折叠纸盒通常为间壁式多件包装，其结构较之前述盒型更为复杂，如图2-6-1所示，生产工序和制造设备都相应增多，所以成型特性和制造技术有别于其他盒型。也就是说，这种盒型的成型方式，既不是由体板绕轴线连续旋转成

图2-6-1　各种各样的非管非盘式折叠纸盒

型，也不是由体板与底板呈直角或斜角状折叠成型，而是具有独特的成型特点。

　　图2-6-2（a）为一张标有折线（虚线）和裁切线（实线）的纸板，将纸板宽度方向除接头部分进行四等分，高度方向进行二等分，成型时沿着高度方向中间的水平裁切线对折，左右两端接头部分粘合且相对移动距离B拉动盒框成型为如图2-6-2（b）的没有盒底的立体盒框。将图2-6-2（a）平面图稍作调整，将盒底补全，如图2-6-2（c），这是一个最简单的非管非盘式纸盒，成型后如图2-6-2（d）所示。

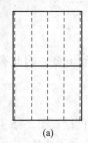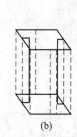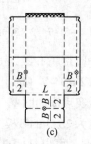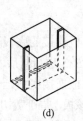

(a)	(b)	(c)	(d)

图2-6-2　非管非盘式折叠纸盒成型一

　　如果将上例纸盒宽度方向等分成两个间隔，相当于增加一个长度为L的间壁板，将间壁板通过纸盒平面结构图延长板来设计［图2-6-3（a）］，纸板经中间的裁切线对折，左右两端板相对水平移动［图2-6-3（b）］，相对移动距离为B，成型结构如图［图2-6-3（c）］，这是一个带有间壁结构的非管非盘式纸盒盒框，如再增加盒底，就成型为一个完整的非管非盘式纸盒［图2-6-3（d）］。

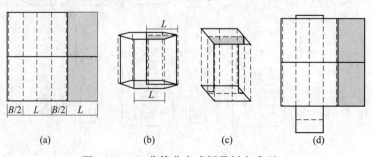

图2-6-3　非管非盘式折叠纸盒成型二

PACKAGING STRUCTURE & DIE-CUTTING PLATE DESIGN(THE SECOND EDITION)　包装结构与模切版版设计（第二版）

知识点——非管非盘式折叠纸盒

非管非盘式结构折叠纸盒定义：该盒型结构主体对移成型；成型时盒坯的盒体板上下对称部分对折，左右两端相对移动距离 B，形成盒体；盒坯的盒底结构有非成型作业线的盒底板和制造商接头在平板状态下于相对位置粘合；纸盒在平板状态下运输，使用时撑开盒身，结构自动成型。

非管非盘式折叠纸盒通过对移，即盒坯两部分纸板相对位移一定距离而成型。有非成型作业线的盒底面积等于或近似等于 LB。

为了使非管非盘式折叠纸盒提拿方便，可以在中间的间隔板上设计一提手，提手板一般要高于纸盒主体结构，相当于将图2－6－2（c）四周体板相对中间隔板向下移动一定的距离［图2－6－4（a）］。对于平面结构图相当于将原先的中间裁切线分解为上下两条裁切线，原先的裁切线变为对折线［图2－6－4（b）］。

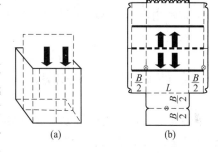

图2－6－4　非管非盘式折叠纸盒成型三

纸盒提手板成型主要有两种形式："工"形［图2－6－5（a）］和"C"形［图2－6－5（b）］裁切。图2－6－5（a）中，纸盒主体结构上部沿中间裁切线的左右两端纸板相对水平运动距离 B 并部分交错而拉动盒体成型；图2－6－5（b）中，纸盒主体结构上部沿

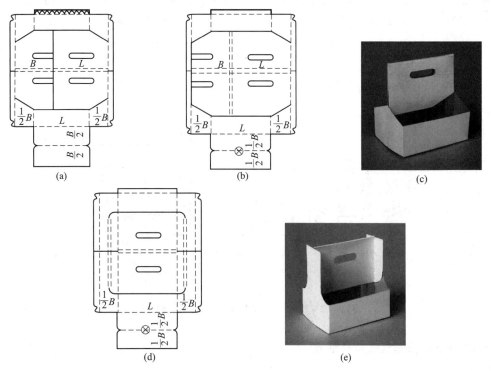

图2－6－5　1×2间壁非管非盘式折叠纸盒

中间对折线对折，同时向左侧相对水平运动距离 B 而拉动盒体成型。两者最终成型立体效果如图 2-6-5（c）所示。

此外，纸盒提手板还可如图 2-6-5（d）裁切，纸盒主体结构上部通过两侧对折而相对水平运动距离 B 拉动盒体成型。效果如图 2-6-5（e）所示。

上列三种非管非盘式折叠纸盒都是 1×2 间壁。

图 2-6-6 是在图 2-6-5（d）的基础上在盒坯右端接头延长成中隔板，盒底没有采用有非成型作业线的盒底，而是用四个半圆形底片承重，用于包装纸筒结构的食品小包装。

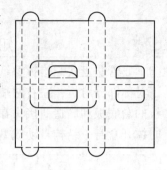

图 2-6-6　没有底板的
非管非盘式折叠纸盒

二、多间壁非管非盘式折叠纸盒

多间壁非管非盘式折叠纸盒由结构所限，只能进行 $m \times 2$ 排列。如果在图 2-6-5 所示盒型基础上增加 m 的个数，当 $l = b$ 时，可以在图 2-6-5（a）和图 2-6-5（b）的基础上进行改进，当 $l > b$，若采用节省纸板的设计方法，则只能采用类似图 2-6-5（a）的设计方法。

1. 2×2 间壁非管非盘式折叠纸盒

图 2-6-7 为一组 2×2 间壁非管非盘式折叠纸盒结构。其中图 2-6-7（a）在图 2-6-5（b）盒型的右侧延长板上设计了中间间壁板，图 2-6-7（b）是在图 2-6-5（a）基础上将原盒型的一条裁切线改为两条裁切线，并在其中间设计了间壁板。

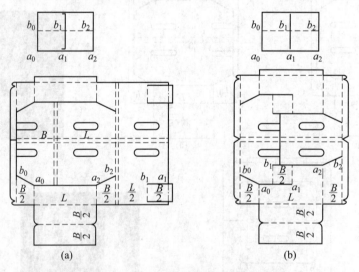

图 2-6-7　2×2 间壁非管非盘式折叠纸盒

2. 3×2 间壁非管非盘式折叠纸盒

图 2-6-9 和图 2-6-10 为 3×2 间壁非管非盘式折叠纸盒，其成型可以看成是 1×2

非管非盘式下部盒框成型的缩小，当盒坯对移距离 B 时盒框成型，其中间间壁板当然也可以被带动而自动成型。

图 2-6-9 （a）与图 2-6-9 （b）为 $l=b$ 的情况，图 2-6-9 （c）为 $l>b$ 的 Q 型排列，图 2-6-10 （d）为 $l>b$ 的 P 型排列。

知识点——多间壁非管非盘式折叠纸盒设计步骤

在设计多间壁非管非盘式折叠纸盒时，间壁板和体板的分界点的确定是关键，图 2-6-8 是多间壁非管非盘式折叠纸盒的俯视图，其上的 a_0、a_1、…、a_m，b_0、…、b_m 分界点就是关键点，设计步骤如表 2-6-1。

表 2-6-1　　　　　　　　　　多间壁非管非盘式折叠纸盒设计步骤

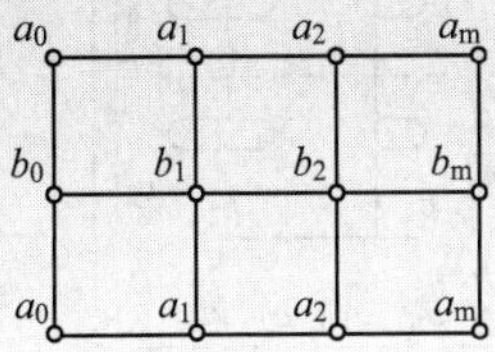

序号	步骤	水平距离	P 型排列	Q 型排列
1	确定水平对折线长度	$\lvert b_0 b_m \rvert$	$L+B$	$L+B$
2	确定 $a_0 \sim a_m$ 点横坐标	$\lvert a_{m-1} a_m \rvert$	l	b
3	确定 $b_0 \sim b_m$ 点横坐标	$\lvert a_m b_m \rvert$	b	l
4	按设计完成 $m-1$ 间壁	—	—	—

图 2-6-8

以图 2-6-9 （a）盒型为例，其成型特点是：③ 号裁切线左右两端相对运动距离为 B，此时①与③$^-$点重合，②与④点重合，③$^+$与⑤点重合；以①–②–③和④–⑤–⑥裁切线为界，②、⑤号压痕线在裁切线以内为外折线，裁切线以外为内折线。

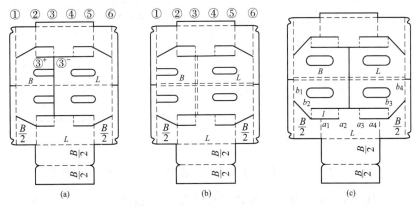

图 2-6-9　3×2 间壁非管非盘式折叠纸盒之一

（a）、（b）$l=b$　（c）$l>b$ 的 Q 型排列

成型过程为：
① 沿水平对折线将盒坯上下两部分对折。
② 制造商接头粘合。
③ ③号垂直裁切线的左右两端相对运动距离 B 并相互交错。
④ 同时各内折、外折线构成间壁。

图 2 - 6 - 9（b）与图 2 - 6 - 9（a）盒型相同，但由于两种结构的重叠位置有差异，所以左端提手位置与形状略有不同。

以图 2 - 6 - 10 所示盒型为例，表 2 - 6 - 1 的第 4 步如下设计：

① 按设计要求确定各点纵坐标 [图 2 - 6 - 10（a）]。

② 连接 $b_1 - b_2$ 为裁切线，该线过 b_1、a_1、a_2、b_2 四点 [图 2 - 6 - 10（b）]。

③ 连接 $b_0 - a_0 - a_1$、$a_2 - a_3 - b_3$ 为裁切线 [图 2 - 6 - 10（c）]。

④ 在两条裁切线之间，a_1、a_2 点向上作内折线，b_1、b_2 点向下作外折线即完成设计 [图 2 - 6 - 10（d）]。

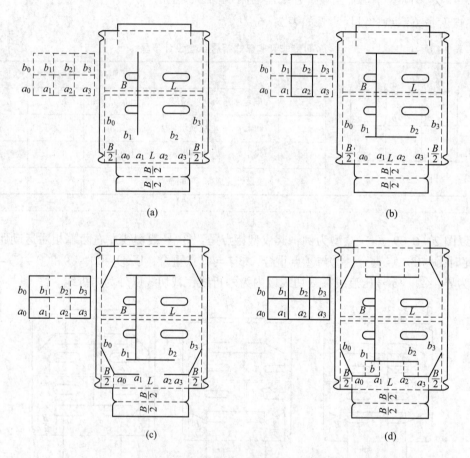

图 2 - 6 - 10　3×2 间壁非管非盘式折叠纸盒间壁部分设计步骤之一

把图 2 - 6 - 10（a）所示盒型的设计步骤改为：① 连接 $b_0 - a_0 - a_1$、$b_1 - a_1 - a_2$ 为裁切线 [图 2 - 6 - 11（a）、图 2 - 6 - 11（b）]；② 连接 $b_2 - a_2 - a_3 - b_3$ 为裁切线 [图 2 - 6 - 11（c）]。则可以设计成如图 2 - 6 - 11（d）的非管非盘式折叠纸盒，这是一种节省纸板的设计，而且不论 m 是奇数还是偶数。

图 2 - 6 - 12 所示的三种盒型，也是非管非盘式折叠纸盒。但是与图 2 - 6 - 10 相比，纸板用量明显增加。图 2 - 6 - 12（a）是在图 2 - 6 - 2（a）的基础上，于左右两端延长部分设计间壁板形成 3×2 结构，间壁板接头向内而没有和其他盒型一样向外，是为了节省纸板，成型前首先间壁板接头折叠 180°后转向朝外；但当改为只在一端延长部分设计

两个间壁板［图2-6-12（b）］时，则可进一步节省纸板，直到 $B/2$ 宽度；再进一步改为图2-6-12（c）的结构时，间壁板粘合接头可以统一为一个，这样可以节省黏合剂用量。

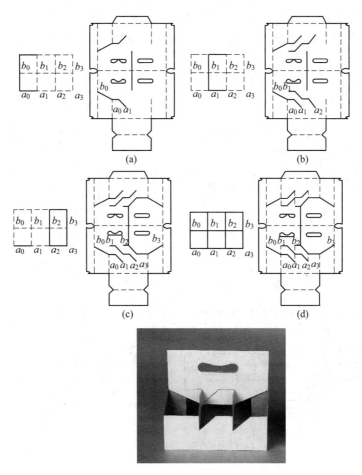

图2-6-11　3×2间壁非管非盘式折叠纸盒间壁部分设计步骤之二

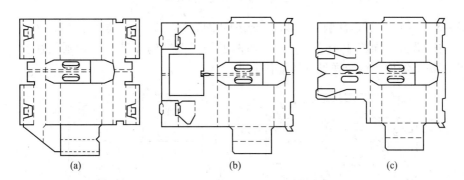

图2-6-12　3×2间壁非管非盘式折叠纸盒之二

3. 4×2 间壁非管非盘式折叠纸盒

对于 m 为偶数的多间壁则可按图2-6-13的两种方法设计。

图 2 - 6 - 13 （d） 是在图 2 - 6 - 10 （b） 基础上增加了两个间隔，成为 4 × 2 结构，因而在盒坯上增加了 4 条垂直压痕线，但其基本成型原理不变，其成型过程如下：

① 作裁切线 $b_1 - b_3$，该线过 b_1、a_1、a_3、b_3 四点 ［图 2 - 6 - 13 （a）］。

② 作裁切线 $b_0 - a_0 - a_1$、$a_3 - a_4 - b_4$ 为裁切线 ［图 2 - 6 - 13 （b）］。

③ a_1、a_3 点向上作内折线，b_1、b_3 点向下作外折线，形成左右两个间壁 ［图 2 - 6 - 13 （c）］。

④ 在延长板上作中间间壁，b_2 为内折线，a_2 为外折线，$b_2 a_2$ 水平距离为 $B/2$，此时完成设计 ［图 2 - 6 - 13 （d）］。

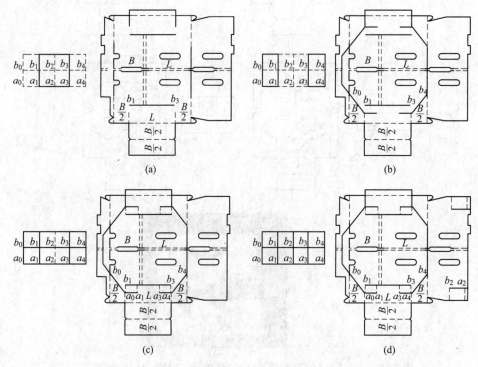

图 2 - 6 - 13　4 × 2 间壁非管非盘式折叠纸盒成型过程

图 2 - 6 - 14 （a） 所示盒型的主体部分成型同图 2 - 6 - 5 （b） 盒型。图 2 - 6 - 14 （b）所示盒型主体部分则同图 2 - 6 - 2 （c），但两者的间壁结构却是在体板延长片上一页成型。间壁板接头结构的设计详见本情境任务八。

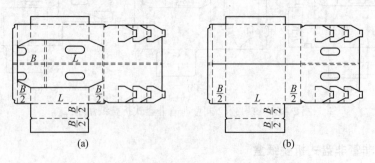

图 2 - 6 - 14　4 × 2 间壁非管非盘式折叠纸盒

4. 非管非盘式折叠纸盒纸板纹向选择

图 2-6-15 是非管非盘式折叠纸盒在两种纸板纹向设计方案中对纸盒不同角度的对比。可以看出当纸板纹向设计如图 2-6-15（a）盒所示时，纸盒外观及盒壁成型效果好，但盒底容易发生翘曲变形，强度低。当纸板纹向设计如图 2-6-15（b）盒所示时，盒壁发生凸鼓，影响外观和强度，但盒底挺度大，变形小。至于采用哪种纸板纹向设计，应根据厂商对纸盒的具体要求而定。

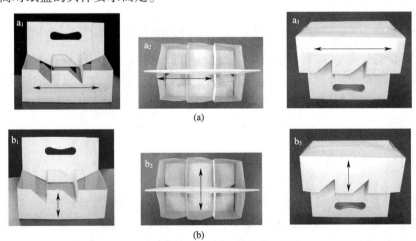

图 2-6-15　3×2 间壁非管非盘式折叠纸盒纸板纹向设计

任务七　设计正反揿间壁纸盒

一、正-反揿成型结构

正-反揿成型利用纸板的耐折性、挺度和强度，在盒体局部进行内-外折，从而形成将内装物固定或间壁的结构，如图 2-7-1 所示。这种结构不仅设计新颖，构思巧妙，而且成型简单，节省纸板，是一种经济方便的结构成型方式。

图 2－7－2（a）是正－反揿式盒底结构。在过两面相交结构点 o 和 B 的一组线中，$a_1 b_1$ 为裁切线，$a_1 a$、$b_1 b$ 和 $B_1 B$ 为内折线，$o_1 o$ 为外折线，通过 $a_1 a$、$b_1 b$ 与 $o_1 o$ 的正－反揿，使盒底成为一"十字漏空"底。

图 2－7－2（b）在盒角处采用正－反揿方法成型"漏空"凹进框 aob 与 cpd，以这样的结构固定内装物。这里在两条裁切线 $a_1 b_1$ 和 ab 范围内，$a_1 a$、$b_1 b$ 为内折，$o_1 o$ 为外折。

图 2－7－1　正－反揿成型包装

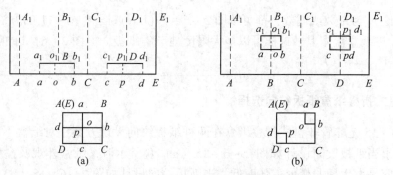

图 2－7－2　正－反揿结构

（a）正－反揿盒底结构　　（b）正－反揿盒体固定结构

知识点—— 正－反揿成型

正－反揿成型就是在纸包装盒体上有若干两面相交的结构点，过这类结构点即正－反揿点的一组结构交叉线中，同时包括裁切线、内折线和外折线，以该裁切线为界的两局部结构，一为内折即正揿，一为外折即反揿。

二、反揿间壁结构纸盒

如果用正－反揿方法，把"漏空"推广到分隔盒体，就可以设计图 2－7－3（a）这类间壁包装，其结构展开图如图 2－7－3（b），其中的 a_0、b_0、a_1、b_1……诸点就是正－反揿点，即两面相交点，位于纸包装盒体部位，在纸包装间壁、封底、固定等正－反揿结构的成型过程中起重要作用。

图 2－7－3 也称为反揿间壁式纸盒，是在纸盒盒体局部用正反揿的方式成型间壁。由于间壁板巧妙利用盒体纸板，所以用料节省。但是由于是敞口包装，再加之间壁板是局部结构，所以只能包装圆形或矩形截面瓶装或盒装物。图 2－7－3 和图 2－7－4 为 6 瓶啤酒管式间壁包装盒。

在图 2－7－3 中，$L = 3l$，$B = 2b$，$l = b$。

其结构第②、③、④、⑦、⑧、⑨号垂直压痕线，均是水平线以上为外折线，裁切线以下为内折线，但在第⑤、⑩号垂直压痕线上，裁切线以上为对折线，裁切线以下为内折线。

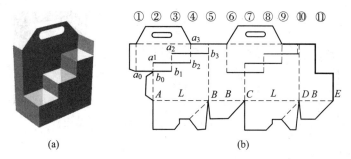

图 2-7-3 6 瓶啤酒瓶反揿间壁包装盒平面结构图

(a) 立体图 (b) 结构展开图

图 2-7-4 (a) 为 P 型排列：$L=3l$，$B=2b$，$l>b$；

图 2-7-4 (b) 为 Q 型排列：$L=3b$，$B=2l$，$l>b$。

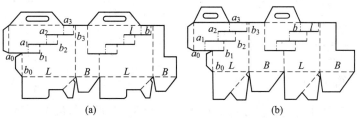

图 2-7-4 3×2 管式间壁包装盒 (直间壁板)

知识点——管式 6 瓶啤酒反揿间壁包装盒设计步骤

表 2-7-1 管式 6 瓶啤酒瓶反揿间壁包装盒设计步骤

序号	步骤	水平距离	P 型排列	Q 型排列
1	确定 $a_0 \cdots a_m$ 点横坐标	$\|a_{m-1}a_m\|$	l	b
2	确定 b_0 点横坐标	$\|a_0 b_0\|$	b	l
3	确定 $b_1 \ldots b_m$ 点横坐标	$\|b_{m-1}b_m\|$	l	b
4	确定 a_m，b_m 点纵坐标			
5	连接 a_m 与 b_{m+1} 点作裁切线	$\|a_{m-1}b_m\|$	$l+b$	$l+b$
6	$a_1 \cdots a_3$ 点向下作垂直外折线 b_1、b_2 点向上作垂直内折线 b_3 点向上作垂直对折线	—	—	—
7	重复完成右半盒型			

如果增加间壁板个数，因为内装物和间壁盒高度一定，所以必然降低间壁板宽度及强度。为此，可以如图 2-7-5 设计，将水平裁切线改成斜裁切线。这样，不论 m 为何值，间壁板宽度不变。

图 2-7-6 则是在图 2-7-5 的基础上改为管式自锁底间壁姊妹盒，准确的说是在两个 4×1 间壁的姊妹盒组成的 4×2 结构。

图 2-7-7 所示纸盒主体为自锁底管式盒，盒体上部提手部分的提手中部垂直线为内折，提手间的垂直线为外折，形成"十"字提手的 2×2 间壁盒。

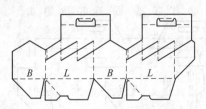

图2-7-5　3×2管式间壁包装盒（斜间壁板）

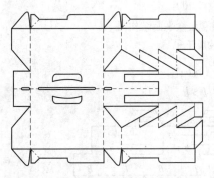

图2-7-6　管式自锁底间壁姊妹盒

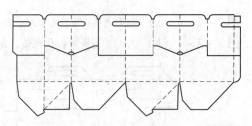

图2-7-7　"十"字提手2×2间壁盒

图2-7-8是两种间壁板直接设计在盒体上的3×2间壁包装盒，其间壁采用正反揿结构，省工省料。

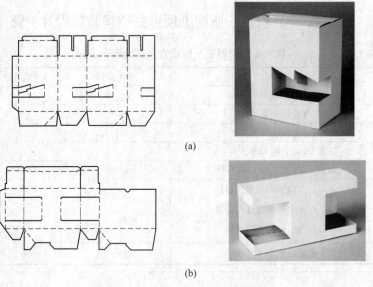

(a)

(b)

图2-7-8　3×2管式间壁包装盒

图2-7-9所示盒型通过盒体上部②、⑦号裁切线左右两端相对移动距离B拉动盒体下部的正反揿结构形成间壁。

在①、④、⑥、⑨号压痕线上，两条水平裁切线之间为外折线，裁切线以外为内折线，在⑤、⑩号压痕线上，两条裁切线之间为90°内折线，裁切线以上为对折线。

②号裁切线与⑤号对折线之间水平距离为L，⑦、⑩号亦然。

④、⑨号线是作业线。

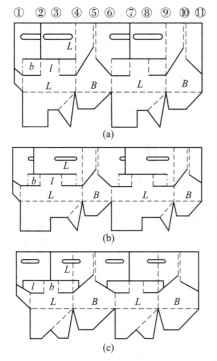

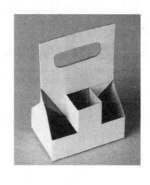

图 2 - 7 - 9　3×2 管式间壁包装盒

在图 2 - 7 - 9（a）中，$l = b$　$L/3 = B/2$；

在图 2 - 7 - 9（b）中，$L = 3l$　$B = 2b$　$L/3 > B/2$；

在图 2 - 7 - 9（c）中，$L = 3b$　$B = 2l$　$L/3 < B/2$。

三、管盘式间壁折叠纸盒

管盘式间壁折叠纸盒是在管盘式折叠纸盒结构的基础上，加上间壁板而成，如图 2 - 7 - 10 所示。

图 2 - 7 - 10（a）中，盒坯左侧是基础盒型，连接盒底板的侧板向上折叠 90°，四个角的 $B/2$ 端板旋转 90° 成基本盒型；盒坯右侧是盒长度方向的间壁板和宽度方向的中隔板；盒底中央是非成型作业线。其成型过程如下：

① 提手板向下对折。

② 右侧盒间壁板沿右侧垂直的成型作业线对折，间壁板接头与相对的侧板粘合。

③ 提手中隔板向上对折。

④ 左侧端板沿左侧垂直的成型作业线对折。

⑤ 盒坯上下部沿盒底的非成型作业线对折，粘合端板接头。

⑥ 撑开盒身，盒底、盒框和间壁板自动成型。

图 2 - 7 - 10（b）盒型成型过程如下：

① 左右两侧端板沿该侧垂直的成型作业线对折。

② 盒坯上下部沿盒底的非成型作业线对折，粘合端板接头。

③ 撑开盒身，盒底、盒框和间壁板自动成型。

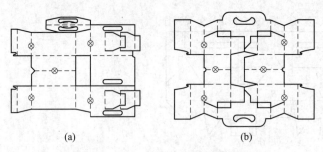

图 2-7-10　管盘式间壁折叠纸盒

如果将图 2-7-5 间壁板利用斜裁切线的方法移植到管盘式盒体上，也可以设计 $m \times 2$ 管盘式间壁包装盒。

图 2-7-11 是主体结构为管盘式的反揿间壁多瓶饮料包装盒，盒底为 abcd 部分，前后两侧板向内折叠构成主体盒型，然后各斜裁切线的上下两部分，一为内折，一为外折构成间壁。ef 为非成型作业线。

在图 2-7-11（a）中，$|a_{m-1}a_m| = l$　$|a_m b_m| = l$　$|b_{m-1}b_m| = l$（$l = b$）；

在图 2-7-11（b）中，$|a_{m-1}a_m| = l$　$|a_m b_m| = b$　$|b_{m-1}b_m| = l$；

在图 2-7-11（c）中，$|a_{m-1}a_m| = b$　$|a_m b_m| = l$　$|b_{m-1}b_m| = b$。

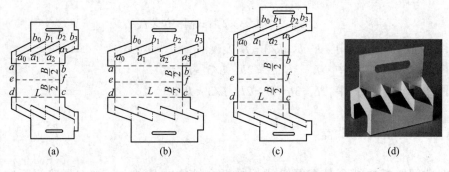

图 2-7-11　3×2 管盘式间壁包装盒

任务八　设计间壁衬格式纸盒

一、间壁衬格结构

图 2-8-1 是间壁衬格式折叠纸盒，其中间隔可通过简单的操作来成型，如图 2-8-2 所示。盒型成型过程如下：

① 取两张 A4 纸板，对齐，如图 2-8-2（a）进行折叠。

② 取其中一张纸按照图绘制虚线、一点点画线和粗实线，裁切与虚线和一点点画线相连的粗实线，形成间壁与粘合接头，如图

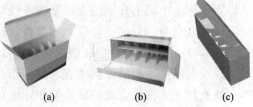

图 2-8-1　间壁衬格式纸盒

2 - 8 - 2（b）。

③ 将 3 个粘合接头涂胶，与另一张纸错位 1 等份粘合，如图 2 - 8 - 2（c）；

④ 拉动纸张，间壁成型，如图 2 - 8 - 2（d）。

间壁衬格式纸盒的排列数目如下：

$m \times 1$ 排列，L 方向需设计 $m-1$ 个中间隔板，如图 2 - 8 - 2（d）；

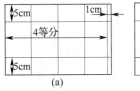 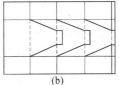 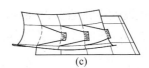 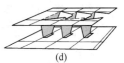

（a）　　　　　（b）　　　　　（c）　　　　　（d）

图 2 - 8 - 2　间壁板结构设计与折叠成型过程演示

$m \times 2$ 排列，L 方向需设计 $(m-1) \times 2$ 个中间隔板；

$m \times n$ 排列，L 方向需设计 $(m-1) \times n$ 个中间隔板；

$m_i \times n_j$ 排列，L 方向可以有 i 种排列，B 方向可以有 j 种排列。

通过图 2 - 8 - 2 间壁折叠成型，可以很清晰的看到间壁板在设计时各个尺寸之间的关系。对于 $m \times n$ 的间壁排列，图 2 - 8 - 2 中的各个尺寸应如图 2 - 8 - 3（a）所示。当 $\frac{L}{m} > \frac{B}{n}$ 时，也就是 $l /\!/ L$，$b /\!/ B$，为 P 型排列，如图 2 - 8 - 3（b）所示；当 $\frac{L}{m} < \frac{B}{n}$ 时，也就是 $b /\!/ L$，$l /\!/ B$，为 Q 型排列，如图 2 - 8 - 3（c）所示。

间壁板可以设计多种样式，间壁板结构如图 2 - 8 - 4 和图 2 - 8 - 5，间壁板的位置匹配也有多种，盒体结构如图 2 - 8 - 6。

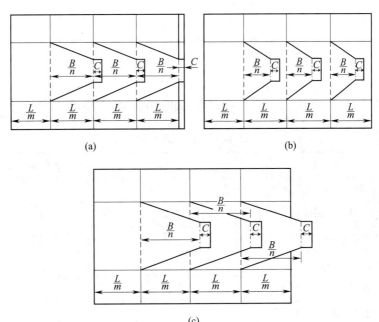

图 2 - 8 - 3　间壁板制作尺寸

间壁衬格式纸盒利用前板、后板或中隔板的延长板设计间壁衬格结构，并且纵横向间隔可以用同一板完成，平板状粘合盒体板接头的同时粘合间壁接头，包装内装物时盒体和间壁结构同时自动成型。

每一独立的间壁板设计步骤见表 2－8－1、表 2－8－2。

图 2－8－4 和图 2－8－5 的各种间壁板可与图 2－8－6 上的间壁板进行替换。

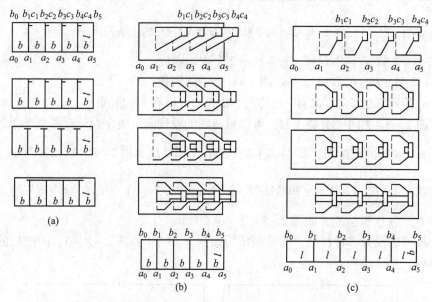

图 2－8－4　间壁衬格式纸盒的单片结构间壁板结构
（a）间壁板粘合位置　（b）Q 型排列　（c）P 型排列

表 2－8－1　　　　　　　　　　　　　　单片结构间壁板设计步骤

序号	步骤	水平距离	P 型排列	Q 型排列
1	确定 $a_0 \sim a_m$ 点横坐标	$\lvert a_{m-1} a_m \rvert$	l	b
2	确定 b_1 点横坐标	$\lvert a_1 b_1 \rvert$	b	l
3	确定 $b_2 \sim b_{m-1}$ 点横坐标	$\lvert b_{m-1} b_m \rvert$	l	b
4	确定 c_1 点横坐标	$\lvert b_1 c_1 \rvert$	j	j
5	确定 $c_2 \sim c_{m-1}$ 点横坐标	$\lvert c_{m-1} c_m \rvert$	l	b
6	按设计完成 $m-1$ 间壁	—	—	—

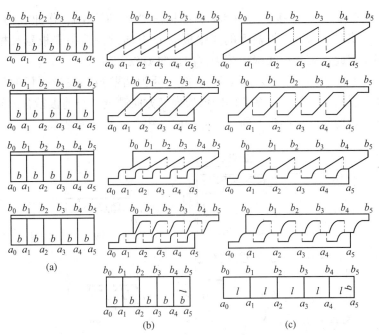

图 2 - 8 - 5 间壁衬格式纸盒的一体结构间壁板结构

(a) 间壁板粘合位置 (b) Q 型排列 (c) P 型排列

知识点—— 一体结构间壁板设计步骤

表 2 - 8 - 2 　　　　　　　一体结构间壁板设计步骤

序号	步 骤	水平距离	P 排列	Q 排列
1	确定 $a_0 \sim a_m$ 点横坐标	$\lvert a_{m-1}a_m \rvert$	l	b
2	确定 b_0 点横坐标	$\lvert a_o b_o \rvert$	b	l
3	确定 $b_1 \sim b_m$ 点横坐标	$\lvert b_{m-1}b_m \rvert$	l	b
4	斜线或直线连接 a_m 与 b_{m+1} 点	—	—	—
5	按设计完成 $m-1$ 间壁	—	—	—

从图 2 - 8 - 4 (a) 可以看出，当间壁板接头与纸盒盒壁（后板、中隔板或前板）粘合后，盒体由平面向立体打开，间壁自动成型。前三种间壁板接头各自独立，需分别粘合，而第四种各个接头间壁板相互连接，只需两点粘合。图 2 - 8 - 5 (a) 也可以看出，这类间壁板的特点是只需一点粘合。

二、间壁衬格纸盒结构

图 2 - 8 - 6 (a) 中，按接头指向原则，作业线为 B、D 线，当间壁板从立体到平板恢复原状时向 C 方向倾倒。因此，该盒型间壁板接头方向指向 C 线。

图 2 - 8 - 6 (b) 中，作业线也是 B、D 线，当间壁板从立体到平板恢复原状时向 A 方向倾倒。因此，该盒型间壁板接头方向指向 A 线。

图 2-8-6（c）中，按接头指向和内衬结构呈"S"形原则，作业线为 A、C 线，间壁板恢复原平板状时，前板延长板上的间壁板向 D 方向倾倒，中隔板延长板上的间壁板向 S 方向倾倒。因此，该盒型间壁板接头方向指向 D 线和 S 线。

图 2-8-6（d）中，作业线也是 A、C 线，因为间壁板都在中隔板的延长板上，因而间壁板恢复平板状时，与后板粘合的间壁板向 S 方向倾倒，与前板粘合的间壁板向 T 方向倾倒。因此，盒型间壁板接头方向，一组指向 S 线，一组指向 T 线。

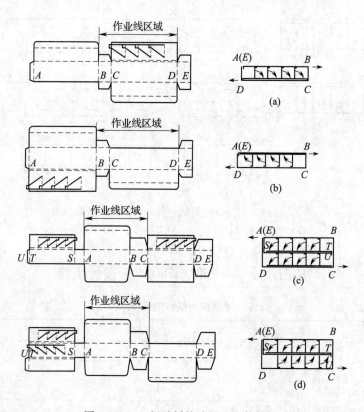

图 2-8-6　间壁衬格式纸盒盒体结构

知识点—— 作业线设计原则

（1）内衬"S"形原则。从图 2-8-6（c）、（d）所示剖面图可以看出，内衬呈"S"形可以减少作业线数量。

（2）接头指向原则。从图 2-8-6 各图的俯视图也可以看出，接头所指方向应为作业线之一，这样可以优化生产过程。

图 2-8-6（a）的盒体与图 2-8-5 四种间壁板结合，不仅能够设计 $m \times 2$ 以上的间壁衬格式纸盒，而且可以将 P、Q 混合排列，甚至可以将不同尺寸内装物进行组合，如图 2-8-7 所示。图 2-8-7（b）是在图 2-8-7（a）的基础上加了两个 *LH* 中隔板，但纸板的用料面积增加很多，而采用图 2-8-7（c）的结构后，用料面积增加较少。

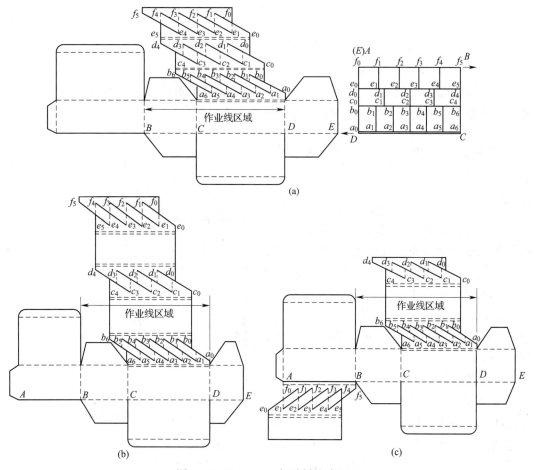

图 2 - 8 - 7 $m_i \times n_j$ 间壁衬格式纸盒

图 2 - 8 - 8（a）是在盒底的延长板上设计两组间壁结构；图 2 - 8 - 8（b）是在前板的延长板上设计间壁板和中隔板，而在连接后板的延长板上设计另一组间壁；图 2 - 8 - 8（c）是在中隔板的延长板和前板的延长板设计两组不同尺寸内装物的间隔结构。

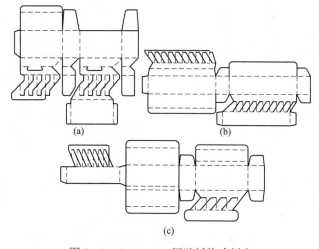

图 2 - 8 - 8 $m_i \times n_j$ 间壁衬格式纸盒

任务九　计算机绘制自锁底提手纸盒

用户利用 Box – Vellum 自行设计纸盒（箱）平面结构图后，还可以对其进行尺寸标注、参数化、输出以及用户盒型库管理等较复杂功能操作。

一、设计自锁底提手折叠纸盒

1. 设计

（1）设计盒面　参照情境一任务十中绘制反插式纸盒盒体和盒盖方法，选择"线段"工具 ，在数值输入栏中设定线段的长度［L：300（mm）］及角度（A：−90），选择"平行线"工具 ，拖动新线段，依次绘出纸盒的前板、端板、盖板和提手板，尺寸如图2 – 9 – 1。

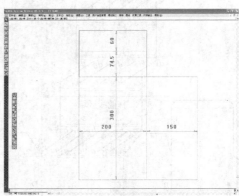

图2 – 9 – 1　绘制部分体板

（2）设计提手板锁舌

① 选择"线段"工具 ，绘制斜线：L 为100，A 为60，如图2 – 9 – 2（a）。采用捕捉方法，依次绘制锁舌高度［图2 – 9 – 2（b）］、锁孔宽度［图2 – 9 – 2（c）、（d）］；

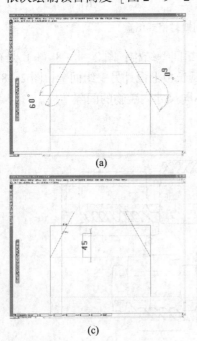

(a)

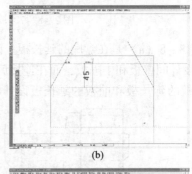

(b)

(c)

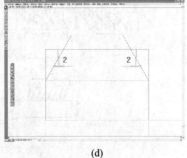

(d)

图2 – 9 – 2　绘制提手板锁舌
(a) 绘制斜线　(b)、(c)、(d) 绘制锁舌

PACKAGING STRUCTURE & DIE-CUTTING PLATE DESIGN(THE SECOND EDITION)
包装结构与模切版设计(第二版)

② 删除多余线段。用"选择"工具 ▶，选择要删除图形的边界，然后用"整形切断"工具 ✕，点击要求切除的图形。对于可直接删除的线段，用"选择"工具 ▶，按 Delete 键即可，修正后如图 2-9-3 所示。

（3）设计提手板提手孔

① 以提手板底边中点为起点绘制提手孔，设计线段尺寸如图 2-9-4 所示。

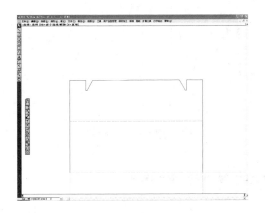

图 2-9-3 修剪提手板锁舌多余线段

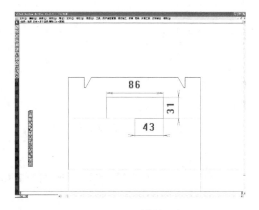

图 2-9-4 绘制提手孔

② 绘制提手孔圆角。用"圆角（2 点）"工具 ◠，在数值输入栏中输入圆角半径 R 为 8，分别点击需要编辑圆角的角的两条边，设计结果如图 2-9-5。

（4）设计锁孔及锁孔所在襟片 选择"线段"工具 ╲，以端板顶边中点为起点绘制锁孔，设计尺寸如图 2-9-6 所示。设计锁孔襟片，尺寸如图 2-9-7 所示。

完成部分纸盒体板设计如图 2-9-8。

（5）设计相似盒体 由于两部分盒体结构基本相同，可使用复制工具，简化绘图过程。用"选择"工具 ▶，按住 Shift 键不放

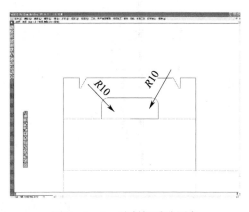

图 2-9-5 绘制提手孔圆角

开，选择需要绘制的相同图形，也可以框选；选择"移动"工具 ⊟，按住 Ctrl 键不放，使指针对准基准点，按住鼠标左键，将图形拖到所要求的位置上，释放鼠标键，为了纸盒成型后粘合部位外观美观，右侧端板宽度缩进一个纸厚，如图 2-9-9 所示。

将前板的提手孔修改为"U"形，如图 2-9-10 所示。

（6）设计前板底板 设计过程可以采用捕捉法绘制，如图 2-9-11（a）所示，设计尺寸如图 2-9-11（b）所示。

（7）设计后板底板 选择"线段"工具 ╲，绘制线段如图 2-9-12（a）所示，选择"整形切断"工具 ✕，删除多余线段，设计尺寸如图 2-9-12（b）所示。

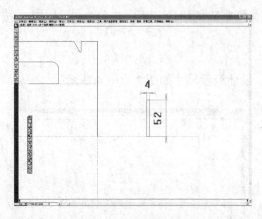

图2-9-6 绘制襟片锁孔

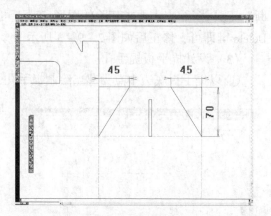

图2-9-7 绘制襟片

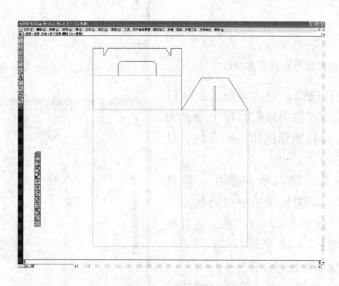

图2-9-8 部分体板绘制效果

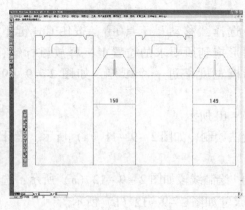

图2-9-9 复制体板

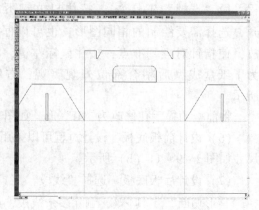

图2-9-10 U形提手孔设计

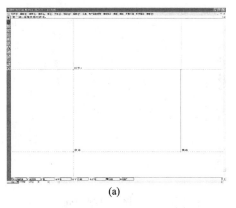

(a)

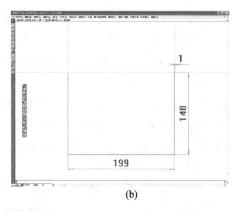

(b)

图 2 - 9 - 11　绘制前板底板

（a）绘制方法　　（b）尺寸图

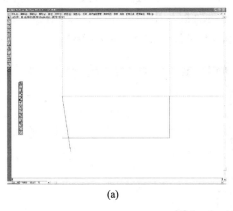

(a)

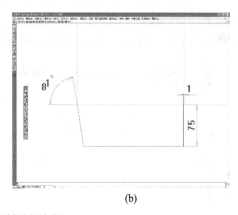

(b)

图 2 - 9 - 12　绘制后板底板

（a）绘制方法　　（b）尺寸图

（8）设计自锁底襟片　选择"线段"工具 ，分别绘制线段：L：130，A：-45，L：130，A：-137，L：150，A：-87，如图 2 - 9 - 13（a）所示。选择"整形切断"工具 ，删除多余线段，设计尺寸如图 2 - 9 - 13（b）所示。

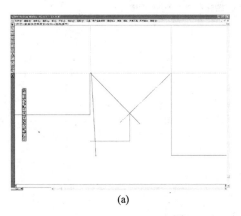

(a)

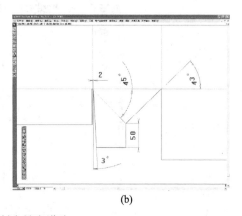

(b)

图 2 - 9 - 13　绘制自锁底襟片

（a）绘制方法　　（b）尺寸图

设计另一自锁底襟片。由于两部分盒体结构完全相同，使用复制工具，简化绘图过程。选择"选择"工具 ，按住 Shift 键不放开，选择需要绘制的相同图形，也可以框选；选择"移动"工具 ，按住 Ctrl 键不放，使指针对准基准点，按住鼠标左键，将图形拖到所要求的位置上，释放鼠标键，如图 2-9-14 所示。

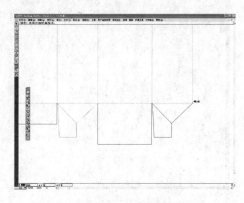

图 2-9-14 复制相同底片

（9）设计粘合接头 选择"线段"工具 ，绘制线段如图 2-9-15（a）所示，设计尺寸如图 2-9-15（b）所示。

（10）裁切线转化为压痕线 选择"扩展工具" > "层间传递面板"子菜单，选择所有需要转化的线段之后，用鼠标点击"层间传递面板"中间的图标，线段便被传送到具有压痕属性的图层中。至此完成纸盒平面展开图形设计，如图 2-9-16 所示。

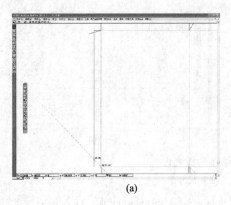

(a)

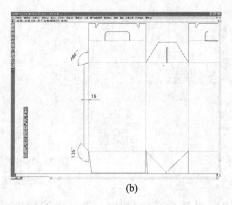

(b)

图 2-9-15 绘制粘合接头

（a）绘制方法 （b）尺寸图

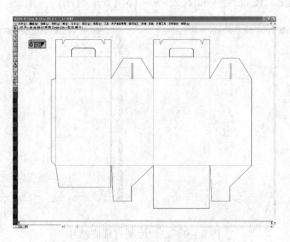

图 2-9-16 平面结构图绘制完成

2. 标注

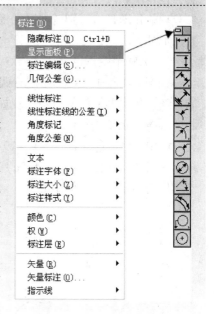
（1）绘制辅助线 选择"笔" > "线型" > "辅助线"工具，然后选择"线段"工具 ⟍，绘制辅助线，为后期对结构图采用参数功能作图做准备，辅助线全部完成后如图 2－9－18 所示。

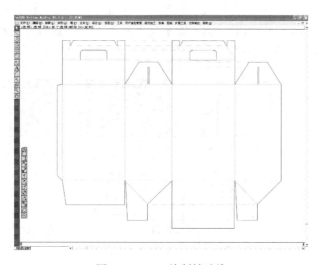

图 2－9－18 绘制辅助线

使用 Box – Vellum 的参数功能在绘制图形时可不用考虑实际尺寸。在绘制完图形后，设定实际尺寸，可以按照设定的尺寸"重新绘制"图形。所以，一般作图与采用参数功能作图是有区别的，对图形进行标注时要特别注意。下面用 4 个例子说明标注参数图形的方法。

1. 为整个图形设定尺寸

如图 2 – 9 – 19（a）绘制有两条中心线的圆，若没有定义中心线，则不能用参数功能重新绘制图形。解析时会出现如图 2 – 9 – 19（b）的解析问题提示。为正确地重新绘制中心线，必须进行定义。

解决方法：① 如图 2 – 9 – 19（c）所示，在圆上过中心点绘制中心线。② 为中心线标注尺寸。如图 2 – 9 – 19（d）所示，以圆直径为基准，填入中心线的尺寸值，即可绘制出与圆直径相关的中心线。

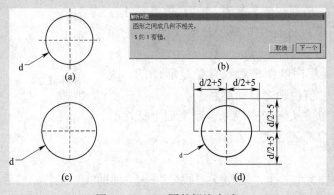

图 2 – 9 – 19 圆的标注方法

2. 使整个图形相互关联

必须使图形的各个部分相互关联。如图 2 – 9 – 20（a）用参数功能绘制图形时，可重新分别绘制左边或右边的图形，但不能定义出两个正方形的相互位置。解析时会出现如图 2 – 9 – 20（b）的解析问题提示。

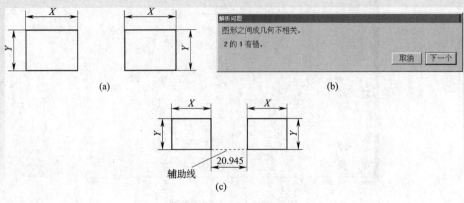

图 2 – 9 – 20 相关图形标注

解决方法：如图2-9-20（c），在两个正方形之间添加辅助线和尺寸，确定两个正方形间的位置关系。可以如图添加常量20。当然，作为辅助线的尺寸值，也可输入变量公式，如（x+y）等。

3. 输入无关联的文本

整个图形都必须定义尺寸。这是因为参数功能不理解图形的对称性，只理解明确的定义。如图2-9-21（a），在作图时，在圆角部分标注［R5 4处］尺寸提示，表示有4处相同的圆角。但参数功能不能读解［4处］的含意，即不能理解角部分是相互对称的。解析时会出现如图2-9-21（b）的解析问题提示。

解决方法：如图2-9-21（c）为圆角部分分别填入尺寸。

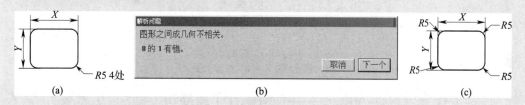

图2-9-21　无关联图形标注

4. 测试时恢复为原来的图形

对图2-9-22（a）进行参数解析，在［X］和［Y］中输入相同数值，在［R］中输入1/2［X］值，执行重新绘制命令，屏幕上显示出图2-9-22（b）的变形图形。

在这个图形中，只能重新绘制满足［R=X/2］条件的图形。这是因为没有填入尺寸的线条是垂直线。根据参数功能的基本原则，重新绘制的图形将保持垂直不变。若在此图形中用［R=X/2］以外的数值进行重新绘制，则会显示错误提示。

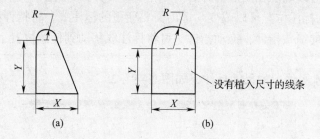

图2-9-22　未标注图形

解决方法：用【撤消】选项，恢复原来图形。【撤消】功能可后退8个操作。可通过修改图形解决此问题。

5. 可对图形进行组合后参数化处理

在Vellum中可把组合在一起的图形作为参数化图形处理。在将图形组合起来后（【设置】菜单-【组合】选项），为组合化图形的两个作图点输入尺寸（图2-9-23），进行重新绘制则整个图形组按照输入的尺寸被放大或缩小。

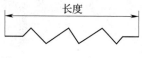

图2-9-23　组合图形标注

（2）水平线段标注　选择"标注" > "显示面板"命令。

① 选择"水平尺寸"工具 ⊩⊣，点击需要标注图形的左右端点，如图 2 - 9 - 24 （a）所示。需要更改标注线位置时，选择"选择"工具 ▶，选中要更改的标注尺寸，按住鼠标不放，将标注线拖移到适当位置上，如图 2 - 9 - 24 （b）所示。

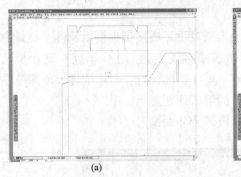 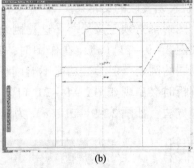

(a)   (b)

图 2 - 9 - 24　水平尺寸标注
(a) 尺寸标注　　(b) 位置变更

知识点——尺寸标注工具使用

1. 进行尺寸标注的顺序一般是：调用尺寸标注面板、选择尺寸标注工具、点击测量点。

2. 选出尺寸标注工具后，屏幕上会显示出数值输入栏。如果［文本］输入栏中是『#』标记表示标注尺寸后将自动测量此部分，并显示实际尺寸。如果［文本］输入栏中没有『#』标记，尺寸值以输入的文本代替，与图形没有联动性，也就是即使改变图形单位、大小等，标注尺寸值也不会更新。

3. 按照指针 hot point 上示出的顺序号标注尺寸，尺寸值显示在图形上方。按照相反顺序点击，标注线显示在图形下方。

4. 尺寸线的标注位置可以改变。选出需要变更的标注线，将指针移动到尺寸值上，指针变换成 4 指向箭头指针，拖动指针，可将标注线移动到任意位置上。

② 依次完成水平线段的尺寸标注，如图 2 - 9 - 25。

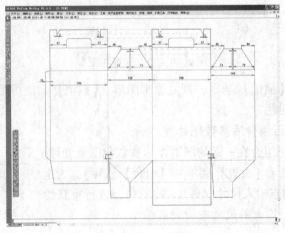

图 2 - 9 - 25　水平尺寸标注

知识点——水平尺寸标注工具

水平尺寸标注工具。是在水平方向标注图形长度、间隔等的尺寸值。标注多个尺寸值时，可选用以并联或累加方式标定从起点到各指定点的距离。

水平尺寸工具 [图2-9-26（a）] 水平尺寸（并联）工具 [图2-9-26（b）]

水平尺寸（串联）工具 [图2-9-26（c）]。

水平尺寸（累加）工具标注。从起点算起的水平距离累加值。根据尺寸标注位置的不同，标注辅助线可能会出现弯曲，如图2-9-27所示。

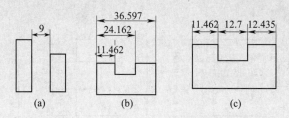

图2-9-26　各种水平尺寸标注方式

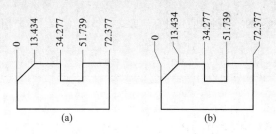

图2-9-27　累加水平尺寸标注方式

（3）垂直线段标注　按照水平尺寸的标注方法，选择"垂直尺寸标注"工具，完成垂直线段的尺寸标注，如图2-9-28所示。

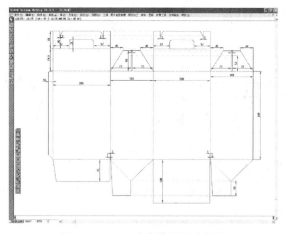

图2-9-28　垂直线段尺寸标注

知识点——垂直尺寸标注工具

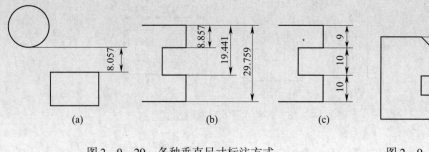

垂直尺寸标注工具。与水平尺寸标注工具类似，只是改变标注方向是在垂直方向标注图形长度、距离等尺寸值。

垂直尺寸工具 [图2-9-29 (a)]。

垂直尺寸（并联）工具 [图2-9-29 (b)]。

垂直尺寸（串联）工具 [图2-9-29 (c)]。

垂直尺寸（累加）工具 [图2-9-30]。

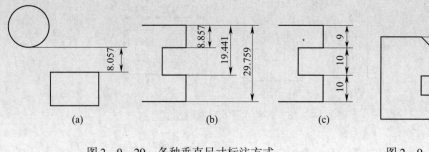

图2-9-29 各种垂直尺寸标注方式

图2-9-30 累加垂直尺寸标注方式

扩充知识点——斜线尺寸标注工具

斜线尺寸标注工具：作用是标注图形或图形间倾斜方向的尺寸。

斜线尺寸标注工具 [图2-9-31 (a)]。

倾斜尺寸（并联）标注工具 [图2-9-31 (b)]。

倾斜尺寸（串联）标注工具 [图2-9-31 (c)]。

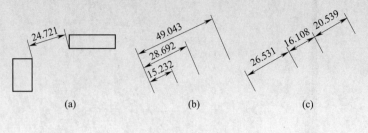

图2-9-31 各种斜线标注方式

扩充知识点——距离尺寸标注工具

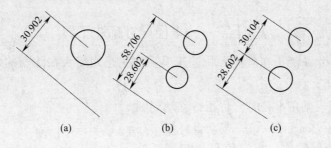 距离尺寸标注工具。用来指定线段到其它图形间的垂直距离。

距离尺寸工具作用是标注图形间的垂直距离［图2-9-32（a）］。在标注从线段到图形间的垂直距离时，首先点击基准线，然后点击图形。不是点击线段上标有"endpoint"（端点）的点，而是点击标有"on"提示位置。

距离尺寸（并联）工具作用是以并联方式标注从基准线到指定点或图形的距离［图2-9-32（b）］。

距离尺寸（串联）工具作用是以串联方式标注从基准线到指定点或图形的距离［图2-9-32（c）］。

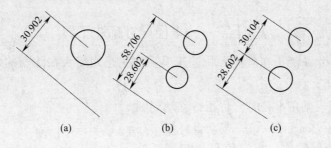

(a)　　　　　　(b)　　　　　　(c)

图2-9-32　各种距离标注方式

距离尺寸（累加）工具是以累加方式标注从基准线到指定点或图形的垂直距离（图2-9-33）。

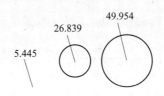

图2-9-33　累加距离标注方式

（4）弧线标注　选择"半径尺寸标注"工具 或 ，将鼠标移到需要标注的弧线上，当弧线上出现"附着"的提示信息后点击，完成弧线半径标注，如图2-9-34。

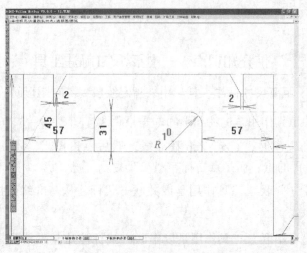

图 2 - 9 - 34　半径尺寸标注

知识点—— 半径尺寸标注工具

　　半径尺寸（箭头在外侧）标注工具：作用是用箭头在圆弧的外侧标注圆、圆弧半径 ［图 2 - 9 - 35（a）］。

　　在标注圆弧、圆角半径时，将指针移动到圆弧边（线段上有"on"提示），按动鼠标键。在圆弧外侧点击指针箭头，尺寸值显示在圆弧外侧，在圆弧内侧点击指针箭头，尺寸值显示在圆弧内侧。按住 Shift 键，点击指针可以删除尺寸标注中的"R"字母。

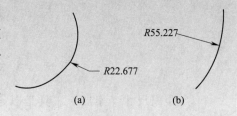

图 2 - 9 - 35　半径标注不同表现形式

　　半径尺寸（箭头在内侧）标注工具：作用是用箭头的引线在圆弧的内侧或外侧标注圆、圆弧半径 ［图 2 - 9 - 35（b）］，引线位置可拖动。

扩充知识点—— 直径尺寸标注工具

　　直径尺寸（箭头在外侧）标注工具：作用是用箭头在圆的外侧标注圆直径 ［图 2 - 9 - 36（a）］。在标注圆直径时，将指针移动到圆旁边（线段上有"on"提示），按动鼠标键。在圆外侧点击指针箭头，尺寸值显示在圆外侧，在圆内侧点击指针箭头，尺寸值显示在圆内侧。

　　直径尺寸（箭头在内侧）标注工具：作用是用箭头在圆的内侧标注圆直径 ［图 2 - 9 - 36（b）］。

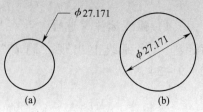

图 2 - 9 - 36　圆标注不同表现形式

（5）角标注　选择"角度标记"工具 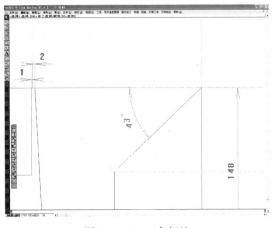，分别选择需要标注角的两条边，当线段上出现"附着"的提示信息后点击，完成角的标注，如图2-9-37所示。

图2-9-37　角标注

知识点—— 角度尺寸标注工具

角度尺寸标注工具：作用是标注两条线段夹角的角度值。标注角度尺寸时，分别点击各边，标注出由两边构成的角度（小角），如图2-9-38（a）所示。

当线段不交叉时，会标注出它们的延长线构成的角度。

以『midpoint』（中点）为界，点击线段的不同侧，尺寸标注的位置会不同。辅助线出现在点击侧的延长线上〔图2-9-38（b）、图2-9-38（c）〕。

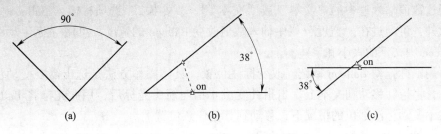

(a)　　　　　　　　　(b)　　　　　　　　　(c)

图2-9-38　角标注不同表现形式

扩充知识点—— 圆弧长度尺寸标注工具

圆弧长度尺寸标注工具：作用是标注圆弧长度（图2-9-39）。标注圆弧长度时，按顺序点击弧线起始点、弧线上一点和圆弧终点3个测量点。

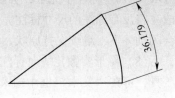

图2-9-39　圆弧标注

（6）根据以上介绍的标注方法，对其余尺寸进行标注，如图 2 - 9 - 40 所示。

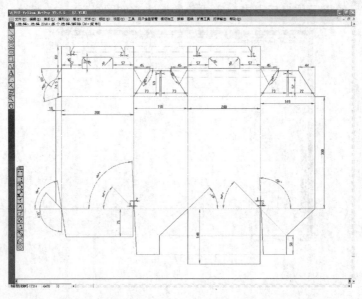

图 2 - 9 - 40 尺寸标注完成图

知识点——注释（Balloon）（名称、编号等）标注工具

注释（Balloon）（名称、编号等）标注工具。此工具的作用是标注页面中图形名称、编号等说明性内容。Balloon 图标是各种形状的文本框。使用此工具时，分别点击需要标注的位置和 Balloon 的放置位置。

通过数值输入栏中的"文本"或"文本 1"、"文本 2"选项栏输入 Balloon 中的文字。此外，可通过在"宽度"栏中输入数值改变 Balloon 的宽度。可用"标注"菜单更改 Balloon 中文字的大小和字体。

可用鼠标拖动 Balloon 标记，改变标注位置。具体操作方法是选出需要变动位置的 Balloon，将指针移动到文本上。当指针变成 4 指向箭头光标后，用此光标将 Balloon 标记，在不变动标注部位的情况下，移动到其他任意位置上。

（7）判断标注是否完全与准确 为了确保标注完全与准确，选择 Ctrl + A 选中全部图形及标注，选择"编辑" > "参数解析"工具来判断。点击进入参数解析面板，点击"OK"。如果标注不完全，会出现如图 2 - 9 - 41 的提示信息，可根据提示信息进行标注修改。将没有标注的尺寸标注完成后，可再次进行"参数解析"，如果标注完全正确，图形会闪动一下，继续保持原状。

（8）图形参数化 对标注完全的图形可进行参数化，选择"编辑" > "图形编辑"工具，可在"文本"框中输入可变参数（参数化支持加减乘除等运算），点击"应用"，如图 2 - 9 - 43 所示。

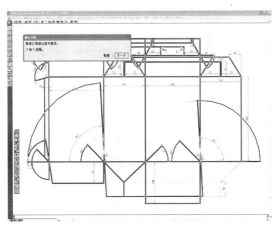

图 2 - 9 - 41　标注判断

知识点——参数解析

　　"参数解析"子菜单项可用来检查标注尺寸是否准确与完全，如果不出现提示错误信息，说明解析成功，出现错误提示信息，则说明图形标注有错误，需要改正；也可进行图形的参数化，对图形设定好尺寸后，在变量输入框中输入数值，可重新绘制图形。图 2 - 9 - 42（a）为编辑/参数解析菜单界面。

　　在显示出问题文字提示的同时，图形上会出现"粗线"、"点"等标记。"粗线"表示的图形是参数功能能够作图的部分［图 2 - 9 - 42（b）］，"点"标示出的部分是参数功能不能理解的部分［图 2 - 9 - 42（c）］。可连续按动"下一处"按钮显示后续问题［图 2 - 9 - 42（d）］。解决问题的最好的办法是观察和分析问题之间的相互关系。

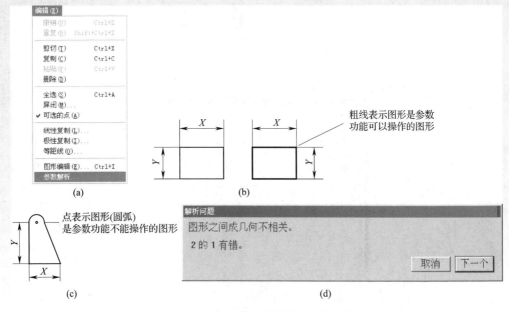

图 2 - 9 - 42　"参数解析"错误分析

（9）按照图形之间的相互关系，将整个图形完成参数化后如图2-9-44所示。

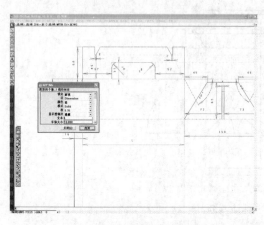

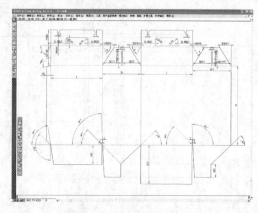

图2-9-43　图形参数化　　　　　　　　　图2-9-44　参数化完成图

（10）参数化应用　参数化完成之后，选中整个图形，使用"参数解析"可为参数指定数值［图2-9-45（a）］，可对纸盒进行任意大小变换，重新给定数值结构图［图2-9-45（b）］。为了得到参数的实际值，可选择"扩展工具"＞"自动标注"＞"参数的实参化"工具，参数实参化之后的结构图如图2-9-45（c）所示。

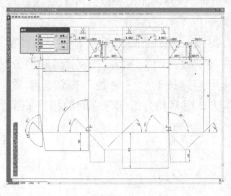

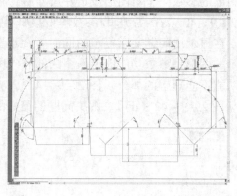

(a)　　　　　　　　　　　　　　　　　(b)

图2-9-45　参数化应用
(a)、(b) 参数解析　　(c) 变参实参化

3. 输出

（1）打印　选择"文件" > "设定打印机"命令，对打印机、纸张大小、方向进行设定，如图2-9-46（a）所示；选择"排版" > "绘制前域/标尺"命令调整结构图的打印位置，如图2-9-46（b），选中"显示页面边框"，点击"适合"；选择"文件" > "打印…"命令可进行打印。

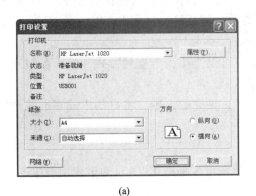

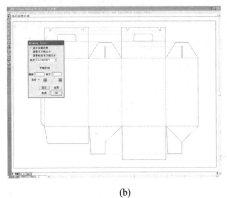

（a）　　　　　　　　　　　　　　　　　（b）

图2-9-46　图形打印

（a）打印设置面板　　（b）打印位置调整

（2）拼排　如果要进行集中输出，可选择"拼排" > "自动拼排"面板，在"拼排"面板中可以对拼排的方式进行控制，以确定最佳的排版方式，拼排方式确定之后，点击"计算"即可得到拼排图［图2-9-47（a）］，点击"应用"效果如图2-9-47（b）所示，也可选择"拼排" > "手工拼排"进行排版，设定面板如图2-9-47（c）所示。

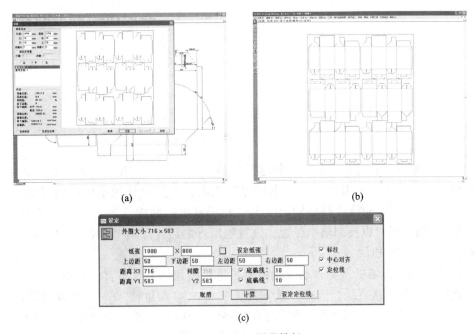

（a）　　　　　　　　　　　　　　　　　（b）

（c）

图2-9-47　图形排版

（a）自动拼排设置　（b）拼排效果　（c）手工拼排设置

知识点—— 盒型拼大版功能

Box – Vellum 的拼大版功能可为打样、输出时节省纸张提供多种拼排方式，可以根据自身需要选择最佳的排版方式，其中支持如下功能：

① 支持自动拼版方式。只要输入要排列的纸板尺寸，系统将自动提供多种优选拼排方案，自动计算报价所需的各种数据，包括各种刀的长度和面板利用率等。可以按系统提供的有效使用面积、排刀和模切成本等有关数据最终决定采用方案，拼大版界面如图 2 - 9 - 47（a）。

② 支持手动拼版方式。在熟练的情况下也可以直接指定排列方式和间距参数来快速排列。

③ 支持套准线和模切版面的所有相关尺寸。拼完的大版，将自动生成套准线和模切版面的所有相关尺寸。

（3）输出生产工艺单　盒型拼排后，选择"图纸 > 标准化"，自动生成功能生产工艺单，如图 2 - 9 - 48 所示。

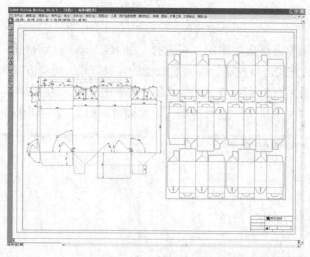

图 2 - 9 - 48　生产工艺单

（4）输出到盒型打样机　在"打样输出" > "选定机器"中选择系统配置的盒型打样机类型；选择"打样输出" > "输出顺序"工具，按照设计的结构图确定输出顺序，如图 2 - 9 - 49 所示；选择"打样输出" > "打样输出"面板，如图 2 - 9 - 50 所示，在"打样输出"面板里可以控制输出位置，位置确定好之后，点击"输出"，软件可以把数据准确传给盒型打样机。

（5）驱动激光模切机　要驱动激光模切机进行模切版制作，首先要对图形进行桥接设置。选择要进行桥接直线，选择"模切加工" > "自动桥接" > "直线规则"／"圆弧规则"面板，选择适合的规则，如图 2 - 9 - 51；选中整个图形，选择"模切加工" > "自动桥接" > "执行"，执行之后桥接结果如图 2 - 9 - 52。如果对桥接的结果不满意，可选择"模切加工" > "桥接工具"，把桥接工具放在需要断开的地方点击即可。

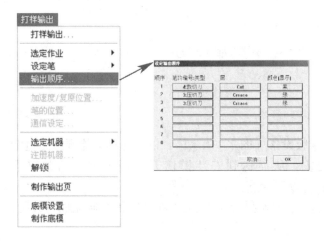

图2-9-49 盒型结构图输出界面 　　　　　　　　图2-9-50 输出界面

(a)

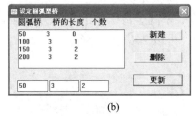

(b)

图2-9-51 桥接设置界面

(a) 线型桥接　(b) 圆弧桥接

二、建立自己的盒型库（用户盒型库）

盒型完成之后，用户可以将自己新设计的盒型样本、对盒型库盒型修改之后的盒型或用户自己常用的盒型，通过"用户盒型管理"菜单添加到用户自己的盒型库中，以丰富盒型，并且用户还可对自己的盒型库资料按用户名、制作日期等多种信息来查找，从而帮助设计人员减少不必要的重复劳动，如图2-9-53所示。

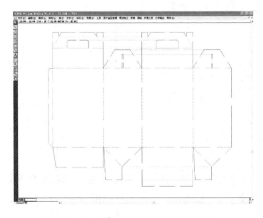

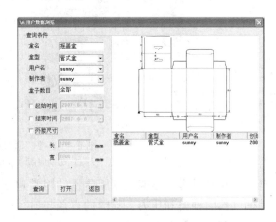

图2-9-52 桥接设置效果显示 　　　　　　　图2-9-53 用户盒型库查找界面

任务十　制作酒类纸盒模切版

一、激光切割机底版制作

激光切割机是近几年发展起来的制版设备（图 2-10-1），以激光作为能源，通过激光产生的高温对模切版材料进行切割，从而达到安装模切刀和压痕刀的目的（图 2-10-2）。激光切割机制作模切版具有以下优点：

① 操作简单。与传统复杂加工工艺相比激光切割机只需要在计算机绘制完成刀版图，通过数控机床即可切割刀模版。

② 误差小。在传统制作中，刀模版是通过锯床锯的，在移动的过程中就会形成错位而产生误差；而激光切割机是全自动运行，无需人工干预，因此精确度高。

③ 工作效率高。传统加工方式受场地设备影响加工速度慢，而激光切割机是大幅面、非接触式的，可以 24h 全程运行。

(a)　　　　　　　　　　　　(b)

图 2-10-1　数控机床与激光器

(a) 数控机床　(b) 激光器

（资料来源：深圳市大族激光科技股份有限公司）

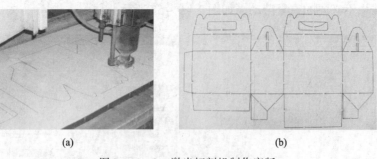

(a)　　　　　　　　　　　　(b)

图 2-10-2　激光切割机制作底版

(a) 切割底版　(b) 完成底版制作

在切割过程中影响模切版质量的因素包括：材料的种类、板材厚度、激光输出功率、辅助气体的种类和压力、喷嘴的直径与口径、喷嘴的距离间隙、透镜的焦距、焦点的位置以及切割速度等。

激光切割机制作模切版的主要步骤：① 在计算机中绘制模切版刀版图或者直接导入

文件；② 根据使用的板材和加工文件设置加工参数；③ 由数控机床面板操作激光头移动进行切割。

激光切割机制作模切底版的第一步是要完成电子文件的制作，电子文件的制作主要是利用安装在 AutoCAD 软件中的插件来完成的。

1. 安装 AutoCAD 插件——HAN'S CUT CAM

安装 HAN'S CUT CAM 插件之前，首先保证系统里已经安装 AutoCAD 程序，双击安装程序图标，即可完成插件安装。安装完成之后，双击 AutoCAD 程序，弹出主界面如图 2 – 10 – 3 所示：

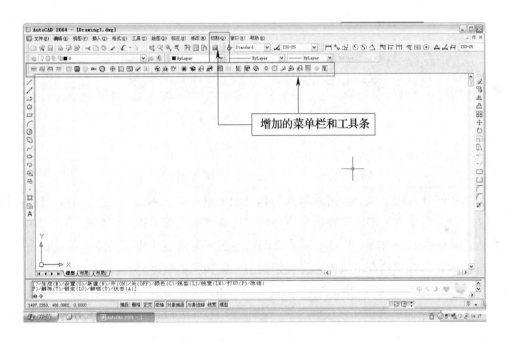

图 2 – 10 – 3　安装插件后程序界面

此时在原 AutoCAD 软件基础上增加了"切割工具条"和"切割菜单栏"，菜单栏与工具条图标相对应。

2. 编辑自锁底提手纸盒文件

（1）打开文件　打开自锁底提手纸盒文件，格式为 .dwg 或 .dxf，将所用图形设为 0 层，并选中拷贝后在新建窗口中粘贴，以删除原图形中的层，如图 2 – 10 – 4 所示。

（2）检查文件

① 选择 AutoCAD 中的"分解"工具 ✎ ，将文件中所有图形进行分解。

② 选择插件工具条中的"样条曲线椭圆变圆弧" ▭ 或"样条曲线椭圆变多段线" ▨ 工具，将文件中的样条曲线转换为多圆弧或者多线段。

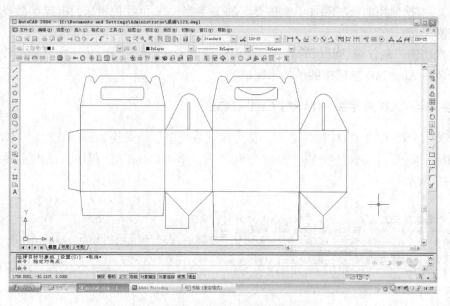

图 2 – 10 – 4　自锁底提手盒文件

知识点——样条曲线和椭圆的编辑

样条曲线和椭圆形成的图形在激光切割机加工过程中是不能完成的，但是可以通过转化为多段圆弧组成的多段线或者多段小线段组成的多段线来模拟完成。

"样条曲线椭圆变圆弧"——将图形中的所有样条曲线或椭圆打断成多段圆弧组成的多段线，转化精度可以设定，设定的数字越大，则精度越高，不过太大会使分段数太多。

"样条曲线椭圆变多段线"——将图形中样条曲线或椭圆打断成多段小线段组成的多段线，转化精度可以设定，设定的数字越大，则精度越高，不过太大会使分段数太多。

③ 选择插件工具条中的"删除重线"工具 　　，检查文件中，是否存在多余的短线、点等。

知识点——删除重线

"删除重线"工具——包含四种功能：

1. 删除短线（短线长度可以设定）。
2. 删除点（POINT）。
3. 将有重复的部分合并或删除。
4. 并且将半径大于 100 米的圆弧转化为直线。

PACKAGING STRUCTURE & DIE-CUTTING PLATE DESIGN(THE SECOND EDITION) 包装结构与模切版版设计(第二版)

（3）编辑桥位 选择"按线段加桥位"工具 ，将自锁底提手盒文件进行桥位编辑，桥位的宽度为5mm，完成效果如图2-10-5所示。

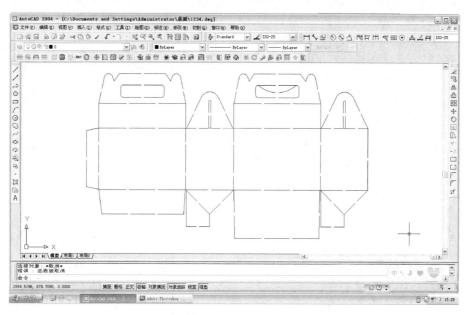

图2-10-5 自锁底提手盒桥位设计

知识点——桥位工具

▦ "手动加桥位"工具——可以在指定的位置加桥位；

⋀ "按线段加桥位"工具——可以选择多段线，分别在每段线上加上对话框设置的桥位。

⌒ "按数量加桥位"工具——先将选择多段线连接起来，分别在每条路径上加上对话框设置的桥位，单位为mm，如图2-10-6所示。

▦ "按间隔加桥位"工具——先将选择多段线连接起来，分别在每条路径上加上对话框设置的桥位，单位为mm，如图2-10-7所示。

图2-10-6 按数量设置桥位

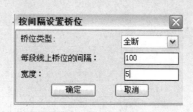

图2-10-7 按间隔设置桥位

（4）制作文件编号　选择 AutoCAD 中的"文字"工具 **A**，制作文件编号，如姓名，班级，日期，文件单号等，完成文件编号后，选择"文字打断成线"工具 **Abc**，将文件编号打断成线，使其文字的线条成为每个单一的线段，如图 2 – 10 – 8 所示。

图 2 – 10 – 8　文件编号制作

（5）文件加边框　选择"加边框"工具 ▣，分别输入"图形左右与边框的距离"和"图形上下与边框的距离"后为文件加上边框，如图 2 – 10 – 9 所示。使用"手动加桥位"工具 ≡≡，为上下左右边框分别添加 1mm 的桥位，防止模切版在切割过程中发生滑落。

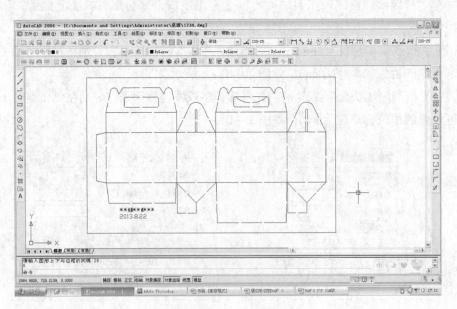

图 2 – 10 – 9　文件加边框

（6）文件分层　纸盒设计桥位之后，需要根据切割的顺序、切割的参数将不同的图形分别放置不同的图层。插件安装完成后，自动生成了9个层，分别是0，layer2，layer3，layer4，layer5，layer6，layer7，layer8，layer9，如图2-10-10所示。其中layer9是微切层，在这9个层外的图形该插件不能处理，不能在layer9上画图，否则优化可能有误，不可任意添加图层或更改图层名称。

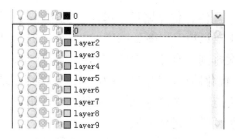

图2-10-10　图层设置

自锁底提手盒的制作中，模切刀和压痕刀的厚度相同，因此可以将整个盒型图放置在0层，按照切割顺序，文件编号层为layer2，边框为layer3，设计如图2-10-11所示。

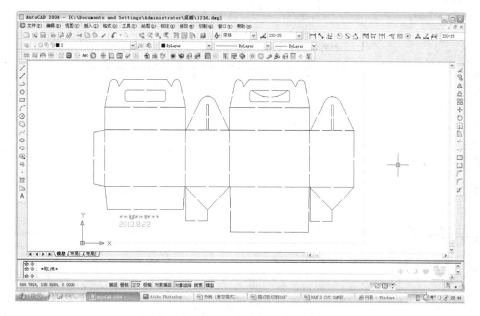

图2-10-11　自锁底提手盒图层设计

（7）设计坐标原点　选择"移到第一象限"工具 $\boxed{\Omega}$，将图形移动到以坐标原点为左下角点的区域。

知识点——坐标工具

⊕"移到坐标原点"工具——将所有图形移动到以坐标原点为左下角点的区域。

$\boxed{\Omega}$"移到第一象限"工具——将所有图形移动到以坐标原点为中心的区域。

（8）优化路径 选择"优化路径"工具  ，弹出对话框，如图2-10-12所示，按照切割的顺序依次排列，点击"确定"后，需要在命令窗口输入"优化路径的起点"为0，0，选择切割结束后是否回终点（N/Y），如果此时文件没有错误，命令窗口提示"路径优化完成"。

（9）查看路径 选择"模切版查看路径"工具 ，在命令窗口输入预览速度，可以模拟显示激光切割机的工作过程，如图2-10-13所示。

图2-10-12 优化路径对话框

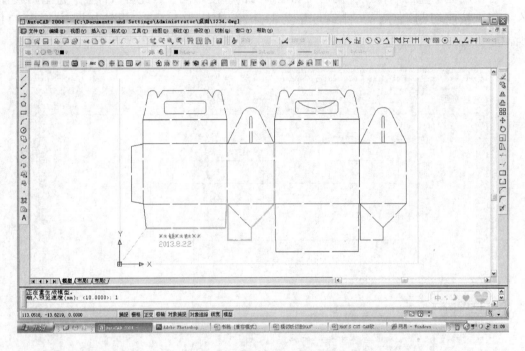

图2-10-13 查看工作路径

知识点——查看工具

"查看总长度和范围"工具——查看每层要切割图形的长度和总长度及范围（长度和宽度）。

（10）生成切割程序 当查看路径没有问题后，选择"模切版生成切割程序"工具 ，弹出对话框，如图2-10-14所示。输入文件名，文件名为P字开头，后面为小于5位数的数字，保存类型选择"所有文件"，点击确定，完成自锁底提手盒模切版电子文件的制作。

图 2 - 10 - 14　生成切割程序对话框

二、电脑弯刀机刀具加工

电脑弯刀机是加工刀具的机器，如图 2 - 10 - 15 所示，其主要特点是快速切换弯折模具，能够精确定位，且不易浪费刀料；具有工作速度智能分离功能，对线转角、弧转角、

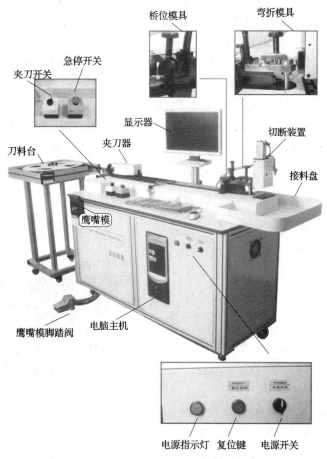

图 2 - 10 - 15　SND ABM - 300B 型电脑弯刀机

(资料来源：上海瀚诚包装器械有限公司)

断刀、超长图形等，系统能够自动智能控制工作速度，并且在工作中，可以随时选择点动步进方式工作，操作安全。

Auto Bender Manager 是用于驱动 SND ABM – 300B 型电脑弯刀机的驱动程序。通过设定，可以驱动各种不同机械构造的电脑弯刀机（丝杆、滚轮、弯曲针、弯曲钩）及多种加工方式（弯折、切刀、桥位、鹰嘴、划沟、连接点、标识、穿孔等）。Auto Bender Manager 解读图形文件的最终尺寸，将图形的路径通过模切刀折弯成型。Auto Bender Manager 对于线与线、弧与弧、线与弧的相切、相接，以及不良交点、断点、奇异要素等自动最优化处理。对于绘图时产生的不良相接、相切，也可以通过设定自动消除。

Auto Bender Manager 与 AutoCAD 有极大的相通性，支持 dwg、dxf、nc、abd 等多种文档格式，支持网络文件传送，操作过程中可以同时打开多个图形文档、同时添加多个图形进行弯折，减少加工操作等待时间。

1. 装卸并调整刀料

（1）装刀　装入刀片时，先将刀料盘的上盖取下，放入盘装刀，然后装上刀盘上盖，这时才可以将固定盘刀的固定带取下来，否则刀料在装刀的过程中易松散，不利于操作。弯刀机在工作时，应将连接上、下刀盘的 3 个手轮取下，如图 2 – 10 – 16 所示，否则下面的托盘被固定无法转动，然后再紧上固定手轮。

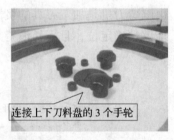

连接上下刀料盘的 3 个手轮

图 2 – 10 – 16　装卸刀料调整

（资料来源：上海瀚诚包装器械有限公司）

（2）调整刀料　刀料装好之后，根据机床的台面放置情况，需要调整刀料台的位置与机床台面相适。刀料台由支撑架及上下两片刀料盘组成（图 2 – 10 – 17），调整时，应先将固定螺丝松开（图 2 – 10 – 18），再通过手轮调节刀盘高低位置到合适位置，同时要注意刀片出刀时，刀盘的左右位置是否合适，确定后再拧紧固定螺丝。

固定手轮

刀料盘

高低调整

支撑架

图 2 – 10 – 17　刀料台

（资料来源：上海瀚诚包装器械有限公司）

固定螺丝

高低调整手轮

图 2 – 10 – 18　底盘调整

（资料来源：上海瀚诚包装器械有限公司）

（3）换刀　更换一个装有刀片的刀料盘时，必须将连接上下刀料盘的三个手轮拧紧，才可以将刀料盘从刀料台上取出。取出装在刀料盘里的刀片时，应先用固定带将刀片固定住，然后取下刀料盘的上盖，才可以将刀片取出。

2. 运行弯刀机程序

开机前请确保机器已接通气源，气压要求 5 ~ 8MPa（图 2 - 10 - 19），如果气源未接通好，会导致运行程序之后出现"切断出错"的提示错误（图 2 - 10 - 20）。接通 220V 电源，电源功率不少于 2000W，以及良好接地。

图 2 - 10 - 19　电脑弯刀机气压显示

图 2 - 10 - 20　气泵导致出现的问题

打开机器正前方的电源开关，电源指示灯亮起；接着打开电脑主机的电源开关，进入操作系统，点击桌面上 Auto Bender Manager 快捷方式图标启动弯刀机程序，进入初始化自检。自检的第一个动作是检查切断装置的气缸位置、切刀摆动位置及切刀油缸位置。第二个动作是检查进给丝杆零点位置，进给电机将控制丝杆往零点位置回退，界面如图 2 - 10 - 21 所示，弯折电脑自检过程中，若感应器中发现有刀片未取出，将显示警告框，如图 2 - 10 - 22 所示，这时请将刀片取出，再点击"确定"，系统继续执行自检。

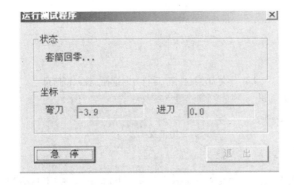

图 2 - 10 - 21　自检示意图

图 2 - 10 - 22　错误提示对话框

自检完成后进入 Auto Bender Manager 的主界面，在主界面里，用户可通过控制台工具条，对系统参数、机床动作进行测试、调整（图 2 - 10 - 23）。

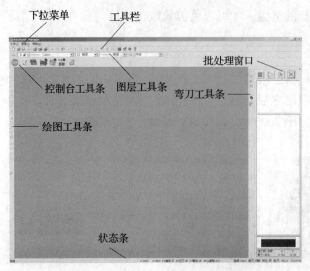

图 2 – 10 – 23　弯刀机程序工作界面

知识点—— 电脑弯刀机运行主界面

菜单栏

文件：主要是文件管理操作，如新建、打开、导入、导出等。

查看：勾选相应选项，则在界面显示相应工具条。

帮助：关于 Auto Bender Manager 的当前版本信息及联系方式。

工具栏　点击工具栏里的快捷工具，可快速访问相应功能。

图层工具　设置线条的图层、线条、颜色等一些非几何尺寸属性。

控制台工具条　设置机床动作、刀料、数据等各种参数。

绘图工具条　类似 AutoCAD 绘图软件中绘图工具的使用，方便快捷的完成绘图工序。

3. 电脑弯刀机校准

在使用电脑弯刀机进行弯折刀料之前，首先进入"动作"设置面板（图 2 – 10 – 24），进行电脑弯刀机的操作。

"动作"设置面板中的"M"键和"W"键，分别表示进给夹刀和活动夹刀。进给夹刀表示当需要输入刀料的时候，一定首先点击"M"键，这时听到机器"哐当"一声，表示夹刀器已经将刀料夹住，可以使用夹刀器进刀。当进刀长度不够时，如图 2 – 10 – 25 所示，需要手动松开"W"键，同时听到

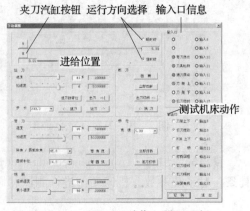

图 2 – 10 – 24　"动作"设置面板

"哐当"的声音，证明夹刀器已经松开，同时"进给夹刀"的按钮已经取消，如图2-10-26所示。这时可以点击退刀检测零位按钮，夹刀器就可以退刀原点，再点击"M"键，夹刀器重新夹刀，再次输送刀料。

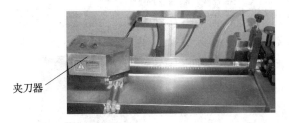

图 2-10-25　刀料不足示意图

图 2-10-26　夹刀器打开示意图

知识点——"动作"设置面板

加紧刀片　点击"夹刀汽缸"按钮（M 按钮），这时切换到夹刀状态，然后通过机床上的夹刀开关切换夹刀器的松开与夹紧。

进刀

① 速度——设置进给的工作速度。

② 加速度——进给电机起动响应时间。

③ 步长——进给移动量。

④ 退刀回零位——夹刀器退回零点位置。

⑤ 出刀——自动进刀至弯刀位置。

⑥ 退刀，进刀——按给定的步长移动。

输入口　显示传动汽缸上感应器的位置。

输出口　手动控制、测试机械动作。

机床的夹刀器开关可以控制导轨处的夹刀（图 2-10-27），输送刀料时一定要将机床上的夹刀器打开（图 2-10-28），夹紧刀料，否则输送过程中刀料会脱离导轨。

当夹刀器将刀料夹紧之后，点击"进刀"，进刀的步长是可以自己定义的，将刀料逐步输送刀弯折模具处，并且稍微通过弯折模具，此时再点击"出刀切断"按钮，目的是定义刀料的起始点（图 2-10-29）。

图 2-10-27　导轨处夹刀器

图 2-10-28　导轨夹刀器控制开关

图 2-10-29　刀料原点位置

知识点——"动作"面板参数意义

立即切断 切断装置下降并切断刀料，而夹刀器并不输送刀料。

进刀切断 首先输送一段刀料，之后切断装置下降，并切断刀料，切断之后刀料退刀弯折模具原点处，此时刀料原点已经定义完成。

扭断 将刀料的断刀模式由切断改为由弯折模具来回摆动断刀。

立即打桥 指的是在目前的到料位置，立即打桥。

退刀打桥

指的是刀料首先退到桥位原点处再打桥，如果此时刀料在弯折模具原点的位置，此时会出现，桥位打一半的状态（图2－10－30），此时需要进刀一部分，再退刀打桥，才能完成正常打桥宽度。

图2－10－30 打桥错误操作

刀料原点定义完成之后，弯折刀料之前，首先进入"原点"设置面板 ，如图2－10－31所示，进行简单的弯刀性能测试：

① "角度测试"，分别点击"逆时针测试"和"顺时针测试"，使用度量尺分割对弯折的刀料进行测量，检查正反方向弯折的角度是否准确。

② "圆弧测试"，同样点击"逆时针测试"和"顺时针测试"，通过逆时针与顺时针的测试比较，如果加工刀料并不在同一水平线上（图2－10－32），需要输入

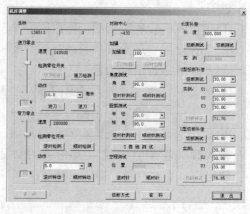

图2－10－31 "原点"设置面板—机床调整对话框

密码对参数进行重新设置（图2－10－33）。输入正确密码之后，点击"顺时加强"与"逆时加强"按钮（图2－10－34），改变对称中心，再进行测试，最终使"逆时针测试"与"顺时针测试"的刀料在同一水平线上，如图2－10－35所示。

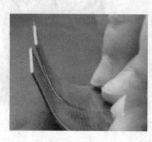

图2－10－32 圆弧测试比较

图2－10－33 密码设置

图 2 – 10 – 34　"原点"面板参数密码设置　　　图 2 – 10 – 35　圆弧测试正确结果

4. 电脑弯刀机加工实例

首先在 Auto Bender Manager 程序中，使用绘图工具和对象编辑工具，绘制反插式纸盒（图 2 – 10 – 36），或者使用其他 CAD 绘图软件，将文件导入到 Auto Bender Manager 程序中。

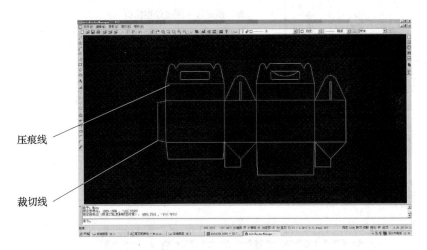

压痕线

裁切线

图 2 – 10 – 36　盒型图绘制

知识点——文件导入

Abd 格式文件是 Auto bender manager 程序专用的格式。而要打开来自其他格式的图形文件时，则需要用导入命令才能读取。Auto bender manager 支持 AutoCAD 2002 以下格式的 dxf、dwg 以及 NC 格式的图形文件。这三种格式图形文件的导入操作方式都是一样的，在要导入文件时，选择相应的导入格式按钮（图 2 – 10 – 37）。

图 2 – 10 – 37　文件
导入操作按钮

绘制完成纸盒图形之后，点击"特性"按钮，进入特性编辑区域（图2-10-38）。

图2-10-38 "特性"参数编辑

知识点——弯刀工具条

弯刀工具条命令主要包括完成把刀片弯折成图形的各种命令（图2-10-39）。

拾取：拾取刀线图

解除：解除拾取的刀线图

添加：添加任务到批处理窗口

桥位：添加桥位

断开：断开线段、圆弧

批处理：显示/隐藏批处理窗口

特性：显示/隐藏特性窗口

图2-10-39 弯刀工具条

（资料来源：上海瀚诚包装器械有限公司）

点击 桥位按钮，在压痕线与裁切线的位置进行桥位设计，设计完成后效果（图2-10-40）。

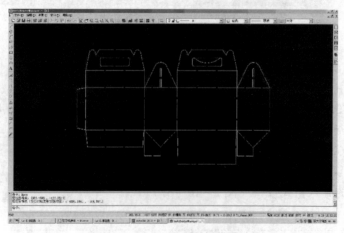

图2-10-40 盒型图桥位设计

知识点——"桥位"命令

桥位设计的主要步骤：① 点击桥位按钮，选择需要进行桥位设计的对象 ［图2-10-41（a）］；② 在特性编辑区域设置桥位参数，如桥位宽度等；③ 点击右键确认完成桥位设计 ［图2-10-41（b）］。

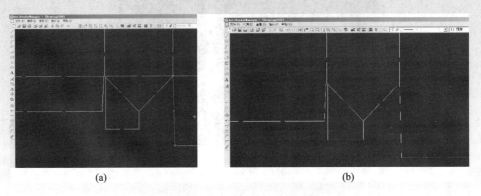

图2-10-41　桥位设计步骤

（a）选择对象　（b）完成桥位设计

点击"拾取按钮"设置弯折刀料的起点，并且沿着弯折刀料的路线确定终点，点击右键进行确认（图2-10-42）。选取过程中，一定注意选取方式，遇到交叉点的时候一定以拾取点为准进行选择，否则会出现图2-10-43所示的错误，选择多余的路径。

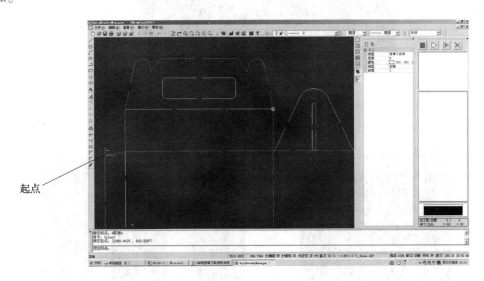

起点

图2-10-42　拾取图形

对于图2-10-36的盒型图，为了考虑盒型模切的美观效果，加工路径的选取应如图2-10-44所示。而在路径选取过程中交叉点的选取，需要重新设置，才能够完成整体路径的选取（图2-10-45），设置的过程：① 用鼠标框选线段 ［图2-10-46（a）］；

② 按住鼠标左键拖动要移动的端点［图 2 – 10 – 46 (b)］；③ 拖动到目的点鼠标左键点击确认［图 2 – 10 – 46 (c)］。

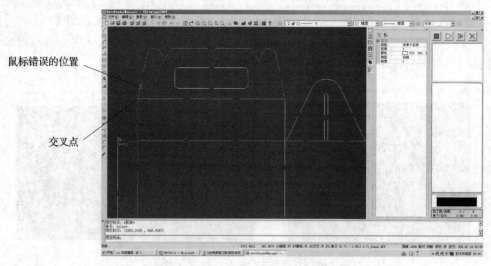

鼠标错误的位置

交叉点

图 2 – 10 – 43　错误路径的选取

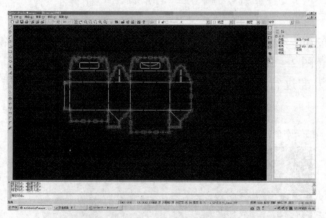

图 2 – 10 – 44　路径加工信息

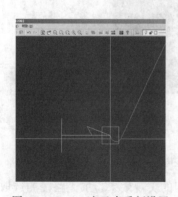

图 2 – 10 – 45　交叉点重新设置

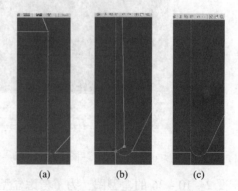

(a)　　　　(b)　　　　(c)

图 2 – 10 – 46　交叉点重新设置流程图

(a) 选择对象　　(b) 移动端点　　(c) 完成路径设置

知识点——"断开"命令

弯刀工具条的 ▣|"断开"命令可以将一段线条或弧线分割成几部分，操作步骤：① 选取分割的对象［图 2 – 10 – 47 （a）］；② 鼠标移动到需要断开的点，并点击左键确定断点的位置［图 2 – 10 – 47 （b）］；③ 点击鼠标右键确认断开，此时线段被分为两部分［图 2 – 10 – 47 （c）］。

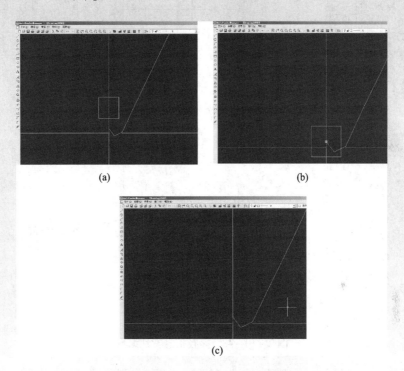

图 2 – 10 – 47   "断开"命令设计步骤
（a）分割对象选择   （b）确定断点设置   （c）完成断开对象

选定要加工的刀料之后，点击"进入组编辑"按钮，根据特性窗口（图 2 – 10 – 48），可以对加工的刀料进行编辑。

在正式加工刀料之前可以使用模拟演示的方法将刀料加工的形式在屏幕上进行演示，点击"模拟演示"按钮 ◁ ，即可进入模拟演示。首先设置模拟仿真的起点，再设置终点，此时在屏幕上显示刀料加工的过程（图 2 – 10 – 49）。

点击"ESC"键或点击鼠标右键退出模拟演示，点击"运行"按钮 ▷ 进入刀料的实际加工，屏幕上显示刀料的加工路线图（图 2 – 10 – 50），加工完成的样品如图 2 – 10 – 51 所示。从图中可以看出，弯刀机加工好的刀料并不能严格地安装在底版上，因此需要使用手动弯刀机调节各个部位，使得刀料正确安装在刀槽内。

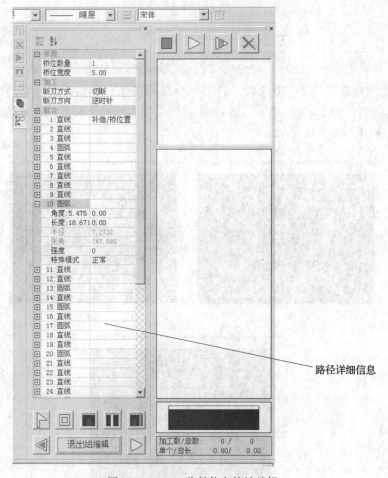

图 2 - 10 - 48　路径信息特性编辑

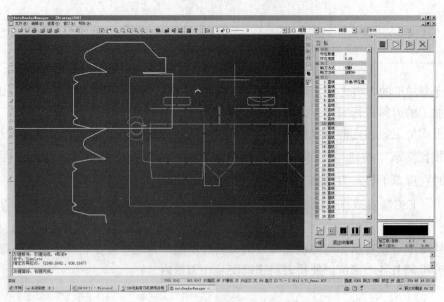

图 2 - 10 - 49　刀料加工的模拟演示

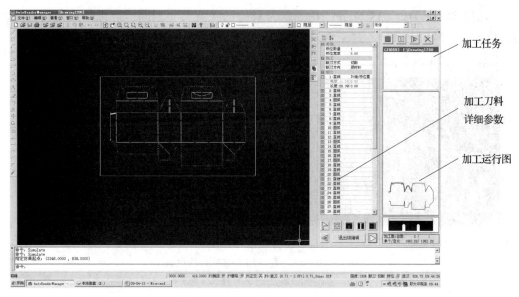

图 2 - 10 - 50　加工刀料运行过程

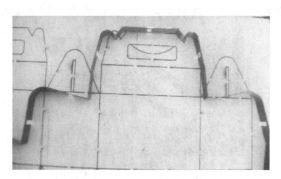

图 2 - 10 - 51　刀料实际加工

　　加工完成之后点击"退出组编辑"按钮退出编辑窗口。点击"解除"按钮 ![解除]，退出所选的刀料部位（图 2 - 10 - 52），再次选择刀料进行加工。

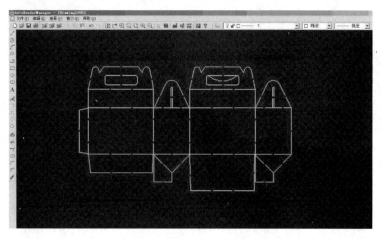

图 2 - 10 - 52　完成加工刀料路径

加工刀料过程中，如果部分结构加工刀料的结构及尺寸相同，可以修改刀料加工参数，以增加刀料加工数量，避免重复选择刀料路径，重复操作（图2-10-53）。

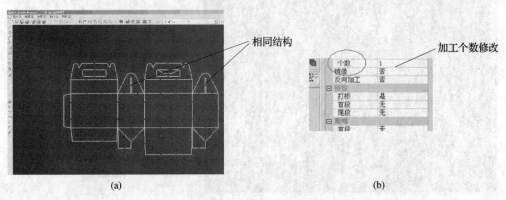

图2-10-53　刀料加工数量参数设置
（a）相同路径　　（b）修改参数

按照上述的方式，将自锁底提手盒的模切刀部位逐一加工完成，在加工两个刀相接处的部位，应该使用切鹰嘴的方式，将其中一刀料切成鹰嘴（图2-10-54）。

图2-10-54　电脑弯刀机切鹰嘴部位

情境三　中秋节月饼包装结构设计

知识目标

1. 掌握各种功能型纸盒的设计原理。
2. 掌握盘式自动折叠纸盒的设计原理。
3. 掌握盘式纸盒及内衬的成型原理。
4. 掌握粘贴纸盒的成型、设计原理。
5. 掌握盒型打样机工作原理和操作方法。
6. 掌握激光切割机、电脑弯刀机参数调整方法。

技能目标

1. 具有正确设计制作个包装纸盒结构的技能。
2. 具有正确设计制作盘式自动折叠纸盒的技能。
3. 具有正确设计制作盘式折叠纸盒及内衬的技能。
4. 具有正确设计制作粘贴纸盒的技能。
5. 具有熟练操作盒型打样机进行打样的技能。
6. 具有熟练制作完整纸盒模切版并进行参数调整、故障解决的技能。

情境：　中秋节

中秋节是我国的传统佳节。唐朝初年，中秋节就成为固定的节日，是我国仅次于春节的第二大传统节日。有关中秋节的传说是非常多，嫦娥奔月，吴刚伐桂，玉兔捣药等脍炙人口的神话故事流传甚广。

中秋节月亮圆满，象征团圆，因而又叫"团圆节"，是合家团聚或倍加思念远方亲友的日子，北宋著名诗人苏轼的"人有悲欢离合，月有阴晴圆缺，此事古难全。但愿人长久，千里共婵娟。"的著名诗句，表达在中秋之夜，对一切经受离别之苦人们的美好祝愿。

人们在中秋以月之圆兆人之团圆，以饼之圆兆人之常生，用月饼寄托思念故乡，思念亲人之情，祈盼丰收、幸福，成天下人的心愿。直至今天，月饼一直是中秋佳节馈送亲朋好友的必备礼品。月饼的包装丰富多彩，表达人们对中秋的美好祝愿。月饼包装一般是套件包装，包括单个月饼以及配置刀叉等餐具的月饼个包装盒、多个月饼的中包装盒设计，形式多样，一般是用异型管式或盘式折叠纸盒作为月饼个包装和餐具包装，用盘式折叠纸盒或固定纸盒作为中包装盒，有的中包装盒配有隔衬。

近年来，月饼包装有过分包装趋向，因此国家制定了相应法规标准予以制止。

任务一　设计月饼个包装盒

近年来，月饼个包装盒设计越来越多样化，多数采用异型结构。广义上的异型折叠纸盒指除了长方体之外的其他盒型。一部分可以在基本结构的基础上通过一些特殊的设计技巧加以变化，另一部分则可以通过基本成型方法利用异型盒面直接成型。

图 3-1-1　月饼小包装盒

一、月饼个包装盒结构

1. 斜线设计

在折叠纸盒的某些位置设计斜直线或斜曲线压痕，可以使盒型发生变化。

① 在盒盖或盒底位置设计斜线，如图 3-1-2 所示。

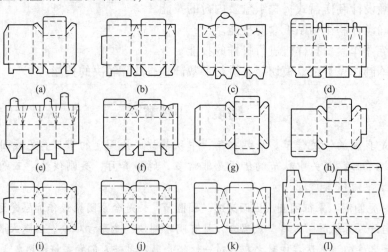

(a)　　　(b)　　　(c)　　　(d)

(e)　　　(f)　　　(g)　　　(h)

(i)　　　(j)　　　(k)　　　(l)

图 3-1-2　盒盖或盒底位置设计斜直线的异型盒

② 在盒体位置设计斜线　图 3-1-3 (a) 通过盒体的斜线折叠，盒体由上部的正方形变成下部的楔形，图 3-1-3 (b) 通过盒体的曲线折叠，盒底也成为楔形。这些盒型可以包装一次性刀、叉等月饼餐具。

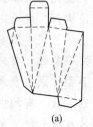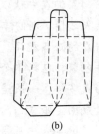

(a)　　　(b)

图 3-1-3　造型渐变的异型盒

2. 曲线设计

在纸盒盒体上设计曲线形成弯曲盒面，如图3-1-4所示。图中盒体设计两条非成型作业线。

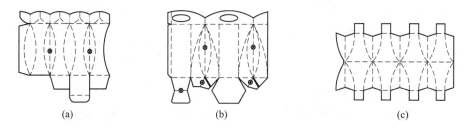

(a)　　　　　　　　(b)　　　　　　　　(c)

图3-1-4　盒体位置设计曲线的异型盒

（a）正四边形盒底　　（b）六边形盒底　　（c）正四边形盒底

3. 曲拱设计

利用纸板的可弯折性，在盒盖处进行曲拱设计，如图3-1-5所示。

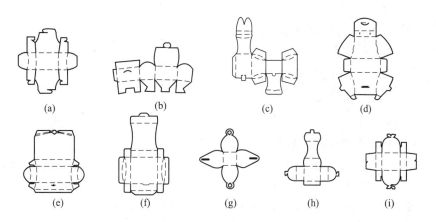

(a)　　　　　(b)　　　　　(c)　　　　　(d)

(e)　　　　(f)　　　　(g)　　　　(h)　　　　(i)

图3-1-5　曲拱盖异型盒

4. 角隅设计

在纸盒的角隅处进行变形设计，即把长方体盒型上的若干角凹进去，改变其呆板的形象，如图3-1-6所示。

(a)　　　　　　　　　　　　　(b)

图3-1-6　凹角异型盒

5. 异形盒面

异形盒面是直接将盒体设计成非长方体盒面。如图 3 – 1 – 7 至图 3 – 1 –9 所示。

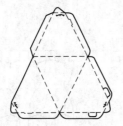

图 3 – 1 – 7　正四面体纸盒

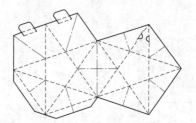

图 3 – 1 – 8　五星纸盒

6. 正揿封口式

正揿封口式结构如图 3 – 1 – 10 所示，是在纸盒盒体上进行折线或弧线的压痕，利用纸板本身的挺度和强度，揿下盖板来实现封口。其特点是包装操作简便，节省纸板，并可设计出许多别具风格的纸盒造型，可用于包装一次性月饼餐具。

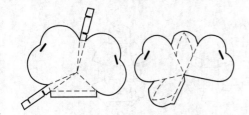

图 3 – 1 – 9　心形纸盒

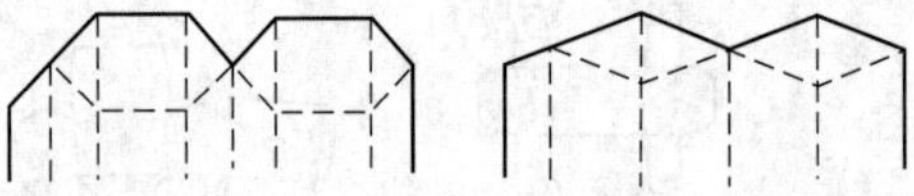

图 3 – 1 – 10　正揿封口盖

图 3 – 1 – 10 为折线压痕，图 3 – 1 – 11 为弧线压痕。

正揿封口式纸盒可以在盒体上设计展示板、吊挂孔（钩）或双壁结构形式，图 3 – 1 – 11（a）有一盖板盖住盒体开窗部位，图 3 – 1 – 11（b）和图 3 – 1 – 11（c）盒型中央切口线同时还是对折线，其左右两部分对折形成双壁结构。

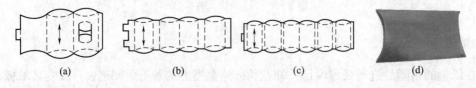

图 3 – 1 – 11　锁口或双壁正揿封口式纸盒

7. 开窗

开窗结构可以部分展示内装物商品，吸引消费者的注意视线，从而具有促销功能。

（1）开窗的基本位置　开窗结构是在盘式或管式等基本盒型的基础上，于纸盒盖板或体板的一面、两面或三面连续切去一定的面积，有时在切去部分蒙敷透明材料如塑料膜或玻璃纸等用以防尘。

PACKAGING STRUCTURE & DIE-CUTTING PLATE DESIGN（THE SECOND EDITION）

包装结构与模切版版设计（第二版）

由于消费者能够从开窗处窥见内装物，无需开盖观察，且为防止盖（底）插入襟片遮挡开窗位置，所以管式开窗盒的盖（底）板连接在前板上。

开窗的基本位置有一面（前板）开窗，两面（前板和一个端板）开窗，三面（前板和两个端板）开窗，如图3-1-12所示。

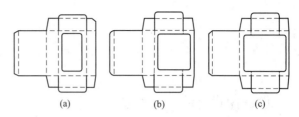

图 3 - 1 - 12　纸盒开窗的位置

（a）一面开窗　　（b）两面开窗　　（c）三面开窗

（2）开窗的形状　几何图形开窗，如图 3 - 1 - 13 所示；自然图形开窗，如图 3 - 1 - 14 所示。

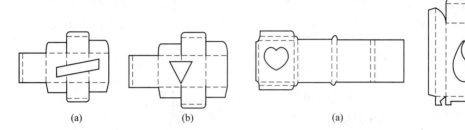

图 3 - 1 - 13　几何图形开窗盒

（a）平行四边形　（b）三角形

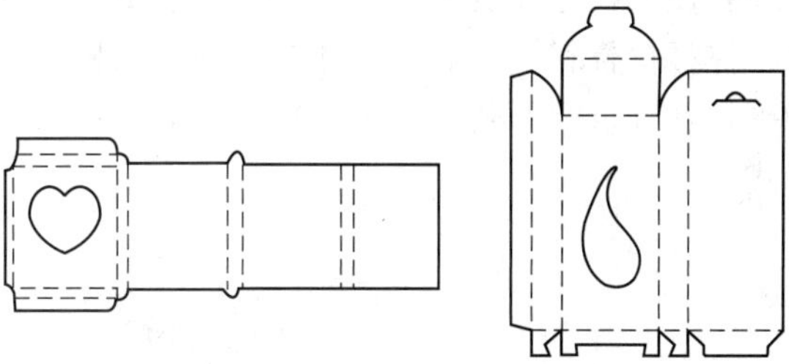

图 3 - 1 - 14　自然图形开窗盒

（a）心形　（b）水滴形

8. 叠纸包装盒

叠纸包装是一种独特的盘式纸盒，材料为厚度较大的纸张，其结构一页成型，不需粘合，内装物装取方便。

图 3 - 1 - 15 为两种日式糕点的个包装，也是用纸页折叠成型。

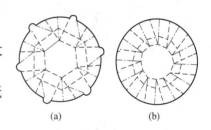

图 3 - 1 - 15　日式糕点个包装

二、一次性月饼餐具包装纸盒结构

图 3 - 1 - 16 是一个类似于管式折叠纸盒正掀封口盖的正掀封口管盘式折叠纸盒。该盒盒底有一条非成型作业线，盒体端板有两条非成型作业线，使得盒体两个制造商接头可以在平板状态下与相邻侧板粘合。

图 3 - 1 - 17 所示两个管盘式正掀封口盖的盒底退化成一条线或一个近似椭圆。

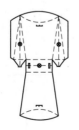

图 3 - 1 - 16　管盘式正掀封口盖

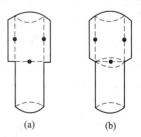

图 3 - 1 - 17　管盘式正掀封口盖

任务二 设计月饼中包装折叠纸盒

一、设计盘式自动折叠纸盒

1. 盘式自动折叠纸盒定义

盘式自动折叠纸盒，如图3-2-1所示。

将两张 A4 的纸板如图3-2-2（a）进行折叠，按图3-2-2（b）、（c）进行裁切。

要使粘合襟片能够在纸盒平板状态下准确定位与体板粘合，由于盘式纸盒体板高度所限，体板折叠斜线一般都设计在侧板上。图3-2-3（a）、（b）是图3-2-2（b）的两种平板粘合折叠形式，图3-2-3（c）、（d）是图3-2-2（c）的两种平板粘合折叠形式。

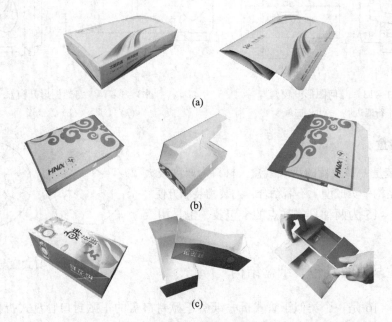

图3-2-1 盘式自动折叠餐盒
（a）插入盖餐盒 （b）翻盖餐盒 （c）罩盖糕点盒

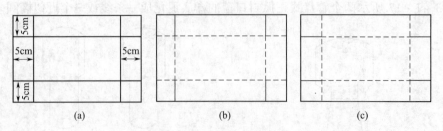

图3-2-2 折纸裁切盘式盒
（a）折线位置 （b）裁切方式1 （c）裁切方式2

PACKAGING STRUCTURE & DIE-CUTTING PLATE DESIGN(THE SECOND EDITION)
包装结构与模切版设计（第二版）

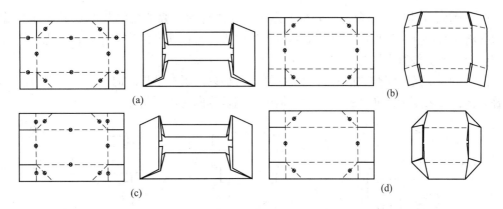

图 3 – 2 – 3　盘式盒平板粘合成型

（a）毕尔斯内折叠式　（b）毕尔斯外折叠式　（c）布莱特伍兹内折叠式　（d）布莱特伍兹外折叠式

知识点——盘式自动折叠纸盒

盘式自动折叠纸盒设计有作业线，在制造厂商的糊盒设备上以平板状使角隅粘合成型，并以平板状进行运输，包装内装物前只要张开盒体，纸盒自动成型。

盘式自动折叠纸盒分为内折叠式与外折叠式两种。如果带有作业线的纸盒体板平折时向盒内折叠则为内折叠式，如图 3 – 2 – 3（a）、（c）所示；如果向盒外折叠则为外折叠式，如图 3 – 2 – 3（b）、（d）所示。但不论是内折叠式还是外折叠式，没有作业线的体板平折时均向盒内折叠。

2. 盘式自动折叠纸盒分类

（1）毕尔斯（Beers）折叠纸盒　由于毕尔斯折叠纸盒的粘合襟片与有作业线的体板粘合，所以只能点粘于体板内侧（内折叠式）或外侧（外折叠式）的三角区域，如图 3 – 2 – 3（a）、（b）所示。

知识点——毕尔斯折叠纸盒

带有作业线的纸盒体板不连接粘合襟片，这样的盘式自动折叠纸盒称为毕尔斯折叠纸盒。

（2）布莱特伍兹（Brightwoods）折叠纸盒　布莱特伍兹折叠纸盒使带有作业线的体板连接粘合襟片，这样不仅扩大粘合面至全部襟片，而且不论内折叠式还是外折叠式都粘合于相邻体板的内侧，从而使平折更方便且不影响外观。如图 3 – 2 – 3（c）、（d）所示。

知识点——布莱特伍兹折叠纸盒

带有作业线的纸盒体板连接粘合襟片，这样的盘式自动折叠纸盒称为布莱特伍兹折叠纸盒。

（3）前向自动折叠纸盒　如果在上述两种盘式自动折叠纸盒的基本盒型基础上增加盒盖并将这两种基本型加以组合，或结构稍加改进，可以演变出许多适合机械化生产的盒型，前向自动折叠纸盒即为其中之一。

图3-2-4是不同样式前向自动折叠纸盒，如果前板在平折时向盒内折，则为前向内折叠式盒；反之则为前向外折叠式盒，但两者端板均向盒内平折。

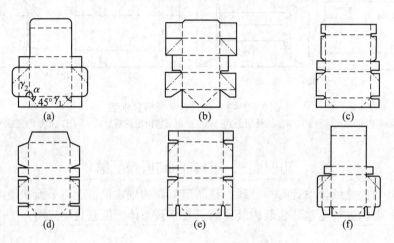

图 3 - 2 - 4　前向自动折叠纸盒

3. 盘式自动折叠纸盒折叠角求解公式

（1）TULIC—3 公式——内折叠角（θ）求解公式　以上各种内折叠式自动纸盒，都仅限于长方体，即角隅处的 α、γ_1、γ_2 均为 90°，内折叠板上作业线与盒底线的角度为 45°。这种盒型能否向内平折的关键是内折叠角的值。

为使一般盘式自动内折叠式纸盒的折叠体板在纸盒成型后可以向盒内平折，体板作业线与盒底边作业线所构成的角叫内折叠角，用 θ 表示。

知识点——内折叠角（θ）公式

$$\theta = \frac{1}{2}(\alpha + \gamma_1 - \gamma_2) \tag{3-2-1}$$

式中　θ——内折叠角，（°）

　　α——A 成型角，（°）

　　γ_1——内折叠角所在体板的 B 成型角，（°）

　　γ_2——与 γ_1 相邻体板的 B 成型角，（°）

在公式（3-2-1）中，如果 $\alpha = \gamma_1 = \gamma_2 = 90°$，则 $\theta = 45°$

这是毕尔斯式或布莱特伍兹式内折叠角的值，可见这两种盒型均为盘式自动折叠纸盒在长方体盒形时的特例。

毕尔斯盒的 θ 角实际上是粘合余角。

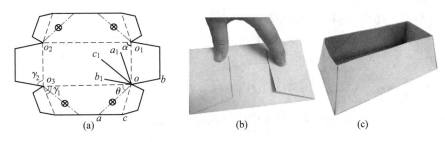

图3-2-5 一般盘式自动内折叠纸盒成型分析

（a）盒坯 （b）平板粘合 （c）立体成型

例3-2-1 在图3-2-5结构中

已知：$\alpha = 90°$　　$\gamma_1 = 70°$　　$\gamma_2 = 80°$

求：$\theta = ?$

解：$\theta = \dfrac{1}{2}(\alpha + \gamma_1 - \gamma_2) = \dfrac{1}{2}(90 + 70 - 80) = 40°$

（2）TULIC—4公式——外折叠角（θ'）求解公式　同样，前述各种盘式自动外折叠纸盒也仅限于长方体。这种盒型能否向外平折的关键是该角的求值问题。

为使一般盘式自动外折叠纸盒的折叠体板在纸盒成型后可以向盒外平折，作业线与盒底边线所构成的角叫外折叠角，用θ'表示。

知识点——外折叠角（θ'）公式

$$\theta' = \frac{1}{2}(\gamma_1 + \gamma_2 - \alpha) \tag{3-2-2}$$

式中　θ'——外折叠角，（°）

γ_1——外折叠角所在体板的B成型角，（°）

γ_2——与γ_1相邻体板的B成型角，（°）

α——A成型角，（°）

如果　$\gamma_1 = \gamma_2 = \alpha = 90°$，则上式为$\theta' = 45°$。

可见毕尔斯外折叠与布莱伍兹外折叠结构也均为盘式自动外折叠纸盒在长方体盒型时的特例。

毕尔斯盒的θ'角也是一种粘合余角。

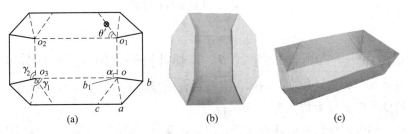

图3-2-6 一般盘式自动外折叠纸盒

（a）盒坯 （b）平板粘合 （c）立体成型

例 3 - 2 - 2 在图 3 - 2 - 6 结构中

已知：$\alpha = 90°$ $\gamma_1 = 100°$ $\gamma_2 = 100°$

求：$\theta' = ?$

解： $\theta' = \dfrac{1}{2}(\gamma_1 + \gamma_2 - \alpha) = \dfrac{1}{2}(100 + 100 - 90) = 55°$

图 3 - 2 - 7 为一正五棱柱盘式自动内折叠纸盒。

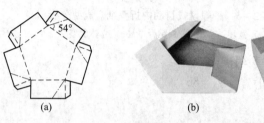

图 3 - 2 - 7 正五棱柱盘式自动内折叠纸盒

（a）盒坯 （b）平板粘合 （c）立体成型

对于正 n 棱柱盘式自动折叠纸盒，其内折叠角与外折叠角的值见表 3 - 2 - 1。

表 3 - 2 - 1 常用正 n 棱柱盘式自动折叠纸盒的 θ 与 θ' 值 单位：（°）

n	θ	θ'	n	θ	θ'
3	30	60	6	60	30
4	45	45	7	64.3	25.7
5	54	36	8	67.5	22.5

（3）内折叠余角（θ_f）与外折叠余角（θ'_f）求解公式 盘式自动折叠纸盒的作业线不仅可以设计在体板上，还可以设计在体板襟片上，以图 3 - 2 - 2（b）为例进行裁切。

要在粘合襟片上设计折叠斜线，使纸盒能够在纸盒平板状态下准确定位与体板粘合，一般有图 3 - 2 - 8（b）、（c）两种平板粘合折叠形式，图 3 - 2 - 8（c）是图 3 - 2 - 8（b）的粘合后的状态。

   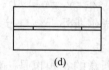

（a）   （b）   （c）   （d）

图 3 - 2 - 8 盘式盘平板粘合成型

知识点——内折叠余角（θ_f）和外折叠余角（θ'_f）定义

纸盒成型时，如果襟片粘合的体板平板粘合成型时向内折叠，令该襟片上两条折线所构成的角度为内折叠余角，用 θ_f 表示；

如果襟片粘合的体板平板粘合成型时向外折叠，令该襟片上两条折线所构成的角度为外折叠余角，用 θ'_f 表示。

从图 3-2-8 可以看出不管内折叠余角还是外折叠余角，折叠斜线都是同一条作业线，图 3-2-9 也是，但两者的求解公式却不同。

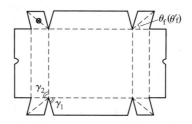

图 3-2-9　作业线设计在襟片上的盘式自动折叠纸盒

知识点——内折叠余角（θ_f）和外折叠余角（θ'_f）求解公式

$$\theta_f = \frac{1}{2}(\gamma_1 + \gamma_2 - \alpha) \tag{3-2-3}$$

$$\theta'_f = \frac{1}{2}(\alpha + \gamma_1 - \gamma_2) \tag{3-2-4}$$

式中　θ_f——内折叠余角，(°)

$\quad\quad$ θ'_f——外折叠余角，(°)

$\quad\quad$ γ_1——内折叠余角的襟片所粘合体板的 B 成型角，(°)

$\quad\quad$ γ_2——与 γ_1 相邻体板的 B 成型角，(°)

$\quad\quad$ α——A 成型角，(°)

（4）盘式自动折叠纸盒的体板高度　在盘式自动折叠纸盒中，作业线一般应与体板数目相等。但一块体板上可以如前设计两条作业线，在内折时也可以如图 3-2-10（b）每个体板上均设计一条，但两者对体板高度要求不一样。

① 设计两条作业线的体板高度限度。

知识点——设计两条作业线的体板高度限度

如果将作业线设计在侧板上［图 3-2-10（a）］，则体板高度限度为：

$$H \leqslant L\tan\theta(\theta')/2 \tag{3-2-5}$$

同理，若设计在端板上，体板高度限度为：

$$H \leqslant B\tan\theta(\theta')/2 \tag{3-2-6}$$

式中　H——体板高度尺寸，mm

$\quad\quad$ L——纸盒长度尺寸，mm

$\quad\quad$ B——纸盒宽度尺寸，mm

$\quad\quad$ θ——内折叠角，(°)

$\quad\quad$ θ'——外折叠角，(°)

② 设计一条作业线的体板高度限度：此时只有向内折叠一种情况，设侧板的高度为 H_L，端板的高度为 H_B ［图 3-2-10（b）］。

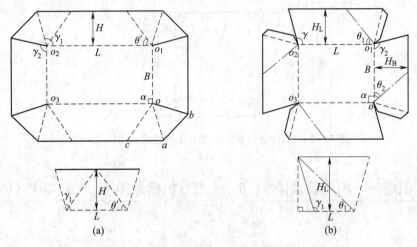

图 3-2-10 盘式自动折叠纸盒体板高度限度

（a）一块体板设计两条作业线   （b）一块体板设计一条作业线

知识点——设计一条作业线的体板高度限度

在 $\gamma_1 = 90°$ 的情况，一个体板上设计一条作业线，则体板高度限度为：

$$H \leqslant B\tan\theta_2 \tag{3-2-7}$$

在一般盘式自动内折叠盒时，

$$H_L \leqslant \frac{L\tan\theta_1}{1 + \cot\gamma_1\tan\theta_1} \tag{3-2-8a}$$

$$H_B \leqslant \frac{B\tan\theta_2}{1 + \cot\gamma_2\tan\theta_2} \tag{3-2-8b}$$

如果 $H = H_L = H_B$，则

$$H \leqslant \frac{B\tan\theta_2}{1 + \cot\gamma_2\tan\theta_2} \tag{3-2-8}$$

式中 H_L——侧板的高度尺寸，mm

H_B——端板的高度尺寸，mm

H——纸盒的高度尺寸，mm

θ_1——侧板上的内折叠角，（°）

θ_2——端板上的内折叠角，（°）

γ_2——端板 B 成型角（°）

当 $\gamma_2 = 90°$ 时，公式即为：$H \leqslant B\tan\theta_2$，可见，公式（3-2-7）是公式（3-2-8）的特例。

同时，向内折叠时，为使纸盒折叠能成平板状，体板高度与纸盒长宽还应满足：

$$\begin{cases} H_B \le \dfrac{L}{2} \\ H_L = \dfrac{B}{2} \end{cases} \qquad (3-2-9)$$

二、设计盘式异形盒

月饼中包装盘式折叠纸盒还可进行不同造型的设计。图3-2-11是一组端板为不等边六面形的异形盒，其中图3-2-11（b）端板内缩形成宽边结构。图3-2-12为一组端板侧板均为梯形的棱台形罩盖盒。

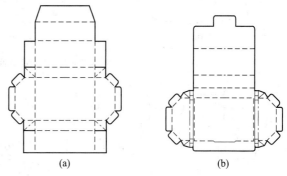

(a)　　　　　　(b)

图 3-2-11　六面形的异形盒

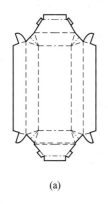 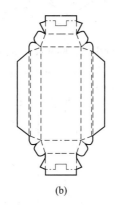 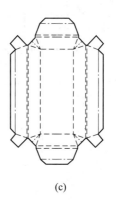 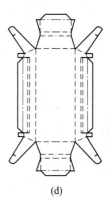

(a)　　　　　(b)　　　　　(c)　　　　　(d)

图 3-2-12　棱台形罩盖盒
（a）、（c）盒盖　　（b）、（d）盒体

三、设计独立间壁板

月饼包装盒中通常带有独立间壁板，将月饼个包装和刀叉包装或其他内装物在中包装内部进行一定造型的排列。由于独立间壁板是与纸盒分开成型的，少了很多约束，因此结构和造型更加自由。图3-2-13为一盘式罩盖盒盒内的三个装的间壁板，其中间壁板是多页纸板组装成型。

图3-2-14是一个5×1间壁盒的间壁板结构图和成型示意图。一些礼品包装的间壁结构需要包装多种内装物，这时间壁板需要两件配合或与盒体配合才能成型。图3-2-15为一套礼品包装，内装物可以是1件大月饼和4件小月饼。整个包装由盒体、大月饼间壁板、小月饼间壁板和盒盖4板成型。图3-2-16所示也是一礼品包装，内装物是中间1件大月饼，两侧分别装5件小月饼。

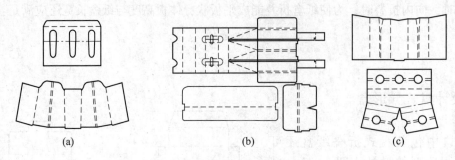

(a)　　　　　　　　(b)　　　　　　　　(c)

图 3 - 2 - 13　组装型独立间壁板

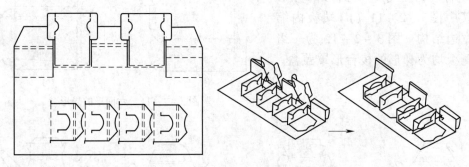

图 3 - 2 - 14　5×1 间壁盒的间壁板结构图和成型示意图

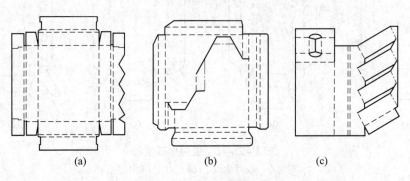

(a)　　　　　　　　(b)　　　　　　　　(c)

图 3 - 2 - 15　礼品包装一

（a）盒体　　（b）中框间壁板　　（c）边框间壁板

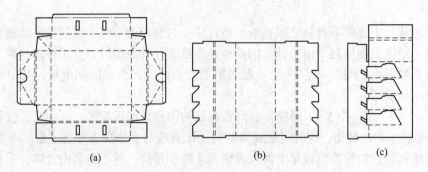

(a)　　　　　　　　(b)　　　　　　　　(c)

图 3 - 2 - 16　礼品包装二

（a）盒体　　（b）中框间壁板　　（c）边框间壁板

任务三　设计月饼中包装粘贴纸盒

一、认识粘贴纸盒

粘贴纸盒用于月饼中包装盒或个包装盒，强度好，档次高，适合做礼品外包装，如图3-3-1所示。

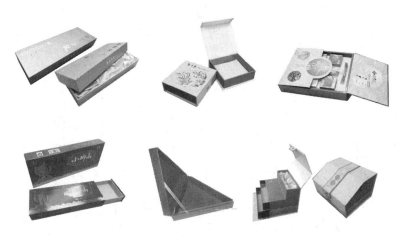

图3-3-1　各种粘贴纸盒

知识点——粘贴纸盒定义

粘贴纸盒是用贴面材料将基材纸板粘合裱贴而成，成型后不能再折叠成平板状，而只能以固定盒型运输和仓储，故又名固定纸盒。

图3-3-2是一个盘式摇盖间壁固定纸盒，其各部结构名称见图示说明。

知识点——粘贴纸盒的原材料

基材：主要选择挺度较高的非耐折纸板，如各种草纸板、刚性纸板以及高级食品用双面异色纸板等。一般厚度范围为1～3mm。

内衬：选用白纸或白细瓦楞纸、塑胶、海绵等。

贴面材料：品种较多，有铜版印刷纸、蜡光纸、彩色纸、仿皮纸、植绒纸以及布、绢、革、箔等。而且可以采用多种印刷工艺，如凸版印刷、平版印刷、浮雕印刷、丝网印刷、热转印，还可以压凸和烫金。

盒角：可以采用胶纸带加固、钉合、纸（布）粘合等多种方式进行固定。

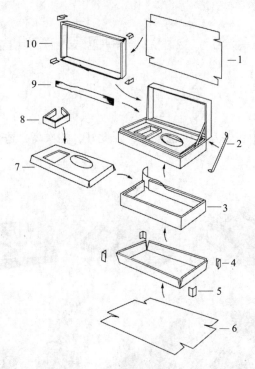

图 3 - 3 - 2 粘贴纸盒各部结构名称

1—盒盖粘贴纸 2—支撑丝带 3—内框 4—盒角补强 5—盒底板
6—盒底粘贴纸 7—间壁板 8—间壁板衬框 9—摇盖铰链 10—盒盖板

二、粘贴纸盒结构设计

与折叠纸盒一样，粘贴纸盒按成型方式可分为管式、盘式和亦管亦盘式三大类。

1. 管式粘贴纸盒（框式）

管式粘贴纸盒盒底与盒体分开成型，即基盒由体板和底板两部分组成，外敷贴面纸加以固定和装饰，如图 3 - 3 - 3 所示。

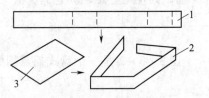

图 3 - 3 - 3 管式粘贴纸盒

1—粘贴面纸 2—体板 3—底板

（1）特点

① 主要用手工粘贴。

② 纸（布）固定盒体四角，为防止盒体表面露出包角痕迹，勿用钉合方式固定。

③ 尺寸精度高。

（2）结构形式

图 3 - 3 - 4 （a）结构简单，易于生产，但底板在压力作用下容易脱落，而且边框粘贴面与盒底粘贴面纸接缝清晰可见，影响外观。图 3 - 3 - 4 （b）增加一块底外板使纸盒强度有所增加，但两贴面纸接缝仍很明显。图 3 - 3 - 4 （c）结构强度较高，接缝隐蔽，外观效果最佳。

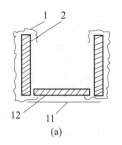 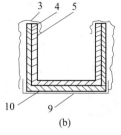 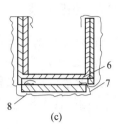

(a)   (b)   (c)

图 3 - 3 - 4　管式粘贴纸盒结构

1、3—体板粘贴材料　2—体板　4—体板（外框）　5—体内板（内框）

6—底内板　7、9、11—底板粘贴材料　8、10、12—底板

2. 盘式粘贴纸盒（一页折叠式）

基盒盒体盒底用一页纸板成型，如图 3 - 3 - 5（a）所示。

（1）特点

① 可以用纸（布）粘合、钉合或扣眼固定盒体角隅。

② 结构简单，既可以用手工粘贴，也可以机械粘贴，便于大批量生产。

③ 压痕及角隅尺寸精度较差，如图 3 - 3 - 5（b）所示。

(a)   (b)

图 3 - 3 - 5　盘式粘贴纸盒的基盒

（2）结构形式

图 3 - 3 - 6 为盘式粘贴纸盒生产工艺流程，图 3 - 3 - 7 为粘贴成型后的基本结构。

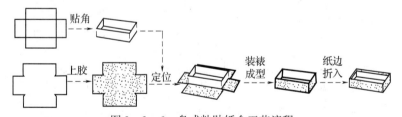

图 3 - 3 - 6　盘式粘贴纸盒工艺流程

图 3 - 3 - 8（a）为双壁盘式粘贴纸盒。

图 3 - 3 - 8（b）为宽边粘贴盒。

 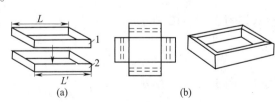

图 3 - 3 - 7　盘式   图 3 - 3 - 8　盘式粘贴纸盒结构

粘贴纸盒基本结构   （a）双壁盘式粘贴盒　（b）宽边粘贴盒

1—盒板　2—粘贴面纸   1—盒内板　2—盒外板

3. 亦管亦盘式粘贴纸盒

所谓亦管亦盘式粘贴纸盒，是指在双壁结构或宽边结构中，盒体及盒底由盘式方法成型，而体内板由管式方法成型。或者在由盒盖盒体两部分组成的情况下，其一由盘式方法成型，另一则由管式方法成型，如礼品盒（图3-3-9）等。

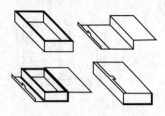

图3-3-9 亦管亦盘式
礼品粘贴纸盒

三、粘贴纸盒成型方法

1. 罩盖盒

罩盖盒有全罩盖（天罩地盒）、浅罩盖（帽盖盒）、对口罩盖、变形罩盖，如图3-3-10所示。

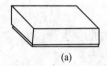 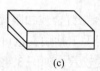 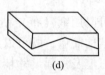

（a）　　　　　　　（b）　　　　　　　（c）　　　　　　　（d）

图3-3-10 罩盖盒
（a）全罩盖　（b）浅罩盖　（c）对口罩盖　（d）变形罩盖

2. 摇盖盒

摇盖盒有复盖、单板盖、对口盖，如图3-3-11所示。

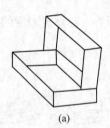 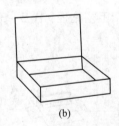 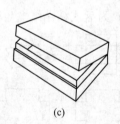

（a）　　　　　　　　（b）　　　　　　　　（c）

图3-3-11 摇盖盒
（a）复盖　（b）单板盖　（c）对口盖

3. 凸台盒

凸台盒如图3-3-12所示。

4. 宽底盒

宽底盒如图3-3-13所示。

5. 抽屉盒

抽屉盒如图3-3-14所示。

图 3 - 3 - 12　凸台盒

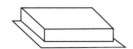

图 3 - 3 - 13　宽底盒

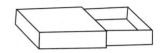

图 3 - 3 - 14　抽屉盒

6. 转体盒

转体盒如图 3 - 3 - 15 所示。

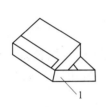

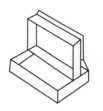

图 3 - 3 - 15　转体盒
1—扣眼　2—盒盖　3—粘贴面纸

7. 异形盒

（1）异形体盒　盒体本身为异形，如椭圆形、心形与星形等，如图 3 - 3 - 16 所示。

（2）圆拱盖盒　圆拱盖由外芯板、外框板、内芯板、内框板组成，如图 3 - 3 - 17 所示。

盒体由外板、插入板与内板组成。从截面图可知，在圆拱盖结构中，外框高度 h 与内框板高度 h' 之间的差值应等于盒盖内芯板厚度，且盒盖内芯板圆弧应与外框板圆弧端面形状一致；在盒体结构中，为保证盒体宽度与盒盖宽度相等，在盒体内外板之间的 c 部位要插入一块与盒盖内芯板厚度相同的纸板，且 c 的高度要等于外板内高度或内板外高度。

图 3 - 3 - 16　异形体盒

由于各部纸板有 2 ~ 4 层，所以干燥后变形很小。

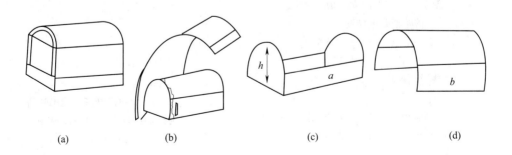

(a)　　　　　　(b)　　　　　　(c)　　　　　　(d)

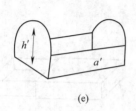
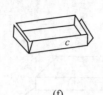
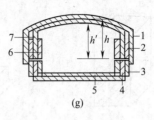

$$(e) \quad\quad\quad (f) \quad\quad\quad (g)$$

图 3 – 3 – 17　圆拱盖盒

(a) 盒　(b) 外芯板与贴面材料　(c) 外框板
(d) 内芯板　(e) 内框板　(f) 盒体　(g) 截面图
1—外芯板　2—外框板　3—外板　4—插入板　5—内板　6—内框板　7—内芯板

四、粘贴纸盒尺寸设计

粘贴纸盒基材选用由短纤维草浆制造的非耐折纸板，其耐折性能较差，折叠时极易在压痕处发生断裂。目前粘贴纸盒盒板主要有拼合成型、半切线成型和 V 槽成型结构。

纸板拼合成型工艺比较节约材料，易于手工加工，但裱贴时每个体板需要单独定位[图 3 – 3 – 18 (a)]，生产效率低且粘贴纸盒棱边不平直、尖锐 [图 3 – 3 – 18 (b)]，整体不美观。半切线成型工艺虽然只需一次定位 [图 3 – 3 – 19 (a)]，但也同样存在棱边不平直问题 [图 3 – 3 – 19 (b)]。

针对盒板拼合成型方式需多次定位，生产效率低、精确度不高，以及拼合成型和半切线成型方式成型后纸盒棱边不平直、整体不美观等问题，目前精制纸盒大多采用 V 槽成型方式，此种成型方式可使纸板连为一体，裱贴时只需一次定位，成型后棱边平直（图3 – 3 – 20），提高了产品外观质量及生产效率。

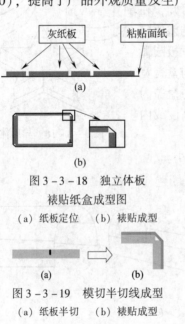

图 3 – 3 – 18　独立体板
裱贴纸盒成型图
(a) 纸板定位　(b) 裱贴成型

图 3 – 3 – 19　模切半切线成型
(a) 纸板半切　(b) 裱贴成型

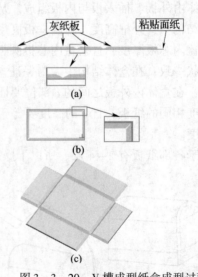

图 3 – 3 – 20　V 槽成型纸盒成型过程
(a) 纸板开槽定位　(b) 裱贴成型
(c) 平面三维效果

因成型方式不同，纸盒的纸板尺寸设计也不同。由于粘贴面纸要折入盒盖或盒体内壁，所以其制造尺寸要大于基盒制造尺寸。盒框制造尺寸、内尺寸或外尺寸计算公式见表 3 - 3 - 1。

表 3 - 3 - 1　　　　　　　　　　粘贴纸盒盒框尺寸计算公式

成型方式	项目		单壁结构	双壁结构
拼合成型	结构		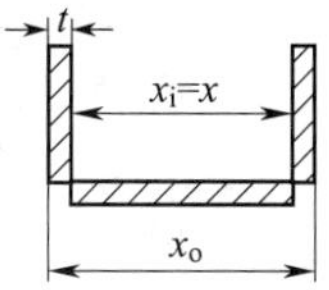	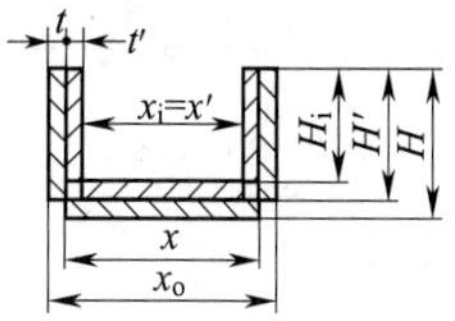
	图示		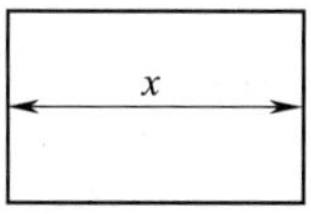	
	由外尺寸计算	制造尺寸	$X = X_o - 2t - k'$	$X' = X_o - 2(t+t') - k$ $X = X_o - 2t - k'$
		内尺寸	$X_i = X_o - 2t - k'$	$X_i = X_o - 2(t+t') - k$
	由内尺寸计算	制造尺寸	$X = X_i$	$X' = X_i$ $X = X_i + 2t' + k'$
		外尺寸	$X_o = X_i + 2t + k'$	$X_o = X_i + 2(t+t') + k$
半切线成型	结构		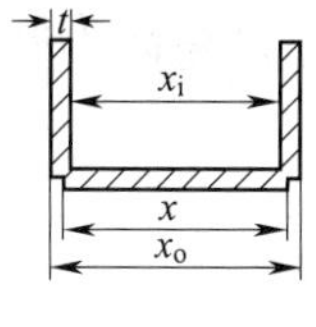	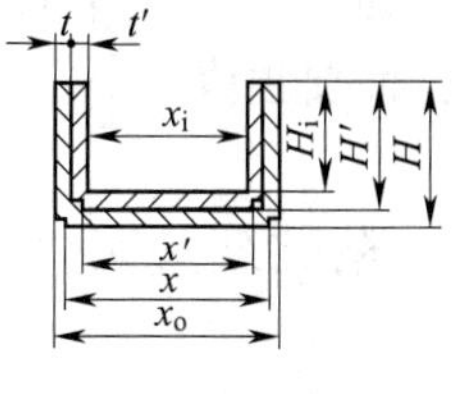
	图示		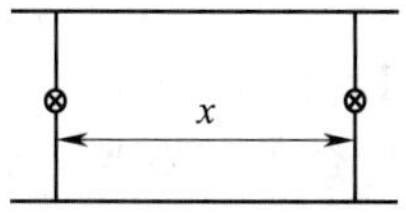	
	由外尺寸计算	制造尺寸	$X = X_o - t - k'$	$X' = X_o - 2t - t' - k$ $X = X_o - t - k'$
		内尺寸	$X_i = X_o - 2t - k'$	$X_i = X_o - 2(t+t') - k$
	由内尺寸计算	制造尺寸	$X = X_i + t + k'$	$X' = X_i + t' + k'$ $X = X_i + t + 2t' + k$
		外尺寸	$X_o = X_i + 2t + k'$	$X_o = X_i + 2(t+t') + k$

成型方式	项目		单壁结构	双壁结构
V 槽成型	结构		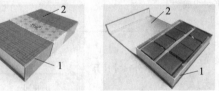	
	图示			
	由外尺寸计算	制造尺寸	$X = X_o$	$X' = X_o - 2t - k'$ $X = X_o$
		内尺寸	$X_i = X_o - 2t - k'$	$X_i = X_o - 2(t + t') - k$
	由内尺寸计算	制造尺寸	$X = X_i + 2t + k'$	$X' = X_i + 2t' + k'$ $X = X_i + 2(t + t') + k'$
		外尺寸	$X_o = X_i + 2t + k'$	$X_o = X_i + 2(t + t') + k$
	粘贴材料制造尺寸		$Y = X + a$	

注：X'—内框制造尺寸，mm；X_o—盒框外尺寸，mm；X—外框制造尺寸，mm；Y—粘贴材料制造尺寸，mm；X_i—盒框内尺寸，mm；k'—单壁结构尺寸修正系数，mm；t'—内框纸板计算厚度，mm；k—双壁结构尺寸修正系数，mm；t—外框纸板计算厚度，mm；a—粘贴面纸伸长系数，mm。

表 3 – 3 – 1 中，在机械化生产（自动糊盒机操作）时，a 值应大于 32.8mm。

为了印刷不出现漏白缺陷，不能正好将贯穿盒体四边的印刷图案设计到纸盒的边界处，而要预留出一定尺寸，即超过盒体边界 3.2mm，以保证位置的精确。

五、粘贴纸盒实例手工制作

1. 摇盖式粘贴纸盒尺寸设计与制作（拼合成型）

以图 3 – 3 – 11（a）及图 3 – 3 – 21 单板盖摇盖盒为例，采用拼合成型方式成型。此款纸盒分为盒体与盒盖单板两部分。

（1）纸盒剖面结构　根据单板盖摇盖盒结构设计纸盒剖面图，如图 3 – 3 – 22 所示。

（2）盒体纸板结构设计　由图 3 – 3 – 22可知，盒体由两块侧板、两块端板及一块底板构成，各个盒板结构如图 3 – 3 – 23 所示。

（3）盒盖单板纸板结构设计　由图

图 3 – 3 – 21　单板盖摇盖盒
1—盒体　2—盒盖单板

3 – 3 – 22可知，盒盖单板由前板、盖板、后板及底板组成，各个盒板结构如图 3 – 3 – 24所示。

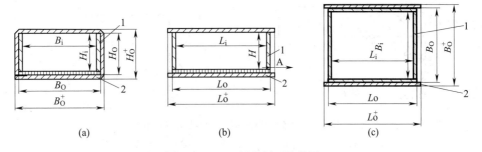

(a)   (b)   (c)

图 3 - 3 - 22 纸盒剖面结构图

（a）BH 剖面图 （b）LH 剖面图 （c）LB 剖面图

1—盒体 2—单板盖板

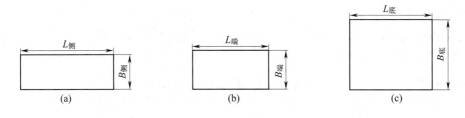

(a)   (b)   (c)

图 3 - 3 - 23 盒体纸板结构

（a）盒体侧板 （b）盒体端板 （c）盒体底板

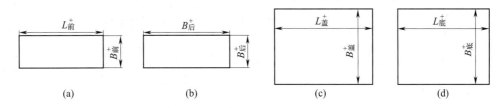

(a)   (b)   (c)   (d)

图 3 - 3 - 24 盒盖单板纸板结构及尺寸

（a）前板 （b）后板 （c）盖板 （d）底板

（4）面纸平面结构设计 如果盒体由一张面纸裱贴成型，由于面纸过长，操作不便利，同时对于未覆膜面纸，涂胶后伸长量增加，影响产品外观质量。因此将盒体面纸分为两部分进行裱贴，其结构如图 3 - 3 - 25（a）、（b）所示。盒盖单板裱贴面纸分为外面纸与里面纸，其结构及尺寸如图 3 - 3 - 25（c）、（d）所示。

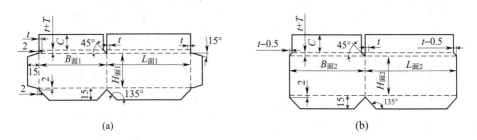

(a)   (b)

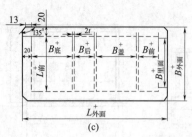
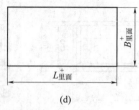

图 3-3-25 粘贴面纸平面结构及尺寸

（a）盒体面纸（带连接襟片）　　（b）盒体面纸（无连接襟片）

（c）盒盖单板外面纸　　（d）盒盖单板里面纸

（5）尺寸设计　根据内装物尺寸及《GB 23350—2009　限制商品过度包装要求：食品和化妆品》中的产品分类确定空隙率，从而确定包装的内尺寸。根据纸盒剖面结构图，由内尺寸计算图 3-3-23 至图 3-3-25 各盒板、面纸制造尺寸及纸盒外尺寸见表 3-3-2。假设盒体面纸与盒盖单板外面纸所用类型相同，与盒盖单板内面纸不同，但过胶后均无伸长。一般情况，襟片 C 取 $8\sim15\mathrm{mm}$，可根据实际情况进行延长，如果面纸厚度较小，表 3-3-2 中 T 和 T' 可忽略不计。

表 3-3-2　　　　　　　　　　拼合成型摇盖式粘贴纸盒尺寸设计

结构				计算公式
由内尺寸计算	盒体	制造尺寸	纸板 侧板	$L_{侧} = L_i + 2t$ $B_{侧} = H_i - T$
			端板	$L_{端} = B_i$ $B_{端} = H_i - T$
			底板	$L_{底} = L_i + 2t$ $B_{底} = B_i + 2t$
		面纸 带连接襟片		$L_{面1} = L_{侧} + T = L_i + 2t + T$ $B_{面1} = L_{端} + 2t + T = B_i + 2t + T$ $H_{面1} = H_i + t'$
		无连接襟片		$L_{面2} = L_{面1} - 0.5 = L_i + 2t + T - 0.5$ $B_{面2} = B_{面1} - 0.5 = B_i + 2t + T - 0.5$ $H_{面2} = H_{面1} = H_i + t'$
		外尺寸		$L_o = L_{底} + 2T = L_i + 2t + 2T$ $B_o = B_{底} + 2T = B_i + 2t + 2T$ $H_o = H_i + t' + T$
	盒盖单板	制造尺寸	纸板 前板	$L_{前}^+ = L_o + 2A = L_i + 2t + 2T + 2A$ $B_{前}^+ = H_i + t' + T$
			盖板	$L_{盖}^+ = L_{前} = L_i + 2t + 2T + 2A$ $B_{盖}^+ = B_i + 2t + 2T + 2T'$
			后板	$L_{后}^+ = L_{前} = L_i + 2t + 2T + 2A$ $B_{后}^+ = H_i + t' + T + 2T'$
			底板	$L_{底}^+ = L_{前} = L_i + 2t + 2T + 2A$ $B_{底}^+ = B_i + 3t + 2T + 2T'$

PACKAGING STRUCTURE & DIE-CUTTING PLATE DESIGN(THE SECOND EDITION)

包装结构与模切版设计(第二版)

结构				计算公式
由内尺寸计算	盒盖单板	制造尺寸	面纸	$B_{外面}^+ = L_{前}^+ + 40 = L_i + 2t + 2T + 2A + 40$
			外面纸	$L_{外面}^+ = B_{底}^+ + B_{后}^+ + B_{盖}^+ + B_{前}^+ + 6t + 40$
				$= 2B_i + 2H_i + 11t + 2t' + 6T + 7T' + 40$
			里面纸	$L_{里面}^+ = B_{前}^+ + B_{盖}^+ + B_{后}^+ + 6t - A + 10$
				$= B_i + 2H_i + 8t + 2t' + 3T + 5T' - A + 10$
				$B_{里面}^+ = L_o = L_i + 2t + 2T$
		外尺寸		$L_o^+ = L_{前}^+ + 2T = L_i + 2t + 4T + 2A$
				$B_o^+ = B_o + 2t + 2T' + 3T = B_i + 4t + 2T' + 4T$
				$H_o^+ = H_o + 2t + 2T' + 2T = H_i + 2t + t' + 2T' + 3T$

注：$L_侧$、$L_端$、$L_底$—盒体侧板、端板、底板长度制造尺寸，mm；$B_侧$、$B_端$、$B_底$—盒体侧板、端板、底板宽度制造尺寸，mm；L_i、B_i、H_i—成品长、宽、高内尺寸，mm；L_o、B_o、H_o—盒体成品长、宽、高外尺寸，mm；$L_面$、$B_面$、$H_面$—盒体面纸长、宽、高制造尺寸，mm；L_o^+、B_o^+、H_o^+—盒盖单板成品长、宽、高外尺寸，mm；$L_前^+$、$L_盖^+$、$L_后^+$、$L_底^+$—盒盖单板前板、盖板、后板、底板长度制造尺寸，mm；$B_前^+$、$B_盖^+$、$B_后^+$、$B_底^+$—盒盖单板前板、盖板、后板、底板宽度制造尺寸，mm；$L_{外面}^+$、$B_{外面}^+$—盒盖单板粘贴外面纸长、宽制造尺寸，mm；$L_{里面}^+$、$B_{里面}^+$—盒盖单板粘贴里面纸长、宽制造尺寸，mm；t—盒体体板及单板盒盖纸板计算厚度，mm；t'—盒体底板纸板计算厚度，mm；T—粘贴面纸厚度，mm；T'—粘贴里纸厚度，mm；A—盖板相对盒体单侧外延长度，mm。

（6）成型过程　拼合式单板盖粘贴纸盒成型过程如图3-3-26所示。

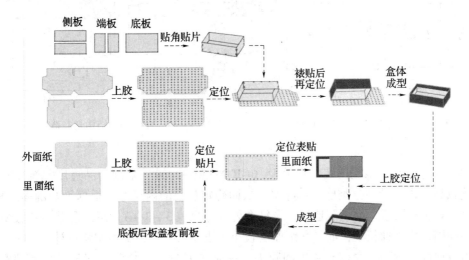

图3-3-26　拼合式单板盖粘贴纸盒成型过程

2. 罩盖式粘贴纸盒尺寸设计与制作（V槽成型）

以图3-3-10（a）及图3-3-27罩盖式（天罩地）粘贴纸盒为例，采用V槽成型方式成型。此款纸盒分为盒盖与盒体两部分。

（1）纸盒剖面结构　根据罩盖式（天罩地）

图3-3-27　罩盖式（天罩地）粘贴纸盒
1—盒盖　2—盒体

粘贴纸盒结构设计纸盒剖面图，如图3-3-28所示。

（2）纸板结构设计　由图3-3-28可知，纸盒由盒底和盒盖两片纸板构成，盒底与盒盖纸板结构如图3-3-29所示。

（3）面纸平面结构设计　根据图3-3-28纸盒剖面结构及面纸结构设计技巧，得到面纸结构与尺寸，如图3-3-30所示。

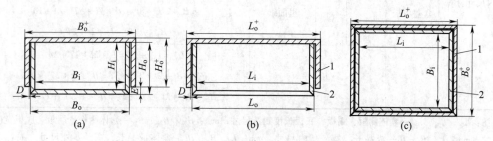

图3-3-28　成品纸盒内外尺寸剖面结构图

（a）LH 剖面图　　（b）BH 剖面图　　（c）LB 剖面图

1—盒盖　2—盒底

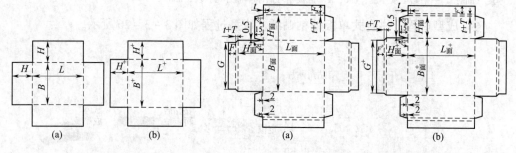

图3-3-29　纸盒纸板结构与制造尺寸

（a）盒底　（b）盒盖

图3-3-30　面纸平面结构与制造尺寸

（a）盒底　（b）盒盖

（4）尺寸设计　根据内装物尺寸及《GB 23350—2009　限制商品过度包装要求：食品和化妆品》中的产品分类确定空隙率，从而确定包装的内尺寸。根据纸盒剖面结构图，由内尺寸计算各盒板、面纸制造尺寸及纸盒外尺寸见表3-3-3。假设盒盖与盒底所用面纸类型相同，均无伸长率，如果面纸厚度较小，表3-3-3中 T 可忽略不计。

为方便取出盒底，盒盖与盒底间隙 D，一般取1.5mm；盒盖底部与纸盒底部距离 E 取5~20mm；一般情况，襟片 F 和 F^{+} 取8~15mm，可根据实际情况进行延长。

表3-3-3　　　　　V槽成型罩盖式（天罩地）粘贴纸盒尺寸设计

	结构			计算公式
由内尺寸计算	盒底	制造尺寸	纸板	$L = L_i + 2t$ $B = B_i + 2t$ $H = H_i + t - T$

结构			计算公式
由内尺寸计算	盒底	制造尺寸　面纸	$L_{面} = L + T = L_i + 2t + T$ $B_{面} = B + T = B_i + 2t + T$ $H_{面} = H + T = H_i + t$ $G = B_i - 2T$
		外尺寸	$L_o = L + 2T = L_i + 2t + 2T$ $B_o = B + 2T = B_i + 2t + 2T$ $H_o = H + 2T = H_i + t + T$
	盒盖	制造尺寸　纸板	$L^+ = L_o + 2t + 2T + 2D = L_i + 4t + 4T + 2D$ $B^+ = B_o + 2t + 2T + 2D = B_i + 4t + 4T + 2D$ $H^+ = H_o + t - E = H_i + 2t + T - E$
		制造尺寸　面纸	$L_{面}^+ = L^+ + T = L_i + 4t + 5T + 2D$ $B_{面}^+ = B^+ + T = B_i + 4t + 5T + 2D$ $H_{面}^+ = H^+ + T = H_i + 2t + 2T - E$ $G^+ = B^+ - 2t - 2T = B_i + 2t + 2T + 2D$
		外尺寸	$L_o^+ = L^+ + 2T = L_i + 4t + 6T + 2D$ $B_o^+ = B^+ + 2T = B_i + 4t + 6T + 2D$ $H_o^+ = H^+ + 2T = H_i + 2t + 3T - E$

注：L、B、H—盒底纸板长、宽、高制造尺寸，mm；$L_{面}$、$B_{面}$、$H_{面}$—盒底面纸长、宽、高制造尺寸，mm；L^+、B^+、H^+—盒盖纸板长、宽、高制造尺寸，mm；$L_{面}^+$、$B_{面}^+$、$H_{面}^+$—盒盖面纸长、宽、高制造尺寸，mm；L_i、B_i、H_i—盒底成品长、宽、高内尺寸，mm；L_o、B_o、H_o—盒底成品长、宽、高外尺寸，mm；L_o^+、B_o^+、H_o^+—盒盖成品长、宽、高外尺寸，mm；t—盒体体板及单板盒盖纸板计算厚度，mm；T—粘贴面纸厚度，mm；D—盒盖与盒底体板单侧间隔距离，mm；E—盒盖距盒底长度，mm；G、G^+—端板面纸在盒底、盒盖内侧的长度，mm。

（5）成型过程　V槽成型罩盖式粘贴纸盒成型过程如图3-3-20所示。

任务四　打样反插式纸盒

一、认识盒型打样机

图3-4-1是ProducerII 1625盒型打样机的整体结构图。盒型打样机采用高频电磁震动加工系统，可高速加工PET、PVC、卡纸、灰板、塑料瓦楞，AAA楞以下所有瓦楞纸板（厚度＜15mm）等各种材料。通过与电脑相连，采用专门的打样系统——Producer包装打样软件驱动进行打样，Producer使用自身专有的RIT文件格式，能够识别并转换CAD软件输出的HPGL/2或者DXF格式，控制机器加工。软件具有排版功能，可在同一平台上对图形进行排版加工，也可单选某部分图形进行加工，并可对加工的速度进行调整及小批量生产，满足不同用户的各种需求。

二、打样机常用操作步骤

操作盒型打样机进行盒型打样时，对于打样机常用情况下一般的打样步骤如下：

① 依次开启电源、空压机、控制箱、电脑和盒型打样机开关。

② 打开打样软件平台，导入盒型。

③ 设置线型、加工顺序等参数。

④ 打开加工中心、复位、放纸、开始加工。

⑤ 退料、折叠纸盒。

⑥ 依次关闭计算机、控制箱、空压机和总电源。

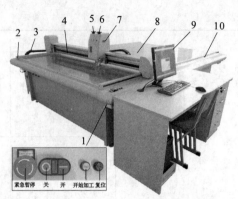

图 3 - 4 - 1 ProducerII 1625 盒型打样机整体结构图

1—控制按钮 2—X 左导轨 3—X 链条 4—Y 导轨
5—切割刀调节旋钮 6—压痕辊/轮调节旋钮 7—机头
8—打样平台 9—打样机控制计算机 10—X 右导轨

三、反插式纸盒打样实例

以情境一中 Box – Vellum 绘制的法国反插式折叠纸盒为例进行盒型打样。

1. 开机

打开总电源，依次开启空压机（向上拔起）、盒型打样机控制箱（按向1）、电脑、盒型打样机（按下绿色键），如图 3 - 4 - 2 所示。

空压机开关 控制箱开关 盒形打样机开关

图 3 - 4 - 2 各机器部件开关

双击 Producer 包装打样系统 ，打开打样平台界面（图 3 - 4 - 3），点击加工按钮 ，打开加工中心界面（图 3 - 4 - 4），点击"复位"按钮，查看机头是否能正常复位。

2. 测试机器 I/O 口是否正常

点击"... > I/O"（图 3 - 4 - 5），对机器的各输入、输出口（图 3 - 4 - 6）进行测试，看其是否运行正常。

同时也可点击"..."按钮下的"1X轴复位"、"2Y轴复位"、"3Z轴复位"测试单轴的电机是否运行正常，单击"X轴位移"、"Y轴位移"或"Z轴位移"，输入位移量（X轴和Y轴）或旋转角度（Z轴），如图 3 - 4 - 7所示，进行单轴位移的测量。

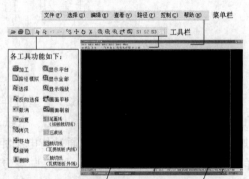

当中为图形排版窗口 边框指示切割范围
（平台尺寸）

图 3 - 4 - 3 Producer 包装打样系统界面

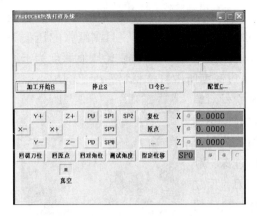

图 3 – 4 – 4　加工中心界面

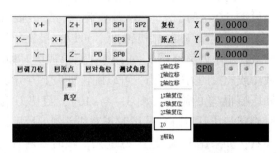

图 3 – 4 – 5　加工中心 – IO 菜单

图 3 – 4 – 6　IO 界面

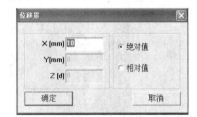

图 3 – 4 – 7　位移测试

知识点——加工中心按钮 "..."

（1） X 轴位移/Y 轴位移：通过输入 X 轴/Y 轴的位移量，在 X 轴/Y 轴上进行绝对或相对移动。

Z 轴位移（裁切刀轴和压痕辊/轮轴旋转角度）：通过输入 Z 轴的旋转角度，在 Z 轴上进行绝对或相对旋转。正对机头，输入正值逆时针旋转，输入负值顺时针旋转；与图 3 – 4 – 5 界面上的 $Z+$ 按钮（同于 Home 键）和 $Z-$ 按钮（同于 End 键）作用类似，但能进行精确角度旋转。

（2） 1X 轴复位/2Y 轴复位/3Z 轴复位：分别点击各轴回原点按钮，各轴便分别回到原点位置。

（3） I/O 口测试：分别点击文字标识上方的按钮，按钮变红各机构处于工作状态，按钮变暗停止工作。SP1 代表笔架，SP2 代表压痕辊/轮，SP3 代表裁切刀（分别等同于图 3 – 4 – 5 的 SP1 按钮、SP2 按钮和 SP3 按钮）；H/L 代表压痕辊/轮压力，按钮变红，压痕辊/轮压力切换为低，按钮变暗，压痕辊/轮压力切换为高，在加工瓦楞纸板时，软件会自动按瓦楞纸板的结构自动切换 X 向和 Y 向的压痕辊/轮压力。

3. 调试压痕辊/轮压痕和裁切刀裁切深度

取一张薄纸，将薄纸平放于打样平台上，对正笔架、裁切刀和压痕辊/轮正下方，分别点击 "I/O" 测试中的 SP1 和 SP3 查看笔架(放置卡纸裁切刀)和裁切刀的穿孔大小，穿孔 1mm 长即可，也可不用纸样直接观察裁切刀插入真空皮的深度，一般裁切刀的安装深度以刀尖刺入真空皮内 0.5mm 为宜，以保证机器台面真空材料的使用寿命。点击 SP2，可以抽动薄纸查看压痕辊/轮是否压住纸张（图 3-4-8）。再次点击 SP2，压痕辊/轮抬起，目测纸张的压痕深度。最好选择打样材料来测试压痕辊/轮压力大小，一般卡纸，压痕辊/轮压痕深度为卡纸厚度的 3/5，（瓦楞）纸板厚度越大，压痕辊/轮压痕深度所占打样材料厚度比例越小。

如果笔架高度偏高或偏低，可以直接松开笔架螺丝对笔杆进行上下调整（图 3-4-9）；如果裁切刀和压痕辊/轮的裁切或压痕的力度不当，可以旋转机头上方分别对应裁切刀和压痕辊/轮的旋钮（图 3-4-10），裁切刀裁切过深，顺时旋转裁切刀旋钮（调试时正对机头），上调裁切刀，反之亦然；如果压痕辊/轮压力过大，顺时旋转压痕辊/轮旋钮（调试时正对机头），上调压痕辊/轮，反之亦然。

图 3-4-8　压痕辊/轮压力测试

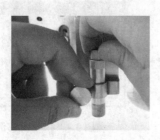

图 3-4-9　笔深度调节

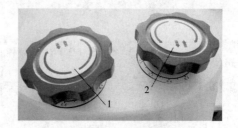

图 3-4-10　调节旋钮
1—裁切刀调节旋钮　2—压痕辊/轮调节旋钮

4. 设定配置参数

一般情况下，用户不需要修改配置参数。

（1）系统　点击"配置>系统"菜单（图 3-4-11），单击"S…"按钮设定停机位置（图 3-4-12），单击"D…"设定调刀位置（图 3-4-13）并对其他参数进行设定。

图 3-4-11　配置/系统界面

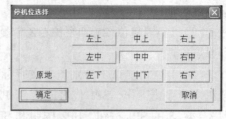

图 3-4-12　停机位选择

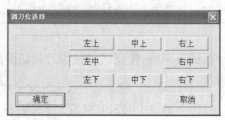

图 3-4-13　调刀位选择

知识点——系统参数设定

（1）平台尺寸。机器的有效切割范围。根据机器的型号输入相应的长度和宽度，需要管理员权限。如果设定的值超过机器范围时，机器有可能会因为撞击而损坏。如果设定的值小于机器范围时，机器台面的未设定区域将不能被切割。

（2）校正比例。图形的切割比例，由控制平台的"测试比例"确定，需要管理员权限。

（3）停机位。机器切割完成后机头所停位置（图3－4－12）。

（4）安全距离。表示机头所停位置与打样平台边界之间的距离。

（5）调刀位。想要进行调整更换刀具、压痕辊/轮时机头所停位置（图3－4－13）。所设调刀位与"加工中心"的"回调刀位"按钮相对应。

（6）加工计时。是否显示加工所用时间。

（7）加工计数。是否显示这个图形的加工次数。

（8）产品数。输入大于1的值将会在加工完成后相隔"间隔分钟"后再自动加工。

（9）保存配置。将当前的配置保存成文件。

（10）恢复配置。从配置文件恢复参数。

（11）恢复出厂配置。恢复到出厂时的配置参数。

（2）输入　点击"配置＞输入"菜单（图3－4－14），对系统的输入方式、SP对应指令、导入格式等进行设定。

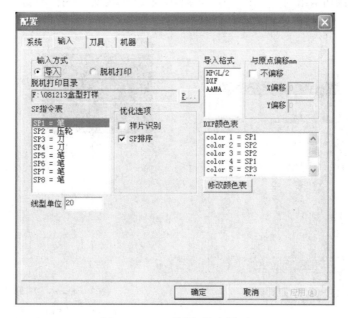

图3－4－14　配置/输入界面

知识点——输入参数设定

（1）输入方式。当导入的图形在加工之前需要修改时必须使用"导入"方式。"脱机打印"方式是针对不需要修改的图形使用的导入方式，直接自动检测到"脱机打印目录"下的文件进行加工。

（2）SP 指令表。列表中显示的是 SP1～SP8 对应的加工刀具，直接左键双击某个 SP 可以进行循环选择修改。

（3）优化选项。当 CAD 软件生成的打样文件不能正确加工时才需要选择此优化选项，在导入时可以不优化，而在导入之后执行合适的优化命令。

（4）导入格式。列出软件支持的格式。

（5）与原点偏移。"不偏移"表示图形左下角点等于打样机原点。"X 偏移"／"Y 偏移"表示导入的图形左下角点与打样机原点在 X 方向/Y 方向的偏移距离值，必须为正值。

（6）DXF 颜色表。在导入 DXF 格式时，分别列出 8 种 DXF 颜色对应的 SP 号，双击左键可以循环修改为 SP1～SP4。也可以直接单击"修改颜色表"再修改。

（3）刀具　以一纸盒提手为例，打开"配置＞刀具"面板（图 3－4－15），分别设置笔、压痕辊/轮和裁切刀进行加工，根据加工速度查看三者速度是否需要调节，根据加工图样查看三者的起点和终点是否需要补偿调节，如图 3－4－16（a）、图 3－4－16（b）。

调速面板中"笔"、"压轮"和"刀"的速度等级一般不同，压轮速度等级一般高一些，"笔（用于裁切卡纸时）"和"刀"的速度等级一般低一些，不至于带纸或断刀，保证打样质量，提高打样机使用寿命。

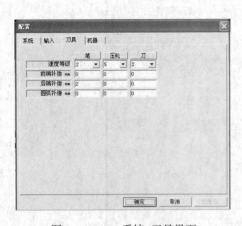

图 3－4－15　系统/刀具界面

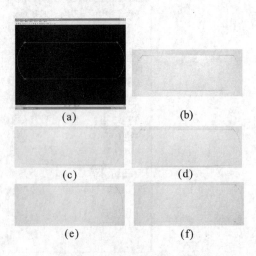

图 3－4－16　图形补偿实例

（a）实例裁切刀走向　　（b）前后端补偿为 0

（c）、（d）前端补偿 4　　（e）、（f）后端补偿 4

知识点——刀具参数设定

盒型打样机由于各种原因，打样时很可能线段或圆弧的裁切或压痕的起点或终点与图示位置有所缩短或延长、圆的起点和终点位置不重合等问题，这样打样完成后，盒样上应该进行压痕或裁切的部位并没有全部压痕或裁切，通过前后端补偿和圆弧补偿可以进行调节：

（1）速度等级。根据打样材质、打样质量的不同要求，可以调整笔、压痕辊/轮、刀的加工速度，速度等级共有8级，等级越小则速度越慢但效果越好，等级越大则速度越快但效果越差。笔、压痕辊/轮、刀三者根据需求可以设定不同的速度等级。一般刀取4级，笔和压痕辊/轮可取6级以上。

（2）前端补偿。补偿下刀之处与线条前端点之间的距离，当等于0表示不补偿 [图3-4-16（b）]；当大于0时表示线条在前端缩短补偿距离 [图3-4-16（c）]，当小于0时表示线条在前端延长补偿距离 [图3-4-16（d）]。

（3）后端补偿。补偿抬刀之处与线条后端点之间的距离，当等于0表示不补偿；当大于0时表示线条在后端缩短补偿距离 [图3-4-16（e）]，当小于0时表示线条在后端延长补偿距离 [图3-4-16（f）]。

（4）圆弧补偿。用于当圆的下刀处与抬刀处不重合时进行补偿，输入大于0的值作为补偿，等于0表示不补偿，不能输入负值。

（4）机器　点击"配置>机器"菜单（图3-4-17），对盒型加工时的状态进行设置。

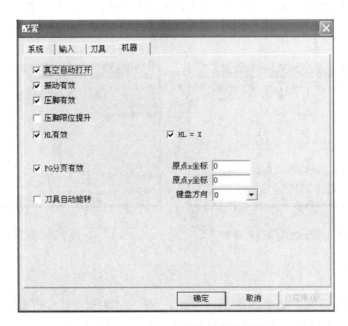

图3-4-17　配置/机器参数设定界面

（1）真空自动打开。真空泵是否在加工开始时自动打开而结束时自动关闭。当没有选中时，进行正式加工之前要先点击加工中心面板下侧的"真空"按钮，打开真空吸附。

（2）振动有效。是否振动电机有效。加工纸箱时必须选中，加工纸盒时可以不用选。

（3）压脚有效。是否压脚有效。加工纸箱时必须选中。

（4）压脚限位提升。加工纸箱时，在裁切刀切割到线条的后端点抬刀时，是否压脚也要提升。

（5）HL 有效。压痕辊/轮进行压痕时，在 X 轴与 Y 轴的压痕深度是否不同。

（6）$HL = X$。是否在 X 方向的压痕更深。

（5）系统配置的保存与恢复　完成上述参数的设定，机器已被调整到一个最佳的状态，那么，就可以利用系统的保存功能将参数保存起来，以备以后发生意外情况时可以利用参数恢复功能将数据还原到系统中，方便用户使用。

保存系统配置：点击系统主菜单"控制 > 配置 > 系统 > 保存配置"选项（或加工中心界面的"配置…"），进入"另存为"对话框（图 3 - 4 - 18）。

在"文件名（N）"后输入一个能包含某些机器信息的文件名，包含机器名称或设置日期，以便在恢复时能更简洁明了。

恢复系统参数：点击与"保存系统配置"同界面的右侧按钮"恢复配置"，进入如图 3 - 4 - 19 所示的对话框。在对话框中选择系统参数文件，单击打开按钮，系统参数文件自动装入。

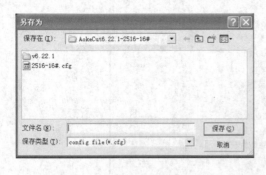

图 3 - 4 - 18　系统配置保存对话框

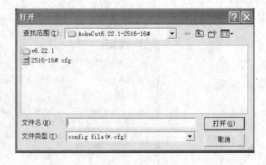

图 3 - 4 - 19　系统配置恢复对话框

5．文件导入

打开"文件 > 导入"菜单（图 3 - 4 - 20），导入"法国反插式折叠纸盒"DXF 文件，图形比例为 1 : 1，不进行偏移（X、Y 偏移值为 0），点击确定（图 3 - 4 - 21）。

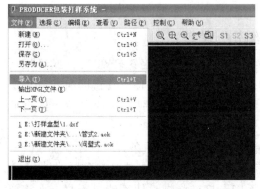

图 3 – 4 – 20　"文件"菜单　　　　　　图 3 – 4 – 21　导入界面

知识点——文件"导入"

"文件" > "导入"面板，用于转换 CAD 软件输出的 HPGL/2 或者 DXF 格式为打样机能够识别的文件。其中的各项参数如下：

（1）导入格式。列出软件支持的格式，单击左键选择合适的格式。"．plt"文件需选择"HPGL/2"导入格式，DXF 文件需选择"DXF"导入格式。

（2）图形比例。打样机加工的图形与原图的比例。

（3）与原点偏移。参见"输入参数设定"知识点。

（4）优化选项。参见"输入参数设定"知识点。

（5）DXF 颜色表。参见"输入参数设定"知识点。

（6）P…。选择 CAD 软件生成的打样文件。

　　打样文件进入系统平台，如图 3 – 4 – 22，框选整个图形，点击"编辑"删除文件中的重合线条（图 3 – 4 – 23），避免加工过程中同一线条进行重复加工。

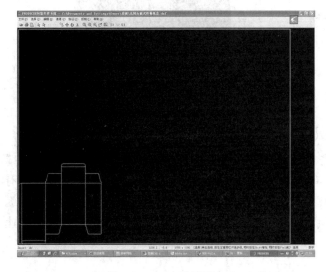

图 3 – 4 – 22　系统平台　　　　　　图 3 – 4 – 23　"编辑"菜单

（1）样片排料。单击左键选择样片再移动（移动中按空格键转90°），或者按下左键选择样片再松开作为旋转基线再按左键确定旋转角度。按住 Ctrl 键同时左键单击样片，自动移进或者移出平台。按 ESC 键退出命令。只有识别为样片之后才适合此命令。

注意：必须选择到样片的任意一条线才能选中整个样片的线条。

（2）自动排料。只有识别为样片之后才适合此命令。按 ESC 键退出命令。

（3）移出平台。将打样切割范围内的线条移出打样区域，便不能进行打样，需要对其进行打样时，可再将其移进平台。

（4）左右反向。选择集左右反向。

（5）上下反向。选择集上下反向。

（6）连接。将选择集或者全部线段，SP 相同并且端点相接的线条可以连接成一条线。

（7）打断。将选择集或者全部线条打断成独立的线段。

（8）样片识别。自动识别封闭图形及刀笔指令；优化命令。

6. 设置线型

点击"选择>选择 SP>选择 SP4"（图 3 - 4 - 24），然后点击工具栏"S1"或"选择>改 SP1"选项，将全部白色线条（用于瓦楞纸板的裁切刀）转化为红色线条（用于白纸板的裁切刀），效果如图 3 - 4 - 25。也可点击选择工具，单选线条进行转化。

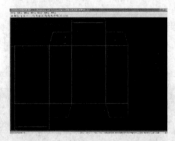

图 3 - 4 - 24　"选择"菜单　　　　图 3 - 4 - 25　线型转化效果

（1）选择>选择（ ）。单击左键可选一条线；按住左键拖动再松可框选多条线（从左至右框选，只选中框内的所有完整线条，从右至左框选，会将选框触及到的所有线条都选中）；同时按住 Shift 可增加选择集；同时按住 Ctrl 可从选择集移开；如果要编辑图形，必须先选择图形，才能执行"移动"、"旋转"等编辑功能，按 ESC 键可快速取消这个命令。

（2）选择 > 选择 SP。选择全部对应的 SP 的线条。

（3）选择 > 反向选择（⟳）。当前未被选择的线作为选择集。

（4）选择 > 改 SP1/改 SP2/改 SP3/改 SP4（快捷键：SP1 S1 – F1，SP2 S2 – F2，SP3 S3 – F3，SP4 S4 – F4）。将选择集改为对应的 SP。

SP1——通常为笔，在屏幕显示为红色，裁切纸板时，一般将笔更换为专门裁切纸板的刀。

SP2——通常为压痕辊/轮，在屏幕显示为绿色。

SP3——通常为刀（内刀），在屏幕显示为蓝色，用于切割内部轮廓线。

SP4——通常为刀（外刀），在屏幕显示为白色，用于切割外部轮廓线。

加工时，SP3 要先于 SP4 进行，防止产品外轮廓加工完成再进行内部线条的裁切时，样片滑动使内部裁切不精确。

7. 设置加工顺序

为减少机头移动距离，减少资源消耗，提高加工效率以及加工质量，首先可以点击"查看 > 显示方向"，如图 3 – 4 – 26 所示，查看纸盒所有线条的加工方向，如图 3 – 4 – 27 所示，为使相邻线条连续加工，可选择需改变加工方向的线条，点击"查看 > 反向"改变线条加工方向。

　　　　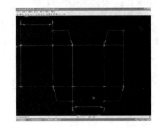

图 3 – 4 – 26　　"查看"菜单　　　　图 3 – 4 – 27　　加工方向显示效果

知识点——"查看"应用

（1）显示全部。显示全部的图形。

（2）显示平台。只显示平台范围内的图形。

（3）显示缩放。单击左键放大画面，单击右键缩小画面，以点击位置为新的屏幕中心。

（4）画面平移。单击左键作为画面中心。

（5）显示方向。是否显示线条的加工方向。线条的加工方向是在线条的起始位置显示指示加工方向的箭头。先有选择时，只显示选择集的加工方向；否则，显示全部线条的加工方向。

（6）反向。将选择集的线条的加工方向反向。

（7）隐含。隐含选择集并且不加工。

（8）显示。显示被隐含的线。

（9）标注。标注文字或者修改已标注文字的样式。当已经选择了标注文字，则修改样式为点状或者线状（与原来的相反）。

（10）全屏显示。再按 ESC 键返回。

点击"路径 > 排序"点击线条进行排序（图 3 - 4 - 28），线条点击的顺序就是加工的顺序。设置完成后，可以选择"路径 > 路径模拟"查看模拟的加工路径，如有错排可以进行改正，保证了高质量的打样效果。

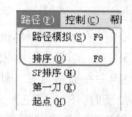

图 3 - 4 - 28　"路径"菜单

知识点——"路径"设置

（1）路径模拟。模拟显示加工路径。如果先有选择时，只模拟选择线；否则，模拟全部线条。模拟中，按 ESC 键可中断，按上箭头键加快模拟速度，按下箭头键减慢模拟速度。

（2）排序。分配线条的加工顺序。从第一线开始选择，依次排序，按 ESC 键完成。

（3）SP 排序。按照 SP 的顺序进行加工，即 SP1 全部加工完毕，再依次加工 SP2、SP3、SP4。

（4）第一刀。用于修改外刀的开始切割的线条。先选择并且只选择一条外刀线条，再单击这个命令。系统会自动以这线为第一刀，其他外刀线条依次切割。

（5）起点。改变封闭曲线的加工起点，先选线再单击这个命令再单击起点。

---

8. 文件排版

对于一次切割过程，往往需要在一个平面上一次性切割多个样片，而我们导入的文件通常为一个，这就需要在软件中对图形进行排版。当然，如果在其他绘图软件中已经对图形进行排版，直接导入已排版文件进行多个盒型打样即可，免去了排版工序。本例未应用排版。

知识点——文件排版

在 Producer 包装打样系统界面就需要通过文件的选择、移动、剪切、复制、粘贴等功能来进行排版。具体操作过程为：在工具栏上点击"全选"按钮，或者在界面中将要进行排版的图形完全框选住；点击"复制"按钮，复制该图形；点击"粘贴"按钮，粘贴一个图形；点击"平移"按钮，将图形移到合适的位置；重复"粘贴"和"平移"操作即可达排版效果。

在排版过程中，要注意不能将图形拖到绿色边框线（即打样机打样范围）以外，否则机器会因超出范围而损坏，也不要将两图形相隔太远，以免浪费物料，或者两图形重叠在一起，使切割出的样片无效。

9. 复位、设置原点

点击"选择＞选择全部"将所有在界面中显示的线条选中（也可框选），点击"加工"，弹出加工界面，点击"复位"键，加工机头复位到原点，复位指示灯变亮（图3－4－29）。

设置新原点（本例未应用）。打开光标（图3－4－30），按动 X/Y 轴（图3－4－31）或方向键盘，使机头运动到某一个点，按下"原点（F7）"，新原点指示灯亮（图3－4－29），当前机器机头位置作为新的加工原点。

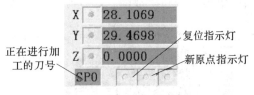

图3－4－29　系统指示灯

图3－4－30　光标显示

图3－4－31　机头 X/Y 轴移动控制器

知识点——原点设置

在软件打开时，必须至少有一次复位机头才能加工及换刀，加工时如果还没有复位，打样机会自动先复位再加工。按 F5 键，启动加工平台（图3－4－4），再按 F5 键开始加工。打样界面如果包含多个对象，可进行选片加工，通过选择窗口上的某一部分图形进行加工。

系统默认切割软件窗口左下角为原点，可以根据需要设定一个新原点，那么机器就会从新原点处（坐标为0，0）开始切割图形。但重新复位后新设原点取消，自动恢复为机器左下角点。

通过使用图3－4－31按钮和图3－4－7可以方便原点设置，提高原点定位的精确度：

"X －"键表示机头沿 X 轴负方向移动，同←键；

"X ＋"键表示机头沿 X 轴正方向移动，同→键；

"Y －"键表示机头往 Y 轴负方向下移动，同↓键；

"Y ＋"键表示机头往 Y 轴正方向上移动，同↑键；

如图3－4－1，打样系统平台与盒型打样机打样平台平行，面对电脑桌，与电脑桌平行的右手方向为 X 轴正向，与电脑桌垂直的向前方向为 Y 轴正向。

10. 放置加工材料

将加工纸板平放入打样区域范围内（注意纸板的纹向），根据光标位置移动纸板到恰当位置（图 3 - 4 - 32）。

11. 开始加工

点击"加工开始"按钮，空压机、真空泵、压痕辊/轮等都开始工作，加工界面开始记录加工开始时间并显示加工进度（图 3 - 4 - 33）。

在加工过程中，如果出现加工问题，如裁切刀断裂、裁切带纸等故障时，可以单击"加工暂停"以排除故障，之后再单击"加工继续"。

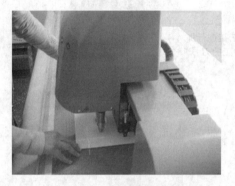
图 3 - 4 - 32 放置加工材料

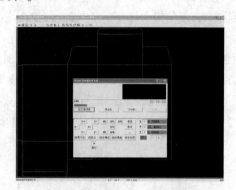
图 3 - 4 - 33 开始加工界面

知识点——加工过程控制

对图形进行加工开始后，当要出现故障或要停止对图形加工时，点击"暂停（F5）"按钮，可暂停机器加工，再次点击该按钮时，机器继续从暂停处加工，亦可按"停止（空格）"按钮直接停止机器加工。一般先点击"暂停"再点击"停止"，不直接点击。

当出现紧急情况，为节省时间，可直接按下打样机左下角或右上角的紧急按钮（如图 3 - 4 - 1 紧急暂停）或关闭控制箱上的电源开关，停止机器，先排除故障的原因，并确保安全性，再解除按钮或打开控制箱电源，方可重新操作。

当打样机正在进行压痕、切割打样工作时，Producer 盒型打样软件以独占的方式使用该电脑，不能打开其他软件，也不能对其他窗口进行操作，否则会由此引起不良后果。

12. 加工完毕

加工完毕，机头恢复到图 3 - 4 - 12 设定的停机位，盒坯形成如图 3 - 4 - 34 所示。

13. 手工折叠成型

按纸盒在自动糊盒机上的糊合方式，首先将预折线预折 130°，用高品质双面胶带在制造商接头布胶，将纸盒沿作业线折叠 180°进行准确粘合，最终立体成型，如图 3 - 4 - 35 所示。

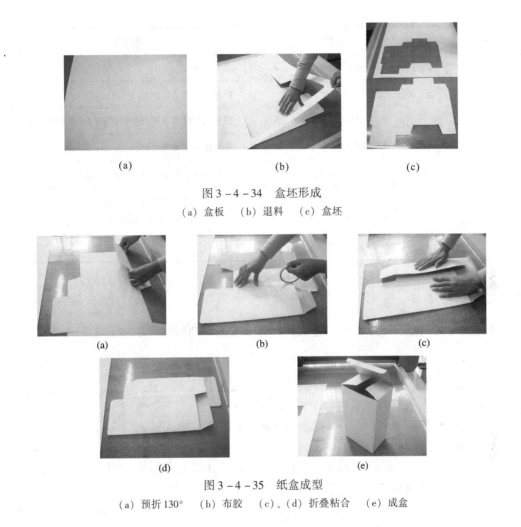

图 3 - 4 - 34　盒坯形成

(a) 盒板　(b) 退料　(c) 盒坯

图 3 - 4 - 35　纸盒成型

(a) 预折 130°　(b) 布胶　(c)、(d) 折叠粘合　(e) 成盒

14. 样片打样质量校正

样片切割过程或完毕后可能会出现样板纸有带纸或不能被割断的现象等切割质量问题，故障现象、形成原因及解决办法见表 3 - 4 - 1，如有故障，调整之后再重新打样。

表 3 - 4 - 1　　　　　　　　　　　打样机故障排除表

故障现象	原因	解决办法
I/O 测试裁切刀、压痕辊/轮没反应	空压机没有打开，没有气体进行气动	打开空压机
样板纸不能被割断	刀具深度不够	手工调整刀具深度
样板纸还有未裁切的小间隔	刀具起始、终结位置不准	设置刀具前后端补偿参数

续表

故障现象	原因	解决办法
样板纸有带纸现象	刀具不够锋利	更换刀具
	切割速度太快	调整切割速度
	振动刀振动频率太低	根据材料厚度，适当对控制箱内的调压器进行调节
	样板纸受潮	使用标准干燥样板材料
	抽真空力度不够	将打样平台上不进行打样的空余地方用纸板盖住
折叠线不明显	压痕辊/轮压力不够	1. 在控制箱中调整压痕辊/轮的气压 2. 手工调整压痕辊/轮深度
	压痕辊/轮型号不正确	更换符合不同材料的压痕辊/轮

15. 文件保存

文件打样无质量问题后，可以将文件保存，方便后期相同产品加工需要。

知识点——文件保存

Producer 包装打样系统有两种文件保存方法：

（1）点击"文件 > 保存"保存成 Producer 专有文件格式（*.aok），使用时，直接选择"文件 > 打开"即可；

（2）点击"文件 > 输出 HPGL 文件"，保存为 HPGL/2 格式文件，使用时，选择"文件 > 导入"，选择 HPGL/2 文件格式即可。

但文件导入和文件打开两者不同：由 CAD 制图软件和 Box – Vellum 生成的 HPGL 格式（扩展名 PLT）或 DXF 格式的文件，或 Producer 输出的 HPGL/2 文件，需要通过"导入"才能进入打样平台，在导入的同时可以进行比例等参数的设置；由 Producer 系统保存生成文件（*.aok）直接通过"文件" > "打开"即可直接进入打样平台，但此类文件不能进行比例等参数的设置。

16. 操作完毕

依次关闭电脑、电控箱、空压机和电源开关。

知识点——加工快捷键

| F1 = 换 SP1 笔
F2 = 换 SP2 压痕辊/轮
F3 = 换 SP3 刀 | Ctrl + A = 显示全部
Ctrl + B = 打断
Ctrl + C = 拷贝
Ctrl + D = 反向选择 | 左箭头键：按住此键机头向 X 负轴移动，松开此键停止运动；同 [X—] 按下及松开
右箭头键：按住此键机头 X 正轴移动，松开此键停止运动；同 [X +] 按下及松开 |

F4 = 换 SP4 刀

F5 = 加 工 开 始、加工暂停、加工继续

F6 = 显示方向

F7 = 反向

F8 = 排序

F9 = 路径模拟

F10 = 移出平台

F11 = 配置

F12 = 管理员口令

Ctrl + 1 = 选择 SP1

Ctrl + 2 = 选择 SP2

Ctrl + 3 = 选择 SP3

Ctrl + 4 = 选择 SP4

0：换标准刀；同于 [SP0]

1：换 笔；同 于 [SP1]

2：换 压 痕 辊/轮；同于 [SP2]

3：换 刀；同 于 [SP3]

4：真空泵开关

5：振动电机开关

6：压脚开关

7：HL 开关

Ctrl + E = 样片识别

Ctrl + F = 显示缩放

Ctrl + G = 画面平移

Ctrl + H = 隐含

Ctrl + I = 导入

Ctrl + J = 连接

Ctrl + K = 样片排料

Ctrl + L = 清空选择

Ctrl + M = 移动

Ctrl + N = 新建

Ctrl + O = 打开

Ctrl + P = 显示平台

Ctrl + Q = 旋转

Ctrl + R = 画面刷新

Ctrl + S = 保存

Ctrl + T = 下一页

Ctrl + V = 上一页

Ctrl + W = 显示

Ctrl + Y = 重作

Ctrl + Z = 撤消

Delete = 删除

Alt + F4 = 退出软件

上箭头键：按住此键机头 Y 正轴移动，松开此键停止运动；同 [Y +] 按下及松开

下箭头键：按住此键机头 Y 负轴移动，松开此键停止运动；同 [Y—] 按下及松开

当前刀为压痕辊/轮或者刀时，M 轴会自动旋转到运动方向

Home：按住此键 M 轴正向旋转，松开此键停止旋转；同 [Z—] 按下及松开

End：按住此键 M 轴反向旋转，松开此键停止旋转；同 [Z +] 按下及松开 M 轴旋转，压痕辊/轮与刀随之旋转

空格键：停止一切运动

PageUp：抬当前刀；同 [PU]

PageDown：落当前刀；同 [PD]

+：增加当前刀具（压痕辊/轮或刀）的角度补正

—：减小当前刀具（压痕辊/轮或刀）的角度补正

*：往右方向偏移，增加当前刀与笔的 X 方向偏移距离值

/：往左方向偏移，减少当前刀与笔的 X 方向偏移距离值

Insert：往上方向偏移，增加当前刀与笔的 Y 方向偏移距离值

Delete：往下方向偏移，减少当前刀与笔的 Y 方向偏移距离值

机器面板上的启动、复位按钮，功能与软件中开始（F5）及复位（F9）功能大致相同（机器面板上的按钮无暂停功能）

在复位过程中，进行其他操作无效，在加工过程中，不允许电脑进行其他工作

任务五　制作反插式纸盒模切版

一、认识激光切割机

M1812 激光切割机如图 3 – 5 – 1 所示。

图 3 – 5 – 1　M1812 激光切割机

1—数控机床　2—切割床　3—切割头　4—光路筒　5—数控控制台　6—激光发生器

知识点——激光切割机技术规格

（1）切割范围：1850mm × 1250mm。（2）X/Y 轴定位精度：≤ ± 0.03/1000mm。
（3）重复定位精度：±0.01mm。（4）切割速度：12m/min。（5）切割板厚：1 ~ 22mm
（木板）。（6）切缝宽度：0.35mm、0.45mm、0.53mm、0.71mm、1.05mm（可任意调
节）。（7）X 轴行程：1850mm。（8）Y 轴行程：1250mm。（9）Z 轴行程：150mm。
（10）加工材料：木板、亚克力、PVC、钢板（2mm 以下）等。

二、激光切割机常用操作步骤

激光切割机制作模切版时，一般情况的操作步骤如下：

① 打开总电源，检查稳压电源上的电压和三相平衡度显示，是否满足机床电气的
要求。

② 启动冷水机，检查水温、水压是否正常。

③ 开启空气压缩机和冷干机，检查气压是否正常。

④ 打开 3 个气瓶（N_2、CO_2、He，纯度 99.999%）。

⑤ 开启激光器（先打开低压，工作气压上升为 0.7MPa 时，再打开高压）。

⑥ 启动数控系统，机床回零点。

⑦ 上料并夹紧木板。

⑧ 输入加工模切版的加工程序。

⑨ 设置切割参数。

⑩ 启动程序进行加工。

⑪ 切割结束后，依次关闭激光器、冷水机、3 个气瓶、空气压缩机、数控系统、总电源。

三、反插式纸盒打样实例

依据情境二任务八中的自锁底提手盒激光切割电子文件制作方法，完成反插式纸盒激光切割电子文件制作，如图 3 – 5 – 2 所示，生成程序文件，文件名为"P1103"。

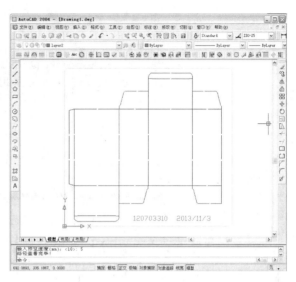

图 3 – 5 – 2　反插式纸盒激光切割电子文件

1. 开机

依据上述开机步骤，打开总电源、冷水机、3 个气瓶等辅助设备。如图 3 – 5 – 3，打开数控系统的总电源后，按下电源启动按钮 11 3s，启动数控机床，此时数控系统自动加载切割程序，屏幕出现如图 3 – 5 – 4 的操作界面。当程序正常启动后，HOME 键 15 的绿灯亮起，此时需要按下程序启动按钮 8，图 3 – 5 – 1 中的切割床 2 和切割头 3 回到 X、Y、Z 轴的原点位置。

图 3 – 5 – 3　M1812 数控机床操作台

1—X 轴　2—Y 轴　3—Z 轴　4—切割按钮　5—板夹按钮　6—照明灯按钮　7—除尘电机按钮
8—程序启动按钮　9—程序停止按钮　10—断开电源按钮　11—接通电源按钮　12—急停按钮
13—自动工作　14—手动工作　15—HOME 键按钮　16—激光焦点高度调整　17—速度倍率控制

2. 喷嘴调整

正式切割纸盒的模切版文件之前，需要进行光束焦点、喷嘴中心、喷嘴距离等方面的调节。

（1）确定光束焦点

① 将切割头的喷嘴和探角卸下，如图 3 – 5 – 5 所示。

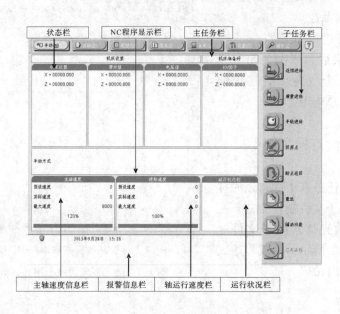

图3-5-4　PA8000操作主界面

② 按照切割头的刻度，旋转切割头到最底部。

③ 将木板放置机床上，与机床呈30°角放置状态，注意斜角放置方向与程序运行方向
应一致，如图3-5-6所示。

图3-5-5　切割头
1—喷嘴　2—探角

图3-5-6　焦点调整模板
放置状态

④ 移动 Z 轴高度，下降的高度与三角块顶部不相碰（零接触）即可。运行"确定焦点"程序，此时 Z 轴高度不变，Y 轴移动，经过三角块，在三角块上面会出现烧熔的痕迹，而烧熔最小点即为激光的焦点，做好标记，如图3-5-7所示。

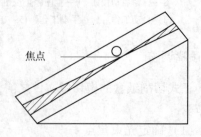

图3-5-7　焦点定位标记

知识点——确定焦点程序

```
P90001                      //文件名称
N20M10                      //打开机械光闸
N30M15                      //激光连续模式
N40G90                      //使用绝对坐标编程
N50G92X0Y0                  //设置工件零点坐标
N60G4F20                    //设置延时时间，单位：毫秒
N70G111V1200                //设置电压，单位：毫伏
N80U1                       //打开电压
N90M6                       //关闭电子光闸
N100G01X300F3000            //设置直线运行速度
N110M7                      //打开电子光闸
N120U0                      //关闭电压
N130M11                     //关闭机械光闸
N140M30                     //程序结束
```

⑤ 将切割头移到焦点记号处，并安装好切割嘴，旋转切割头，使切割嘴与标记处零接触，此时切割头的刻度值即为零焦点位置。

（2）喷嘴中心的调整

① 将喷嘴的端面贴上白色不干胶带。

② 将激光器输出功率设置在 10～20W，打开机械光闸，然后迅速开、关电子光闸一次，将白色的不干胶取下，观察不干胶带出现的现象。若喷嘴位置与激光中心相差过大时，不干胶上将无法打出中心孔；由于激光中心是固定不变的，因此要通过调节喷嘴上的调整螺钉来改变喷嘴的中心，如图 3 - 5 - 8 所示，使其与激光中心相对应。

重复上述动作，直到激光在白色不干胶上打出的孔与喷嘴的中心重合，如图 3 - 5 - 9 所示，这样才确认激光中心与喷嘴中心重合，将调节喷嘴的调整螺钉锁紧。

图 3 - 5 - 8　喷嘴中心调节
（a）镜腔内部结构　（b）镜腔外部结构
1—左侧调整螺钉　2—右侧调整螺钉

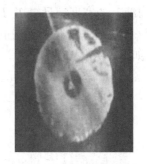

图 3 - 5 - 9　喷嘴中心定位

知识点——喷嘴

喷嘴：喷嘴的设计和喷气流动的情形，直接影响到切割的质量，如图 3－5－10 所示。喷嘴的制造精度，与切割品质息息相关。喷嘴的主要功能有：

（1）能有效防止切割熔渍等杂物往上反弹进入切割头损坏聚焦镜片。

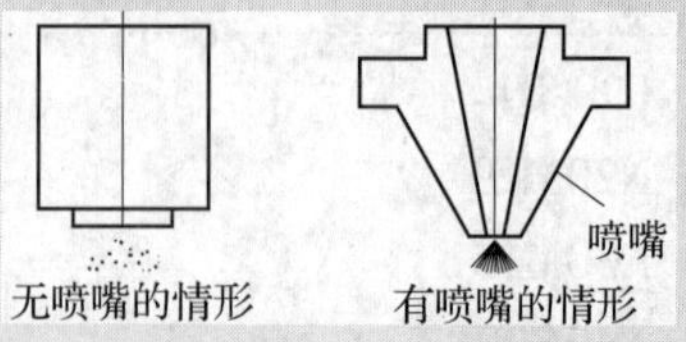

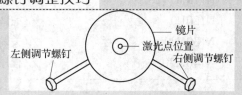

图 3－5－10　有喷嘴和无喷嘴的情形

（2）喷嘴可以改变切割气体喷出的状况，可控制气体扩散的面积及大小，从而影响到切割质量。图示装上喷嘴和不装喷嘴的时候，气体喷出的情况。

切割模切版时应用 ϕ1.5mm 孔径的割嘴。

知识点——切割头螺钉调整技巧

如图 3－5－11 切割头螺钉调整有以下几个技巧：

图 3－5－11　切割头螺钉

（1）同时将左右两侧调节螺钉拧紧的时候，激光点的位置会向上移动。

（2）同时将左右两侧调节螺钉拧松的时候，激光点的位置会向下移动。

（3）如果只将左侧调节螺钉拧紧的时候，激光点的位置会右上方移动，左侧调节螺钉拧松的时候，激光点的位置会左下方移动。

（4）如果只将右侧调节螺钉拧紧的时候，激光点的位置会左上方移动，右侧调节螺钉拧松的时候，激光点的位置会右下方移动。

3. 刀缝调整

激光切割机制作模切版之前都需要首先进行“十字刀缝”（图 3－5－12）的切割，以便调整切割参数，满足不同厚度模切刀或压痕刀的安装要求。以反插式盒模切版为例，其模切刀与压痕刀的厚度均为 0.71mm，因此主要调节功率、速度、Z 轴高度等参数，使“十字刀缝”的宽度满足模切刀和压痕刀安装要求。

第一步，选择主任务栏中的“自动”按钮，子任务栏的“程序选择”，选择“P198”文件，如图 3－5－13 所示。

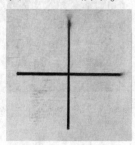

图 3－5－12　十字刀缝

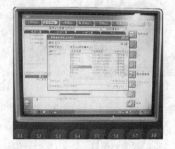

图 3－5－13　“十字刀缝”文件选择对话框

第二步，修改"循环参数"，如图 3 – 5 – 14 所示，P1 的"参数值"为切割第一层使用的文件名称，P2 的"参数值"为切割第二层使用的文件名称，以此类推，"十字刀缝"分为两层切割，但由于都是完全切割，因此 P1 和 P2 的"参数值"都可以设置为 901872，选择"向后"按钮，确定并保存。901872 只是 P901872 这个文件的代号，打开 P901872文件，其文件结构如图 3 – 5 – 15 所示。

图 3 – 5 – 14 设置循环参数　　　　　　　　　图 3 – 5 – 15 文件结构

第三步，回到"自动"菜单，按下控制面板中切割按钮 4 和除尘电机按钮 7，再按下程序启动按钮 8，此时，切割头完成"十字刀缝"的切割。

知识点——程序代码说明

工艺参数		
P101	切割速度	单位：mm/min
P102	切割激光功率	单位：W（瓦）
P103	切割激光模式（CS/PRC 激光器）	1 = 连续，2 = 门脉冲（CS/PRC 激光器），3 = 强脉冲
P104	切割脉冲频率	0～7：对应激光器上设置的激光脉冲频率（CS/ROFIN 激光器）0-999Hz：（PRC 激光器）
P105	切割气体压力	1 = 低压，2 = 高压
P106	激光起始延时	单位：ms
P107	激光结束延时	单位：ms
P108	切割气体类型	1 = 空气，2 = 氧气
P109	切割高度控制旋钮	1 = 第一个，2 = 第二个，3 = 第三个，4 = 第四个
P110	每一层结束后 Z 轴抬起高度	单位：mm
P111	切割结束后 Z 轴抬起高度	单位：mm
P118	最小切割速度	单位：mm/min
P119	最小切割功率	单位：W
P120	是否使用 Z 轴随动	0 = 不使用，1 = 使用
P121	是否使用层间 Z 轴随动	0 = 不使用，1 = 使用

其中切割速度、功率以及切割高度将影响切割上、下表面刀缝宽度的大小，上表面刀缝宽度主要影响参数是 Z 轴切割高度和功率；下表面刀缝宽度主要影响参数是切割速度和功率；调节参数过程中，要保证上、下表面刀缝宽度一致。

"激光打开延时"与"激光关闭延时"的时间长短，影响切割起始与结尾处切割的形状，如图所示，"激光打开延时"设置时间较长，出现类似于"火柴头"的效果，而"激光关闭延时"设置时间较短，形状类似于"大头针"的效果，在实际切割过程中，应避免出现"大头针"的现象，不利于安装刀具，因此"激光打开延时"和"激光关闭延时"时间不要设置过短，有一点"火柴头"的效果利于安装刀具，如图3－5－16。

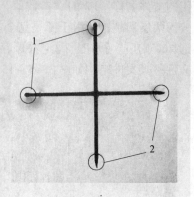

图 3 － 5 － 16
1—"激光打开延时"切割效果
2—"激光关闭延时"切割效果

4. 选择反插式纸盒电子文件

完成喷嘴和刀缝调整后，接下来即可完成反差式纸盒模切版的切割。选择"自动"菜单，在"程序选择"子菜单中，选择加工文件"P1103"。

5. 修改循环参数

第一层为反插式纸盒结构图，因此，选择在切割"十字刀缝"调整好的参数文件 P901872。而反插式纸盒文件的第二次为标记图层，不需要将木板切穿，只需要借助切割头标出文件制作工单号即可，因此，其切割参数功率可以在 100W 左右，速度可以在 1000mm/min，其参数文件为 P900144。第三层为切割边框，因此其参数也可以选择 P901872，如图 3 － 5 － 17 所示。

6. 操作控制台

完成"循环参数"设置后，首先，切换到"手动"菜单，选择"操作控制台"的"X 轴"、"Y 轴"、"＋"和"－"按钮，调整切割头的位置，定义为切割起始点，以保证木板面积能够完成盒型文件的切割。

第二步，选择"自动"菜单，执行"程序选择"，选择"反插式纸盒"数控文件"P1103"。

第三步，按下数控操作台上的切割按钮 4 和除尘电机按钮 7，再点击程序启动按钮 8，即可完成模切版的

图 3 － 5 － 17　反插式纸盒激光模切版循环参数设置

切割，如图 3-5-18 所示。切割过程中，随时注意切割刀缝的宽度，刀缝的宽度可以通过数控操作台上的激光焦点高度调整 16 和速度倍率控制 17 旋钮进行微调。切割过程与切割后成品如图 3-5-18 所示。

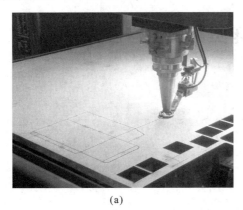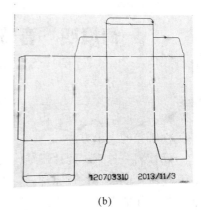

（a）　　　　　　　　　　　　　　　　　（b）

图 3-5-18　反插式纸盒模切版切割过程

（a）切割过程　　（b）切割后效果

7. 完成切割，关闭数控系统

完成反插式模切版切割后，关闭数控系统，首先选择"系统"菜单，选择"关机"子菜单，如图 3-5-19 所示，再将数控操作台的急停按钮 12 按下，此时电脑正常关闭，最后将数控操作台的断开电源按钮 10 按下，关闭总电源。

按照激光切割机操作步骤的逆向操作，依次关闭激光器、3 个气瓶、冷水机、空气压缩机、冷干机等设备。

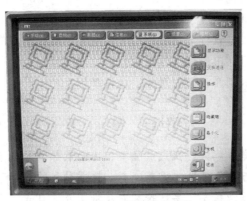

图 3-5-19　关闭数控系统

情境四　春节年货包装结构设计

知识目标

1. 了解瓦楞纸箱的表示方法。
2. 了解金属饮料三片罐、两片罐结构设计原理。
3. 掌握瓦楞纸箱的尺寸设计原理。
4. 掌握瓦楞纸箱的强度计算方法。
5. 了解瓦楞纸箱的材料选择原则。
6. 掌握三维盒型动画工具使用方法。
7. 掌握瓦楞纸板打样方法。
8. 了解瓦楞纸箱模切版底板制作方法。

技能目标

1. 具有根据内装物能优化选择瓦楞纸箱箱型结构及瓦楞纸箱材料的技能。
2. 能够正确计算瓦楞纸箱尺寸。
3. 能够正确计算瓦楞纸箱强度、堆码层数等。
4. 具有熟练运用三维成型软件对盒型进行装潢贴图和动画制作的技能。
5. 具有正确运用盒型打样机进行瓦楞纸箱打样、故障排除、设备维护、调试的技能。
6. 具有纸箱模切版底板制作、故障排除、设备维护、调试的技能。

情境：春　节

　　春节是我国民间历史最悠久、仪式最隆重、场面最热闹的一个传统节日。春节到了，意味着春天将要来临，万象复苏草木更新，新一轮播种和收获季节又要开始。人们刚刚度过冰天雪地草木凋零的漫漫寒冬，早就盼望着春暖花开的日子，当新春到来之际，自然要充满喜悦载歌载舞地迎接这个节日。宋朝诗人王安石的《元日》："爆竹声中一岁除，春风送暖入屠苏；千门万户曈曈日，总把新桃换旧符。"也体现了新年热闹、欢乐和万象更新的动人景象。

　　春节是万家团圆，亲朋好友欢聚的日子，置备年货是家家户户的一件大事，节前十天左右，人们就开始忙于采购物品，还要准备一些过年时走亲访友赠送的礼品，年货运输也急剧增加，年货、礼品包装也成为春节一道亮丽的风景。

任务一　设计珍品特产礼盒纸箱

图 4-1-1 是山西珍品特产礼盒及纸箱包装。设计纸箱包装首先要学习国际纸箱箱型标准。

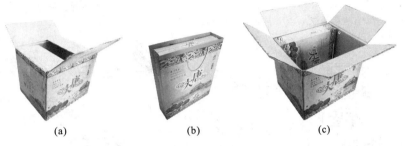

(a)　　　　　　　　(b)　　　　　　　　(c)

图 4-1-1　山西珍品特产礼品包装
(a) 外包装纸箱　　(b) 中包装盒　　(c) 中外包装组合

一、国际纸箱箱型标准

国际纸箱箱型标准（International Fibreboard Case Code）由 FEFCO 和 ESBO 制定或修订，ICCA 采纳并在国际间通用。

按照这一标准，纸箱结构可分为基型和组合型两大类。

1. 基型（附表 1 图）

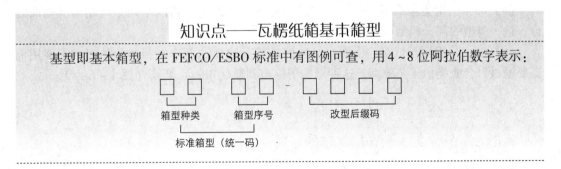

知识点——瓦楞纸箱基本箱型

基型即基本箱型，在 FEFCO/ESBO 标准中有图例可查，用 4~8 位阿拉伯数字表示：

箱型种类　　箱型序号　　改型后缀码
标准箱型（统一码）

箱型序号表示同一箱型种类中不同的箱型结构，改型是各制造商对标准箱型的修改，而不是产生一个新的箱型，不同厂家改型后缀码所代表的箱型不同，但同一厂家应是唯一专用的，如 0201-2。后缀码方便建立 CAD/CAM 库或专用箱图库。

（1）01——商品瓦楞卷筒纸和纸板　主要用于集中制板、分散制箱时的制造商之间的流通行为。其中 0100 代表单面瓦楞纸板卷筒或纸板、0110 代表双面单瓦楞纸板。

（2）02——开槽型箱　代表带有钉合、黏合剂或胶带粘合的制造商接头和上摇盖与下摇盖的一页纸板成型纸箱。运输时呈平板状，使用时装入内装物封合摇盖（图 4-1-2）。代表箱型 0201 又称标准瓦楞纸箱（RSC）。

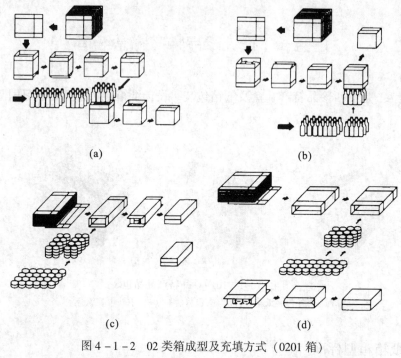

(a)   (b)

(c)   (d)

图 4 – 1 – 2　02 类箱成型及充填方式（0201 箱）

（a）盖面充填　　（b）底面充填　　（c）端面充填　　（d）侧面充填

（3）03——套合型纸箱　即罩盖型，具有两个及以上独立部分组成，箱体与箱盖（个别箱型还有箱底）分离。箱体立放时（*LB* 面∥水平面），箱盖或箱底可以全部或部分套盖住箱体。

（4）04——折叠型纸箱与托盘　一般由一页纸板组成，箱底板延伸成型两个或全部体板与盖板，部分箱型还可设计锁扣、提手、展示板等结构（图 4 – 1 – 3）。

（5）05——滑盖型纸箱　由若干内箱和箱框组成，内外箱以不同方向相对滑动而封合。这一类型的部分箱型可作为其他类型纸箱的外箱。

（6）06——固定型纸箱　由两个分离的端板及连接这两个端板的箱体组成。使用前需要通过钉合或类似工艺成型。这种纸箱俗称布利斯（Bliss）纸箱（图 4 – 1 – 4）。

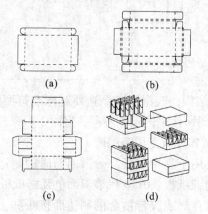

(a)   (b)

(c)   (d)

图 4 – 1 – 3　04 类箱成型及充填方式

（a）粘合　（b）组装　（c）锁合　（d）充填内装物

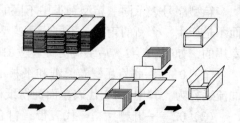

图 4 – 1 – 4　06 类箱成型方式（0605 箱）

（7）07——预粘合纸箱　主要是一页纸板成型，运输呈平板状，只要打开箱体就可使用。包括自锁底箱和盘式自动折叠纸箱。

（8）09——内附件　包括衬板、缓冲垫、间壁板、隔板等，可结合纸箱设计，也可单独使用。纸板数量视需要增减。

① 平衬型（0900～0903）。平板衬垫，主要用于将纸箱分隔为上下、前后或左右两部分以及填充箱底箱盖不平处。

② 套衬型（0904～0929）。框形衬垫，起加强箱体强度、增加缓冲功能或分隔内装物的作用。

③ 间壁型（0930～0935）。分隔多件内装物，避免其相互碰撞。

④ 填充型（0940～0967）。填充瓦楞纸箱箱壁及上端空间，避免内装物在箱内跳动。

⑤ 角型（0970～0976）。填充瓦楞纸箱角隅空间，以固定内装物并增加缓冲。

⑥ 组合内衬（0982～0999）。多层纸板组合而成。

2. 组合型

知识点——瓦楞纸箱的组合箱型

组合箱型是基型的组合，即由两种及以上的基本箱型组成或演变而成，用多组数字及符号来表示。

图4-1-5所示箱型，上摇盖用0204型，下摇盖用0215型，表示方法：0204/0215（上摇盖/下摇盖）。

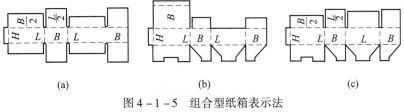

(a)　　　　　　　　(b)　　　　　　　　(c)

图4-1-5　组合型纸箱表示法

(a) 0204　　(b) 0215　　(c) 0214/0215

《GB/T 6543—2008　运输包装用单瓦楞纸箱和双瓦楞纸箱》参考国际箱型标准系列规定了运输包装用瓦楞纸箱的基本箱型，其箱型代号如表4-1-1所示。

表4-1-1　　　　　　　　　　国家标准箱型（GB/T 6543—2008）

分类编号	箱型编号					
02	0201	0202	0203	0204	0205	0206
03	0310	0325				
04	0402	0406				
09	0900～0976					

3. 封箱

国际纸箱箱型标准规定了4种封箱方式。

（1）黏合剂封箱　用热熔胶或冷制胶。

（2）胶带封箱　图4-1-6为国际箱型标准规定的4种胶带封箱方式。

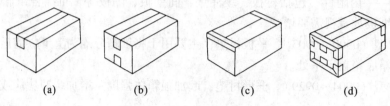

图4-1-6　胶带封箱

（3）联锁封箱　图4-1-7为常见的0201型箱联锁封箱方式，其他箱型则视结构而定。

（4）U形钉封箱　图4-1-8为国际纸箱箱型标准规定的2种U形钉封箱方法。

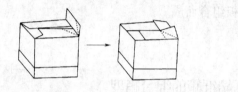

图4-1-7　联锁封箱

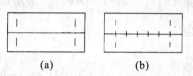

图4-1-8　U形钉封箱

二、优化内装物排列

（一）长方体内装物排列方式

1. 排列数目

知识点——内装物排列数目

长方体内装物（商品或中包装）在瓦楞纸箱内的排列数目用下式表示：

$$n = n_L \times n_B \times n_H \tag{4-1-1}$$

式中　n——瓦楞纸箱装量，件

n_L——瓦楞纸箱长度方向上内装物排列数目，件

n_B——瓦楞纸箱宽度方向上内装物排列数目，件

n_H——瓦楞纸箱高度方向上内装物排列数目，件

如果瓦楞纸箱装量不变，内装物排列方式不变，仅仅改变内装物在各方向上的排列数目，就有可能造成箱形改变，进而改变纸箱载荷强度和纸板用量。所以，排列数目是排列方式的重要因素。

附表2装量为4～144的长方体内装物排列数目。从附表2可知，若装量为12，有10种排列数目；装量为24，有16种排列数目；而装量在12～24之间，则有75种排列数目可供选择。

2. 排列方向

知识点——内装物排列方向

对于长方体内装物来说，按其本身的长、宽、高（l、b、h）与瓦楞纸箱的长、宽、高（L、B、H）的相对方向为排列方向。

同一排列数目可以有 6 种排列方向，如图 4 - 1 - 9 所示，其中 P、Q、R、S、T、V 分别代表 6 种不同的排列方向。

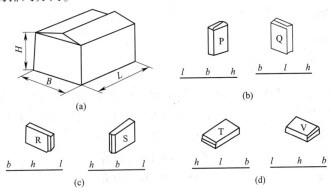

图 4 - 1 - 9　内装物排列方向
（a）外包装纸箱　（b）内装物立放　（c）内装物侧放　（d）内装物平放

立放：$lb /\!/ LB \begin{cases} l /\!/ L & b /\!/ B \\ b /\!/ L & l /\!/ B \end{cases}$ 内装物底面 $/\!/$ 纸箱底面

侧放：$bh /\!/ LB \begin{cases} b /\!/ L & h /\!/ B \\ h /\!/ L & b /\!/ B \end{cases}$ 内装物端面 $/\!/$ 纸箱底面

平放：$lh /\!/ LB \begin{cases} h /\!/ L & l /\!/ B \\ l /\!/ L & h /\!/ B \end{cases}$ 内装物侧面 $/\!/$ 纸箱底面

实际上，由于内装物本身的特性，某些排列方向是不适宜的。例如，粉状、颗粒状产品包装盒不宜平放，以免盒盖受压开启而内装物泄漏。再如，一般包装瓶在纸箱内应采用立放，所以仅考虑 P 型和 Q 型两种方向。进一步，对于正方形或圆柱形横截面的内装物，其 P 型和 Q 型没有区别，所以就简化为一种方向。如果采用袋包装，则应以 T、V 型为好，以便包装袋承载。

3. 排列方式

知识点——内装物排列方式

排列数目与排列方向的综合为排列方式。

瓦楞纸箱装量数目决定内装物的可能排列数目种类很多，而每一种排列数目又有 6 种可能的方向，所以构成一个瓦楞纸箱可能有多种排列方式。例如，12 件装量可能有 10×6 种排列方式；24 件装量则可能有 16×6 种排列方式；如果装量仅规定了一个上下限范围，例如 12 ~ 24，那么可供比较的排列方式将高达 75 × 6 种。显然，这些可能的外包装瓦楞纸箱内装物排列方式，绝大多数都将被淘汰。问题在于如何进行快速分析，去粗取精，从中优选出几种可供进一步比较的最佳排列方式。

例 4 – 1 – 1　图 4 – 1 – 1 所示包装选用 0201 型瓦楞纸箱作为外包装，内装中包装礼品盒 4 个，中包装质量为 2kg，外尺寸为 360mm × 88mm × 430mm，试选择合适的排列方式。

分析：选用 0201 型瓦楞纸箱作为外包装，每箱装 4 个，可以有 4 种排列数目：4 × 1 × 1，2 × 2 × 1，2 × 1 × 2，1 × 1 × 4。而每种排列数目可能有 6 种排列方向。将产品包装盒的长度、宽度与高度分别乘以倍数，列表如下：

	nl	nb	nh
×1	360	88	430
×2	720	176	860
×4	1440	352	1720

根据国家标准《GB/T 6543—2008　运输包装用单瓦楞纸箱和双瓦楞纸箱》规定瓦楞纸箱长宽比一般不大于 2.5 : 1，高宽比一般不大于 2 : 1，一般不小于 0.15 : 1。

首先考虑：4 × 1 × 1，可以有以下几种尺寸：

1440 × 88 × 430	16.4 : 1 : 4.89（舍弃）
1440 × 430 × 88	3.35 : 1 : 0.20（舍弃）
360 × 352 × 430	1.02 : 1 : 1.22
430 × 352 × 360	1.22 : 1 : 1.02
1720 × 360 × 88	4.78 : 1 : 0.24（舍弃）
1720 × 88 × 360	19.5 : 1 : 4.06（舍弃）

然后考虑 2 × 2 × 1，可以有以下几种尺寸：

720 × 176 × 430	4.09 : 1 : 2.44（舍弃）
860 × 720 × 88	1.19 : 1 : 0.12（舍弃）
860 × 176 × 360	4.87 : 1 : 2.05（舍弃）

考虑 2 × 1 × 2，可以有以下几种尺寸：

720 × 88 × 860	8.18 : 1 : 9.77（舍弃）
360 × 176 × 860	2.05 : 1 : 4.89（舍弃）
720 × 430 × 176	1.67 : 1 : 0.41
860 × 360 × 176	2.38 : 1 : 0.49
860 × 88 × 720	9.77 : 1 : 8.18（舍弃）
430 × 176 × 720	2.44 : 1 : 4.09（舍弃）

考虑 1 × 1 × 4，可以有以下几种尺寸：

430 × 88 × 1440	4.89 : 1 : 16.36（舍弃）
430 × 360 × 352	1.19 : 1 : 0.98
360 × 88 × 1720	4.09 : 1 : 19.55（舍弃）

进一步分析，如果综合考虑纸板用量、抗压强度、堆码状态、美学因素等条件，则 0201 箱型比例以 $L : B : H$ 为 1.5 : 1 : 1 为最佳。

因此选择 $430 \times 352 \times 360$ $1.22:1:1.02$ $1h \times 4b \times 1l$

       $430 \times 360 \times 352$ $1.18:1:0.98$ $1h \times 1l \times 4b$

由于第二种排列纸盒在纸箱内存在堆码载荷，所以选择第一种排列方式，即 $1h \times 4b \times 1l$。

（二）理想尺寸比例与最佳尺寸比例

1. 瓦楞纸箱尺寸比例与箱形尺寸

对于长方体瓦楞纸箱来说，只有 L（长）、B（宽）和 H（高）三个主要尺寸。

知识点——尺寸比例

尺寸比例定义如下：

$L:B:H$

或者 $R_L = \dfrac{L}{B}$ $R_H = \dfrac{H}{B}$ $(4-1-2)$

式中 R_L——瓦楞纸箱长宽比

    R_H——瓦楞纸箱高宽比

    L——瓦楞纸箱长度尺寸，mm

    B——瓦楞纸箱宽度尺寸，mm

    H——瓦楞纸箱高度尺寸，mm

如图 $4-1-10$，当 R_L、R_H 一定时，纸箱的形状也就一定。这就是说，决定瓦楞纸箱体积的是瓦楞纸箱的长、宽、高尺寸，而决定瓦楞纸箱形状的却是三个尺寸之间的比例关系（图 $4-1-10$）。

从例 $4-1-1$ 可以看出，每一种排列方式对应着一种箱形尺寸。

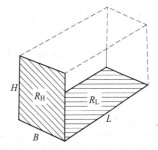

图 $4-1-10$ 瓦楞纸箱尺寸比例

2. 理想尺寸比例

瓦楞纸箱的尺寸与尺寸比例，决定着瓦楞纸箱包装与内状物及其托盘、货架、集装箱、卡车的适宜程度，决定着纸箱在厂内外搬运过程中的稳定性和方便性，同时还决定了包装的经济性。而最佳的尺寸比例，则由纸板用量、强度因素、堆码状态乃至美学因素所决定。事实上，面面俱到的最佳尺寸比例难以实现。例如最经济的结构尺寸比例，可能抗压强度并不理想，所以需要建立一个理想比例的概念。

知识点——理想尺寸比例

在其他因素忽略不计的特定条件下，能使瓦楞纸箱的某项指标达到最佳值的尺寸比例称为该指标条件下的理想尺寸比例。或者说，理想尺寸比例就是有条件有限度的最佳尺寸比例。

3. 理想尺寸比例的单项决定因素

（1）纸板用量　同一容量，当然纸板用量越少，尺寸比例越理想。

同一箱型同一容积但箱形不同或尺寸比例不同的纸箱，如0201型箱，有人认为正方体纸箱用料最少最经济，这种观点机械地套用了木制容器和金属容器的情况，因为在这两种材料刚性容器的设计中，箱壁厚度大致相等，只有正方体最省材料。而对于0201瓦楞纸箱来说，其内外摇盖部分重叠处的厚度加倍。也有人因此而减少摇盖叠加面积即倾向于选择R_L值大的矩形体（内摇盖面积减小），这也同样是错误的。

经证明，0201箱型在只考虑纸板用量的情况下，理想尺寸比例为$2:1:2$：

即　　　　　　　　　$R_L = 2$　　　$R_H = 2$

或　　　　　　　　　$L:B:H = 2:1:2$

其他箱型也可以用上述求极值法推导纸板用量最少的理想尺寸比例，见附表1。附表1中各物理量符号含义如下：

R_L——理想省料长宽比

R_H——理想省料高宽比

L——理想省料比例的纸箱长度尺寸

B——理想省料比例的纸箱宽度尺寸

H——理想省料比例的纸箱高度尺寸

S_{min}——理想省料比例的用料面积

A_{min}——标准省料比

其中A_{min}指各种箱型与0201标准开槽箱的理想省料比例的面积之比，即

$$A_{min} = S_{min-x}/S_{min-0201} \qquad (4-1-3)$$

式中　　S_{min-x}——某箱型理想用料比例的用料面积

　　　　$S_{min-0201}$——0201箱型理想用料比例的用料面积

附表1中的$a\sim j$为常数项，其数值见表$4-1-2$。

表$4-1-2$　　　　　　　　　　　理想省料比例常数

箱型	常数	数值	箱型	常数	数值	箱型	常数	数值
0228	a	$\frac{1}{8}(9+3\sqrt{57})$	0410	g	$\frac{1}{16}(9+3\sqrt{57})$	0440	l	$\frac{1}{2}(1+\sqrt{17})$
0306	b	$5+3\sqrt{33}$	0420	h	$1+\sqrt{17}$	0441	l	$\frac{1}{2}(1+\sqrt{17})$
0310	c	$\frac{1}{4}(3+\sqrt{17})$	0422	i	$\frac{1}{2}(1+\sqrt{5})$	0447	m	$\frac{1}{8}(9+3\sqrt{105})$
0330	e	$\frac{1}{2}(3+\sqrt{57})$	0425	j	$2(1+\sqrt{5})$	0700	n	$\frac{1}{32}(9+3\sqrt{57})$
0331	f	$\frac{1}{2}(3+\sqrt{73})$	0436	k	$\frac{2}{3}(1+\sqrt{13})$	0711	p	$\frac{1}{32}(25+5\sqrt{185})$

续表

箱型	常数	数值	箱型	常数	数值	箱型	常数	数值
0712	q	$1 + \sqrt{\dfrac{19}{7}}$	0716	t	$\dfrac{1}{3}(1+\sqrt{7})$	0774	y	$\dfrac{1}{6}(25+5\sqrt{145})$
0713	r	$1 + \sqrt{\dfrac{33}{5}}$	0747/0748	u	$1+\sqrt{17}$			
0714	s	$\dfrac{1}{32}(9+3\sqrt{57})$	0772	x	$\dfrac{1}{2}(1+\sqrt{3})$			

附表 1 说明：

① 为简化起见，压痕宽度、摇盖伸长率、接头尺寸均未考虑。

② 尺寸未定但有一定变化范围的均取中值，如 0202 摇盖宽度为 $(B+O)/2$，其中 $B>O>0$，取 O 值为 $B/2$。0209、0214 上摇盖宽度为 h，$B/2>h>0$，取 $B/4$。

③ 0207、0715、0716 间壁板高均取 H，0208 取 $H/2$，且与 0715 箱型考虑下面三种情况：a. $L/3>B/2$；b. $L/3 = B/2$；c. $L/3<B/2$。

④ 自锁底式的箱型如 0700、0711~0714 等，有 δ' 的底面宽取 $3B/4$，并做整板计算。

⑤ 02 箱插入盖的防尘襟片宽度取 $B/2$，如 0210、0211、0212、0215 等。

⑥ 弧形插入式箱盖如 0471、0472 箱高宽比 R_H 取 1，取高宽相等。

⑦ 锁底式结构的箱型如 0215、0216、0217、0321 等考虑：a. 纸箱长宽比为 1.5~2.5；b. 箱底板均宽为 $3B/4$ 并做整板计算。

⑧ 提手板高度取 $B/2$，如 0217。

⑨ 帽盖箱如 0306、0310 箱盖高与箱体高之比取：$h/H = 1/4$。

⑩ 0303 侧板襟片、0420 前后板襟片长度均取 H。

（2）抗压强度

① R_L 对抗压强度的影响。如图 4-1-11 所示，瓦楞纸箱在垂直受压时沿箱面发生程度不同的凸起，距中心越近，凸起越大；距箱角越近，凸起越小。同时，沿箱面水平线发生程度不同的变形，箱角处刚度最大，变形最小，所以抗压强度最大；距箱角越远，变形越大，抗压强度越低。由于纸箱侧面中心凸起最大，所以在 $L/2$ 处抗压强度最低。

从理论上讲，R_L 为 1 的纸箱抗压强度最大，但实验结果并非如此。

图 4-1-12 所示为 0201 瓦楞纸箱的周长保持一定，R_L 在一定范围内进行变化时的抗压强度曲线。从图中可以看出，当 0201 箱的 R_L 从 1.0 变化到 2.0 时，抗压强度峰值位于 1.4 附近，两边呈下降趋势，形成一道鞍形曲线，而此范围内以 R_L 为 2.0 的抗压强度最低。

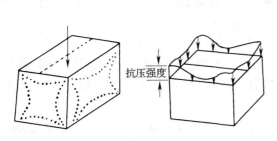

图 4-1-11　瓦楞纸箱箱面应力分布

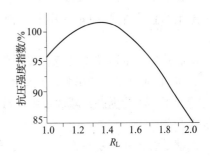

图 4-1-12　R_L 与抗压强度关系曲线

也有实验证明，抗压强度峰值位于 R_L 为 1.2 处。但不论怎样，如果单从抗压强度考虑，R_L 为 2.0 不是一个理想的尺寸比例，而抗压强度又是综合平衡中最重要的决定因素。

② R_H 对抗压强度的影响。瓦楞纸箱高度在一定范围内对抗压强度也有影响。从图4－1－13可以看出，在纸箱周边长一定的情况下，一定范围内抗压强度随高度的增大而趋于下降。但超过这个范围后，高度的增大并不影响抗压强度。

也可以说，在一定范围内，R_H 的增大使抗压强度降低，但超过一定范围后，R_H 与抗压强度没有多大关系。

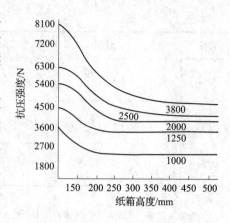

图 4 – 1 – 13　纸箱高度与抗压强度关系曲线

图4－1－13中各个曲线分别代表不同的纸箱周边长。从图中还可以看出，在一定高度范围内，随纸箱周边长的增加，抗压强度随纸箱高度增加的降低率也增大，同时有变化的高度上限也趋于滞后。

例如，对于周边长为 1000mm 的瓦楞纸箱，当高度在 300mm 以前，纸箱高度越大则抗压强度越低，但当超过 300mm 以后，强度下降趋势不太明显，曲线几乎呈水平状态，而对于周边长为 2000mm 的瓦楞纸箱，抗压强度随纸箱高度变化的上限则为 350mm。

（3）堆码载荷

① R_L 对堆码状态的影响。有两类堆码形式，一类是平齐堆码（重叠堆码），一类是交错堆码。

瓦楞纸箱承载能力与受压的垂直箱面有关。如前所述，纸箱受压时垂直箱面的中心部位强度较弱，这是因为充填内装物后箱面中心趋向凸起，从而降低了承载能力。

平齐堆码时，强度大的纸箱箱角排在一条线上，强度小的箱面位于一个面上，这样每一箱面水平边的挠度变化一致。这种堆码方法受力状态最佳、强度最大，但由于是上下层重叠堆码，所以堆码稳定性最差［图4－1－14（a）］。

交错堆码时，由于上下层纸箱之间箱面强度大的刚性棱角位于另一箱面强度小的中心部位，从而产生各垂直箱面水平边挠度的不一致，以至于在较小的载荷下发生纸箱破坏，但这种堆码的稳定性较好［图4－1－14（b）、（c）］。

但是如果采用图4－1－14（d）的交错堆码方法，上层纸箱强度最大的箱角并没有位于下层纸箱强度最低的箱面中心，而是偏离了一定距离，所以其堆码载荷及稳定性均较好。

因此从最佳堆码状态考虑，以采用 R_L 为 1.5 的尺寸比例较为理想。

② R_H 对堆码状态的影响。从图4－1－15可以看出，在纸箱容量、重量、堆码高度不变的情况下，H 的提高，减少了纸箱堆码层数，降低了堆码最下层纸箱的负荷，从而提高了堆码载荷。

也就是说，在一定条件下，R_H 的增大可以提高纸箱堆码载荷。但 R_H 无限过高会降低瓦楞纸箱在自动包装线上及堆码过程中的稳定性。

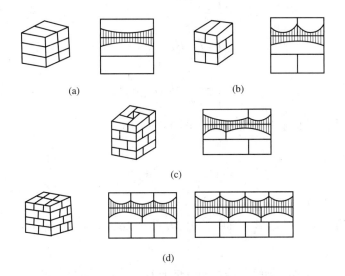

图 4 - 1 - 14　纸箱 R_L 对堆码状态的影响

（a）平齐堆码　（b）井式堆码（$R_L = 2$）　（c）销式回转堆码（$R_L = 2$）

（d）瓦形堆码（$R_L = 1.5$ 或 $R_L = 1.33$）

（4）美学因素　以上因素是由包装功能和技术条件形成的瓦楞纸箱的基本尺寸比例关系。除此以外，不应忽视按照人们的社会意识及时代的审美要求来确定具有时代性形式美的尺寸比例关系。

尺寸比例的美学因素即根据审美的要求形成的比例，它是按照人们的社会意识、时代的审美要求来考虑瓦楞纸箱的尺寸比例，看其是否具有时代特征的形式美。

在 02 类瓦楞纸箱中，其主要信息及装饰面是 LH 面，所以要根据美学因素来确定 $L : H$ 或 R_L / R_H 的比例关系。03 或 04 类瓦楞纸箱，则要考虑 LB 面 $L : B$ 的比例关系。

当代造型美学常用比例有：

① 黄金分割比例。黄金分割是指把一直线分为两段，其分割后的长段与原直线长度之比等于分割后的短段与长段之比 ［图 4 - 1 - 16（a）］。

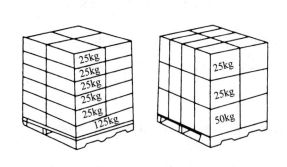

图 4 - 1 - 15　纸箱 R_H 对堆码载荷的影响

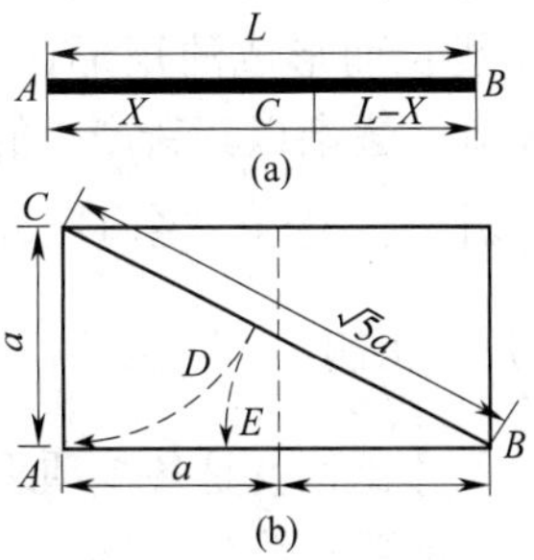

图 4 - 1 - 16　黄金分割比例

即

$$\frac{L}{X} = \frac{X}{L - X}$$

也就是

$$X^2 + LX - L^2 = 0$$

解得
$$X = \frac{-L \pm \sqrt{L^2 + 4L^2}}{2} = \frac{-L \pm \sqrt{5}L}{2}$$

$$\begin{cases} \dfrac{-L - \sqrt{5}L}{2} \ (\text{舍去}) \\[3mm] \dfrac{-L + \sqrt{5}L}{2} = 0.618L \end{cases}$$

在实际应用中，可以通过作图求解［图4-1-16（b）］。

在上式解中，令$L = 2a$

则
$$\frac{(\sqrt{5} - 1) \ 2a}{2} = \sqrt{5}a - a$$

由此可得作图步骤如下：

以线段AB为底边作一矩形，其中长边AB等于$2a$，短边AC等于a，则矩形对角线为$\sqrt{5}a$；

以C为圆心，a为半径画弧与线段BC交于D，则DB长度为$\sqrt{5}a - a$；

以B为圆心，DB为半径画弧与线段AB交于E，则E点为线段AB的黄金分割点。

$$\frac{EB}{AB} = \frac{AE}{EB} = 0.618$$

主要装饰面可采用黄金分割率矩形，即尺寸比例为1.618:1（1:0.618）。

② 整数比例。这是现代产品设计中比较常用的一种审美比例，也比较适合内装物及瓦楞纸箱的结构比例。

这种比例是以正方形为基础而派生出的边长为1:1、2:1、3:1…n:1之整数比例的矩形［图4-1-17（a）］。

③ 直角比例。直角比例即均方根比例，也是通过正方形派生出来的一种比例关系，它以正方形的一条边与这条边的一端所划出的对角线长而形成的矩形比例

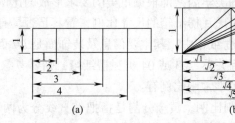

图4-1-17　整数比例与直角比例

（a）整数比例　　（b）直角比例

关系为基础，逐渐以其新产生的对角线仍以原正方形边长所形成的比例关系。这种比例关系依次为$\sqrt{1}$:1，$\sqrt{2}$:1，$\sqrt{3}$:1…$\sqrt{n}$:1［图4-1-17（b）］。

4. 最佳尺寸比例

最佳尺寸比例就是各单项理想尺寸比例后综合平衡的尺寸比例，它兼顾各方，不剑走偏锋，尽可能要求统为一体。

例如，在综合考虑了诸因素之后，0201型箱的最佳尺寸比例应为1.5:1:1，因为这一比例抗压强度接近最佳值，堆码性能从堆码载荷及堆码稳定性来说都较为理想，美学因素接近于直角比例和黄金分割比例，纸板用量较之2:1:2比例也不会增加很多。

图4-2-18是不同尺寸比例的0201型箱纸板相对用量。图中百分数为不同尺寸比例

的 0201 纸箱较之 2∶1∶2 尺寸比例纸箱用料的增加量。在 R_H 坐标中找出 1，R_L 坐标中找出 1.5，两点连线与中线的相交点即为纸板用量增加的百分数，这里是 6.5%。

但是，从图 4-1-12 中可以看出，当 R_L 从 1.5 变为 2.0 时，抗压强度降低了 20%。可见前者纸板用量的增加较之后者抗压强度的降低来说很小。

而且，评价瓦楞纸箱经济性不应单纯考虑纸板用量，原纸定量也是相关因素之一。1.5∶1∶1 尺寸比例的瓦楞纸箱与 2∶1∶2 尺寸比例的瓦楞纸箱在相同抗压强度的条件下，也可以通过降低瓦楞纸板原纸定量的方法来降低成本。

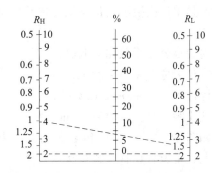

图 4-1-18　0201 型箱纸板用量计算图

《GB/T 6543—2008　运输包装用单瓦楞纸箱和双瓦楞纸箱》规定瓦楞纸箱箱形比例：$R_L \leqslant 2.5$，$R_H \leqslant 2$，$R_H \geqslant 0.15$。

三、设计 02 类瓦楞纸箱尺寸

瓦楞纸板可以折叠，所以对于需用模切机生产的箱型结构复杂的瓦楞纸箱，其内尺寸、外尺寸与制造尺寸的关系与折叠纸盒完全相同，而对于在轮转式生产设备上完成的箱型结构简单的瓦楞纸箱，公式可以进一步简化。

1. 内尺寸

（1）内尺寸确定因素

① 内装物最大外尺寸。

② 内装物排列方式。

③ 内装物公差系数。

④ 内装物隔衬与缓冲件的相关尺寸。

（2）内尺寸计算公式

一般内装物的瓦楞纸箱内尺寸计算公式如下：

$$X_i = x_{max} n_x + d(n_x - 1) + T + k' \tag{4-1-4}$$

式中　X_i——纸箱内尺寸，mm

　　　　x_{max}——内装物最大外尺寸，mm

　　　　n_x——内装物排列数目，mm

　　　　d——内装物公差系数，mm

　　　　T——衬格或缓冲件总厚度，mm

　　　　k'——内尺寸修正系数，mm

上式中如果 $n_x = 1$，$T = 0$

则

$$X_i = x_{max} + k' \tag{4-1-5}$$

这是单件内装物的瓦楞纸箱内尺寸计算公式。

内装物公差系数如下取值：

中包装盒：$\pm(1\sim2)$ mm/件；

针棉织品：±3 mm/12件；

硬质刚性品：$+(1\sim2)$ mm/件。

如图4-1-19，中包装装有内装物时，尤其是装有粉状、颗粒状内装物，纸盒垂直盒面会发生一定程度的凸鼓，所以对于中包装盒来说，d又称为中包装间隙系数。

内尺寸修正系数见表4-1-3。

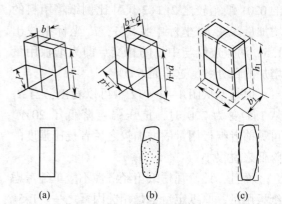

图4-1-19 中包装间隙系数

(a) 空包装 (b) 实包装 (c) 包装尺寸

表4-1-3　　　　　　　　　瓦楞纸箱内尺寸修正系数k'值　　　　　　　　　单位：mm

尺寸名称	L_i	B_i	H_i		
			小型箱	中型箱	大型箱
k'	$3\sim7$	$3\sim7$	$1\sim3$	$3\sim4$	$5\sim7$

例4-1-2　计算例4-1-1中瓦楞纸箱内尺寸。

已知：$l_{max}=360$ mm　$b_{max}=88$ mm　$h_{max}=430$ mm　$n_L=1$　$n_B=4$　$n_H=1$

排列方式　　　　$1h\times4b\times1l$

求：L_i、B_i、H_i。

解：查表4-1-3，取$k'_L=5$　$k'_B=5$　$k'_H=4$　$d=1$

代入公式（4-1-4），得

$$L_i=430\times1+5=435\ (mm)$$
$$B_i=88\times4+(4-1)\times1+5=360\ (mm)$$
$$H_i=360\times1+4=364\ (mm)$$

2. 制造尺寸

（1）箱体长、宽、高度制造尺寸计算公式

从图4-1-20可以看出，瓦楞纸箱长、宽、高度制造尺寸计算公式如下：

$$X=X_i+(n_1-a)t$$

式中　X——瓦楞纸箱长、宽、高度制造尺寸，mm

X_i——纸箱内尺寸，mm

t——瓦楞纸板计算厚度，mm

n_1——由内向外纸板层数

a——箱面系数，"凵"形结构箱面为1，"凵"形结构为1/2

这是理论公式，在实际生产中要根据情况加

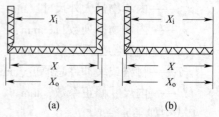

图4-1-20 瓦楞纸箱内尺寸、外尺寸
与制造尺寸的关系

(a) "凵"形结构　(b) "∟"形结构

适当修正常数，即

$$X = X_i + (n_1 - a)t + k$$

因为瓦楞纸板厚度与瓦楞楞型和纸板层数有关，$(n_1 - a)$ 与箱型有关，一旦楞型、纸板层数和箱型确定，纸板厚度也就基本确定。所以，在实际设计中，可以将上式中的 $(n_1 - a)t$ 再加上 $1 \sim 3 mm$ 的修正系数而合并成一个伸放量常数，仍用 k 表示，则上式简化为：

$$X = X_i + k \tag{4-1-6}$$

式中　X——瓦楞纸箱制造尺寸，mm

　　　X_i——纸箱内尺寸，mm

　　　k——瓦楞纸箱伸放量，mm

表 4-1-4 为 02 类纸箱瓦楞纸箱伸放量值，表中代号的意义见图 4-1-21。

表 4-1-4		02 类瓦楞纸箱伸放量（GB/T 6543—2008）				单位：mm
楞型 ＼ 尺寸名称	L_1	L_2	B_1	B_2	H	F
A	6	6	6	4	9	4
B	3	3	3	2	6	1
C	4	4	4	3	8	3
AB	9	9	9	6	16	6
BC	8	8	8	5	14	5

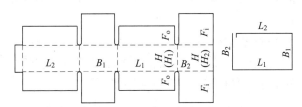

图 4-1-21　02 类瓦楞纸箱各部尺寸代号

k 大小与纸箱具体尺寸有关。

由于 B_2 是连接纸箱接头的垂直箱面，与其他箱面相比，一侧为裁切线，因此就必须

$$B_1 > B_2$$

所以

$$k_{B_1} > k_{B_2}$$

但是，在制造商接头粘合情况下，特别在高速糊箱机作业时，如果同样认为

$$k_{L_1} > k_{L_2}$$

则就不对了，因为粘合是在平板状态下进行的，为保证粘合质量及粘合位置的准确性，必须

$$k_{L_1} = k_{L_2}$$

从理论上看，连接外摇盖 F_0 的箱面高度 H_1 应大于连接内摇盖 F_i 的箱面高度 H_2，即

$$H_1 > H_2 + 2t$$

但是由于轮转式生产设备所限，只能

$$H_1 = H_2$$

在实际使用过程中，由于内摇盖的回弹作用，使其有向外翘起的趋势，为减少由于这种原因而造成的净空高度的增加，一般情况下，

$$k_H < 2t$$

在接头钉合工艺时，为了保持侧面的印刷面不被箱钉破坏，接头一般应与侧面连接。

（2）对接摇盖制造尺寸

在纸箱摇盖对接封合的箱型中，如0201、0204、0207、0216等，摇盖宽度制造尺寸理论值应为箱宽制造尺寸的1/2，但是，由于如前所述的摇盖回弹作用，必然在摇盖对接处产生间隙，使封箱不严造成内装物遭尘埃污染。因此，对接摇盖宽度制造尺寸应该加一修正值。这一修正值称为摇盖伸放量，用 x_f 表示。

即

$$F = \frac{B_1 + x_f}{2} \tag{4-1-7}$$

式中　F——纸箱对接摇盖宽度，mm

B_1——纸箱非接合端面宽度制造尺寸，mm

x_f——摇盖伸放量，mm

对于0204、0205与0206对接内摇盖，则上式为

$$F = \frac{L_1 + x_f}{2} \tag{4-1-8}$$

式中　L_1——纸箱非接合侧面长度制造尺寸，mm

GB/T 6543—2008建议，式（4-1-7）、式（4-1-8）中（$B_1 + x_f$）或（$L_1 + x_f$）为奇数时加1。

02类纸箱的摇盖伸放量见表4-1-4。

（3）接头尺寸　瓦楞纸箱通过钉合或黏合剂粘合接头来成型时，接头 J 的尺寸一般根据瓦楞层数及工厂的工艺水平而定，如表4-1-5。

表4-1-5　　　　瓦楞纸箱接头制造尺寸（GB/T 6543—2008）　　　　单位：mm

纸板种类	单瓦楞	双瓦楞
J	钉合：>30　粘合：≥30	钉合：>35　粘合：≥30

《GB/T 6543—2008　运输包装用单瓦楞纸箱和双瓦楞纸箱》还规定了瓦楞纸箱的种类（表4-1-6）

表4-1-6　　　　运输包装用单瓦楞纸箱和双瓦楞纸箱的纸箱与
纸板种类（GB/T 6543—2008）

种类	内装物最大质量/kg	最大综合尺寸[a]/mm	1类[b]		2类[c]	
			纸箱代号	纸板代号	纸箱代号	纸板代号
单瓦楞纸箱	5	700	BS-1.1	S-1.1	BS-2.1	S-2.1
	10	1000	BS-1.2	S-1.2	BS-2.2	S-2.2

续表

种类	内装物最大质量/kg	最大综合尺寸[a]/mm	1类[b]		2类[c]	
			纸箱代号	纸板代号	纸箱代号	纸板代号
单瓦楞纸箱	20	1400	BS – 1.3	S – 1.3	BS – 2.3	S – 2.3
	30	1750	BS – 1.4	S – 1.4	BS – 2.4	S – 2.4
	40	2000	BS – 1.5	S – 1.5	BS – 2.5	S – 2.5
双瓦楞纸箱	15	1000	BD – 1.1	D – 1.1	BD – 2.1	D – 2.1
	20	1400	BD – 1.2	D – 1.2	BD – 2.2	D – 2.2
	30	1750	BD – 1.3	D – 1.3	BD – 2.3	D – 2.3
	40	2000	BD – 1.4	D – 1.4	BD – 2.4	D – 2.4
	55	2500	BD – 1.5	D – 1.5	BD – 2.5	D – 2.5

注：当内装物最大质量与最大综合尺寸不在同一档次时，应以其较大者为准。

a. 综合尺寸是指瓦楞纸箱内尺寸的长、宽、高之和。

b. 1类纸箱主要用于储运流通环境比较恶劣的情况。

c. 2类纸箱主要用于流通环境较好的情况。

例 4 – 1 – 3 计算例 4 – 1 – 2 中的瓦楞纸箱制造尺寸，该箱粘合接头。

已知：$L_i = 435\text{mm}$ $B_i = 360\text{mm}$ $H_i = 364\text{mm}$

求：L、B、H、J、F

解：

大唐贡枣礼品包装内装物质量：$2 \times 4 = 8$（kg）

包装箱最大综合尺寸：$L_i + B_i + H_i = 435 + 360 + 364 = 1159$（mm）

查表 4 – 1 – 6，应该选择单瓦楞纸箱，现选用 C 楞纸板。

查表 4 – 1 – 4 和表 4 – 1 – 5，取

$k_{L_1} = 4$ $k_{L_2} = 4$ $k_{B_1} = 4$ $k_{B_2} = 3$ $k_H = 8$ $J = 30$ $x_f = 3$

$L_1 = L_i + k_{L_1} = 435 + 4 = 439$（mm）

$L_2 = L_i + k_{L_2} = 435 + 4 = 439$（mm）

$B_1 = B_i + k_{B_1} = 360 + 4 = 364$（mm）

$B_2 = B_i + k_{B_2} = 360 + 3 = 363$（mm）

$H = H_i + k_H = 364 + 8 = 372$（mm）

$F = \dfrac{B_1 + x_f}{2} = \dfrac{364 + 3 + 1}{2} = 184$（mm）

$J = 30\text{mm}$

标注于图 4 – 1 – 22。

（4）03 类箱型制造尺寸 03 类纸箱由箱体和箱盖两部分组成，箱体箱盖需要一定配合间隙，

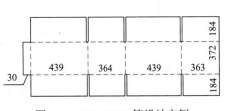

图 4 – 1 – 22 0201 箱设计实例

而箱盖的制造尺寸，则以箱体的内尺寸为基准（长度与宽度），即

$$X^+ = X_i + (n_1 + m_1 - a)t + \alpha$$

为计算简单起见，将后两项合并，称为 03 类箱盖伸放量，仍用 α 表示，

$$X^+ = X_i + \alpha \qquad\qquad (4-1-9)$$

则

式中　X^+——03 类箱盖制造尺寸，mm

　　　X_i——03 类箱体内尺寸，mm

　　　α——03 类箱盖伸放量，mm

α 值可从表 4-1-7 到表 4-1-8 中查出。

表 4-1-7　　　　　　　　　　　　　**0301 箱型伸放量**　　　　　　　　单位：mm

系数	楞型	尺寸名称 L (L^+)	B (B^+)	H (H^+)
k	A	6	6	3
	B	3	3	1.5
	C	4	4	2
	AB	9	9	5
	BC	8	8	4
α	A	18	18	-9
	B	9	9	-3
	C	12	12	-8
	AB	28	28	-14
	BC	24	24	-12

表 4-1-8　　　　　　　　　　　　　**0320 箱型伸放量**　　　　　　　　单位：mm

系数	楞型	尺寸名称 L_1 (L_1^+)	L_2 (L_2^+)	B_1 (B_1^+)	B_2 (B_2^+)	H (H^+)
k	A	6	6	6	4	5
	B	3	3	3	2	3
	C	4	4	4	3	4
	AB	9	9	9	6	9
	BC	8	8	8	5	8
α	A	18	18	18	18	-9
	B	9	9	9	9	-5
	C	12	12	12	12	-6
	AB	26	26	26	26	-13
	BC	23	23	23	23	-12

03 类箱体制造尺寸公式同公式（4-1-6）。

0320 箱型摇盖伸长系数同 0201 箱，表 4-1-8 还适合 0300、0303、0304、0305、0308 等箱型。

（5）05 类箱型制造尺寸　公式（4－1－6）同样适合 05 类箱型，但修正系数需查表 4－1－9 和表 4－1－10。

（6）06 类箱型制造尺寸　06 类箱型伸放量查表 4－1－11，J 值同表 4－1－5。

表 4－1－9　0510 箱型伸放量值　　　　　　　　　　　　单位：mm

楞型 \ 尺寸名称	L	B	H	L_1^+	L_2^+	B_1^+	B_2^+	H^+
A	0	5	6	6	3	10	7	0
B	0	2	3	3	1	4	3	0
C	0	3	4	4	2	6	5	0
AB	0	8	9	9	6	15	11	0
BC	0	7	8	8	5	14	10	0

表 4－1－10　0511 箱型伸放量值　　　　　　　　　　　　单位：mm

楞型 \ 名称	L	B	H	L^+	B^+	H^+
A	0	4	8	6	4	4
B	0	2	4	3	2	2
C	0	3	6	4	3	3
AB	0	6	12	9	6	6
BC	0	5	10	8	5	5

表 4－1－11　0608 箱型伸放量值　　　　　　　　　　　　单位：mm

楞型 \ 名称	L^+	B_1^+	B_2^+	H_1^+	H_2^+	B	H
A	0	8	5	10	8	4	5
B	0	4	2	4	4	2	2
C	0	6	3	6	6	3	3
AB	00	12	8	15	12	6	8
BC	0	11	7	14	11	5	7

（7）09 类附件制造尺寸

① 平套型衬件。以 0904 型内衬为例。0904 型内衬作为瓦楞纸箱，尤其是 02 类箱不足以保护内装物或箱体抗压强度不足时采用平套型衬件作为补强件，其伸放量见表 4－1－12。

② 隔板型衬件。隔板主要用于分隔保护内装物并有利于内装物的计数、装箱和取出，多用于包装玻璃、陶瓷瓶罐类易碎刚性产品。

表 4 – 1 – 12　　　　　　　　　　　　　0904 型箱衬伸放量值　　　　　　　　　　　单位：mm

名称 楞型	L_1	L_2	B_1	B_2	H
A	6	1	6	1	0
B	3	0	3	0	0
C	4	1	4	1	0
AB	9	1	9	1	0
BC	8	1	8	1	0

对于外包装箱来说，隔板型衬件与其之间也存在一个内尺寸修正系数问题。显然，内尺寸修正系数应该留在衬格的两个端点，而不应平均留在隔板中间。

隔板总长度制造尺寸计算公式：

$$l = X_i - k' \tag{4-1-10}$$

隔板中间间隔宽度尺寸计算公式：

$$D_1 = \frac{X_i - (n_x - 1)t}{n_x} \tag{4-1-11}$$

隔板端点间隔宽度尺寸计算公式：

$$D_2 = \frac{X_i - (n_x - 1)t}{n_x} - \frac{k'}{2}$$
$$= D_1 - \frac{k'}{2} \tag{4-1-12}$$

式中　l——隔板总长度，mm

　　　X_i——纸箱内尺寸，mm

　　　k'——纸箱内尺寸修正系数，mm

　　　D_1——隔板中间间隔宽度尺寸，mm

　　　D_2——隔板端点间隔宽度尺寸，mm

　　　n_x——排列数目，件

　　　t——纸板计算厚度，mm

图 4 – 1 – 23 为隔板制造尺寸示意图。

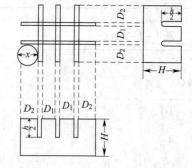

图 4 – 1 – 23　隔板设计图

例 4 – 1 – 4　箱型 0201；0933，5 × 3，B 楞衬板，纸箱内尺寸为 262mm × 156mm × 120mm，k' 取 4，试计算隔板尺寸。

已知：$L_i = 262\text{mm}$　$B_i = 156\text{mm}$　$H_i = 120\text{mm}$　$k' = 4$　$n_L = 5$　$n_B = 3$

求：l_1、l_2、D_1、D_2、D_3、D_4、h、$h/2$

解：查表 4 – 1 – 13，$t = 3$（取整数）

由式（4 – 1 – 10）至式（4 – 1 – 12），得

长隔板制造尺寸

$$l_1 = 262 - 4 = 258(\text{mm})$$

$$D_1 = \frac{262 - (5 - 1) \times 3}{5} = 50(\text{mm})$$

$$D_2 = 50 - \frac{4}{2} = 48(\text{mm})$$

表 4 - 1 - 13

楞型	A	B	C	E	F	AB	BC
纸板计算厚度	5.3	3.3	4.3	2.3	1.2	8.1	7.1

短隔板制造尺寸

$$l_2 = 156 - 4 = 152(\text{mm})$$

$$D_3 = \frac{156 - (3 - 1) \times 3}{3} = 50(\text{mm})$$

$$D_4 = 50 - \frac{4}{2} = 48(\text{mm})$$

隔板高度

$$h = 120 - 4 = 116 \ (\text{mm})$$

开槽高度

$$\frac{h}{2} = \frac{116}{2} = 58 \ (\text{mm})$$

（8）模切机生产箱型制造尺寸　需用模切机生产的箱型有 04 类、07 类及部分 02 类与 03 类，其主要制造尺寸计算公式同折叠纸盒。

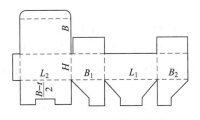

① 快锁底结构。瓦楞纸箱采用快锁底结构的箱型有 0215、0216、0217、0321 等，其基本形式与折叠纸盒快锁底结构完全相同，只是由于瓦楞纸板厚度较大，所以普通纸板折叠纸盒中的 $B/2$ 处，应为 $(B - t)/2$（图 4 - 1 - 24）。

图 4 - 1 - 24　瓦楞纸箱锁底式结构（0215）

② 自锁底结构。采用自锁底结构的箱型有 0700 ~ 0717，其箱底制造尺寸的考虑原则同快锁底。

3. 外尺寸

在流通过程中，不论运费的计算，还是箱面标志中的体积，都要以外尺寸为准。因此，在纸箱设计中，不仅要根据内尺寸来确定制造尺寸，还要根据制造尺寸计算外尺寸。

外尺寸计算公式如下：

$$X_o = X_{max} + t + K$$

将后两项常数合并，仍用 K 表示：

$$X_o = X_{max} + K \tag{4 - 1 - 13}$$

式中　X_o——纸箱外尺寸，mm

　　　X_{max}——纸箱最大制造尺寸，mm

　　　K——纸箱外尺寸修正系数，mm

由于纸箱制造尺寸不止一个，所以 X_{max} 是在一组制造尺寸数据中最大的，如例 4-2-3中的 L_1、B_1。

表 4-1-14 为瓦楞纸箱外尺寸修正系数。

表 4-1-14   瓦楞纸箱外尺寸修正系数 K 值   单位：mm

楞型	A	B	C	AB	BC
K	5~7	3~5	4~6	8~12	7~11

例 4-1-5 计算例 4-1-2中瓦楞纸箱外尺寸。

已知：$L_{max} = 439\text{mm}$ $B_{max} = 364\text{mm}$ $H_{max} = 372\text{mm}$

求：L_o、B_o、H_o

解：查表 4-1-14，$K = 5$

$$L_o = L_{max} + K = 439 + 5 = 444 \text{（mm）}$$
$$B_o = B_{max} + K = 364 + 5 = 369 \text{（mm）}$$
$$H_o = H_{max} + K = 372 + 5 = 377 \text{（mm）}$$

对于0201型瓦楞纸箱外尺寸，《GB/T 6543—2008 运输包装用单瓦楞纸箱和双瓦楞纸箱》建议用下式计算：

$$\begin{cases} L_o = L_i + 2t \\ B_o = B_i + 2t \\ H_o = H_i + 4t \end{cases} \qquad (4-1-14)$$

例 4-1-6 用式（4-1-14）计算例 4-1-2中瓦楞纸箱外尺寸。

已知：$L_i \times B_i \times H_i = 435 \times 360 \times 364$ （mm）

解：查表 4-1-13 $t = 4.3\text{mm}$

$L_o = L_i + 2t = 435 + 2 \times 4.3 = 444$ （mm）

$B_o = B_i + 2t = 360 + 2 \times 4.3 = 369$ （mm）

$H_o = H_i + 4t = 364 + 4 \times 4.3 = 381$ （mm）

两种算法仅在高度尺寸有差异。

四、纸箱抗压强度

1. 抗压强度

知识点——抗压强度

瓦楞纸箱抗压强度指在压力实验机均匀施加动态压力至箱体破损时的最大负荷及变形量，或是达到某一变形量时的压力负荷值。

一般可按图 4-1-25 建立压力负荷与变形量关系曲线，然后加以判断，变形量有着极其重要的意义。

PACKAGING STRUCTURE & DIE-CUTTING PLATE DESIGN(THE SECOND EDITION) 包装结构与模切版设计(第二版)

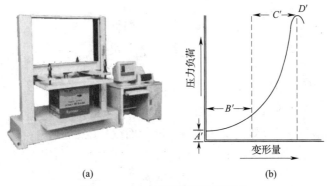

(a)   (b)

图 4 – 1 – 25   瓦楞纸箱抗压实验

（a）压缩实验机（图片来源：高铁公司）   （b）实验曲线

在图 4 – 1 – 25 中，曲线 A 段为预加负荷阶段，以确保纸箱与实验机压板接触；曲线 B 段为横压线被压下阶段，此时从曲线变化可见，当负荷略有变化时，变形量变化很大；曲线 C 段为纸箱垂直箱面受压阶段，当负荷增加时，变形量增加缓慢；曲线 D 点为纸箱压溃点，此时纸箱被完全破坏。

另外，由于瓦楞纸箱抗压强度是通过一组多个试样（≥5）的平均测定值来表示的，在测试值分布方面就存在测试值偏差，不管一组瓦楞纸箱试样在测试时的最大负荷有多大，如果强度测试值的偏差很大，那么在实际使用中强度低的纸箱将首先破损。

所以，正确评价瓦楞纸箱的抗压强度，要包括以下几个方面：

① 最大负荷（越大越好）。

② 变形量（越小越好）。

③ 测试值偏差（越小越好）。

根据瓦楞纸箱抗压强度计算公式，可以按预定条件计算必需的瓦楞纸箱强度，看其能否满足要求。也可以反之，即根据所预定的强度要求来选择一定的瓦楞纸板，进而选取一定的瓦楞纸板原纸。

抗压强度计算公式很多，但大体上可分为两类，一类根据瓦楞纸板原纸，即面纸和芯纸的测试强度来进行计算，另一类则直接根据瓦楞纸板的测试强度进行计算。

2. 凯里卡特（K. Q. Kellicutt）公式

知识点——凯里卡特公式

凯里卡特公式根据瓦楞纸板原纸的环压强度计算纸箱的抗压强度：

$$P = P_x \left(\frac{4aX_z}{Z} \right)^{\frac{2}{3}} ZJ \tag{4 – 1 – 15}$$

式中 P——瓦楞纸箱抗压强度，N

      P_x——瓦楞纸板原纸的综合环压强度，N/cm

  aX_z——瓦楞常数

      Z——瓦楞纸箱周边长，cm

      J——纸箱常数

其中瓦楞纸板原纸的综合环压强度计算公式如下：

$$P_x = \frac{\sum R_n + \sum C_n R_{mn}}{15.2}$$ （4 - 1 - 16）

式中　R_n——面纸环压强度测试值，N/0.152m

　　　R_{mn}——瓦楞芯纸环压强度测试值，N/0.152m

　　　C_n——瓦楞收缩率，即瓦楞芯纸原长度与面纸长度之比

对于单瓦楞纸板来说，式（4 - 1 - 16）为：

$$P_x = \frac{R_1 + R_2 + R_m C_n}{15.2}$$ （4 - 1 - 17a）

对于双瓦楞纸板来说，式（4 - 1 - 16）为：

$$P_x = \frac{R_1 + R_2 + R_3 + R_{m1} C_1 + R_{m2} C_2}{15.2}$$ （4 - 1 - 17b）

以上诸公式中的 15.2（cm）为测定原纸环压强度时的试样长度。

公式（4 - 1 - 15）中的 Z 值计算公式如下：

$$Z = 2(L_o + B_o)$$ （4 - 1 - 18）

式中　Z——纸箱周边长，cm

　　　L_o——纸箱长度外尺寸，cm

　　　B_o——纸箱宽度外尺寸，cm

单瓦楞纸板的 aX_z、J、C_n 值可查表 4 - 1 - 15。

表 4 - 1 - 15　　　　　　　　　　　单瓦楞纸箱凯里卡特常数值

楞型 常数	A	B	C	楞型 常数	A	B	C
aX_z	8.36	5.00	6.10	C_n	1.532	1.361	1.477
J	1.10	1.27	1.27				

作者提出多瓦楞纸板的 aX_z、J 值计算公式如下：

$$aX_{Z(\sum n)} = \sum aX_{z(n)}$$ （4 - 1 - 19）

$$J_{(\sum n)} = \frac{(n + 1 + \sum C_n) \sum J_{(n)}}{(2n + \sum C_n) n}$$ （4 - 1 - 20）

式中　$aX_{Z(\sum n)}$——多瓦楞纸板的瓦楞常数

　　　$aX_{z(n)}$——单瓦楞纸板的瓦楞常数

　　　$J_{(\sum n)}$——多瓦楞纸板的纸箱常数

　　　n——瓦楞层数

　　　C_n——瓦楞楞缩率

　　　$J_{(n)}$——单瓦楞纸板的纸箱常数

根据式（4 - 1 - 19）、式（4 - 1 - 20）计算出双瓦楞和三瓦楞的凯里卡特常数见表 4 - 1 - 16、表 4 - 1 - 17。

表 4-1-16　　　　　　　　　　　双瓦楞纸箱凯里卡特常数值

常数＼楞型	AA	BB	CC	AB	BC	AC
aX_z	16.72	10.00	12.20	13.36	11.10	14.46
J	0.94	1.08	1.09	1.01	1.08	1.02

表 4-1-17　　　　　　　　　　　三瓦楞纸箱凯里卡特常数值

常数＼楞型	AAA	BBB	CCC	ABA	ACA
aX_z	25.08	15.00	18.30	21.72	22.82
J	0.89	1.02	1.03	0.93	0.94

常数＼楞型	BAB	CAC	BCB	CBC	ABC
aX_z	18.36	20.56	16.10	17.20	19.46
J	0.98	0.98	1.02	1.02	0.98

例 4-1-7　计算例 4-1-2 中瓦楞纸箱的抗压强度，其中面纸横向环压强度为 360N/0.152m，瓦楞芯纸横向环压强度为 150N/0.152m。

已知：$R_1 = R_2 = 360$N/0.152m　$R_m = 150$N/0.152m　$L_0 = 444$mm　$B_0 = 369$mm

求：P

解：$Z = 2(L_0 + B_0) = 2 \times (44.4 + 36.9) = 162.6$（cm）

查表 4-1-15

$$aX_z = 6.10 \quad J = 1.27 \quad C_n = 1.477$$

代入式（4-1-17a），得

$$P_x = \frac{R_1 + R_2 + R_m C_n}{15.2} = \frac{360 + 360 + 150 \times 1.477}{15.2} = 61.94 \text{（N/cm）}$$

代入式（4-1-15），得

$$P = P_x \left(\frac{4aX_z}{Z} \right)^{\frac{2}{3}} ZJ$$

$$= 61.94 \times \left(\frac{4 \times 6.10}{162.6} \right)^{\frac{2}{3}} \times 162.6 \times 1.27$$

$$= 3612 \text{（N）}$$

3. 凯里卡特简易公式

凯里卡特公式的计算需要用到方根，所以显得非常复杂。为使计算简化，可将公式（4-1-15）中的常数项进行合并，而且，一旦纸箱尺寸确定，其周长 Z 也可以作为常数处理，即

令　　　　　　　　　　　　　　$$F = \left(\frac{4aX_z}{Z} \right)^{\frac{2}{3}} ZJ$$

则有

$$P = P_x F \tag{4 - 1 - 21}$$

式中　　P——瓦楞纸箱抗压强度，N

　　　　P_x——瓦楞纸板原纸综合环压强度，N/cm

　　　　F——凯里卡特简易常数

有关 F 值可以从表 4 - 1 - 18 至表 4 - 1 - 20 中查取。

表 4 - 1 - 18　　　　　　　　　　　单瓦楞纸箱凯里卡特常数 F 值

Z/cm　　　楞型	A	B	C
70	47.1	38.6	44.0
80	49.2	40.3	46.0
90	51.2	41.9	47.9
100	53.0	43.4	49.6
110	54.7	44.8	51.2
120	56.3	46.2	52.7
130	57.8	47.4	54.1
140	59.3	48.6	55.5
150	60.7	49.7	56.8
160	62.0	50.8	58.0
170	63.2	51.8	59.2
180	64.5	52.8	60.3
190	65.6	53.8	61.4
200	66.8	54.7	62.5
210	67.9	55.6	63.5
220	68.9	56.5	64.5
230	70.0	57.3	65.5
240	71.0	58.2	66.4
250	71.9	58.9	67.3
260	72.9	59.7	68.2
270	73.8	60.5	69.1
280	74.7	61.2	69.9
290	75.6	61.9	70.7
300	76.4	62.6	71.5

表 4 - 1 - 19　　　　　　　　　　　双瓦楞纸箱凯里卡特简易常数 F 值

Z/cm　　　楞型	AA	BB	CC	AB	BC	AC
70	64.1	52.1	59.8	59.2	56.0	62.6
80	67.0	54.5	62.6	61.9	58.6	65.5
90	69.7	56.7	65.1	64.4	60.9	68.1
100	72.2	58.7	67.4	66.7	63.1	70.5
110	74.5	60.6	69.6	68.9	65.1	72.8
120	76.7	62.4	71.6	70.9	67.1	74.9
130	78.8	64.1	73.6	72.8	68.9	77.0

续表

Z/cm \ 楞型	AA	BB	CC	AB	BC	AC
140	80.8	65.7	75.4	74.6	70.6	78.9
150	82.7	67.2	77.2	76.4	72.2	80.7
160	84.5	68.6	78.8	78.0	73.8	82.5
170	86.2	70.0	80.4	79.6	75.3	84.2
180	87.8	71.4	82.0	81.2	76.8	85.8
190	89.4	72.7	83.5	82.6	78.2	87.4
200	91.0	73.9	84.9	84.1	79.5	88.9
210	92.5	75.2	86.3	85.4	80.8	90.3
220	93.9	76.3	87.7	86.8	82.1	91.7
230	95.3	77.5	89.0	88.1	83.3	93.1
240	96.7	78.6	90.2	89.3	84.5	94.4
250	98.0	79.7	91.5	90.5	85.6	95.7
260	99.3	80.7	92.7	91.7	86.8	97.0
270	100.6	81.7	93.9	92.9	87.9	98.2
280	101.8	82.7	95.0	94.0	88.9	99.4
290	103.0	83.7	96.1	95.1	90.9	100.6
300	104.2	84.6	97.2	96.2	91.0	101.7

表 4 - 1 - 20 三瓦楞纸箱凯里卡特简易常数 F 值

Z/cm \ 楞型	AAA	BBB	CCC	ABA	ACA	BAB	CAC	BCB	CBC	ABC
70	79.4	64.3	74.0	75.6	78.3	70.6	76.5	67.6	70.8	73.6
80	83.0	67.2	77.4	79.0	81.9	73.8	80.0	70.7	74.1	76.9
90	86.3	69.9	80.5	82.2	85.1	76.8	83.2	73.5	77.0	80.0
100	89.4	72.4	83.4	85.1	88.2	79.5	86.2	76.1	79.8	82.9
110	92.3	74.8	86.1	87.9	91.0	82.1	89.0	78.6	82.4	85.5
120	95.0	77.0	88.6	90.4	93.7	84.5	91.6	80.9	84.8	88.1
130	97.6	79.0	91.0	92.9	96.2	86.8	94.1	83.1	87.1	90.4
140	100.0	81.0	93.3	95.2	98.7	88.9	96.4	85.2	89.3	92.7
150	102.4	82.9	95.4	97.4	101.0	91.0	98.7	87.2	91.3	94.9
160	104.6	84.7	97.5	99.5	103.1	93.0	100.8	89.1	93.3	96.9
170	106.7	86.4	99.5	101.6	105.3	94.9	102.9	90.9	95.2	98.9
180	108.8	88.1	101.4	103.5	107.3	96.7	104.8	92.6	97.1	100.8
190	110.8	89.7	103.3	105.4	109.2	98.5	106.8	94.3	98.8	102.6
200	112.7	91.2	105.0	107.2	111.1	100.2	108.6	95.9	100.5	104.4
210	114.5	92.7	106.8	109.0	112.9	101.8	110.4	97.5	102.2	106.1
220	116.3	94.2	108.4	110.7	114.7	103.4	112.1	99.0	103.8	107.8
230	118.0	95.6	110.1	112.3	116.4	104.9	113.8	100.5	105.3	109.4
240	119.7	97.0	111.6	114.0	118.1	106.4	115.4	101.9	106.8	111.1
250	121.4	98.3	113.2	115.5	119.7	107.9	117.0	103.3	108.3	112.5
260	123.0	99.6	114.6	117.0	121.3	109.3	118.5	104.7	109.7	114.0
270	124.5	100.8	116.1	118.5	122.8	110.7	120.0	106.0	111.1	115.4
280	126.0	102.1	117.5	120.0	124.3	112.1	121.5	107.3	112.5	116.8
290	127.5	103.3	118.9	121.4	125.8	113.4	122.9	108.6	113.8	118.2
300	129.0	104.5	120.2	122.8	127.2	114.7	124.3	109.8	115.1	119.5

例 4 -1 -8 AB楞瓦楞纸箱外尺寸为 444mm × 369mm × 377mm，内面纸与外面纸横向环压强度为 450N/0.152m，瓦楞芯纸和夹芯卡纸横向环压强度为 180N/0.152m，求该纸箱抗压强度。

已知：$R_1 = R_2 = 450N/0.152m$

$R_3 = R_{m1} = R_{m2} = 180N/0.152m$

$L_o = 444mm \quad B_o = 369mm$

求 P

解：$Z = 2 (L_o + B_o) = 2 \times (444 + 369) = 162.6$（cm）

查表 4 - 1 - 15，$C_1 = 1.532 \quad C_2 = 1.361$

代入式（4 - 2 - 19b），得

$$P_x = \frac{R_1 + R_2 + R_3 + R_{m1} C_1 + R_{m2} C_2}{15.2}$$

$$= \frac{450 + 450 + 180 + 180 \times 1.532 + 180 \times 1.361}{15.2}$$

$$= 105.3 \ (N/cm)$$

查表 4 - 1 - 19，$F = 78.4$

代入式（4 - 1 - 21）

$$P = P_x F = 105.3 \times 78.4 = 8256 \ (N)$$

五、根据原纸环压强度选择瓦楞纸板原纸

按瓦楞原纸技术指标（GB/T 13023—2008）、箱纸板技术指标（GB/T 13024—2003）及涂布箱纸板技术指标（GB/T 10335.5—2008）规定，瓦楞原纸、面纸中普通箱纸板、牛皮挂面箱纸板和涂布箱纸板按质量分为优等品、一等品和合格品，其中瓦楞原纸的优等品里又分 A、AA、AAA 三级。牛皮箱纸板分为优等品和一等品。

利用凯里卡特公式，可以求出原纸的环压强度，根据环压强度就可以选择合适的瓦楞纸板原纸配比。普通箱纸板和牛皮挂面箱纸板、牛皮箱纸板、涂布箱纸板及瓦楞原纸的环压强度技术指标见表 4 - 1 - 21 至表 4 - 1 - 24。

表 4 - 1 - 21　普通箱纸板和牛皮挂面箱纸板技术指标（GB/T 13024—2003）

指标名称		单位	规定		
			优等品	一等品	合格品
定量[a]		g/m²	125 ± 7　160 ± 8　180 ± 9　200 ± 10　220 ± 10 250 ± 11　280 ± 11　300 ± 12　320 ± 12　340 ± 13 360 ± 14		
横幅定量差≤	幅宽≤1600mm	%	6.0	7.5	9.0
	幅宽>1600mm		7.0	8.5	10.0
紧度≥	≤220g/m²	g/cm³	0.70	0.68	0.65
	>220g/m²		0.72	0.70	0.65

续表

指标名称		单位	规定		
			优等品	一等品	合格品
耐破指数 ≥	<160g/m²	kPa·m²/g	3.30	3.00	2.20
	(160~<200) g/m²		3.10	2.85	2.10
	(200~<250) g/m²		3.00	2.75	2.00
	(250~<300) g/m²		2.90	2.65	1.95
	≥300g/m²		2.80	2.55	1.90
横向环压指数 ≥	<160g/m²	N·m/g	8.60	7.00	5.50
	(160~<200) g/m²		9.00	7.50	5.70
	(200~<250) g/m²		9.20	8.00	6.00
	(250~<300) g/m²		10.6	8.50	6.50
	≥300g/m²		11.2	9.00	7.00
横向短距压缩指数b ≥	<250g/m²	N·m/g	20.2	19.2	18.2
	≥250g/m²		16.4	15.4	14.2
横向耐折度 ≥		次	60	35	12
吸水性（正/反）≤		g/m²	35.0/70.0	40.0/100.0	60.0/200.0
交货水分		%	8.0±2.0	9.0±2.0	

a. 本表规定外的定量，其指标可以就近按插入法考核。

b. 横向短距压缩指标，不作为考核指标。

表4-1-22　　牛皮箱纸板技术指标（GB/T 13024—2003）

指标名称		单位	规定	
			优等品	一等品
定量a		g/m²	125±6　160±7　180±9　200±10　220±10　250±11 280±11　300±12　320±12　340±13　360±14	
横幅定量差 ≤	幅宽≤1600mm	%	6.0	7.0
	幅宽>1600mm		7.0	8.0
紧度	≤220g/m²	g/cm³	0.70	0.68
	>220g/m²		0.72	0.70
耐破指数 ≥	<160g/m²	kPa·m²/g	3.40	3.20
	(160~<200) g/m²		3.30	3.10
	(200~<250) g/m²		3.20	3.00
	(250~<300) g/m²		3.10	2.90
	≥300g/m²		3.00	2.80

续表

指标名称		单位	规定	
			优等品	一等品
横向环压指数 ≥	<160g/m²	N·m/g	9.00	8.00
	(160~<200) g/m²		9.50	9.00
	(200~<250) g/m²		10.0	9.20
	(250~<300) g/m²		11.0	10.0
	≥300g/m²		11.5	10.5
横向短距压缩指数b ≥	<250g/m²	N·m/g	21.4	19.6
	≥250g/m²		17.4	16.4
横向耐折度		次	100	60
吸水性（正/反）≤		g/m²	35.0/40.0	40.0/50.0
交货水分		%	8.0±2.0	

a. 本表规定外的定量，其指标可以就近按插入法考核。

b. 横向短距压缩指标，不作为考核指标。

表 4-1-23　　　　涂布箱纸板技术指标（GB/T 10335.5—2008）

序号	指标名称		规定		
			优等品	一等品	合格品
1	定量a/（g/m²）		125±6　150±7　175±8　200±10　220±10　250±11 280±11　300±12　320±12　340±13　350±14		
2	横幅定量差/% ≤	横宽≤1600mm	6.0	7.5	9.0
		幅宽>1600mm	7.0	8.5	10.0
3	紧度/（g/m³） ≥		0.75		
4	耐破指数/（kPa·m³/g) ≥	150g/m²	3.00	2.40	2.00
		(150~200) g/m²	2.85	2.30	1.90
		(200~250) g/m²	2.75	2.20	1.80
		(250~300) g/m²	2.65	2.10	1.75
		≥300g/m²	2.55	2.00	1.70
5	横向环压指数/（N·m/g） ≥	150g/m²	8.5	7.5	6.0
		(150~200) g/m²	9.0	8.0	6.5
		(200~250) g/m²	9.5	8.5	7.0
		(250~300) g/m²	10.6	9.0	7.5
		≥300g/m²	11.2	9.5	8.0
6	横向耐折度/次 ≥		80	60	40
7	亮度/% ≥		80	60	40

续表

序号	指标名称		规定		
			优等品	一等品	合格品
8	平滑度/s	≥	50	30	20
9	印刷表面粗糙度[b]/μm	≤	2.5	3.0	4.0
10	印刷光泽度/%	≥	70	50	30
11	印刷表面强度（中粘油墨）/（m/s）	≥	1.2	1.0	0.8
12	油墨吸收性/%	≥	15~28		
13	吸水性（cobb，60s）/（g/m²）≤	正面	50		
		反面	80	100	200
14	尘埃度/（个/m²）≤	0.2~1.5mm²	40	60	100
		>1.5mm²	不应有	2	4
15	交货水分/%		8.0±2.0		

a. 本表规定外的定量，其指标可就近按插入法考核

b. 仲裁时印刷表面粗糙度作为考核项目，平滑度可不考核

表 4-1-23 中序号 7、8、9、10、11、12、14 项均为对涂布面的规定。

表 4-1-24　　　　瓦楞原纸技术指标（GB/T 13023—2008）

指标名称	单位	等级	规定		
			优等品	一等品	合格品
定量（80、90、100、110、120、140、160、180、200）	g/m²	AAA	（80、90、100、110、120、140、160、180、200）±4%	（80、90、100、110、120、140、160、180、200）±5%	
		AA			
		A			
紧度 ≥	g/cm³	AAA	0.55	0.50	0.45
		AA	0.53		
		A	0.50		
横向环压指数 ≤90g/m² >90g/m²~140g/m² ≥140g/m²~180g/m² ≥180g/m²　≥	N·m/g	AAA	7.5 8.5 10.0 11.5	5.0 5.3 6.3 7.7	3.0 3.5 4.4 5.5
		AA	7.0 7.5 9.0 10.5		
		A	6.5 6.8 7.7 9.2		

指标名称	单位	等级	规定		
			优等品	一等品	合格品
平压指数[a]	≥	N·m²/g	AAA	1.40	1.00	0.8
			AA	1.30		
			A	1.20		
纵向裂断长	≥	km	AAA	5.00	3.75	2.5
			AA	4.50		
			A	4.30		
吸水性	≤	g/m²	—	100	—	—
交货水分	%	AAA		8.0±2.0	8.0±2.0	8.0±3.0
		AA				
		A				

a. 不作交收试验依据。

环压指数与环压强度的关系如下式：

$$\gamma = \frac{R}{0.152W} \tag{4-1-22}$$

式中　γ——环压指数，N·m/g

　　　R——环压强度，N/0.152m

　　　W——原纸定量，g/m²

例 4-1-9　选用例 4-1-2 中的瓦楞纸箱，纸箱抗压强度为 2000N，选取 AA 等瓦楞芯纸优等品，定量为 100g/m²，试选择合适的面纸（内、外面纸优等品牛皮箱纸板）。

已知：$L_0 \times B_0 \times H_0 = 444\text{mm} \times 369\text{mm} \times 377\text{mm}$

$P = 2000\text{N}$

$Z = 2(L_0 + B_0) = 2 \times (44.4 + 36.9) = 162.6 \text{ (cm)}$

查表 4-1-18，$F = 58.3$

由公式（4-1-21），得

$$P_x = \frac{P}{F} = \frac{2000}{58.3} = 34.3 \text{ (N/cm)}$$

查表 4-1-24，$\gamma_m = 7.5$

由式（4-1-22）

$R_m = 0.152\gamma_m W_m = 0.152 \times 7.5 \times 100 = 114 \text{ (N/0.152m)}$

由式（4-1-17a），得 $P_x = \dfrac{2R + R_m C_n}{15.2}$

查表 4-1-16，$C_n = 1.477$

则 $R = \dfrac{15.2P_x - R_m C_n}{2} = \dfrac{15.2 \times 34.3 - 114 \times 1.477}{2} = 176.5 \text{ (N/0.152m)}$

选用优等品牛皮箱纸板，查表 4 – 1 – 22，γ 值暂取 9.0，则

$$W = \frac{R}{(0.152r)} = \frac{176.5}{(0.152 \times 9.0)} = 129.0 \ (\text{g/m}^2)$$

查表 4 – 1 – 22，选择 130g/m² 优等品牛皮箱纸板，所以，该瓦楞纸箱的结构为：K—130 · SCP – 100 · K – 130CF

任务二　设计饮料金属罐包装

一、三片罐设计

三片罐（three – piece can）具有刚性好，能生产各种形状的罐，材料利用率较高，容易变换尺寸，生产工艺成熟，包装产品种类多的特点。常用于食品、饮料、干粉、化工产品、喷雾剂类产品的罐装容器。

三片罐的应用历史已近 200 年，虽经多次改进，基本由罐身、罐底和罐盖三片金属薄板（多为马口铁）制成，通常也叫马口铁三片罐。

知识点——马口铁的特点

制作三片罐的金属板主要采用马口铁，马口铁是低碳薄钢板上镀锡制成的，具有以下特点：

① 马口铁表面的锡层能持久地保持美观的金属光泽。

② 锡的抗腐蚀性能优于铁，而且溶入食品中几乎无害。

③ 锡是柔软的金属，马口铁在制罐加工过程中，由于镀锡层的附着力较强，因此不会开裂。

④ 马口铁表层为锡层，便于进行焊接并且保持良好的密封性能。

⑤ 马口铁适用于涂料涂布和油墨印刷，可以装潢外观，防止容器生锈。

⑥ 马口铁厚度通常在 0.2 ~ 0.4mm，制成容器后重量轻；并且具有一定的机械强度，能承受一定压力，可以堆码存储，安全可靠。

⑦ 马口铁的加工性能良好，可以制作成各种形状的容器、瓶盖等，适应工业化生产的要求。

（一）成型方法

由罐身、罐盖和罐底组成的三片罐，罐身的上缘和下缘分别为罐盖、罐底与罐身的结合部，为使罐身上缘能与一定规格的罐盖相封合，罐身可设计成缩口的结构形式，如图 4 – 2 – 1 所示。

普通三片罐罐底和罐盖的形状、尺寸及制造方法完全相同，统称为罐盖。

图 4 – 2 – 1　金属三片罐

三片罐的成型过程如图4－2－2所示。

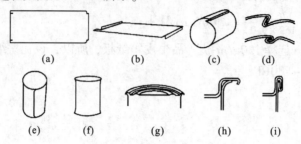

图4－2－2　三片罐成型过程

(a) 切角　　(b) 成钩　　(c) 成圆　　(d) 压平　　(e) 接缝

(f) 翻边　　(g) 封底　　(h) 圆边　　(i) 二重卷边

知识点——三片罐罐身密封形式

罐身纵缝的密封形式主要有四种：锡焊、熔焊、激光焊、粘接。

最初国内的三片罐都是锡焊罐（即罐身接缝处铁皮搭接采用锡焊而成的三片罐）。但由于焊锡中含有铅，已呈淘汰之势。

熔焊可避免铅污染，能耗低、材料消耗少，但生产设备复杂。

国内外科学家又在电阻熔焊接工艺的基础上，开拓出更新的边缝搭接技术，主要有：激光焊罐（即罐身边缝处，铁皮之间的搭接采用激光来焊接罐身）和粘接罐（即罐身接缝处铁皮搭接采用胶黏剂黏结而成）。

（二）罐型

金属三片罐的造型有圆罐和异形罐两类。

1. 圆罐

饮料罐外形是圆柱体圆罐，是常见的罐型。其中罐径小于罐高者称为竖圆罐，反之称为平圆罐。我国是国际标准化成员国，圆罐规格采用国际通用标准，见 GB/T 10785—1989。1997 年出台了第一号修改单，对 GB 10785—1989 中个别数据进行了修改，并于 1998 年 3 月开始执行。圆罐以其内径和外高表示它的规格系列，如表4－2－1所示（表中个别数据根据第一号修改单进行了修改）。如罐号 5133，首位数 5 表示内径为 52.3mm，后三位数表示外高尺寸为 133mm。

表4－2－1　　　　　　　圆罐系列规格尺寸（GB/T 10785—1989）

罐号	成品规格/mm			计算容积/cm³	罐号	成品规格/mm			计算容积/cm³
	公称直径	内径	外高			公称直径	内径	外高	
15267	153	153.4	267	4823.72	871	83	83.3	71	354.24
15239	153	153.4	239	4306.23	860	83	83.3	60	294.29
15178	153	153.4	179	3197.33	854	83	83.3	54	261.59
15173	153	153.4	173	3086.44	846	83	83.3	46	217.99

续表

罐号	成品规格/mm			计算容积/cm³	罐号	成品规格/mm			计算容积/cm³
	公称直径	内径	外高			公称直径	内径	外高	
1589	153	153.4	89	1533.98	7127	73	72.9	127	505.05
1561	153	153.4	61	1016.49	7116	73	72.9	116	459.13
10189	105	105.1	189	1587.62	7113	73	72.9	113	446.61
10124	105	105.1	124	1023.71	7106	73	72.9	106	417.39
10120	105	105.1	120	989.01	789	73	72.9	89	346.44
1068	105	105.1	68	537.88	783	73	72.9	83	321.39
9124	99	98.9	124	906.49	778	73	72.9	78	300.52
9121	99	98.9	121	883.45	763	73	72.9	63	237.91
9116	99	98.9	116	845.04	755	73	72.9	55	204.52
980	99	98.9	80	568.48	751	73	72.9	51	187.83
968	99	98.9	68	476.29	748	73	72.9	48	175.31
962	99	98.9	62	430.20	6101	65	65.3	101	314.81
953	99	98.9	53	361.06	672	65	65.3	72	221.04
946	99	98.9	46	307.29	668	65	65.3	68	207.64
8160	83	83.3	160	839.27	5133	52	52.3	133	272.83
8117	83	83.3	117	604.93	5104	52	52.3	104	210.53
8113	83	83.3	113	583.13	599	52	52.3	99	199.79
8101	83	83.3	101	517.73	589	52	52.3	89	178.31
889	83	83.3	89	419.63	639	52	52.3	39	70.89

2. 异形罐

异形罐是非圆柱罐的总称。异形罐不用作饮料罐，常见的异形罐有方罐、椭圆形罐、梯形罐与马蹄形罐等。我国异形罐的规格系列见表4-2-2至表4-2-5。

表4-2-2 方罐及冲底方罐规格系列

名称	罐号	成品规格/mm						计算容积/cm³
		外长	外宽	外高	内长	内宽	内高	
方罐	301	103.0	91.0	113.0	100.0	88.0	107.0	941.60
	302	144.5	100.5	49.0	141.5	97.5	43.0	593.24
	303	144.5	100.5	38.0	141.5	97.5	32.0	441.48
	304	96.0	50.0	92.0	93.0	47.0	86.0	375.91
	305	98.0	54.0	82.0	95.0	51.0	76.0	368.22
	306	96.0	50.0	56.5	93.0	47.0	50.5	220.74

续表

名称	罐号	成品规格/mm						计算容积/cm³
		外长	外宽	外高	内长	内宽	内高	
冲底方罐	401	144.5	100.5	35.0	141.5	97.5	32.0	441.48
	402	133.0	88.0	32.0	130.0	85.0	29.0	320.45
	403	126.0	78.0	32.0	123.0	75.0	29.0	267.52
	404	119.0	81.0	24.0	116.0	78.0	21.0	190.01
	405	109.0	77.5	22.0	106.0	74.5	19.0	150.04

表 4-2-3　　　　　　　　椭圆形罐及冲底椭圆形罐规格系列

名称	罐号	成品规格/mm						计算容积/cm³
		外长径	外短径	外高	内长径	内短径	内高	
椭圆形罐	501	148.2	73.8	46.5	145.2	70.8	40.5	327
	502	148.2	73.8	35.5	145.2	70.8	29.5	238.18
冲底椭圆形罐	601	162.5	110.5	37.5	159.5	107.5	34.5	464.60
	602	178.0	98.0	36.0	175.0	95.0	33.0	430.89
	603	168.0	93.5	34.5	165.0	90.5	31.5	369.43
	604	128.5	86.0	31.0	125.5	83.0	28.0	229.07

表 4-2-4　　　　　　　　马蹄形罐规格系列

罐号	成品规格/mm					
	外长	两腰最大外宽	外高	内长	两腰最大内宽	内高
801	193.0	146.5	90.0	190.0	143.5	84.0
802	165.5	119.5	67.0	162.5	116.5	61.0
803	165.5	119.5	51.0	162.5	116.5	45.0
804	147.5	101.5	49.0	144.5	98.5	43.0
805	126.0	90.0	48.0	123.0	87.0	42.0

表 4-2-5　　　　　　　　梯形罐规格系列

罐号	成品规格/mm									计算容积/mm³
	盖外长	盖外宽	底外长	底外宽	外高	盖内长	盖内宽	底内长	底内宽	内高	
701	77.3	54.3	81.0	64.0	92.0	74.3	51.3	78.0	61.0	84	367.98

(三) 三片罐的结构

组成金属三片罐的结构如下:

1. 罐盖和罐底

(1) 膨胀圈

① 结构。在多数情况下,三片罐的罐盖和罐底结构很相似,通常根据需要都在罐盖

（底）上冲制膨胀圈，以提高必要的强度。

膨胀圈结构如图 4 - 2 - 3 所示，一般由一两道外凸筋和若干级 30°的环状斜坡组成，具体取几道外凸筋和几级斜坡，视罐盖直径的大小而定。

表 4 - 2 - 6 列出了对应尺寸圆罐罐盖（底）上膨胀圈纹的结构形状。

② 作用。罐内部在常温下处于负压状态，罐在加热或冷却过程中，罐身因内装物与本身的热胀冷缩会发生永久变形。设置膨胀圈后，若罐内受热膨胀，内压增大，则罐盖（底）拱起；若罐内受冷收缩，在负压作用下，则罐盖（底）内凹，当罐内温度恢复正常时，盖和底又恢复到原来状态。

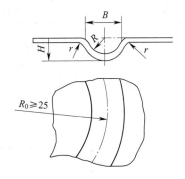

图 4 - 2 - 3 圆罐罐盖（底）
的膨胀圈结构

$R \approx 20t$ $H \leqslant 0.25B$ $r \geqslant 2t$ $R_0 > 25mm$

表 4 - 2 - 6   圆罐盖（底）膨胀圈的结构形状

内径/mm	罐盖（底）的膨胀圈结构形状	内径/mm	罐盖（底）的膨胀圈结构形状
52.5	一个外凸筋，或一个外凸筋与一级斜坡，或无凸筋无斜坡。	83.5	一个外凸筋与二级斜坡
		99	一个外凸筋与二级斜坡
65	一个外凸筋与一级斜坡	108	一个外凸筋与二级斜坡
74	一个外凸筋与一级斜坡	153	两个外凸筋与三级斜坡

知识点——膨胀圈的作用

可概括为以下三点：

① 能避免罐身因温度变化而引起的永久变形，提高罐盖（底）的机械强度。

② 可使罐的卷边结构免遭破坏，保护封口结构的密封性能。

③ 便于识别变质食品。罐装食品的腐败变质，即使罐内产生少量气体，也会引起内压的变化，在外形上极易表现出来。

（2）圆边（预卷边）　圆边是罐盖（底）边缘向内弯曲形成的边钩，以便与罐身的翻边卷边封合。经冲压膨胀圈和圆边后的罐盖（底）结构如图 4 - 2 - 4 所示，其结构尺寸见表 4 - 2 - 7。

（3）罐盖（底）板料尺寸的计算　设计罐盖（底）时，其板料尺寸计算方法如下：

$$D_1 = D + K \qquad (4 - 2 - 1)$$

式中　D_1——罐盖（底）板的直径，mm

　　　D——罐内径，mm

　　　K——修正值，mm

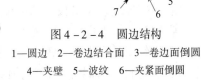

图 4 - 2 - 4　圆边结构

1—圆边　2—卷边结合面　3—卷边面倒圆

4—夹壁　5—波纹　6—夹紧面倒圆

7—夹紧面　8—夹壁倒圆

表 4 – 2 – 7　　　　　　　　马口铁罐盖（底）的主要圆边尺寸　　　　　　　单位：mm

示图	罐内径 D	d_1 +0.05	d_2 +0.05	D_1 ±0.13	D_2 ±0.13	h_2 -0.1	堆叠高度 $h_1 = 50$ 时罐盖数量
	50.5	50.8	50.2	60.2	58.4		
	59.5	59.5	59.2	69.4	67.5		
	72.8	73.2	72.6	83.0	81.1		27 ~ 30
	74.1	74.35	73.7	84.1	82.2	3.0	
	83.4	83.75	83.05	93.63	91.7		
	91.0	91.5	90.8	101.5	99.5		25 ~ 28
	99.0	99.5	98.8	109.5	107.5	3.2	
	153.1	153.5	152.8	164.3	162.1		23 ~ 25
	215.0	215.4	214.2	227.2	224.9		
	223.0	223.4	222.2	235.2	232.9	3.3	20 ~ 23

注：$r_1 = 1.1$（允许偏差 0.1）；$r_2 = 1.0$（允许偏差 0.1）；$r_3 = 1.0$ 允许偏差 0.2。

K 值与罐径大小、设备条件、钢板及胶膜厚度有关，可参照表 4 – 2 – 8 选取。

表 4 – 2 – 8　　　　　　　　罐盖（底）计算尺寸修正系数 K　　　　　　　单位：mm

罐内径	52.3	65.3 ~ 72.9	83.3 ~ 98.9	105	153.4
K 值	15.5	16.0	16.5	17.0	18.0

2. 罐身

罐身的形状多为柱体，罐身通常设置下列一些结构：

（1）罐身接缝　罐身接缝是罐身板成型后所形成的焊（粘）接接缝。因加工工艺不同，罐身接缝有下列四种：

①锁边接缝。罐身板两端互相钩合所形成的四层折叠接缝［图 4 – 2 – 5（a）］，用于锡焊罐罐身成型，接缝重叠宽度为 2.4mm。

②搭接接缝。罐身板两端堆叠在一起以钎焊或熔焊封合所形成的接缝［图 4 – 2 – 5（b）］。目前广泛采用电阻焊结构，接缝重叠宽度为 0.4 ~ 0.6mm。

③对接焊缝。罐身板两端边缘对接在一起，通过焊接形成的焊缝，用于激光焊罐。

④粘接接缝。图 4 – 2 – 6（a）、（b）所示的是美国采用的粘接接缝，图 4 – 2 – 6（c）为日本采用的粘接接缝。这种接缝用熔融的尼龙为黏接剂，以挤出法充填于罐身接缝，同时罐身板被加热使黏合剂填满缝隙，然后经冷却固化而成。粘接罐耐内压力大，耐热性差，可用于包装食品。

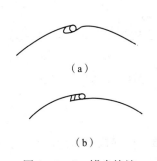

（a）

（b）

图 4 - 2 - 5　罐身接缝

（a）锁边接缝　（b）搭接接缝

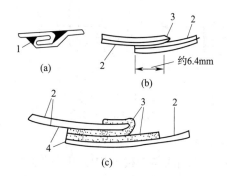

约6.4mm

（a）

（b）

（c）

图 4 - 2 - 6　粘接焊缝

1—胶　2—涂膜　3—粘接剂　4—罐身

（2）切角与切缺　锡焊罐制作过程中，为使罐身两端的接缝处只有两层钢板重叠，以便翻边和封口，需在罐身板的一端切去上、下两角，另一端切制两个锐角或两个 U 形豁口，前者称之为切角，后者叫切缺。

① 切角形式如图 4 - 2 - 7 所示：

a. 三角形切角　端折边切除部位的两侧边互成直角。

b. 钝角形切角　端折边切除部位的两侧边互成钝角。

c. 宝塔形切角　具有两个直角台阶的切除部位。

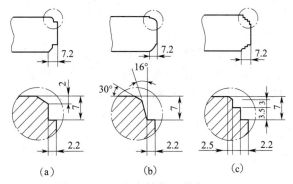

（a）　　　　　　（b）　　　　　　（c）

图 4 - 2 - 7　切角结构（单位：mm）

（a）三角形　（b）钝角形　（c）宝塔形

② 切缺形式如图 4 - 2 - 8 所示：

a. V 形切缺　切缝两边成锐角。

b. U 形切缺　切缝两边平行，底部呈圆弧状。

③ 切角与切缺的技术要求

a. 切角与切缺两端留出的部位距离必须相等。

b. 切角的切口要平齐无毛刺，尺寸正确一致，切口不得过深、过浅和歪斜。

c. 切角与切缺深度相当于端折宽度减去钢板厚度。

d. 切角与切缺深度为 2.1 ~ 2.5mm，随罐径增大而增大，允许偏差为 ±0.15mm。

（3）成钩（端折）　如图 4 - 2 - 9 所示，罐身板经过切角和切缺后，再用折边机将其两端各自向相反的方向弯折，所形成的钩状工艺结构叫成钩（端折）。

① 作用：以便罐身板成圆后互相钩合。成钩既便于罐身的锁接，又可避免焊锡过多地渗入罐内。

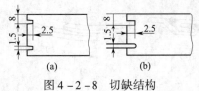
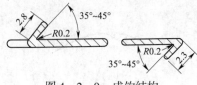

<table>
</table>

图 4-2-8　切缺结构　　　　　　　　　　图 4-2-9　成钩结构

（a）V形　（b）U形

② 技术条件：

a. 罐身两端成钩与罐身构成相反的 35°~45° 的角，保证罐身板弯曲后锁边良好。

b. 成钩宽度应均匀一致，不得有大小头。

c. 成钩宽度为 2.3~2.8mm，随罐径增大而增大，允许偏差 ±0.15mm，

（4）压平

① 压平成型。压平是使罐身板两端的成钩相互钩合后，通过特定的模具利用机械压力将钩合部位压平，形成罐身接缝。接缝的凸出部在罐体内部，罐外仅留一道缝沟〔图 4-2-10（a）〕。

② 压平后的接缝应达到如下标准：

接缝宽度 $b = 2.9~3.4mm$（随罐径增大而增大）

接缝厚度 $h = 4t_b + e$（一般取 1.1~1.2mm）

式中　t_b——罐身板厚度，mm

　　　e——修正值（≤0.2mm）

叠接缺口深度 t，一般取值为（0.5±0.1）mm，如图 4-2-10（b）所示。

（5）翻边　罐身的上下部边缘应适当向外翻出，以便与罐盖或罐底作卷边密封。罐身两端被翻出的部分叫翻边，其结构尺寸见图 4-2-11 和表 4-2-9。

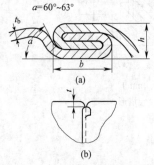
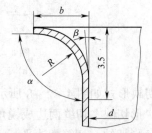

图 4-2-10　锁边接缝成型结构　　　　图 4-2-11　罐身翻边的结构

（a）缝棱横断面　（b）叠接缺口　　　d—空罐内径　b—翻边宽度　R—翻边圆弧半径

　　　　　　　　　　　　　　　　　　α—翻边角度　β—罐身翻边端角度

表 4-2-9　　　　　　　　　　　　　三片罐罐身翻边结构尺寸

名　称	代号	结构尺寸
翻边宽度	b	(2.8~3.4)±0.2mm（按孔径大小取值）
翻边圆弧半径	R	2.0~2.5mm
翻边角度	α	95°~97.5°（撞击翻边）
		90°（闸刀翻边）
罐身翻边端角度	β	4°
翻边后罐身高度		（h-3.0）mm（h 为罐身板高度）

PACKAGING STRUCTURE & DIE-CUTTING PLATE DESIGN(THE SECOND EDITION)　包装结构与模切版设计(第二版)

（6）环筋　当罐身直径和高度较大时，为防止罐身发生内凹与外凸，应在其圆周方向滚压环筋。为此须在罐身接缝处用凹凸模压出预压筋（图4-2-12），以便在罐身上滚压环筋（图4-2-13）。在国外，有些小型圆罐为增加其强度也滚压环筋，这样可采用较薄的材料，节约成本。

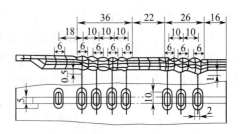

图4-2-12　罐身接缝预压筋

（7）罐身板的尺寸计算　现以圆罐为例，罐身板的尺寸计算方法如下：

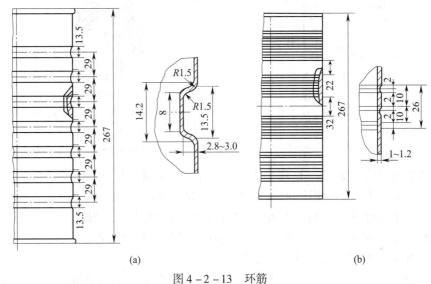

(a)

(b)

图4-2-13　环筋

（a）甲种环筋　　（b）乙种环筋

① 罐身板长度

锡焊罐：
$$L = \left[\pi(d + d_b) + 3b \right] \pm 0.25 \qquad (4-2-2a)$$

电阻焊罐：
$$L = \left[\pi(d + d_b) + 0.3 \right] \pm 0.05 \qquad (4-2-2b)$$

式中　L——罐身板计算长度，mm

d——圆罐内径，mm

d_b——薄钢板厚度，mm

b——成钩宽度，一般取 2.53mm

② 罐身板宽度
$$B = (h + 3.5) \pm 0.05 \qquad (4-2-3)$$

式中　B——罐身板计算宽度，mm

h——罐外高，mm

若圆罐设置环筋时，罐身板计算宽度可适当增加 1~1.5mm，切斜误差不得大于 0.25%。

3．易开结构

（1）固体包装易开盖　图4-2-14 所示的易开盖罐主要用来包装粒状食品、奶粉、固体饮料等，其盖可整体打开。内装物不需高温灭菌，也不要求较高的强度和密封性。盖内箔片用以防止空气渗入。

　　图 4 – 2 – 15 所示的固体包装易开盖罐，其盖分内盖和外盖两部分。内盖设置了易开结构，在 $50 \sim 60\mu m$ 厚的铝箔上附加塑料拉环。铝箔外缘粘接镀锡薄钢板圈，该圈与罐身贴紧固定，使内盖与罐身连接。外盖可以保护内盖，并在铝箔外缘内盖开启后还能重新封闭罐体。

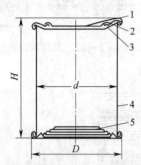

图 4 – 2 – 14　固体包装易开盖罐

1—易开盖　2—罐盖环　3—箔片

4—罐身　5—罐底

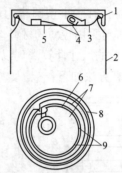

图 4 – 2 – 15　新型固体包装易开盖罐

1—外盖　2—罐身　3—镀锡薄钢板圈

4、6—拉环　5—铝箔　7—铝箔

8—镀锡薄钢板圈　9—连接处

　　这种罐的开启方法如下：① 用手指拉起拉环，使铝箔上有一个孔（首次开启）。为了保证以最小的力打开铝箔，用图 4 – 2 – 16 显示的状态撕开。② 进一步将拉环向上提拉，铝箔按照拉环的形状撕开（撕裂扩散）。③ 拉环继续提拉，铝箔沿罐边全部撕掉。

　　由于铝箔上没有压痕，所以撕裂扩散必须加以控制，使其按预定方案撕掉。

　　该罐的拉力扩展方向与受力状况如图 4 – 2 – 17 所示。

　　（2）液体包装易开　常见的液体包装易开盖罐罐盖上的易开装置主要由刻痕、拉环和将拉环固定在易开盖上的铆钉组成。刻痕是为了便于开启，预先在易开盖上压成或刻画的撕开线。铆钉的作用是将拉环铆合在易开盖上。

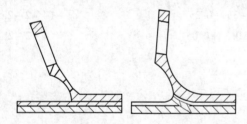

图 4 – 2 – 16　新型固体包装易开罐首开状态

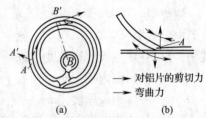

→ 对铝片的剪切力

→ 弯曲力

（a）　　　　（b）

图 4 – 2 – 17　拉力扩展方向与受力状况

（a）拉力扩展方向　　（b）受力状况

　　老式的液体包装易开盖开启后易开部件与罐身脱离，容易造成环境污染。图 4 – 2 – 18 所示的易开罐采用了新型液体包装易开盖，又称为滑片盖。只要将罐盖上的可滑动舌片向后推动即可开启。开启后易开部件与罐身相连，既不会对环境造成污染，又能够节约材料。同时制动棘轮可使滑片重新关闭，以保持原有的密封及强度。

图 4 – 2 – 18　新型液体
包装易开盖罐

(四) 二重卷边 (五层卷边)

二重卷边是目前广泛采用的金属罐罐身与罐盖（底）的卷封方式，其质量优劣对罐的性能影响极大。采用二重卷边封口，不仅适宜制罐、装罐和封罐的高速度、大批量、自动化生产，而且也容易保证金属罐的气密性。

如图 4-2-19 所示，二重卷边的结构是由互相钩合的二层罐身材料和三层罐盖材料以及嵌入它们之间的密封胶构成，是以五层罐材咬合连接在一起的卷封方法。二重卷边的形式除了双重平卷边、双重圆卷边外，还有一种特殊的二重卷边形式，即图 4-2-20 所示的加焊双搭接缝。

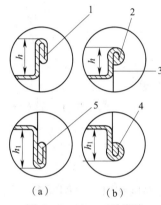

图 4-2-19 二重卷边

（a）双重平卷边　（b）双重圆卷边

1、5—密封填料　2—罐盖　3—罐身　4—罐底

h—罐顶深　h_1—罐底深

图 4-2-20 特殊二重卷边
结构（加焊双搭接缝）

1. 二重卷边的内部结构

罐身与罐盖（底）的卷封需使用专用的封罐机来完成。图 4-2-21 表示二重卷边在罐盖置于罐身后，经过一级卷合、二级卷合，最后实现成型的全过程。构成二重卷边的结构如下：

（1）身钩（B_1）　是指二重卷边形成时罐身的翻边部分弯曲成钩状的长度，其值为 1.8～2.2mm。

（2）盖钩（B_2）　是指二重卷边形成时把罐盖圆边翻向卷边内部弯曲部分的长度，其值应与身钩基本一致。

（3）叠接长度（E）　是指卷边内部盖钩与身钩相互叠接部分的长度，可按下式近似计算：

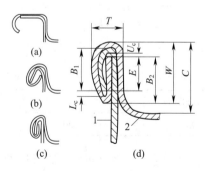

图 4-2-21 二重卷边成型过程及结构

（a）罐盖置于罐身　（b）一级卷合
（c）二级卷合　（d）完成二重卷边
1—罐身　2—罐盖

$$E = B_1 + B_2 + 1.1t_c - W \qquad (4-2-4)$$

式中　E——叠接长度，mm

　　　B_1——身钩尺寸，mm

　　　B_2——盖钩尺寸，mm

t_c——罐盖板材厚度，mm

W——卷边宽度，mm

（4）叠接率（K）　是指卷边内部盖钩和身钩互相叠接的程度。其大小等于叠接长度与叠接长度加两端空隙长度之比，叠接率越高，卷边的密封性越好。

$$K = \frac{E}{W - (2.6t_c + 1.1t_b)} \times 100\% \qquad (4-2-5)$$

式中　K——叠接率，%

　　　E——叠接长度，mm

　　　t_b——罐身板材厚度，mm

　　　t_c——罐盖板材厚度，mm

　　　W——卷边宽度，mm

对圆罐而言，叠接率 K 要大于 50%，从式（4-2-4）、式（4-2-5）可知，欲提高叠接率 K，必须增大身钩、盖钩尺寸或减小卷边宽度。

（5）盖钩空隙（U_c）和身钩空隙（L_c）　U_c 和 L_c 要求越小越好，这样可提高卷边的叠接率。

2．二重卷边的外部结构

（1）卷边厚度（T）　是指卷边后五层材料的总厚度和材料之间间隙之和。该尺寸取决于加工成型时两道卷边滚轮的压力，以及罐型与板材的厚度。圆罐的卷边厚度可从表 4-2-10 查出，也可按下式计算：

$$T = 3t_c + 2t_b + \sum g \qquad (4-2-6)$$

式中　T——卷边厚度，mm

　　　t_c——罐盖板材厚度，mm

　　　t_b——罐身板材厚度，mm

　　　$\sum g$——卷边内部五层板材之间间隙总和，一般取 0.15~0.25mm

表 4-2-10　　　　　　　　　圆罐卷边厚度与板材厚度关系　　　　　　　　　单位：mm

板材厚度	0.20	0.23	0.25	0.28
卷边厚度	1.15~1.30	1.30~1.50	1.40~1.60	1.55~1.70

（2）卷边宽度（W）　是指从卷边外部沿罐体轴向测得的平行于卷边叠层的最大尺寸。该尺寸取决于加工卷边滚轮的沟槽形状、卷边压力、身钩尺寸以及板材厚度。卷边宽度可按下式计算：

$$W = 2.6t_c + B_1 + L_c \qquad (4-2-7)$$

式中　W——卷边宽度，mm

　　　t_c——罐盖板材厚度，mm

　　　B_1——身钩尺寸，mm

　　　L_c——身钩空隙，mm

（3）埋头度（C）　是指卷边顶部至靠近卷边内壁罐盖肩平面的高度。一般由封罐机上压头凸缘的厚度来决定，可按下式计算：

$$C = W + \alpha \qquad (4-2-8)$$

式中　C——埋头度，mm

　　　W——卷边宽度，mm

　　　α——修正值，一般取 0.15 ~ 0.30mm

表 4 - 2 - 11 给出了马口铁罐二重卷边的有关尺寸。

表 4 - 2 - 11　　　　　　　　　　　马口铁罐的二重卷边尺寸　　　　　　　　　单位：mm

罐径 马口铁编号 部位尺寸	50.5, 59.5	72.8	83.1	91.0, 99.0	153.1	223.0, 215.0
	20.22	22.25	22.25	25.28	28.32	32.36
T	1.20 ~ 1.30	1.30 ~ 1.40	1.30 ~ 1.40	1.35 ~ 1.50	1.60 ~ 1.75	1.75 ~ 2.00
W	2.80 ~ 3.00	3.00 ~ 3.10	3.00 ~ 3.15	3.10 ~ 3.20	3.30 ~ 3.50	3.30 ~ 3.60
B_1	1.80 ~ 1.90	1.90 ~ 2.00	1.90 ~ 2.00	1.95 ~ 2.05	2.00 ~ 2.10	2.10 ~ 2.20
B_2	1.90 ~ 2.00	2.00 ~ 2.10	2.00 ~ 2.10	2.05 ~ 2.15	2.10 ~ 2.20	2.20 ~ 2.30

（五）设计方法

由于三片罐及相关的制造设备已经实现了标准化和规格化，所以容器的制造成型相对比较成熟。三片罐的结构设计，一般只要根据用户的包装要求选定容器的结构、造型、材料和卷封结构。

1. 确定容器的结构和造型

确定容器的结构和造型应综合考虑包装的要求和成本等因素。通常圆形罐相对其他罐型具有制作容易、用料省、容量可以做大等优点，但外观一般，而异形罐造型独特，但制作相对困难，用料及成本都较大。确定容器的结构和造型时，在综合考虑包装的要求及成本等因素的前提下，要合理选定三片罐的封闭形式、开启方式、侧缝结构以及罐盖和罐底的结构等。

2. 确定容器的规格尺寸

容器的造型及结构尺寸按照包括容量在内的包装要求初步确定后，再按 85% ~ 95% 的填装率来核算罐容和结构尺寸，最后根据计算结果从标准容器的规格系列中选定其相应的规格尺寸；对于有特殊要求或特殊形状的容器，可根据实际需要确定其规格尺寸。

3. 材料厚度的确定

应根据金属罐的受力状况及强度条件来确定材料及厚度。

（1）容器的受力状况　三片罐受力情况如图4-2-22所示，主要有罐内的正（负）

压力和外部机械作用力。除了要承受轴向载荷和侧向的撞击作用力外，野蛮装卸导致的外力也会严重破坏罐的结构。为了提高罐盖或罐底的结构强度，保护封口结构的完整性，可在罐盖或罐底上设置膨胀圈。罐身强度不够时，除了选用适当厚度的罐材外，可设置侧壁加强筋（水平波纹）来提高罐的强度。但是过深及过多的加强筋会使罐身轴向承载力下降。

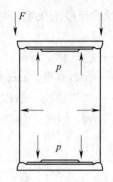

图 4 - 2 - 22　三片罐力学分析
p—罐内气压（常温下负压，高温下正压）
F—外部作用力

（2）容器的强度验算　金属罐所用的板材厚度为 0.15 ~ 0.5mm。若用铝合金板或镀锡薄钢板等制作需要加热杀菌的食品罐或其他压力罐时，由于加热会引起罐内呈正压力状态，故可按罐内压力、材料的许用应力来计算罐壁厚度，计算公式如下：

$$\sigma = \frac{pD}{2t} \leqslant [\sigma] \qquad\qquad (4-2-9)$$

式中　p——罐内气压，MPa

　　　D——罐内径，cm

　　　σ——罐的工作应力，MPa

　　$[\sigma]$——罐材的许用应力，MPa

　　　t——罐壁的厚度，cm

三片罐和两片罐中的拉深罐，其材料厚度可根据上式算出的罐壁厚度 t 直接选用。式（4 - 2 - 9）亦可对现有的压力罐进行强度校核。

二、两片罐设计

两片罐（two - piece can）于 20 世纪中叶问世（图 4 - 2 - 23）。20 世纪 40 年代英国人将冲压技术用于罐头容器的生产，制造出了铝合金浅冲罐。20 世纪 70 年代两片罐的制造技术已相当完善，开始在全世界传播，70 年代日本、欧洲等国家和地区相继引进了两片冲压罐生产技术和设备。80 年代我国也开始引进两片冲压罐的生产技术和生产线。

但是发展两片罐生产存在一定问题，两片罐设备投资大，对材料要求高，由于受模具等因素的限制，两片罐的罐型单一，难以适应多品种、多样化的要求。

图 4 - 2 - 23　金属两片罐

（一）两片罐特点

两片冲压罐最重要的特点是，罐身的侧壁和底部为一整体结构，无任何接缝，具有以下优点：

① 因罐体上无接缝，故外表面可全面印刷和装潢，提高包装装潢效果。

② 两片罐壁薄（0.01~0.1 mm）、质轻，和同容积的三片罐相比，质量减轻一半，可降低制罐成本。

③ 罐身与罐底作成一体，力学强度高，密封性好，内壁光滑、平坦，便于内涂涂料。

④ 因罐身无接缝，故与罐盖卷封作业容易，且密封效果好。

⑤ 成型工艺简单且速度快，可实现高速机械自动化生产。

⑥ 两片罐一般采用铝质易开盖，开启方便。

（二）两片罐分类

铝易开盖两片罐的分类方法如下：

1. 按照规格分类

按照规格，铝易开盖两片罐可分为 206/211 × 310（250mL）、206/211 × 314（275mL）、206/211 × 408（330mL）、206/211 × 413（355mL）、206/211 × 610（500mL）等几类。

2. 按照易开盖分类

按照易开盖，铝易开盖两片罐可分为拉环式和留片式，如图4-2-24所示。

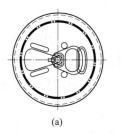 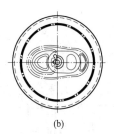

（a）　　　　　　（b）

图4-2-24　铝易开盖
（a）拉环式　（b）留片式

3. 按罐体材料分类

铝易开盖两片罐按罐体材料分为铝罐和钢罐（按照《GB/T 9106—2001 包装容器铝易开盖两片罐》的规定）。

2009年，《GB/T 9106.1—2009 包装容器 铝易开盖铝两片罐》替代了 GB/T 9106—2001 中关于铝罐两片罐的相关规定，关于钢制两片罐的新国标《包装容器 铝易开盖钢制两片罐》目前还在研讨中。

4. 按成型工艺分类

两片罐按成型工艺可分为拉深罐和变薄拉深罐，其中拉深罐又可分为浅拉深罐和深拉深罐，见表4-2-12。

表4-2-12　　　　　　　　　两片冲压罐的分类（GB/T 9106—2001）

	浅拉深罐	一次拉深
拉深罐	深拉深罐（DRD 罐）	多次拉深
变薄拉深罐（D&I 罐）		多次拉深

罐身采用拉深工艺成型的两片罐叫拉深罐，拉深罐主要用于灌装罐头食品，罐身厚度没有明显变化，侧壁和罐底的厚度基本一致。按照罐高和直径的比值大小可细分为浅拉深

罐和深拉深罐。浅拉深罐又称为浅冲罐，其高度和罐身直径之比小于1，深拉深罐习惯称为深冲罐，其高度与罐身直径之比则大于1。浅冲罐罐身成型一般采用浅拉深法，只要一次冲压即可成型。深拉深罐需要采用多级拉深法才能实现罐身的成型，成型过程如图4-2-25所示。

罐身需用变薄拉深工艺成型的两片罐叫变薄拉深罐，其成型过程如图4-2-26所示。

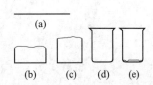

图4-2-25 多级拉深成型罐身

（a）圆形板坯　（b）浅拉深
（c）一次再拉深　（d）二次再拉深
（e）罐身成型

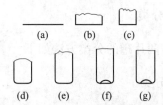

图4-2-26 冲压-变薄拉深成型罐身

（a）圆形板坯　（b）浅拉深　（c）再拉深
（d）一次变薄拉深　（e）二次变薄拉深
（f）三次变薄拉深　（g）罐身成型

知识点——变薄拉深罐

变薄拉深罐，俗称冲拔罐。目前用于包装的主要是铝质罐，采用铝合金薄版作为材料。铝是生产金属容器用材中占第二位的金属材料，铝具有资源丰富、质量轻、易加工、耐腐蚀等优点。

变薄拉深罐除了具有两片冲压罐的一般特点外，还具有罐壁薄、重量轻等特点。

由于罐壁薄，所以罐的刚度相对较低，故变薄拉深罐多用于灌装各种含气饮料，借用含气饮料的气体压力增大罐内压力以维持罐的刚度。

（三）两片罐结构

两片罐的结构如图4-2-27所示，主要由罐身、罐盖两大部分组成。

1. 罐身

罐身结构如下：

（1）罐底　即罐身的底部，主要起支撑整个容器的作用，其外形通常设计成圆拱形。如图4-2-27（b）所示，一般含气饮料罐的内部压力较大，要求罐底的最小抗弯强度为586~620kPa。为了满足底部的抗弯强度要求，早期使用厚度为406~409μm的板材，底部设计成图4-2-28（b）中的A；现行的含气饮料罐普遍采用阿尔考B-53V字形罐底，其外形见图4-2-28（b）中的B，板厚减至330μm；而阿尔考B-80型罐

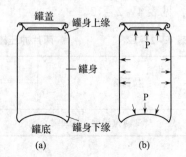

图4-2-27 两片罐的结构及受力示意图
（a）结构图　（b）受力图

底，其外形如图 4 - 2 - 28（b）中的 C，板厚可降到 320μm。

（2）罐身下缘　即侧壁和罐底的连接部。该部分外形要合理，常配合罐底一起设计，既要保证两片罐有足够的结构强度，又要使其造型美观。

（3）罐身侧壁　该部分是两片罐的主体。表面光洁平整。侧壁的结构设计，须保证其具有足够的纵向抗压能力。

（4）罐身上缘　即侧壁与罐盖的封合部位。为了节约原材料，两片罐的罐盖直径都较小，因此，罐体上缘部分必须采取缩颈结构。早期的两片罐上缘是采用简单的缩颈形式，随着罐盖直径进一步缩小，从 20 世纪 80 年代起，出现了双缩颈、三缩颈等罐型，如图 4 - 2 - 28 所示，英国 Metal Box 公司发明的旋压缩颈罐，其结构在加工上有很大优势，近年来采用这种结构的两片罐越来越多。

按照 GB/T 9106.1—2009 的规定，缩径翻边罐体的主要尺寸和极限偏差如图 4 - 2 - 29 和表 4 - 2 - 13 所示。

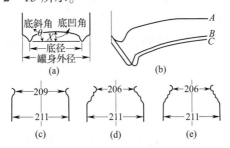
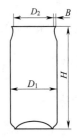

图 4 - 2 - 28　两片罐底部与罐颈外形　　　图 4 - 2 - 29　罐体主要

（a）罐底　（b）罐底外形　（c）简单缩颈　（d）双缩颈　（e）三缩颈　　尺寸示意图

A - 最早的罐底外形　B - 阿尔考 B - 53 V 字形罐底　C - 阿尔考 B - 80 罐底

表 4 - 2 - 13　　　　　　　　　　　　罐体主要尺寸　　　　　　　　　　　　　单位：mm

名称	符号	公称尺寸					极限偏差
		250mL	275mL	330mL	355mL	500mL	
罐体高度	H	90.93	98.95	115.20	122.22	167.84	±0.38
罐体外径	D_1	66.04					
缩颈内径	D_2	57.40					±0.25
翻边宽度	B	2.22					

2. 罐盖

无论是三片罐还是两片罐都需用罐盖封顶。金属罐罐盖的种类较多，加工制造技术大同小异，罐盖的结构可根据需要进行设计。含气饮料罐一般都采用统一规格的铝质易开盖。

（1）易开盖的结构尺寸　按照 GB/T 9106.1—2009 的规定，易开盖的主要结构尺寸和极限偏差应符合图 4 - 2 - 30 和表 4 - 2 - 14 的规定。

（2）安全折叠结构　对于大口易开盖，为使撕脱的盖子与罐顶沿压痕线撕裂处的锋利切口不致伤人，可使罐盖形成折叠，以防止人体与撕裂口接触。这种以安全为目的所设置的折叠叫安全折叠，其结构如图 4 - 2 - 31 所示。

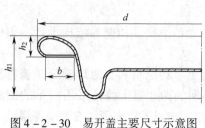

图 4-2-30　易开盖主要尺寸示意图

表 4-2-14　易开盖主要尺寸　单位：mm

名称	符号	公称尺寸	极限偏差
钩边外径	d	64.82	±0.25
钩边开度	b	≥2.72	—
埋头度	h_1	6.35	±0.13
钩边高度	h_2	2.01	±0.20
每50.8mm 盖钩边的重叠个数	e	26±2	

（3）压痕线的深度　压痕线的深度既要考虑撕开时不太费力，又要有足够的强度以抗击振动和承受罐内压力。铝质盖的压痕深度可为板厚的 2/5～1/2，钢质盖压痕深度可控制在板厚的 2/5，开口大的压痕深度可浅些，一般梨形口的压痕深度为板厚的 1/2。

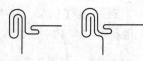

图 4-2-31　易开盖的安全折叠结构

（四）设计方法

1. 材料的选定

（1）材料的选择　浅拉深罐的材料主要选用无锡钢板或涂料无锡钢板；考虑到加工变形量大的要求，深拉深罐的材料一般为马口铁、镀铬薄铁板和铝合金板（厚度为0.2～0.3mm），变薄拉深罐的材料主要有铝合金薄板和镀锡薄钢板。

（2）材料厚度的确定　应根据金属罐的结构强度来确定材料的厚度。

用铝合金板或镀锡薄钢板制作食品罐等薄壁压力罐时，可根据罐内压力、材料的许用应力，利用式（4-2-9）计算罐壁厚度。

拉深罐所用材料的厚度可根据算出的罐壁厚度直接选用。

2. 结构设计

两片罐的罐型、尺寸及封口形式均受到制罐设备的限制，因此其结构设计实际上只是选择罐型、材料和封口形式。

由于圆柱罐和非圆柱异形罐相比在容量相同的条件下用料最少，方罐用料最多，要比圆柱罐用料多40%。因此，一般情况下应尽量选用圆柱形罐型。此外，还应考虑罐的开启方式，是采用顶开式还是采用侧面卷开式，是选用饮料罐易开盖还是选用整体拉开盖等，都要视具体情况而定。

设计新罐时，应根据包装要求，综合考虑商品受热膨胀、商品装填率等因素，先确定罐型、结构及尺寸，再计算罐容。要尽量使新罐的规格尺寸、容量符合标准化要求。

3. 用料面积的计算

制作圆柱形两片罐所用的坯料是圆形坯料，其落料尺寸算法分别如下：

拉深罐在冲拔拉深过程中，侧壁和底部的厚度基本不变，罐坯表面积与圆形坯料的面积相当，所以可按表面积不变的原则计算圆形坯料的尺寸。因拉深后的罐坯要修边，故计算出的圆形坯料直径要加大 10～30mm。圆柱形罐坯的表面积可参照表 4-2-15 中相关的公式进行计算。

表 4-2-15　　　　　　　　　　拉深罐坯件表面积计算公式

序号	坯件形状	表面积计算公式	序号	坯件形状	表面积计算公式
1		$A = \dfrac{\pi}{4}D^2$	9		$A = \pi\left(\dfrac{d^2}{4} + h\right)$
2		$A = \dfrac{\pi}{4}(d_2^2 - d_1^2)$	10		$A = \dfrac{\pi^2 rd}{2} - 2\pi r^2$
3		$A = \pi d_2 h$	11		$A = \dfrac{\pi^2 rd}{2} + 2\pi r^2$
4		$A = \pi s\left(\dfrac{d_1 + d_2}{2}\right)$	12		$A = \pi^2 rd$
5		$A = 2\pi rh$	13		$A = \pi^2 rd$
6		$A = 2\pi rh$	14		$A = \pi^2 rd$
7		$A = 2\pi r^2$	15		$A = 17.7rd$
8		$A = 2\pi rh$			

变薄拉深罐的坯料尺寸应根据体积不变的原则估算，同样也要考虑修边的要求，实际落料尺寸应大于计算的结果。

例 4-2-1　已知拉深罐罐坯的结构如图 4-2-32 所示，计算圆形坯料的尺寸。

解：图 4-2-31 所示的拉深罐坯料的结构可视为表 4-2-15 中四种结构（1、11、3、10）的组合，按照表面积不变的原则计算如下：

$$\frac{1}{4}\pi D_0^2 = \frac{1}{4}\pi d_1^2 + \frac{1}{2}\pi^2 r_1 d_1 + 2\pi r_1^2 + \pi d_2 h + \frac{1}{2}\pi^2 r_2(d_2 + 2r_2) - 2\pi r_2^2$$

由此求得：$D_0 = \sqrt{d_1^2 + 2\pi r_1 d_1 + 8r_1^2 + 2\pi r_2 d_2 + 4\pi r_2^2 - 8r_2^2 + 4hd_2}$

实际落料尺寸要比计算尺寸 D_0 大 10～30mm。

例 4 – 2 – 2 经冲拔拉深修边后的变薄拉深罐坯件形状如图 4 – 2 – 33 所示，试计算其圆形坯料的尺寸。

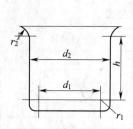
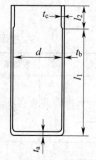

图 4 – 2 – 32 拉深罐落料计算图　　图 4 – 2 – 33 变薄拉深罐用料计算图

解： 若坯料厚度为 t_0，按体积不变原则计算如下：

$$\frac{\pi D^2}{4} t_0 = \frac{\pi d^2}{4} t_a + \pi d l_1 t_b + \pi d l_2 t_c$$

考虑到 $t_a = t_0$，由此求得：

$$D = \sqrt{d^2 + 4d(l_1 t_b + l_2 t_c)/t_a}$$

再考虑修边，实际圆形坯料直径要比计算尺寸 D 大 $10 \sim 30$mm。

表 4 – 2 – 16 列出了两种材料变薄拉深罐的毛坯落料直径 D 的计算值（符号参见图 4 – 2 – 33）。

表 4 – 2 – 16　　　　　　　　　　**毛坯落料直径 D 的计算值**　　　　　　　　　单位：mm

材料	t_a	t_b	t_c	l_1	l_2	d	D
铝	0.45 ~ 0.50	0.15 ~ 0.18	0.22 ~ 0.25	105	按卷边比例定	65	约 133
镀锡板	0.35 ~ 0.40	0.12 ~ 0.15	0.19 ~ 0.22	105	按卷边比例定	65	约 127

任务三　设计罐饮料礼品包装纸箱

罐装饮料一般用瓦楞纸箱包装（图 4 – 3 – 1），在设计外包装箱之前，首先要讨论罐饮料类圆柱内装物排列方式。

一、圆柱内装物排列方式

瓶罐等圆柱体内装物在包装中的排列如同长方体一样，以传统的齐列排列方式为主，该方式具有排列整齐，便于计数、机械操作等特点。但是其罐与罐之间的间隙不能有效利用。如果采用错列排列方式，当列数超过某一范围时，则有可能提高空间利用率，从而降低生产、运输及仓储成本，达到包装的减量化。

图 4 – 3 – 1　承德产杏仁露罐包装及外包装瓦楞纸箱

1. 错列排列

与齐列排列相比，错列排列利用了图 4-3-2 中的阴影部分，其形为弓形，相当于圆柱体内装物底面积 S_1 的 1/12.5。

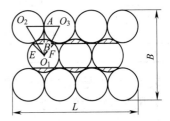

图 4-3-2　圆柱体错列排列

2. 列数与空间利用率关系

从图 4-3-2 可以看出，当总排列行数为偶数时，错列之圆柱内装物阴影为单组（行），而总排列行数为奇数时，阴影为双组（行），总排列行数 M 与阴影组数 m 有如下关系：

$$m = M - 1 \tag{4-3-1}$$

从图 4-3-2 还可以看出，偶数行总比奇数行的列数少一，这样，只有当阴影总面积之和与偶数行行数和内装物底面积 S_1 乘积的比值大于一定值时，错列排列才能提高空间利用率。也就是说，当排列行数一定时，只有排列列数大于或等于一定值时，错列排列才能比齐列排列更节省空间。

排列优数（Q）：为便于定性地从空间利用率来确认排列方式的优劣，引入排列优数 Q，当仅仅比较齐列排列与错列排列时，定义 Q 如下式：

$$Q = \frac{\left[1 + \frac{\sqrt{3}}{2}(M - 1)\right]N}{MN - \mathrm{INT}(M/2)} \tag{4-3-2}$$

式中　　Q——排列优数

　　　　M——排列行数

　　　　N——奇数行排列列数

　INT（$M/2$）——不大于 $M/2$ 的最大整数

当 $Q > 1$ 时，齐列排列的空间利用率优于错列排列，当 $Q < 1$ 时则反之。

3. 错列排列列数优化值域

列数优化值域就是在错列排列中，当行数一定时，奇数行排列列数在该值范围内则空间利用率一定优于齐列排列，并且数值越大，空间利用率越高，而在该值域范围之外，空间利用率一定低于齐列排列。

利用式（4-3-2）及计算机进行编程，得出部分结果见表 4-3-1。

表 4 – 3 – 1 圆柱体内装物错列排列列数优化值域

行数	奇数行个数	偶数行个数	总装量数	列数优化值域
2	8	7	15	≥8
3	4	3	11	≥4
4	5	4	18	≥5
5	4	3	18	≥4
6	5	4	27	≥5
7	4	3	25	≥4
8	5	4	36	≥5
9	4	3	32	≥4
10	5	4	45	≥5
11	4	3	39	≥4
12	5	4	54	≥5

表 4 – 3 – 1 是错列排列列数优化的研究结果，可以看出，当 2 行的列数≥8 时，以及所有总排列行数为偶数的列数≥5，行数为奇数则≥4 时，错列排列比齐列排列节省空间。

4. 错列排列包装的内尺寸计算公式

采用错列排列包装的内尺寸计算公式

圆柱体内装物采用错列排列时，包装内尺寸计算公式如下：

$$L_i = ND + (N-1)d + k_i \qquad (4-3-3)$$

$$B_i = D + \frac{\sqrt{3}}{2}D(M-1) + (M-1)d + k_i \qquad (4-3-4)$$

高度内尺寸计算公式同齐列排列。

式中　L_i——包装长度内尺寸（列方向长度尺寸），mm

　　　B_i——包装宽度内尺寸（行方向长度尺寸），mm

　　　N——错列排列奇数行列数

　　　M——错列排列行数

　　　d——间隙系数

　　　k_i——内尺寸修正系数

二、非标准瓦楞纸箱箱型

由于饮料的瓶罐包装可承重，设计又多样化，所以外包装一般选用非标准瓦楞纸箱，这里介绍包卷式纸箱、分离式纸箱和三角柱型纸箱三种非标准瓦楞纸箱。

（一）包卷式纸箱

1. 普通包卷式纸箱

包卷式瓦楞纸箱不论是内接头式还是外接头式似乎都像一只平放的 0201 型箱，但实际上与 0201 型标准箱相比，结构有很大不同，如图 4 – 3 – 3 所示。

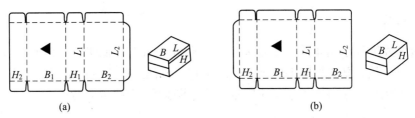

图 4 - 3 - 3　包卷式瓦楞纸箱

(a) 外接头　　(b) 内接头

（1）0201 纸箱一般用轮转式设备生产，而包卷式纸箱是模切生产，所以 0201 纸箱内外摇盖压痕线在一条直线上，而包卷式纸箱则不同，如图 4 - 3 - 4 所示。

（2）0201 纸箱带有制造接头，在瓦楞纸箱厂完成制箱的整个过程，到用户厂后再将内装物装填到半成型箱中，如图 4 - 1 - 2 所示；而包卷式纸箱在纸箱厂只完成箱坯，以半成品形式运至用户，由用户使用高速自动包装设备将内装物放置箱坯上再将其包卷制作成箱，接头这时才完成接合，如图 4 - 3 - 5 所示。

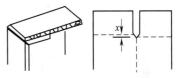

图 4 - 3 - 4　包卷式纸箱压痕线

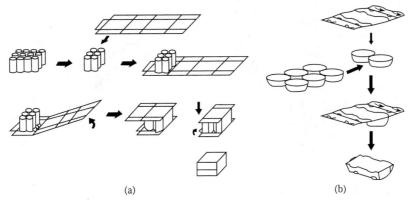

图 4 - 3 - 5　包卷式纸箱包装工艺

(a) 向上包卷　　(b) 向下包卷 120

（3）0201 纸箱楞向平行于纸箱接头，而包卷式纸箱楞向垂直于纸箱接头，所以包卷式纸箱有两个垂直面（*BH* 面）是水平瓦楞且开口位置在此，抗压强度较四个垂直箱面均为垂直瓦楞且无开口的 0201 箱约低 20% 。

（4）采用包裹方式卷包内装物，包卷式纸箱与内装物紧紧相贴，因而包装同量内装物，外尺寸与瓦楞纸板用量均小于 0201 纸箱。

基于以上原因，包卷式纸箱只适合包装刚性内装物。罐装饮料的外包装也往往选用包卷式纸箱。

2. N 型包卷式纸箱

N 型包卷式纸箱如图 4 - 3 - 6 所示，当包卷式箱体与 H 型中隔板上的撕裂打孔线（图中对折线处）撕开后，箱体分离为两个，解决了大批量生产和小批量销售的矛盾。

3. F 型包卷式纸箱

F 型包卷式纸箱如图 4-3-7 所示，其中包卷式纸箱类似于平放的 0209 短摇盖箱。上摇盖用胶带连接，既增加固定效果，又易于箱体分离。F 型包卷箱同时兼有 0201 箱和普通包卷箱的优点，又增加了分离的功能。其组装过程如图 4-3-8 所示。

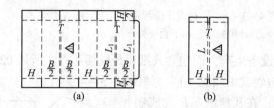

图 4-3-6　N 型包卷式纸箱

（a）包卷箱板　（b）H 型中隔板　（c）装配图

1—H 板　2—撕裂打孔线

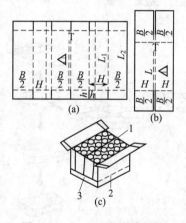

图 4-3-7　F 型包卷式纸箱

（a）包卷箱板　（b）H 型隔板　（c）装配图

1—H 型隔板　2—展示用撕裂打孔线

3—分离用撕裂打孔线

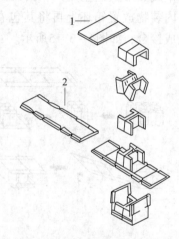

图 4-3-8　F 型包卷式纸箱组
装成型过程

1—H 型隔板　2—箱板

F 型包卷式纸箱具有以下优点：

① 包装单位趋向小批量化。例如可以将原 20 罐装箱分解为两个 10 罐装箱。

② 包装强度提高。与 0201 型箱相比，箱底为平面，所以内装物跌落破损率降低；与普通包卷式纸箱和 N 型包卷式纸箱相比，由于纸箱侧壁均为垂直瓦楞，所以抗压强度提高。

③ 包装材料成本降低。与其他分离式纸箱相比，纸板用量大约节省 20%。与传统 0201、0903 组合箱相比，则纸板节省率可达 40%，成本降低 20%~30%。

④ 具有良好的促销性能。箱盖易于开启，箱体易于分解，批发或零售商店不用刀具切割即可将外包装箱一分为二。且方便贴标，托盘展示性好。

F 型包卷式纸箱采用以下材料：

箱板　K—180·SCP—160·K—180AF 或 C—210·SCP—125·C—210AF

H 板　K—180·SCP—180·K—180AF 或 C—210·SCP—125·C—210AF

原纸品种/定量/纸板层数/楞型表示法：

表示公式：外面纸品种—外面纸定量·瓦楞芯纸品种—瓦楞芯纸定量·内面纸品种－内面纸定量、瓦楞楞型F

纸板的品种采用英文缩写，见表4－3－2。

表4－3－2　　　　　　　　　　　　纸板品种英文缩写

类别	箱纸板				瓦楞原纸
纸板品种	漂白牛皮箱纸板	牛皮挂面箱纸	本色牛皮箱纸板	涂布本色牛皮箱纸板	半化学浆瓦楞原纸
英文缩写	WK	FK	K	CNK	SCP
纸板品种	普通箱纸板	本色箱纸板	单一浆料箱纸板		中性亚硫酸盐半化学浆瓦楞原纸
英文缩写	C	NC	PS		NSSC

例如，K—180·SCP—160·K—180AF表示外面纸和内面纸均为定量180g/m²的牛皮箱纸板，瓦楞原纸为定量160g/m²的半化学浆瓦楞原纸的A楞双面单瓦楞纸板。C—210·SCP—125·C—210AF表示外面纸和内面纸均为定量210g/m²的普通箱纸板，瓦楞原纸为定量125g/m²的半化学浆瓦楞原纸的A楞双面单瓦楞纸板。上式也可以采用简写：K180/SCP160/K180AF 或 C210/SCP125/C210AF。

4. DP型包卷式纸箱

与前两种包卷式纸箱不同，DP型包卷式纸箱可一分为三。箱体分解以后，箱盖可以重新密封，箱体可以重新贴标。图4－3－9是DP型包卷箱的成型与分解过程。

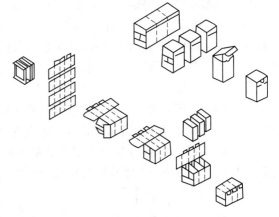

图4－3－9　DP型包卷式纸箱成型与分解过程

（二）分离式纸箱

分离式纸箱在流通（批发或零售）过程中可以一分为二或更多个，主要解决大批量生产和小批量销售的矛盾。其结构可分为两类：一类在传统标准箱型的基础上采用各种辅助材料（黏合剂、胶带、打包带等）对小型箱加以组合；一类则是摒弃传统结构形式，采用全新的成型方法。

1. 传统分离箱

把两个原标准箱用捆扎、胶带或黏合剂粘合方式进行组合，然后分离，如图4-3-10所示。

2. 改进型分离式纸箱

（1）盖板连接方式　用一块盖板将两个04类托盘或0209敞口箱封合，盖板中间沿撕裂打孔线撕开，箱体即一分为二，如图4-3-11所示。

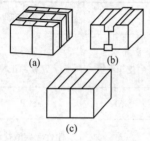

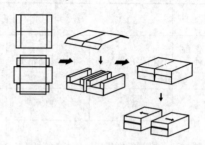

图4-3-10　传统分离箱
（a）捆扎　（b）胶带连接
（c）黏合剂粘合

图4-3-11　盖板分离式纸箱成型与分离过程

（2）黏合剂粘合方式　黏合剂将两个0201箱的双接头之一与对方箱体互相粘合，如图4-3-12（a）所示。

（3）连接板插入方式　一对0201型箱的两端各用一块插板连接，撕开插板中央撕裂打孔线，箱体分离，如图4-3-12（b）所示。

（4）连接板固定方式　将2个或3个0201箱并排，原内外摇盖换位，即短摇盖在外，长摇盖在内。短摇盖间隙处用一块连接板与长摇盖粘合，连接板上的打孔线作为箱体分离线，形成用瓦楞连接板固定的组合体，如图4-3-12（c）所示。

该结构具有如下特点：① 0201箱型不变，原箱结构不变。② 连接板固定位置可根据内装物选择在纸箱上面、上下两面或堆码时在侧面沿纵向（垂直方向）。③ 如果箱体侧面相互粘合，则可以提高纸箱承载能力。④ 连接工序可手工操作，具有通用性。

图4-3-13为一托盘型分离箱，纸箱底板与侧板设计有分离线（打孔线），侧内板连接分离端板，分离时在纸箱底板指孔处用力。

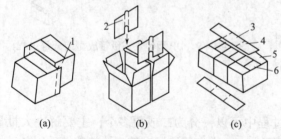

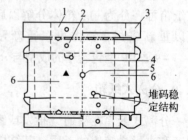

图4-3-12　分离式纸箱连接方式
1—粘合接头　2—撕裂打孔线　3—连接板
4—打孔线　5—短摇盖　6—摇盖粘合面

图4-3-13　分离式托盘
1—侧内板　2—侧板　3—分离纸板
4—分离线　5—分离用指孔　6—底板

（三）三角柱形纸箱

1．三角柱形纸箱的结构类型

三角柱形纸箱不同于 0970～0976 型角衬，它是箱体与角衬一页成型，瓦楞纸箱的四个角隅形成三角柱或直角柱结构，如图 4 – 3 – 14 所示，对纸箱角隅进行补强，如图 4 – 3 – 15 所示。

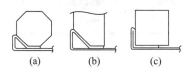

（a）　　　（b）　　　（c）

图 4 – 3 – 14　三角柱形纸箱角隅结构

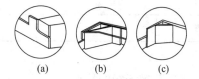

（a）　　　（b）　　　（c）

图 4 – 3 – 15　三角柱形纸箱角隅补强结构

国际标准箱型只有 0771 一种三角柱形纸箱。

三角柱形纸箱有托盘型和密封型两类，并有多种箱型可供选择，但只可盘式成型，如图 4 – 3 – 16、图 4 – 3 – 17 所示。

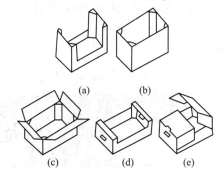

（a）　　　　（b）

（c）　　　（d）　　　（e）

图 4 – 3 – 16　三角柱形纸箱箱型

（a）标准托盘型　（b）敞口型　（c）02 盖密封型

（d）托盘型　（e）带盖托盘型

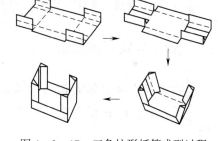

图 4 – 3 – 17　三角柱形纸箱成型过程

图 4 – 3 – 18 是一种瓶罐类产品的包装纸箱展开图，图 4 – 3 – 19 所示 "BEAMS" 箱是一个八柱增强型托盘箱，有 8 个三角柱，其中 4 个在箱角，4 个在箱壁，其最大模切尺寸为 1100mm×1100mm，成型尺寸见表 4 – 3 – 3。

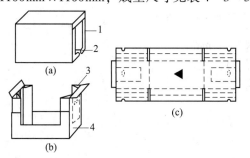

（a）

（b）

（c）

图 4 – 3 – 18　化妆品增强型包装纸箱

（a）箱盖　（b）增强型箱体　（c）箱体展开图

1—A 楞箱板　2—开封片　3—三角柱　4—B 楞纸板

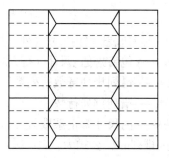

图 4 – 3 – 19　"BEAMS" 八柱增强型托盘箱展开图

表 4 – 3 – 3

BEAMS 箱成型尺寸

尺寸	最小	最大	BEAMS 成型图
A	350	500	
B	200	400	
C	120	340	
D	65		
E	45	75	

2. 三角柱形瓦楞纸箱的特点

① 与一般瓦楞纸箱相比，在标准状态下（20℃，相对湿度 65%），抗压强度提高 20% ~ 30%，高湿状态下（40℃，相对湿度 90%）提高 40% ~ 60%。

② 箱体不发生凸鼓现象，尤其在潮湿状态下。

③ 在结构上，角隅部分比较坚固，所以跌落冲击与振动时，内装物破损率极低。

④ 施加负荷时，纸箱变形稳定，不易引起堆垛坍塌。

⑤ 各种托盘型三角柱瓦楞纸箱的销售陈列性好。

三、设计包卷式瓦楞纸箱

包卷式纸箱可以用来包装金属罐装饮料。图 4 – 3 – 20 为承德产杏仁露饮料包装用包卷式瓦楞纸箱。

图 4 – 3 – 20　承德杏仁露包卷式瓦楞纸箱

（一）内尺寸

错列排列内尺寸计算公式在金属罐装饮料包卷箱时，因为金属罐之间的 d 为 0，所以：

$$L_i = ND + k_i \tag{4 - 3 - 5}$$

$$B_i = D + \frac{\sqrt{3}}{2}D(M - 1) + k_i \tag{4 - 3 - 6}$$

式中　L_i——包装长度内尺寸（列方向长度尺寸），mm

$\quad\quad B_i$——包装宽度内尺寸（行方向长度尺寸），mm

$\quad\quad N$——错列排列奇数行列数

$\quad\quad M$——错列排列行数

$\quad\quad k_i$——内尺寸修正系数

齐列排列时，公式为：

$$L_i = ND + k_i \tag{4 - 3 - 7}$$

$$B_i = MD + k_i \tag{4 - 3 - 8}$$

包卷式纸箱内尺寸修正系数见表 4 – 3 – 4。

表 4 - 3 - 4 　　　　　　　　　　　　　包卷式纸箱内尺寸修正系数表　　　　　　　　单位：mm

尺寸	L	B	H
内尺寸修正系数	1	5	0

（二）制造尺寸

包卷式纸箱的制造尺寸公式同式（4 - 1 - 6），但对接摇盖宽度为：

$$F = \frac{H_1 + x_f}{2} \tag{4 - 3 - 9}$$

式中　F——包卷式纸箱对接摇盖宽度，mm

　　　H_1——纸箱非接合侧面高度制造尺寸，mm

　　　x_f——摇盖伸放量，mm

但包卷式纸箱也是模切成型的，其制造尺寸伸放量不同于 0201 型箱（表 4 - 3 - 5）。

表 4 - 3 - 5　　　　　　　　　　　包卷式纸箱制造尺寸的伸放量 k　　　　　　　　单位：mm

尺寸＼棱型	L_1	L_2	内接头				外接头				F	J
			B_1	B_2	H_1	H_2	B_1	B_2	H_1	H_2		
A	6	12	6	1	9	6	6	9	3	6	3	35
B	3	6	3	1	5	3	3	5	1	3	1	35
C	4	8	4	1	6	4	4	6	2	4	2	35
AB	9	18	9	1	15	9	9	15	5	9	5	40
BC	8	16	8	1	13	8	8	13	4	8	4	40

（三）外尺寸

包卷式纸箱的外尺寸与内尺寸的关系：

$$\begin{cases} L_o = L_i + 4t \\ B_o = B_i + 2t \\ H_o = H_i + 3t \end{cases} \tag{4 - 3 - 10}$$

式中　L_o——包卷箱长度外尺寸，mm

　　　B_o——包卷箱宽度外尺寸，mm

　　　H_o——包卷箱高度外尺寸，mm

　　　L_i——包装箱长度内尺寸，mm

　　　B_i——包装箱宽度内尺寸，mm

　　　H_i——包装箱高度内尺寸，mm

　　　t——纸板厚度，mm

瓦楞纸板厚度按照表 4 - 1 - 14 选取。

例 4 - 3 - 1　承德杏仁露的内包装是尺寸为 $\phi 52.74\text{mm} \times 133\text{mm}$ 的金属三片罐，比较 24 罐装齐列排列与 22 罐装错列排列的内接头包卷式 B 楞瓦楞纸箱用料量，尺寸精确到 mm。

分析：24罐装可采用6×4×1齐列排列方式（图4-3-1）。

计算内尺寸：查表4-3-4 $k_L=1$ $k_B=5$ $k_H=0$

$$L_i = ND + k_L$$

$$L_i = 6 \times 52.74 + 1 = 317 \text{（mm）}$$

$$B_i = MD + k_B$$

$$B_i = 4 \times 52.74 + 5 = 216 \text{（mm）}$$

$$H_i = 133 \text{（mm）}$$

计算制造尺寸：查表4-3-5 $k_{L_1}=3$ $k_{L_2}=6$ $k_{B_1}=3$ $k_{B_2}=1$ $k_{H_1}=5$ $k_{H_2}=3$ $x_f=1$ $J=35$

由式（4-1-6）

$$L_1 = L_i + k_{L_1} = 317 + 3 = 320 \text{（mm）}$$

$$L_2 = L_i + k_{L_2} = 317 + 6 = 323 \text{（mm）}$$

$$B_1 = B_i + k_{B_1} = 216 + 3 = 219 \text{（mm）}$$

$$B_2 = B_i + k_{B_2} = 216 + 1 = 217 \text{（mm）}$$

$$H_1 = H_i + k_{H_1} = 133 + 5 = 138 \text{（mm）}$$

$$H_2 = H_i + k_{H_2} = 133 + 3 = 136 \text{（mm）}$$

由式（4-3-9）

$$F = \frac{H_1 + x_f}{2} = \frac{138 + 1 + 1}{2} = 70 \text{（mm）}$$

$$J = 35 \text{mm}$$

计算外尺寸：查表4-1-14，$t=3.3$mm

由式（4-3-10）

$$L_0 = L_i + 4t = 317 + 4 \times 3.3 = 330 \text{（mm）}$$

$$B_0 = B_i + 2t = 216 + 2 \times 3.3 = 223 \text{（mm）}$$

$$H_0 = H_i + 3t = 133 + 3 \times 3.3 = 143 \text{（mm）}$$

分析，22罐装的错列排列方式如图4-3-21所示，

查表4-3-4 $k_L=1$ $k_B=5$ $k_H=0$

计算内尺寸，由式（4-3-5）

$$L_i = 6 \times 52.74 + 1 = 317 \text{（mm）}$$

由式（4-3-6）

$$B_i = 52.74 + \frac{\sqrt{3}}{2} \times 52.74 \text{（4-1）} + 5 = 195 \text{（mm）}$$

$$H_i = 133 \text{mm}$$

计算制造尺寸：查表4-3-5，$k_{L_1}=3$ $k_{L_2}=6$ $k_{B_1}=3$ $k_{B_2}=1$ $k_{H_1}=5$ $k_{H_2}=3$ $x_f=1$ $J=35$

由式（4-1-6）

$$L_1 = L_i + k_{L_1} = 317 + 3 = 320 \text{（mm）}$$

$$L_2 = L_i + k_{L_2} = 317 + 6 = 323 \text{（mm）}$$

$$B_1 = B_i + k_{B_1} = 195 + 3 = 198 \text{（mm）}$$

图4-3-21 错列排列方式

$$B_2 = B_i + k_{B_2} = 195 + 1 = 196 \text{（mm）}$$

$$H_1 = H_i + k_{H_1} = 133 + 5 = 138 \text{（mm）}$$

$$H_2 = H_i + k_{H_2} = 133 + 3 = 136 \text{（mm）}$$

由式（4-3-9）

$$F = \frac{H_1 + x_f}{2} = \frac{138 + 1 + 1}{2} = 70 \text{（mm）}$$

计算外尺寸：查表4-1-14，$t = 3.3\text{mm}$

由式（4-3-10）、式（4-3-11）、式（4-3-12）得

$$L_o = L_i + 4t = 317 + 4 \times 3.3 = 330 \text{（mm）}$$

$$B_o = B_i + 2t = 195 + 2 \times 3.3 = 202 \text{（mm）}$$

$$H_o = H_i + 3t = 133 + 3 \times 3.3 = 143 \text{（mm）}$$

把24罐装与22罐装的包卷箱制造尺寸标注于图4-3-22。

24罐装齐列箱单罐用料：1^{st}尺寸$\times 2^{nd}$尺寸$/24 = 463 \times 745/24 = 14372$（mm²）

22罐装错列箱单罐用料：1^{st}尺寸$\times 2^{nd}$尺寸$/22 = 463 \times 703/22 = 14795$（mm²）

可以看出，24罐装齐列箱纸板用量较省。

（四）抗压强度

包卷式纸箱抗压强度计算公式 包卷式纸箱抗压强度计算公式如下：

$$p_{WA} = p_{0201} \times 0.6 \times 1.6^{\frac{2L}{B_0}}$$

$$(4-3-11)$$

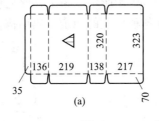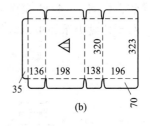

图4-3-22 包卷箱设计实例

（a）24罐齐列排列 （b）22罐错列排列

式中 p_{WA}——包卷式纸箱抗压强度，N

p_{0201}——用凯里卡特公式计算的0201纸箱抗压强度，N

L——摇盖长度，mm

B_0——纸箱宽度外尺寸，mm

例4-3-2 计算例4-3-1中包卷箱齐列排列抗压强度。其中面纸横向环压强度360N/0.152m，瓦楞芯纸横向环压强度为150N/0.152m。

分析：已知：$R_1 = R_2 = 360\text{N}/0.152\text{m}$ $R_m = 150\text{N}/0.152\text{m}$ $L_o = 330\text{mm}$ $B_o = 223\text{mm}$

$B = 70\text{mm}$

求：p_{WA}

解：代入式（4-1-18）

$$Z = 2(L_o + B_o) = 2 \times (330 + 223) = 1106(\text{mm}) = 110.6(\text{cm})$$

查表4-1-16

$$aX_z = 5.00 \quad J = 1.27 \quad C_n = 1.361$$

代入式（4-1-17a），得

$$P_x = \frac{R_1 + R_2 + R_m C_n}{15.2} = \frac{2 \times 360 + 150 \times 1.361}{15.2} = 60.8(\text{N/cm})$$

代入式（4-1-15），得

$$P_{0201} = p_x \left(\frac{4aX_z}{Z}\right)^{\frac{2}{3}} ZJ = 60.8 \times \left(\frac{4 \times 5.00}{110.6}\right)^{\frac{2}{3}} \times 110.6 \times 1.27 = 2731(\text{N})$$

代入式（4-3-13），得

$$p_{WA} = p_{0201} \times 0.6 \times 1.6^{\frac{2Li}{B_0}} = 2731 \times 0.6 \times 1.6^{\frac{2 \times 70}{223}} = 2201(\text{N})$$

任务四　设计春节水果礼品包装箱

一、选择 04 类包装托盘

1. 水果包装托盘

春节水果礼品包装选择 04 类包装托盘或非标准托盘。

当这类托盘用于果蔬类运输包装时，不仅要设计提手和通风孔，箱型尺寸还要符合包装模数，如图 4-4-1 至图 4-4-4 所示。为了方便瓦楞纸箱堆码，同时提高其堆码稳定性，对于托盘类纸箱可以设计各种形式的稳定堆码结构。

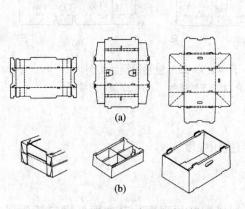

图 4-4-1　水果类堆码托盘纸箱结构之一

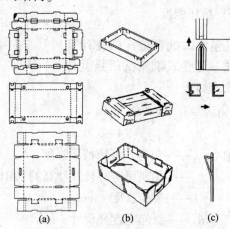

图 4-4-2　水果类堆码托盘纸箱结构之二

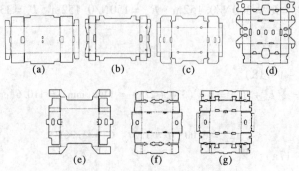

图 4-4-3　水果类堆码托盘纸箱结构之三

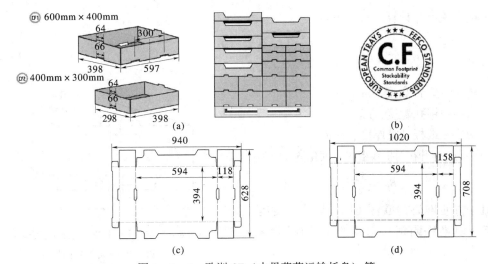

图 4 - 4 - 4 欧洲 CF（水果蔬菜运输托盘）箱

(a) 包装模数 (b) 印章标识 (c) 结构图尺寸一 (d) 结构图尺寸二

（资料来源：FEFCO）

图 4 - 4 - 4 和表 4 - 4 - 1 是 FEFCO 制定的欧洲市场果蔬类运输瓦楞托盘纸箱尺寸系列，符合该标准的瓦楞托盘箱，可以印刷和粘贴 "FEFCO CF" 印章标识，托盘纸箱的外尺寸可根据水果和蔬菜品种、单个尺寸和在纸箱内的堆码高度而选择（长×宽）或自定（高），物流效率增加，成本降低，托盘可回用，符合环保要求。

表 4 - 4 - 1   "CF" 果蔬类运输瓦楞托盘纸箱外尺寸   单位：mm

理论尺寸	实际尺寸
600 × 400	597 × 398
600 × 200	597 × 198
500 × 300	497 × 298
400 × 300	398 × 298
300 × 200	298 × 198

注：（1）普通工业公差：±1mm；

     （2）高度不规定，根据客户要求而定；

     （3）托盘尺寸 = 1200 × 1000 0 或 120 × 800。

（资料来源：FEFCO）

2. 锁舌结构

瓦楞纸箱采用锁销结构的箱型有 0421 ~ 0427、0432 等。

瓦楞纸箱锁舌结构有通锁和半锁之分。所谓通锁，是将锁孔处纸板挖掉，锁舌全部插入锁孔。所谓半锁，是将锁孔处瓦楞压溃，锁舌插入约半个纸板厚度的盲孔内，以保护外印刷面不被破坏。

通锁有关尺寸计算公式如下：

$$\begin{cases} H_L = d + 1 \\ B_L = 2d + 1 \end{cases} \tag{4 - 4 - 1}$$

半锁有关尺寸计算公式如下：

$$\begin{cases} H_L = \dfrac{d}{2} + 1 \\ B_L = 2d + 1 \end{cases}$$

$$(4-4-2)$$

式中　　H_L——锁舌高度，mm

　　　　B_L——锁孔宽度，mm

　　　　d——纸板计算厚度，mm

如锁孔恰好开在对折线上时，锁孔宽度应为：

$$B_L = \frac{5d}{2} \qquad (4-4-3)$$

对于方便堆码的欧洲 CF（水果蔬菜运输托盘）箱，其堆码阴锁与阳锁的尺寸如图4-4-5所示。

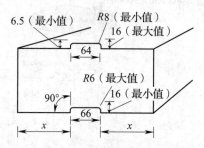

图4-4-5　欧洲 CF（水果蔬菜运输托盘）箱阴锁与阳锁尺寸
（资料来源：FEFCO）

二、用 APM 公式计算抗压强度

托盘包装可以用 APM 公式计算抗压强度，其步骤如下：

① 如纸箱结构复杂，可在类似图4-4-6的坐标纸上画出纸箱成型结构草图。

② 在普通坐标纸上画出纸箱俯视剖面图，标明垂直箱面编号。

③ 在表4-4-2栏2和栏4填写箱面纸板结构和箱面宽度 W。

④ 参考表4-4-3和表4-4-4，确定箱面种类（垂直箱面与相邻箱面的关系），及箱面种类系数 a 填于栏3和栏7。

⑤ 参考表4-4-5、表4-4-6纸板强度系数，根据栏2选择适当的纸板强度系数 s 填于栏6。

表4-4-2　　　　　　　　　　抗压强度计算

1	2	3	4	5	6	7	8	9	10
箱面编号	纸板结构	箱面种类	W	$\sqrt{W}$	s	a	as	$as\sqrt{W}$	备注
1									
2									
3									
4									
5									
6									
7									
8									
9									
10									
11									
12									

知识点——APM 计算公式

APM 公式是把纸箱的抗压强度考虑为各个垂直箱面所承担的抗压强度的组合：

$$p = (P.F.) \sum as \sqrt{W} \qquad (4-4-4)$$

式中　p——纸箱抗压强度，N

　P. F.——印刷强度影响系数

　　a——箱面种类系数

　　s——纸板强度系数

　　W——垂直箱面宽度，mm

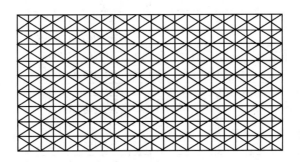

图 4-4-6　纸箱结构坐标图纸

表 4-4-3 箱面种类系数表

箱面种类	代号	说明		箱面种类系数
标准箱面	N	所有边缘的箱面简单弯折		1.0
垂直面为纸箱封口面	C	箱面同上，但带搭接摇盖（如同 0201 摇盖）		0.85
全天罩地式盖	T	箱面底边缘自由凸出		0.75
一条悬空垂直边缘	1FE	除了一条悬空垂直边缘以外，所有边缘的箱面简单弯折支撑		见表 4-4-4
两条悬空垂直边缘	2FE	水平边缘的箱面简单弯折支撑，两条垂直边缘悬空		

表 4 – 4 – 4　　　　　　　　　　　　　　　　箱面种类系数表

箱面高度/ 箱面宽度	箱面种类系数		箱面高度/ 箱面宽度	箱面种类系数	
	1FE	2FE		1FE	2FE
0.2	0.95	0.92	1.4	0.21	0.12
0.4	0.78	0.74	2.0	0.18	0.06
0.6	0.63	0.54	2.5	0.15	0.04
0.8	0.49	0.37	3.0	0.14	0.02
1.0	0.36	0.26			

表 4 – 4 – 5　　　　　　　　　　　　　　　　单瓦楞纸板强度系数

芯纸定量 /（g/m²）	纸板代号	纸板结构	瓦楞型号		
			A	C	B
117	1	293/293 – 117/1	47	42	36
	2	293/240 – 117/1	42	38	32
	3	240/240 – 117/1	41	36	31
	4	155/155 – 117/1	37	32	27
151	1	293/293 – 151/1	54	48	42
	2	293/240 – 151/1	50	44	38
	3	240/240 – 151/1	48	42	35
	4	155/155 – 151/1	43	37	32
155	1	293/293 – 155/1	58	50	43
	2	293/240 – 155/1	53	46	40
	3	240/240 – 155/1	49	43	36
	4	155/155 – 155/1	44	38	32

表 4 – 4 – 6　　　　　　　　　　　　　　　　双瓦楞纸板强度系数

芯纸定量 /（g/m²）	纸板结构	瓦楞型号		
		AC	AB	BC
117	293/293/293 – 117/2	88	84	77
	293/240/293 – 117/2	84	78	73
	293/240/240 – 117/2	81	77	70
	240/240/240 – 117/2	78	74	68
	155/155/155 – 117/2	72	67	61
151	293/293/293 – 151/2	104	98	90
	293/240/293 – 151/2	102	94	86
	293/240/240 – 151/2	95	89	81
	240/240/240 – 151/2	89	83	76
	155/155/155 – 151/2	81	76	70
155	293/293/293 – 155/2	107	100	92
	293/240/293 – 155/2	103	96	89
	293/240/240 – 155/2	98	92	83
	240/240/240 – 155/2	92	86	79
	155/155/155 – 155/2	84	79	72

知识点——纸板结构表示公式之二

原纸定量/瓦楞层数/楞型表示法：

表 4-4-5、表 4-4-6 中纸板结构的表示公式：外面纸定量/夹芯纸定量/内面纸定量—瓦楞芯纸定量/瓦楞层数、瓦楞楞型

瓦楞层数用 1 或 2 表示，1 代表单瓦楞，2 代表双瓦楞。

例如，293/240—151/1C 表示外面纸、内面纸、瓦楞芯纸定量分别为 293、240、151 g/m² 的 C 楞单瓦楞纸板。

293/240/293—155/2AB 表示外面纸、夹芯纸、内面纸、瓦楞芯纸定量分别为 293、240、293、155 g/m² 的 AB 楞双瓦楞纸板。

特殊情况下，s 值要乘以下数据进行修正：水平瓦楞 0.33；涂蜡箱面 1.7；双壁结构夹持 1.23。

如果是瓦楞芯纸定量为 117g/m² 的两层单瓦楞粘合箱面，s 值查表 4-4-7。

表 4-4-7　　　　　芯纸定量为 117g/m² 的单瓦楞粘接纸板结合强度系数

瓦楞型号	1A	2A	3A	4A	1C	2C	3C	4C	1B	2B	3B	4B
1A	112	107	104	100	106	102	99	96	101	97	96	93
2A		103	100	95	102	97	95	91	97	93	91	89
3A			97	92	99	94	92	88	93	89	87	85
4A				87	93	90	86	82	87	83	81	79
1C					99	95	92	88	93	89	87	84
2C						91	88	84	88	85	83	80
3C							85	81	86	82	80	77
4C								76	81	77	75	72
1B									86	82	80	76
2B										79	76	73
3B											74	70
4B												66

如果是瓦楞芯纸定量为其他克重的两层单瓦楞、两层双瓦楞或一单一双瓦楞粘合箱面，s 值用下式计算：

$$s_c = s_1 + s_2 + 0.385 \sqrt{s_1 s_2} \qquad (4-4-5)$$

式中　s_c——箱面 1 与箱面 2 粘结纸板的强度系数

　　　s_1——箱面 1 的纸板强度系数

　　　s_2——箱面 2 的纸板强度系数

⑥ 计算垂直箱面宽度平方根 $\sqrt{W}$ 填于栏 5。

⑦ 计算箱面强度系数 as 填于栏 8。

⑧ 计算箱面抗压强度 $as\sqrt{W}$ 填于栏 9。

⑨ 计算纸箱抗压强度 $\sum as\sqrt{W}$。

⑩ 查表 4 - 4 - 8，将印刷强度影响系数 P. F. 乘以纸箱抗压强度，即为实际抗压强度。

表 4 - 4 - 8　　　　　　　　　　印刷强度影响系数　　　　　　　　　　单位：%

印刷状况	影响系数	印刷状况	影响系数
无印刷	100	简单	95
宽阔	90	复杂	85
全版面	80		

这种计算方法的最大优点是便于计算复杂箱型以及内衬承重的箱型，同时还便于根据纸箱强度要求直接选用合适的纸板。

例 4 - 4 - 1　水果包装箱选用 0423 箱型，平面俯视剖面结构如图 4 - 4 - 7，纸板结构 293/240—151/1C，纸箱尺寸 398mm × 298mm × 148mm，箱面宽阔印刷，求抗压强度（解答见表 4 - 4 - 9）。

例 4 - 4 - 2　纸箱结构如图 4 - 4 - 8，纸板结构详见表 4 - 4 - 10，纸箱内尺寸为 325mm × 255mm × 163mm，箱面简单印刷，求抗压强度（解答见表 4 - 4 - 10）。

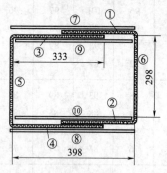

图 4 - 4 - 7　纸箱结构（例 4 - 4 - 1）

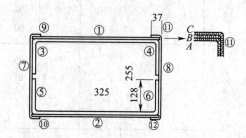

图 4 - 4 - 8　纸箱结构（例 4 - 4 - 2）

表 4 - 4 - 9　　　　　　　　　　抗压强度计算（例 4 - 4 - 1）

1	2	3	4	5	6	7	8	9	10
箱面编号	纸板结构	箱面种类	W	$\sqrt{W}$	s	a	as	$as\sqrt{W}$	备注
1	293/240—151/1C	N	333	18.2	44 × 1.23	1.0	54	983	箱面 7、8、9、10 实际上是双壁结构支撑着 1、2、3、4 箱面作为标准箱面，所以要乘以 1.23
2		N	333	18.2	44 × 1.23	1.0	54	983	
3	293/240—151/1C	N	333	18.2	44 × 1.23	1.0	54	983	
4		N	333	18.2	44 × 1.23	1.0	54	983	
5	293/240—151/1C	N	298	17.3	44	1.0	44	761	
6		N	298	17.3	44	1.0	44	761	

1	2	3	4	5	6	7	8	9	10
箱面编号	纸板结构	箱面种类	W	$\sqrt{W}$	s	a	as	$as\sqrt{W}$	备注
7 8	293/240—151/1C	2FE 2FE	398 398	19.9 19.9	44×0.33 44×0.33	0.77 0.77	11.2 11.2	223 223	水平瓦楞 S 值乘以修正系数0.33 a 值查表4-4-4 148/398=0.37
9 10	293/240—151/1C	2FE 2FE	398 398	19.9 19.9	44×0.33 44×0.33	0.77 0.77	11.2 11.2	223 223	

注：$P = (P.F.) \sum as\sqrt{W} = 6346 \times 90\% = 5711$（N）

表4-4-10 抗压强度计算（例4-4-2）

1	2	3	4	5	6	7	8	9	10
箱面编号	纸板结构	箱面种类	W	$\sqrt{W}$	s	a	as	$as\sqrt{W}$	备注
1 2	240/240/240—117/2BC 与240/240—117/1C 粘合	N N	325 325	18.0 18.0	$s_1=68$ $s_2=36$ $s_c=123$	1.0 1.0	123 123	2214 2214	s_c 值用式（4-4-5）计算
3 4	240/240/240—117/2BC	1FE 1FE	128 128	11.3 11.3	68 68	0.26 0.26	18 18	203 203	a 值查表4-4-4 163/128=1.27
5 6	240/240/240—117/2BC	1FE 1FE	128 128	11.3 11.3	68 68	0.26 0.26	18 18	203 203	
7 8	240/240—117/1C	N N	255 255	16.0 16.0	36 36	1.0 1.0	36 36	576 576	
9 10	240/240/240—117/2BC 与240/240—117/1C 与240/240—117/1C 粘合	N N	37 37	6.1 6.1	$s_1=68$ $s_{23}=85$ $s_c=182$	1.0 1.0	182 182	1110 1110	s_{23} 值查表4-4-7 s_c 值用式（4-4-5）计算
11 12		N N	37 37	6.1 6.1		1.0 1.0	182 182	1110 1110	

注：10824×95% = 10283（N）

三、载荷计算

1. 载荷

载荷和抗压强度都是纸箱设计中的主要依据，而两者相比之下，载荷在现代包装中更有实用价值。

载荷计算公式如下：

$$F = 9.81 Km\left[\text{INT}(H_W/H_o) - 1\right] \qquad (4-4-6)$$

式中　F——载荷，N

K——载荷系数

m——瓦楞纸箱包装件的质量，kg

H_W——物流过程中最大有效堆码高度，mm

H_o——瓦楞纸箱高度外尺寸，mm

式中 INT $[H_W/H_o]$ 为不大于 H_W/H_o 的最大整数，K 值按表 4 – 4 – 11 选取。

表 4 – 4 – 11　　　　　　　　　载荷系数 K

承载情况 　　　　　纸箱吸湿情况	不怕湿或不考虑吸湿	怕吸湿	特别怕吸湿或内装物为流体
只是由纸箱承载	4	5	7
内装物、缓冲材、内外包装等共同承载	2	3	4
内装物与内容器承载，而不考虑纸箱承载	1	1	1

注：根据流通条件（时间、湿度、振动等）不同，载荷系数可在 ±1 范围内变化。

2. 最大堆码层数

在图 4 – 4 – 9 所示传统仓储中，商品在仓库内的保管费用，取决于商品在仓库内的占地面积，所以为了尽可能减少商品的占地面积，提高仓储面积利用率，就应该充分利用仓库的最大空间高度来堆码。为此，瓦楞纸箱结构就要具有一定的强度，使位于底层的瓦楞纸箱不至于在上层纸箱的重力作用下压坏变形。因此，最大堆码层数既决定了仓储的经济性，也决定了瓦楞纸箱的必要强度。

图 4 – 4 – 9（b）～（d）为立体自动仓库，其堆码高度尺寸只选取一个货架单元。

（1）无托盘堆码的最大堆码层数

如图 4 – 4 – 9（a）所示，在无托盘堆码时，最大堆码层数为

$$N_{max} = INT(H_W/H_o) \qquad (4 - 4 - 7)$$

式中　N_{max}——最大堆码层数

　　　H_W——流通过程中最大有效堆码高度，mm

　　　H_o——纸箱高度外尺寸，mm

将上式代入式（4 – 4 – 3），则

$$F = 9.81Km(N_{max} - 1) \qquad (4 - 4 - 8)$$

式中　F——纸箱载荷，N

　　　K——载荷系数

　　　m——瓦楞纸箱包装件的质量，kg

N_{max}——最大堆码层数

例 4 – 4 – 3　水果纸箱单件包装总质量为 10kg，最大堆码层数为 11 层，在流通过程中，内装物不考虑吸湿，负荷完全由纸箱承载，流通时间较短，求载荷。

已知：$m = 10$kg　$N_{max} = 11$

查表 4 – 4 – 11 得 $K = 4$

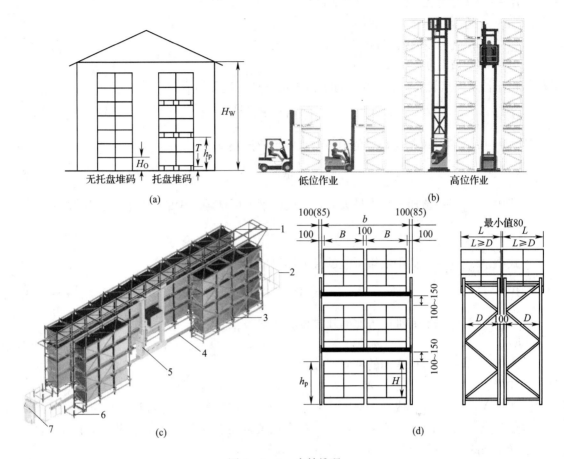

图 4 - 4 - 9　仓储堆码

（a）传统仓储堆码　（b）作业情况　（c）立体自动堆码　（d）立体自动堆码尺寸

1—顶部导轨　2—安全扶栏　3—钢架　4—地轨　5—堆垛机　6—物资中转站　7—地面控制盘

由式（4 - 4 - 8）

$$F = 9.81 Km \left(N_{max} - 1 \right) = 9.81 \times 4 \times 10 \times \left(11 - 1 \right) = 3924 \left(N \right)$$

例 4 - 4 - 4　水果纸箱单件包装总质量为 10kg，其载荷为 6000N，在流通过程中，采用无托盘运输，内装物为水果不考虑吸湿，负荷完全由纸箱承载，流通时间较短，求最大堆码层数。

已知：$F = 6000N$　$m = 10kg$

查表 4 - 4 - 11 得 $K = 4$

由公式（4 - 4 - 8）

$$N_{max} = F/\left(9.81 Km \right) + 1 = 6000/\left(9.81 \times 4 \times 10 \right) + 1 = 16.3$$

取整数

$$N_{max} = 16 \left(层 \right)$$

（2）托盘堆码的最大堆码层数

从图 4 - 4 - 9（a）可见，托盘堆码时，最大堆码层数的确定比较复杂。主要取决于下列因素：

H_W——流通过程中最大有效堆码高度，mm

d——托盘高（厚）度，mm

h_{max}——托盘包装的最大高度，mm

H_o——纸箱高度外尺寸，mm

由于涉及因素较多，所以采用逐步试算法。计算过程如下：

①
$$n_{max} = \mathrm{INT}\left[\frac{h_{max} - d}{H_o}\right] \qquad (4-4-9\mathrm{a})$$

式中　n_{max}——单个托盘包装中最大纸箱堆码层数

②
$$n_{min} = \mathrm{INT}\left[\frac{H_W}{h_{max}}\right] \qquad (4-4-9\mathrm{b})$$

式中　n_{min}——流通过程中最大有效堆码高度下可堆码最少的托盘包装的层数

③
$$N'_{max} = \mathrm{INT}\left[\frac{H_W - n_{min}d}{H_o}\right] \qquad (4-4-9\mathrm{c})$$

式中　N'_{max}——仓储中纸箱可能的最大堆码层数

④
$$n = \mathrm{INT}\left[\frac{N'_{max}}{n_{max}}\right] \qquad (4-4-9\mathrm{d})$$

式中　n——仓储堆码可能的托盘包装层数

⑤
$$N = n_{max}n \qquad (4-4-9\mathrm{e})$$

式中　N——可以考虑的堆码层数

如果 $N = N'_{max}$，则 $N_{max} = N$

如果 $N < N'_{max} - 1$，或者 $N = N'_{max} - 1$，而 N'_{max} 又不是素数（除其本身与 1 外无其他约数如 3、5、7、11 等），则可以考虑在每个托盘包装上减去一层瓦楞纸箱而重新组合成一个新增加的托盘包装以提高仓储空间的利用率。

为此，用 $n_{max} - 1$ 再重复计算 N，如果计算结果 $N' > N$，则

$$N_{max} = N' \qquad (4-4-9\mathrm{f})$$

否则，仍将选择 N，即

$$N_{max} = N$$

例 4-4-5　瓦楞纸箱外尺寸为 $398\mathrm{mm} \times 298\mathrm{mm} \times 148\mathrm{mm}$，流通过程中最大有效堆码高度为 3m，托盘包装最大高度为 1.5m，托盘高度 100mm，求最大堆码层数。

已知：$H_o = 148\mathrm{mm}$　　$H_W = 3000\mathrm{mm}$　　$h_{max} = 1500\mathrm{mm}$

$d = 100\mathrm{mm}$

求：N_{max}

解： ① $n_{max} = \mathrm{INT}\left[\dfrac{h_{max} - T}{H_o}\right] = \mathrm{INT}\left[\dfrac{1500 - 100}{148}\right] = 9$

② $n_{min} = \mathrm{INT}\left[\dfrac{H_W}{h_{max}}\right] = \mathrm{INT}\left[\dfrac{3000}{1500}\right] = 2$

③ $N'_{max} = \mathrm{INT}\left[\dfrac{H_W - n_{min}T}{H_o}\right] = \mathrm{INT}\left[\dfrac{3000 - 2 \times 100}{148}\right] = 18$

④ $n = \mathrm{INT}\left[N'_{max}/n_{max}\right] = \mathrm{INT}\left[18/9\right] = 2$

⑤ $N = n_{max}n = 9 \times 2 = 18$

⑥ 因为 $N = N'_{max}$

所以 $N_{max} = N' = 18$

[校核：$148 \times 9 + 100 < 1500$ （h_{max}）$148 \times 18 + 2 \times 100 < 3000$ （H_W）]

3. GB 6543—2008 规定的抗压强度

GB 6543—2008 规定的抗压强度计算公式与载荷公式基本相同：

$$p = 9.8Km(H - h)/h \tag{4-4-10}$$

式中　p——抗压强度，N

　　　K——强度安全系数，内装物支撑：$K > 1.65$；不能支撑：$K > 2$

　　　m——瓦楞纸箱包装件的质量，kg

　　　H——堆码高度，mm

　　　h——箱高，mm

四、选择原纸

原纸可以通过 APM 公式计算 s 值，再根据表4-4-5和表4-4-6选择适当的瓦楞纸板。

例4-4-6　纸箱0201外尺寸398mm×298mm×148mm，箱面宽阔印刷，立体自动库堆码托盘最大堆码高度9层，载荷系数取4，纸箱包装总质量10kg，选用合适的纸板。

已知：$L_o \times B_o \times H_o = 398\text{mm} \times 298\text{mm} \times 148\text{mm}$

$N_{max} = 9$　$K = 3$　$m = 15\text{kg}$

解：由公式

$$F = 9.81Km(N_{max} - 1) \tag{1}$$

$$p = \text{P. F.} \sum as \sqrt{W} \tag{2}$$

对于（2）式，由于箱型为0201，所以

$$p = 2as(\text{P. F.})(\sqrt{L_o} + \sqrt{B_o}) \tag{3}$$

设　$F = p$

则合并（1）、（3）式，得

$$s = \frac{9.81Km(N_{max} - 1)}{2a(\text{P. F.})(\sqrt{L_o} + \sqrt{B_o})} \tag{4}$$

查表4-4-3、表4-4-8，取

$$a = 1 \quad \text{P. F.} = 0.9$$

代入（4）

$$s = \frac{9.81 \times 4 \times 10 \times (9 - 1)}{2 \times 1 \times 0.9 \times (\sqrt{398} + \sqrt{298})} = 47$$

查表4-4-5

选择293/293-117/1A单瓦楞纸板。

任务五　锁底式纸箱三维动画成型

当使用平面设计软件绘制完成纸盒（箱）结构图后，纸盒（箱）各个相关尺寸能否使纸盒（箱）准确成型，纸盒（箱）能否按预期效果成型，纸盒（箱）的装潢效果立体成型后效果怎么样？除了对纸盒（箱）进行打样外，还可以直接利用计算机通过三维虚拟软件使纸盒（箱）立体成型。北京邦友科技开发有限公司开发的一款三维演示软件——FoldUP! 3D 不仅可以使纸盒（箱）立体成型，还可以对纸盒（箱）进行内外装潢效果演示以及三维动画演示，并且可以设定不同厚度的材料进行演示。

FoldUP! 3D 是一款嵌套在 Adobe Illustrator 软件下的三维演示软件。使用 FoldUP! 3D 能够大大加快包装盒、信封、折页或其他包含折叠平面结构产品的设计进程。可以在短时间内看到所设计的包装纸盒（箱）的真实效果，而无需花费时间和资金通过盒型打样机或手工来制作实物样品。

通过对 0215 型箱型的动画成型为例，训练 FoldUP! 3D 动画成型技巧。

一、绘制 0215 纸箱平面结构图

通过前面情境的学习，纸盒（箱）平面结构图可以有多种获取方式：

① 从 Box – Vellum 盒型库通过参数设定插入相应箱型。

② 利用 Box – Vellum 或其他绘图工具（如 AutoCAD、中望 CAD）软件直接绘制。

③ 如果 Box – Vellum 的用户盒型库中已有此款箱型，可从用户盒型库中直接导入。

④ Box – Vellum 外部读取。点击"文件 > 外部读取"（图 4 – 5 – 1），Box – vellum 可以外部读取其他软件的一些文件格式。

图 4 – 5 – 1　Box – Vellum——文件/外部读取菜单界面

平面结构图制作完成后，输出为 . DXF 的文件。

知识点——外部读取

"文件 > 外部读取"子菜单提供了该软件能够输入的文件格式列表，列出了 Box – Vellum 软件能够从外部读入的文件格式，其中包括 Vellum File（ * . vlm）、Text File（ * . txt）、MetaFiles、Bitmaps、BMI、DXF、EPS、IGES 等 8 种文件格式。这一菜单项和"输出"菜单项提高了不同软件所绘制的盒型图形文件的通用性，扩大了 Box – Vellum软件的适用范围。

二、基于 Adobe Illustrator 导入文件

打开 Adobe Illustrator 软件，选择"文件 > 打开"菜单，打开"0215.dxf"锁底式纸箱文件，如图 4 – 5 – 2 所示的"导入的盒型"。另外界面中的"FoldUP! 3D 控制面板"和"基点和设置背面贴图区域工具"是 FoldUP! 3D 在 Adobe Illustrator 软件中的插件工具。

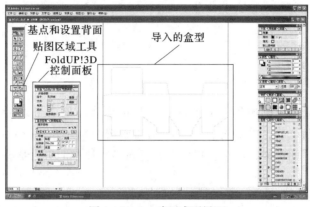

图 4 – 5 – 2　动画成型界面

三、设置图层

在 Illustrator 的图层工具中查找纸箱裁切线、压痕线所在图层，打开控制面板上的"图层映射"控制面板，找到所有裁切线所在的图层，选中后点击 切线层图标，将裁切线所在图层全部设为切线层。同理，将所有压痕线所在图层选中后点击 折线层图标，设为折线层。或者设定一个切线层后，将所有裁切线移到该图层中，压痕线或其他图层也可如此设置。

知识点——图层映射控制面板

（1）将当前 Illustrator 设计文档中的各个图层映射为三维演示对象的切线（裁切线）、折线（压痕线）和表面贴图（装潢图）等图层，如图 4 – 5 – 3 所示。

（2）使用图层映射按钮设定 Illustrator 中所选定图层的属性。那些不包含裁切线、压痕线或装潢图并且不应被显示在三维演示对象上的图层应被设定为其他层，一般默认情况下都是其他层。

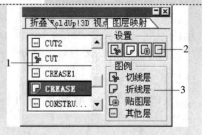

图 4 – 5 – 3　图层映射控制面板

（3）FoldUP! 3D 所使用的图层含义如下：

切线层，包含设计结构图的外轮廓和内部结构将要裁切的部分；

折线层，包含设计结构图中将要被折叠的结构部分；

贴图层，包含设计结构图中将要绘制在盒（箱）型表面的图案和文字；

其他层，包含设计结构图中其他不需要在演示中表现的要素，例如定位线和尺寸线。

四、检验设计数据

检验各条线段是否正确相交以及 FoldUP! 3D 能否将压痕线与裁切线所构成的平面全部识别出来。在检验之前，可以先点击"动画播放按钮 ▶ "查看纸盒默认的动画效果，如果纸盒各个平面都能显示在窗口中，并且每条折线都能进行折叠，可以省略检验数据这一步。

知识点——数据检验控制面板

图 4-5-4 所示为数据检验控制面板，各部分作用如下：

（1）顶点显示模式　可以显示折痕层与切线层上各个线段的顶点，使用这一显示模式可以检验各条线段是否正确相交。

（2）刷新按钮　当对需要检验的数据进行修改后点击刷新按钮便将所作的修改反映到数据检验预览窗口中。

（3）播放按钮　可以将所需检验数据显示在数据检验预览窗口内。

（4）速度按钮　可以调节每种模式的动画演示的速度。

（5）重置按钮　点击重置按钮将判断线与线之间是否相交的精度阀值恢复为默认值。

（6）精度调节滑动条　可以调节 FoldUP! 3D 判断线与线之间是否相交的精度阀值。

（7）平面显示模式　可以显示所有由 FoldUP! 3D 识别出的由压痕线和裁切线构成的平面。

（8）线段显示模式　可以显示所有在 Illustrator 文件中被 FoldUP! 3D 识别为压痕线与裁切线的线段。

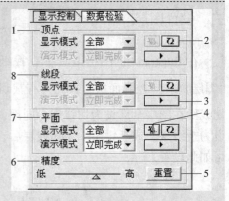

图 4-5-4　数据检验控制面板

五、设置材料

点击"窗口 > FoldUP！3D > 专业功能 > 材料特征…"，打开"材料特征设置面板"（图4-5-5），材料类型选择瓦楞纸板，材料厚度选择B楞，也可自行输入瓦楞纸板厚度。

知识点——材料特征控制面板

图4-5-5所示为材料特征控制面板，各部分作用如下：

(1) 材料类型　可以通过选取材料列表中的相应类型来改变演示对象所模拟显示的材料类型的视觉特征。

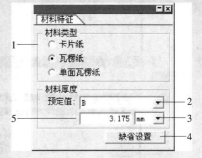

图4-5-5　材料特征控制面板

(2) 预定值　可以在预定值下拉列表中快速选取预设的标准材料类型，共包括A、B、C、E、F、AA、AB、BC、AAA、BCC十种类型的瓦楞纸板。

(3) 尺寸单位　可以在尺寸单位下拉列表中选取材料厚度数值的表示单位，包括mm、cm、in（ch）、pt四种尺寸单位。

(4) 缺省设置　点击缺省设置键，演示对象所模拟的材料特性将被设为缺省值（材料类型卡片纸，材料厚度0.1mm）。

(5) 材料厚度栏　在材料厚度栏中可自行设定演示对象所模拟的材料厚度，在此栏中输入相应数字，再点击键盘上的Enter键（Windows）或Return键（Mac）即可完成设定。

六、贴图设置

新建一图层，命名为"印刷面贴图层"，将装潢图从"文件 > 放置…"导入印刷面贴图层中，如图4-5-6所示。

选中Adobe Illustrator编辑区域的全部对象，上移。点击工具面板中的 ⬚ 设置背面贴图区域图标，在编辑区域下侧点击，出现纸盒背面轮廓图，如图4-5-7。

新建一图层命名为"非印刷面贴图层"（熟练后无需重命名），因为此例中非印刷面没有特殊图案的装潢设计，可以直接绘制一矩形进行实色填充，如图4-5-8，超出结构图轮廓线的部分在动画折叠时程序会自动裁切掉。

点击"图层映射"面板，将新建的"印刷面贴图层"和"非印刷面贴图层"都设为贴图层。

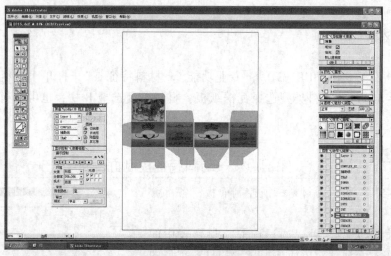

图 4 – 5 – 6　印刷面装潢图

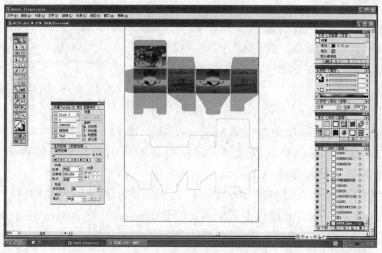

图 4 – 5 – 7　设置背面贴图区域

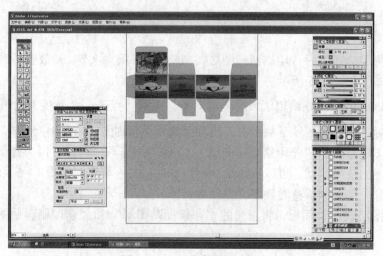

图 4 – 5 – 8　非印刷面贴图

七、设置折叠顺序

一般导入的图型如果不设置压痕线折叠顺序，默认情况下折叠容易错乱，为使纸盒动画能按不同结构依次折叠成型，需要设置压痕线折叠顺序。

为了设置顺序时，选择线段方便，可以先将印刷面装潢图所在层切换为不可见模式。打开折叠控制面板（图4-5-9），选中第一条需要折叠的压痕线（或同时选中几条压痕线同时设置，在折叠时同时折叠），设置其折叠方向、角度，可以点击推荐顺序按钮 ![] 使用推荐顺序，也可自行设置"顺序"或"推荐顺序"。动画成型时，折叠线按照顺序折叠。注意：不同压痕线可以有同一折叠顺序，但一条压痕线只能设置一次折叠顺序，进行一次折叠。

知识点——折叠控制面板

图4-5-9所示为折叠控制面板，其各部分作用如下：

（1）选中压痕线数量　显示当前在 Illustrator 中选定的压痕线的数量。

（2）基点按钮　可以为折叠对象设定新的基点。所谓基点就是折叠好的对象旋转时所环绕的轴心。

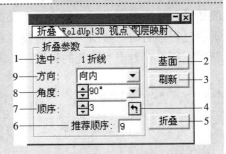

图4-5-9　折叠控制面板

（3）刷新按钮　当对三维演示对象进行修改后，使用刷新按钮，可使修改后的结果显示在3D预览窗口内。

（4）快速设定按钮　可以将选定的压痕线的折叠顺序设定为推荐折叠顺序框内的顺序值。

（5）折叠按钮　在三维演示窗口中显示三维演示对象的折叠过程及3D效果。

（6）显示为选定的压痕线推荐的折叠顺序　为选定的压痕线设定折叠顺序既可以直接使用这一推荐值，也可以在此框内键入另一折叠顺序值，然后点击快速设定按钮。

（7）选定的压痕线在折叠过程中被折叠的步骤顺序　如果希望设定一个新的顺序，可以修改顺序的数值，再点击键盘上的 Enter 键（Windows）或 Return 键（Mac）完成设定。

（8）为选定的压痕线设置将要折叠的角度　角度设定的范围为从0°至180°间的任意值。

（9）设置所选压痕线的折叠方向　向内折叠即向着三维演示对象的非印刷面方向进行折叠，也就是内折压痕线，向外折叠即向着三维演示对象的印刷面方向进行折叠，也就是外折压痕线。

提示：FoldUP! 3D 只能折叠直线，如果折线是曲线，将不能正确的进行折叠。

八、查看动画效果

压痕线折叠顺序设置完成后，将印刷面贴图层切换为可见模式 👁，点击"刷新"按钮，将系统更改为最新修改结果，点击"显示控制面板"的 ▶ 播放按钮，便可观看动画效果（也可点击"折叠控制面板"左下角的 **折叠◀** 按钮，功能一样。），在预览窗口内，按住鼠标左键拖动可以360°自由旋转正在播放的动画对象，以便根据需要实时改变观察视角，也可在显示控制面板即时

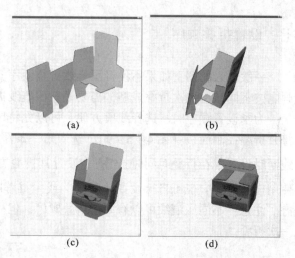

图4-5-10　0215箱型动画折叠过程

改变动画的边缘平滑度、播放速度及显示效果等设置。图4-5-10所示是0215箱型动画折叠过程中的四个截图。根据需要可对播放过程进行控制，发现问题，点击停止，修改刷新后，便可查看重新设置的效果。

知识点——显示控制面板

图4-5-11所示为显示控制面板，各部分作用如下：

（1）演示控制按钮　可以控制演示过程的播放、停止、快进、快退等操作。

（2）演示进程方向　设定演示进程的方向，前进方向（从展开状态到折叠状态）或倒退方向（从折叠状态到展开状态）。

（3）边缘平滑按钮　调整模型显示过程中的边缘平滑模式。

（4）速度按钮　调整软件演示过程的演示速度。

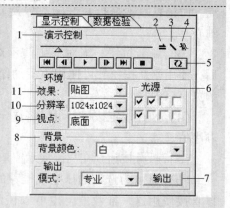

图4-5-11　显示控制面板

（5）更新按钮　在对Illustrator中的设计文档进行修改后，点击此按钮可以更新在3D演示窗口中演示的图像，以反映最新更改的效果。与图4-5-9中的"刷新"按钮功能相同。

（6）演示光源　通过开/关光源可以改变预览窗口内三维演示对象各个方向上的光线效果共有两行八个光源选择框，第一行光源是与演示对象处于同一平面内，从左到右分别代表左、上、右、下方的光源，第二行光源选择框是和观察者处于同一平面内的光源，控制演示对象缩放效果的光照度，当缩小演示对象时光线变暗，反之变亮。

（7）输出按钮　点击此按钮可以将三维演示对象的演示效果以多种文件格式输出。

（8）背景颜色设置　可以为 3D 演示窗口设置背景色。

（9）观察视角　可以即刻改变三维演示对象在 3D 预览窗口内的观察角度。

（10）显示分辨率　为 3D 演示窗口中的三维演示对象设定细节显示分辨率。较高的显示分辨率将会影响演示过程播放的速度。

（11）改变模型显示效果　模型动画有多种显示效果，例如选择透明贴图效果时，可以观看折叠完成的三维演示对象的透视效果。

按住 Alt 键，同时按住鼠标左键，在预览窗口内向上或向下拖动光标可放大或缩小动画对象，已便查看纸盒的细部结构或整体结构。如图 4－5－12。按住 Alt 键，同时在窗口内双击鼠标，可以恢复为缺省显示模式。

按住 Shift 键同时按住鼠标左键，在预览窗口内向任意方向拖动鼠标，可以使动画在演示窗口内移动，查看纸盒结构的不同部位，尤其是在纸盒被放大之后，查看非常方便。按住 Shift 键，同时在窗口内双击鼠标，可以恢复为缺省显示模式。

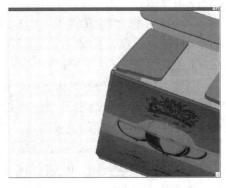

图 4－5－12　动画对象放大效果

九、文件保存

1. 输出面板输出

（1）快速输出　点击"显示控制"面板，选择输出方式下的"快速"选项（图 4－5－13），点击输出，进入快速输出面板（图 4－5－14），可以将动画瞬间快速输出为多种图片格式的图像文件或 Illustrator 文件。输出时只要点击"输出"按钮后，正在播放的动画停止播放，只有再次点击"播放"按钮动画才能继续播放；也可先暂停动画播放再进行输出操作，输出文件的可控性能更好些。

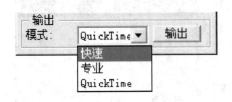

图 4－5－13　输出方式选择

图 4－5－14　快速输出

（2）专业输出　如图 4－5－13，选择"专业"输出选项，点击输出按钮，进入专业输出面板（图 4－5－15）。相对与"快速输出"可以比较详细的对输出文件的"输出像素"、"输出尺寸"和"分辨率"等进行设置，根据需要设定不同品质的文件。

知识点——专业输出控制面板

图4-5-15所示为专业输出控制面板，各部分作用如下：

（1）输出格式　选取希望输出的文件格式。

（2）确定按钮　当完成对输出文件参数的设置后，即可点击确定按钮进行输出。

（3）取消按钮　当需要放弃图像输出时，点击取消按钮。

（4）缺省设置按钮　当点击此按钮时，输出文件的设置恢复为缺省设置（输出像素1024×1024，分辨率为72dpi）。

（5）/（7）锁定宽/高比选项　选中此选项后，在输出像素和输出尺寸选项处出现锁链标志，改变输出文件的宽或高时，另一尺寸等比缩放。

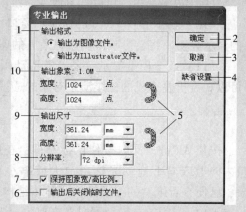

图4-5-15　专业输出

（6）关闭临时文件选项　此选项默认状态为被选状态，如果撤销选择，输出过程结束后，临时文件将不会关闭，可直接对临时文件进行操作。临时文件指刚输出保存的文件。

（8）分辨率设定　可在下拉列表中选取一个输出文件的分辨，分辨率值的范围从72dpi~2400dpi，分为13个档次。

（9）输出尺寸设定　设定输出文件的尺寸大小，尺寸的输入数值范围为0.01~32767，并且根据分辨率换算得到的像素数值应保持在输出像素的规定范围内。如果超出这一范围，软件将会给予提示，按键盘上的Enter键（Windows）或Return键（Mac）即可完成设定。

（10）输出像素设定　输出文件宽或高设定的像素值范围为101~30000，总数不大于100M。如果超出这一范围，软件将会给予提示。

提示：在输出过程的结尾部分，Illustrator可能会再显示一个内部输出控制对话框，请确保其中的设置与这里一致。

（3）QuickTime输出　如图4-5-13所示，选择"QuickTime"输出选项，点击输出按，进入QuickTime输出设置面板（图4-5-16），可以输出不同动画演示过程的动画播放文件（*.mov）。

设置面板可以设置动画的尺寸大小，播放速度帧数控制。高级设置中可以选择不同的动画演示过程：

普通折叠：只重复播放折叠纸盒的折叠过程动画。

折叠时旋转：重复播放折叠纸盒的折叠过程以及折叠成型的整体效果旋转动画。

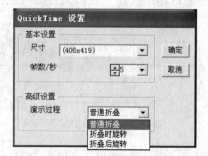

图4-5-16　QuickTime输出

折叠后旋转：只重复播放折叠纸盒折叠成型的整体效果旋转动画。

2. 文件菜单保存

动画制作无误后，点击"文件 > 导出…"，在保存类型中选择"FoldUP! 3D Model（＊.f3m）"文件格式，点击"保存"，出现保存版本对话框，如图4-5-17，点击上侧按钮即可保存，下侧为取消按钮。

另外，还可以将已经设置完成的 DXF 文件保存为 .ai 文件，以备后期再用。

十、浏览动画文件

制作完成的动画可以通过邦友公司专门为.f3m文件设计制作的播放浏览器 FoldUP! 3D Viewer CN 进行播放观看。双击浏览器快捷键图标，进入播放器界面，选择"文件" > "打开"，找到0215箱型动画文件存储路径便可打开进行预览，如图4-5-18所示。

图 4-5-17　保存对话框

图 4-5-18　FoldUP! 3D 播放器界面

知识点——FoldUP! 3D Viewer CN 播放器功能

FoldUP! 3D Viewer CN 播放器主菜单和在 FoldUP! 3D 中动画编辑制作时的"显示控制面板"功能类似，包括设置文件的动画效果、观察视点、动画空间背景颜色的设置和光源的设置，同时也可以控制播放进程、播放方向、边缘平滑程度和播放速度，还可用鼠标对动画进行不同方位的拖拽，也可按住 Alt 键拖动鼠标进行放大缩小等操作。可以根据需要对动画对象进行全面控制。

任务六　打样锁底式纸箱

进行纸箱打样时，因为和纸盒所用的打样材料不同，打样过程也有所不同。主要区别在于打样软件中纸盒/箱线型的设置、裁切刀和压痕辊/轮的选择。

本任务是用瓦楞纸板打样 0215 锁底式箱型。

① 开启机器各部件电源，如同情境 3－4 打样实例步骤（1）。

② 测试机器 I/O 口是否正常，如同情境 3－4 打样实例步骤（2）。

③ 调试压痕辊/轮压痕和裁切刀裁切深度，如同情境 3－4 打样实例步骤（3）。

④ 配置调试　如同情境 3－4 打样实例步骤（4）。

⑤ 机头回调刀位　盒形打样机对于卡纸板打样和瓦楞纸箱打样略有不同，需要更换不同的裁切刀和压轮，点击加工界面的"回调刀位"（图 4－6－1），将机头移动到图 3－4－13 中设置的调刀位更换刀具和压轮。

| 回调刀位 | 回原点 | 回对角位 | 测试角度 | 指定位移 |

图 4－6－1　机头调试按钮

知识点——机头定位测试

（1）回调刀位　指机头移动到指定的位置，以方便调换刀具。"调刀位置"可通过"配置"－"系统"－"调刀位"及"安全距离"进行设置。调换刀片时，机头移动到位置后，Z 轴旋转角度可通过"配置"－"机器"－"调刀位之刀向角度"进行设置。

（2）回原点　移动机头到原点位置。当指定了新原点则移动到那个位置，否则，移动到机器左下角。

（3）回对角位　机头移动到机器右上角。

（4）测试角度　测试压轮或者刀与 0°角的角度补正。先按 F2 或者 F3 换当前刀，再单击"测试角度"将自动旋转角度补正值，检查是否为 0°。按下 ＋ 键可正向旋转，按下 － 键可反向旋转，用来增加或者减少当前刀（压轮或者刀）与 0°角的角度补正值。

（5）指定位移　"绝对值"移动机头到哪个位置（坐标为 x，y）；"相对值"机头移动的（xy）距离。

⑥ 更换压痕轮　根据瓦楞纸板的厚度选择不同型号的压痕轮，将其安装在塑料套桶内（图 4－6－2）并用卡口铁丝固定。将卡纸板压痕辊卸下，如图 4－6－3 所示，将瓦楞纸板压轮安装上，如图 4－6－4 所示。

图 4－6－2　组装压痕轮　　　图 4－6－3　卸下压痕辊　　　图 4－6－4　安装压痕轮

知识点——瓦楞纸压痕轮与卡纸压痕辊

对卡纸板和瓦楞纸板进行压痕时，所采用的压痕工具是不一样的。图4-6-5是用于压痕的工具，其中2用于小于5mm厚的瓦楞纸板，3用于5~10mm厚的瓦楞纸板，4用于10~15mm厚的瓦楞纸板，5用于卡纸板压痕的压痕辊。

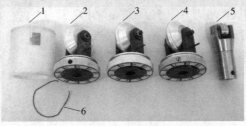

图4-6-5　压痕辊/轮型号

1—套筒　2—小号压痕轮　3—中号压痕轮　4—大号压痕轮　5—压痕辊　6—卡口铁丝

⑦ 更换瓦楞纸板裁切刀　根据瓦楞纸板厚度选择裁切刀，按照图4-6-6至图4-6-8更换裁切刀。图4-6-9是裁切刀的固定轴和压脚，安装时将夹刀器的凹陷部位对准固定轴的突出部位拧紧螺丝，裁切刀更换安装完毕。

图4-6-6　卸下裁切刀夹刀器

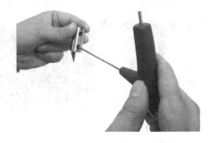

图4-6-7　松开裁切刀夹刀器

图4-6-8　卸下裁切刀

图4-6-9　裁切刀固定轴和压脚

知识点——瓦楞纸裁切刀

裁切瓦楞纸板时，可以根据纸板厚度选择不同型号的裁切刀，如图 4-6-10 所示。厚度小于 5mm 的瓦楞纸板选用 26 号刀片，5~10mm 的瓦楞纸板选用 20 号的刀片，大于 10mm 的瓦楞纸板选用 16 号的刀片。打样机瓦楞纸板的裁切最大厚度是 15mm。

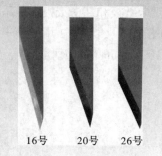

16号 20号 26号

图 4-6-10 不同型号的裁切刀

⑧ 导入文件 打开 Producer 包装打样系统 ，导入 "0215" DXF 文件，图形比例为 1.5∶1.5，不进行偏移 [图 4-6-11（a）]，点击确定，纸盒进入系统平台，如图 4-6-11（b）所示。

⑨ Box-vellum 中绘制的轮廓线默认为裁切刀加工线型，即 S4 线型，所以无需转化。点击 "选择" > "选择全部"，将所有在界面中显示的线条选中，点击 "加工" 🗐，弹出加工界面。

⑩ 打开光标，放置瓦楞纸板（注意瓦楞纸板的楞向）[图 4-6-12（a）]，根据光标位置移动纸板到恰当位置 [图 4-6-12（b）]。

(a)　　　　　　(b)

图 4-6-11 导入文件

(a)　　　　(b)

图 4-6-12 放置打样瓦楞纸板

⑪ 点击 "加工开始" 按钮，真空泵开始抽真空工作，压轮、裁切刀依次开始工作。加工完毕，机头恢复至设定位置，如图 4-6-13 所示。

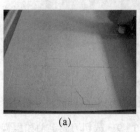
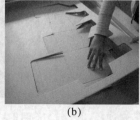
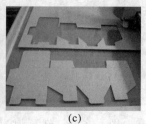

(a)　　　　　　　　(b)　　　　　　　　(c)

图 4-6-13 盒坯制作

(a) 盒板　(b) 退料　(c) 盒坯

⑫ 手工折叠成型。按纸箱在自动糊盒机上的成型顺序，将预折线预折130°，用高品质双面胶带在制造商接头布胶，将纸盒沿作业线折叠180°进行准确粘合，如图4-6-14所示。

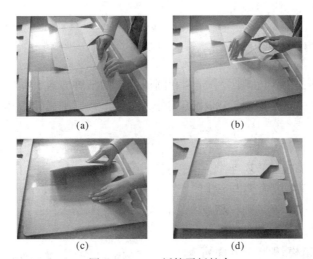

图4-6-14　纸箱平板粘合

（a）预折130°　　（b）布胶　　（c）（d）粘合

⑬ 立体成型过程如图4-6-15所示。

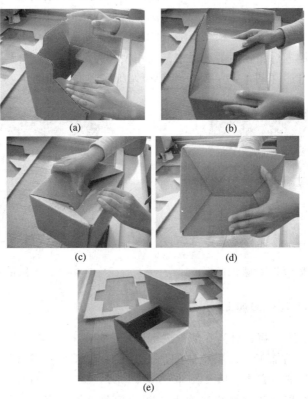

图4-6-15　纸箱立体成型过程

任务七 制作纸箱模切版

一、制作平版纸箱模切版

纸箱模切有平压平模切、圆压平模切和圆压圆模切三种方式，其中平压平模切精度最高，而圆压圆模切效率最高。纸箱的模切版分为两种形式，平模切版和圆模切版。

1. 平模切版制作

纸箱平模切版的加工工艺与纸盒模切版基本相同，但在压痕刀与裁切刀刀缝宽度的设置上有所区别，特别是纸箱压痕刀的厚度一般在 1mm 以上，因此，制作纸箱模切版一方面可以通过激光切割机参数控制刀缝的宽度，另外，可以在绘制模切版底图时，

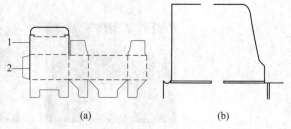

图 4 - 7 - 1　纸箱模切版底图绘制
(a) 整体效果　(b) 放大效果
1—裁切刀　2—压痕刀

将压痕刀的槽宽绘制成双线，如图 4 - 7 - 1 所示。激光切割机按照图 4 - 7 - 1（a）进行底版切割时，即使压痕刀与裁切刀的激光切割参数设置相同，但由于压痕刀位置为双线切割，足以保证能够足够的槽宽，利于压痕刀的正确安装。

使用激光切割机进行底版切割过程中，使用模切刀或压痕刀进行调试，观察切割机的参数调试是否调节合适（图 4 - 7 - 2），纸箱模切版底版加工如图 4 - 7 - 3 所示。

图 4 - 7 - 2　激光切割缝隙调节

图 4 - 7 - 3　纸箱模切版底版制作

2. 平模切版裁切刀与压痕刀加工

纸箱模切刀的加工，将其分为 6 部分进行加工，如图 4 - 7 - 4 所示。图 4 - 7 - 4（d）为侧板和底板模切刀的加工，采用整体的加工方式，在纸箱模切过程中，纸箱整体效果好。在接头部位直刀加工完成之后 [图 4 - 7 - 4（e）]，一定进行加工鹰嘴的处理，以保证模切过程中在刀料相交部位纸盒出现未切断的现象，加工完成的模切刀如图 4 - 7 - 5 所示。

PACKAGING STRUCTURE & DIE-CUTTING PLATE DESIGN(THE SECOND EDITION) 包装结构与模切版设计（第二版）

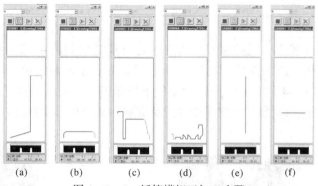

(a)　　　　(b)　　　　(c)　　　　(d)　　　　(e)　　　　(f)

图 4 - 7 - 4　　纸箱模切刀加工步骤

（a）接头位置　（b）插舍位置　（c）襟片位置　（d）底版位置　（e）侧板位置　（f）盖板位置

　　电脑弯刀机加工完成的模切刀，并不能直接安装在模切版底版上，需要用手动弯刀机进行调节，操作步骤为：① 将模切刀与底版进行位置比对，找到相应的位置［图 4 - 7 - 6 （a）］；② 更换手动弯刀机进行加工调节［图 4 - 7 - 6 （b）］；③ 安装模切刀过程中，使用橡胶木槌进行均匀敲打［图 4 - 7 - 6 （c）］，安装完成后使用钳子对模切刀进行局部调节，以保证模切刀的平直，安装完成模切刀的效果如图 4 - 7 - 7。

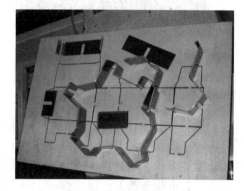

图 4 - 7 - 5　　纸箱模切刀

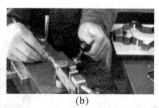

(a)　　　　　　　　(b)　　　　　　　　(c)

图 4 - 7 - 6　　模切刀手动加工流程

（a）试安装　（b）手工调节　（c）正式安装

　　纸箱的模切刀加工完成后，需要使用手动裁刀机和厚刀桥位机进行压痕刀的制作，并进行安装，如图 4 - 7 - 8 所示。

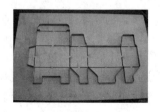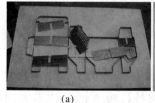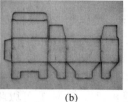

(a)　　　　　　　　(b)

图 4 - 7 - 7　　纸箱模切刀安装完成效果　　　　图 4 - 7 - 8　　纸箱压痕刀制作

（a）桥位加工效果　（b）安装后效果

3. 弯折模具调整

（1）更换内固定模具　电脑弯刀机的内固定模具结构如图4-7-9所示，当使用一定阶段之后需要更换内固定模具，具体步骤：① 将固定手轮和定位压块取下，由下往上将内固定模具取出（图4-7-10）；② 由上往下将新模具放入，再将定位压块分别在模具凹槽和联接板凹槽上；③ 装上固定手轮并拧紧完成内固定模具更换。

图4-7-9　更换内固定模具示意图
1—固定手轮　2—内固定模　3—外转动模
4—连接板　5—定位压块

图4-7-10　内固定模具

（2）更换外折弯模具步骤　① 将联接板上的4个内六角螺丝取出，握住固定手轮，就可以将联接板及内固定模一起由下往上方向取出（图4-7-11）。② 松开胀紧器上的8个内六角固定螺丝，使外折弯模和胀紧器脱落，然后将外折弯模取出。③ 装入新模具到胀紧器内，取出胀紧器上的顶脱螺丝，然后逐步拧紧8个内六角固螺丝，使模具通过胀紧器与转动轴连接。

4. 切断模具调整

切断模具调整步骤：① 取下盖板上的6个内六角螺丝，将盖板取出后即可将切断刀取下（图4-7-12）。② 将新的切断刀装上摆动气缸连接件，切断刀上面的孔对准切刀座的定位轴并装入。③ 对准气缸接头上面的孔将摆动气缸连接件装上盖板，拧紧6个内六角螺丝完成切断刀更换（图4-7-13）。④ 通过调整切断刀左右的定位螺丝或

图4-7-11　更换外折弯模具示意图
（资料来源：上海瀚诚包装器械有限公司）

切刀座上面的切刀上下定位杆，可以调节切断刀左右摆动的位置，使切断刀落下时，进入下边切断滑块的孔里面（图4-7-14）。

5. 桥位模具调整

更换桥位模具步骤：① 将模切刀退出桥位模具的通道，取下固定手轮及定位压块（图4-7-15）就可以将桥位模具由上往下方向取出；② 由上往下将新桥位模具装到位，使用木锤轻敲打；③ 接上清废气管，装上定位压块，拧紧固定手轮完成桥位模具更换。

PACKAGING STRUCTURE & DIE-CUTTING PLATE DESIGN(THE SECOND EDITION)
包装结构与模切版设计(第二版)

(a)   (b)   (c)

图 4 - 7 - 12 切断刀模具拆分

（a）外观   （b）内部结构   （c）拆装后效果

图 4 - 7 - 13 切断刀更换示意图

（资料来源：上海瀚诚包装器械有限公司）

(a)

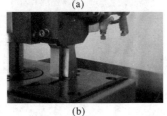

(b)

图 4 - 7 - 14 切断刀位置调节

（a）摆动位置   （b）下落位置

图 4 - 7 - 15 更换桥位模具示意图

（资料来源：上海瀚诚包装器械有限公司）

6. 鹰嘴模具调整

更换鹰嘴模具（图4-7-16），首先取下鹰嘴模具及护板上的螺丝（图4-7-17），最后装上新的鹰嘴嘴模具、护板，紧上螺丝。

图4-7-16　鹰嘴模具示意图　　　　图4-7-17　拆分鹰嘴示意图

二、制作圆版纸箱模切版

1. 圆模版制作

知识点——圆模版

圆模版：具有一定半径和弧长的木板，经拼接可组成圆柱、椭圆柱或其他柱体，如图4-7-18所示。圆压圆工艺的模切版采用弧形木板、滚筒刀制作，生产时，模压滚筒连续旋转，生产效率高，产品模切精度可控制在±1mm，由于圆压圆模切速度高，因此使用圆压圆模切方式越来越普遍。圆模版常见直径规格有250、360、410、487mm等，其厚度有13、15mm等。

图4-7-18　圆模版示意图

（1）圆压圆模切版电子文件的制作　使用Auto-CAD等绘图软件，将0215锁底式箱型绘制完毕，如图4-7-19所示。

（2）标注尺寸　选择直径合适的圆模版，周向尺寸较小的纸箱可以选择在一块板内切割完成，如果尺寸加大，则需要考虑两块圆模版拼版完成，拼版线不应选择在开孔或开槽线的位置，可以设计在压痕线位置上。

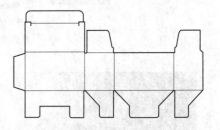

图4-7-19　0215锁底式纸箱CAD图

知识点——拼版尺寸设计

如果纸箱周向总长度 $< \dfrac{[(木板厚度 \times 2 + 木板直径) \times 3.14]}{2}$，可以使用一块圆模版完成纸箱模切版制作；

如果纸箱周向总长度 $> \dfrac{[(木板厚度 \times 2 + 木板直径) \times 3.14]}{2}$，需要使用两块圆模版拼接完成纸箱模切版制作。

（3）确定缩比值　圆模版与平版不同，周向尺寸需要考虑圆弧与平面的收缩比例，因此需要将纸箱的周向尺寸，按照收缩比例进行收缩，如图4-7-20所示，假设：木板的直径为250mm，板厚为13mm，压痕刀高度为23mm。

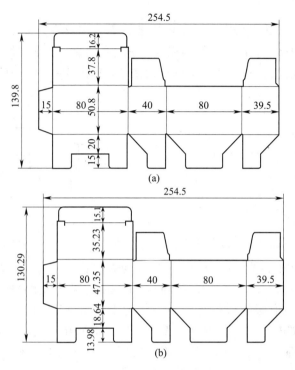

图4-7-20　锁底式纸箱尺寸图

（a）正常尺寸图　（b）缩放后尺寸图

知识点——模切版周向收缩比例的算法

模切版周向尺寸收缩比例公式：

$$\frac{木板厚度\times2+木板直径}{压痕线高度\times2+木板直径} \qquad (4-7-1)$$

纸箱切割时，纸箱紧贴于木板表面，如果按照实际周向尺寸切割刀缝，安装完刀具后，其切割或压痕的尺寸比实际尺寸稍大些，如图4-7-21所示中"刀比实际尺寸多余量"部分，针对这种情况，需要将实际周向尺寸缩小，其缩小的比例参照公式4-7-1，以保证切割或压痕后的尺寸与实际尺寸相吻合。

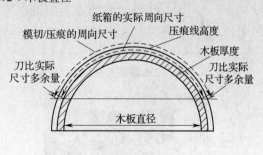

图4-7-21　模切版周向尺寸收缩示意图

（4）绘制清废刀　圆压圆模切方式，模切与清废可以同时完成，因此在绘制模切版文件时，需要在纸箱周围绘制清废刀，清废刀的间距根据印后加工的工艺有关，如果是自动清废，清废刀的间距为100mm以内，如果为手动清废，间距则为100～120mm，如图4-7-22所示。

（5）绘制螺丝孔　圆模版在滚筒上的安装，需用螺丝进行固定，因此在绘制模切版电子文件时，需要将螺丝孔的大小绘制完成。螺丝孔的直径，根据用户使用模切机的种类来确定，本案例中螺丝孔的直径为15mm，绘制结果如图4-7-23所示。

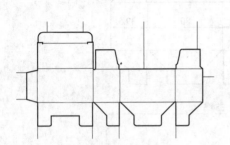

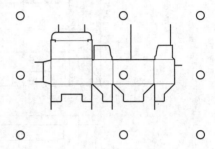

图4-7-22　0215锁底式纸箱清废刀的绘制　　　图4-7-23　0215锁底式纸箱螺丝孔的绘制

（6）加边框　边框在绘制过程中，其尺寸与螺丝孔大小有关，如图4-7-24所示。边框与螺丝孔的距离为＞螺丝孔半径＋15mm，15mm为螺丝孔垫片的尺寸。

（7）打桥位　圆模版的桥位孔大小一般为15mm，打完桥位每条线段长度控制在100mm左右即可，如图4-7-25所示，箭头方向为出纸方向。

（8）激光切割机切割模切版　圆模切版的加工，需要使用圆模激光切割机进行加工，如图4-7-26，其操作过程与平模版激光切割机基本相同，唯一区别是在切割之前测量木板的实际管径，根据所测管径进行参数设置，完成后即可输出数控文件进行切割，切割完成效果如图4-7-27所示。

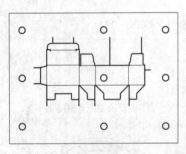

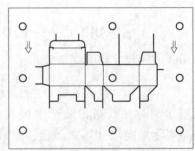

图4-7-24　0215锁底式纸箱边框绘制　　　　图4-7-25　0215锁底式纸箱桥位设计

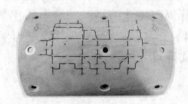

图4-7-26　圆模切版激光切割机　　　　　图4-7-27　0215锁底式纸箱模切版

2. 圆模切版裁切刀与压痕刀制作

由于圆压圆模切是在滚筒滚动的同时把瓦楞纸板模切成型，对模切刀的强度要求较高，刀模的制作难度及成本较大。

知识点——圆模版裁切刀的类型

圆压圆模切分为硬模切和软模切两种方式，底辊为钢辊的模切为硬模切，软模切最大的特点就是刀片可以切入软性辊套中。圆压圆模切刀片类型有尖齿刀、优力刀、KK 刀、方齿刀等。

	尖齿刀 高度：24.6mm、25.15mm、25.4mm　厚度：1.42mm 齿数：10 齿/12 齿
	KK 刀 高度：25.8mm　厚度：1.43mm 齿数：8 齿/10 齿 主要用于头刀和尾刀
	优力刀 高度：24.6mm、25.4mm　厚度：1.42mm 齿数：8 齿/10 齿
	方齿刀 高度：24.6mm、25.4mm　厚度：1.42mm

资料来源：青岛耐斯特工贸有限公司。

（1）齿型与齿数　圆压圆模切最常用的刀片齿型是 12 齿（每英寸 12 齿），广泛应用于三层、五层瓦楞纸板的模切，尤其适用于圆周方向的模切。与它搭配使用的横向刀片是 8 齿刀。横向大面积切断需要较大的压力 8 齿刀可以减小模切压力易于切穿。为减少切入底辊的深度，减小模切压力，提高机速，可使用 10 齿刀片，它可同时用于圆周和横向模切，均可提高制版效率与模切效果。

（2）厚度　圆压圆模切中常用的刀片厚度是 1.42mm。

（3）高度　圆压圆模切中刀片的高度要根据纸板的厚度确定。常用的高度有 23.8、24.10、24.38、24.60、25.10、25.40、26.00mm 等。通常情况下，横向刀片的高度要比圆周方向的刀片高 0.5mm 左右以保证双向均匀被切断。

知识点——圆模版压痕刀的类型

圆压圆模切对压痕刀的选择与平压平模切类似。通常情况下横向的压痕刀比圆周方向的要略高一点。

计算压痕刀时必须将刀片切入底辊的深度考虑在内，刀片通常切入底辊的深度为 2.0～2.5mm。压痕刀对纸箱的成型精度控制至关重要，压痕刀在箱片脱离进纸轮后，还起到控制行进速度的作用。

常用压痕刀的厚度为 0.45、0.71、1.05、1.42、2.13mm 等，压痕线的高度为 22～23.8mm。压痕线的选用原则是压痕线的厚度要大于瓦楞纸板厚度，压痕线的高度等于模切刀高度减去瓦楞纸板的厚度再减去 0.05～0.1mm。

（1）裁切刀与压痕刀弧度的调整　从图 4-7-28 可以看出，裁切刀或压痕刀的弧度与模切版的弧度未重合，因此需要调整弧度才能正确安装。

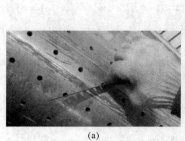

| (a) | (b) | (c) |

图 4-7-28　模切刀与压痕刀弧度调整
（a）调整前效果　（b）调整工具　（c）调整后效果

（2）模切刀或裁切刀角度加工　模切刀与压痕刀弯折的角度与弧度，需用手动弯刀机进行弯折，并且弯折的时候将外圆弧面向下放置，如图 4-7-29 所示。弯折过程中对于有些图形的加工，首先，要考虑弯折的顺序，例如 0215 锁底式纸箱箱底的部分结构中，

图 4-7-29　弯刀机加工刀具

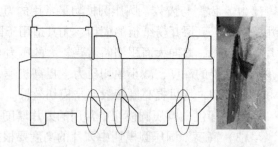

图 4-7-30　弯刀机加工顺序的选择

应先加工与横向刀模搭接的部位，然后再进行周向角度的弯折，如图 4-7-30 所示。其次，在弯折过程中，应保证周向与横向搭接部分，刀的高度相同，否则影响切割效果，如图 4-7-31 所示。

（3）模切刀与压痕刀桥位加工　模切刀与压痕刀需要使用桥位工具进行加工，桥位孔的大小一般设计在 15mm 左右，如图 4-7-32 所示。

图 4-7-31　模切刀在周向与横向搭接部位

3. 模切刀与压痕刀的安装

将激光切割机制好的模切版，在图4-7-33所示的板架上，固定并进行刀具的安装。

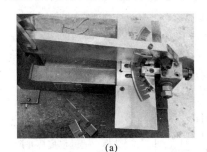

（a）

（b）

图4-7-32　桥位机加工
（a）桥位制作　（b）制作后效果

图4-7-33　模切刀与裁切刀的安装

三、模切加工常见问题及解决方法（表4-7-1）

表4-7-1　　　　　　　　　　模切加工常见问题及解决方法

产生的问题	原因分析	解决方法
压痕线不清晰、折叠偏斜现象	1. 模切压力不稳定或过小； 2. 压痕模宽度与压痕刀的厚度不匹配； 3. 压痕刀厚度过小	1. 进行设备适当的检修或更换零件； 2. 更换压痕模； 3. 根据纸张或瓦楞产品厚度选择合适压痕刀的厚度

续表

产生的问题	原因分析	解决方法
边缘起毛边	1. 模切刀刃口变形或变钝； 2. 压印板出现的过多切痕、贴补痕迹等； 3. 海绵胶条过硬或过厚，模切时挤压模切刀	1. 更换破损的模切刀； 2. 更换压印板； 3. 选择软硬合适的海绵胶条
压痕线破裂	1. 模切机性能造成压力时轻时重； 2. 垫板纸位置移动，压痕模变高； 3. 压痕模过窄或粘合位置不准确； 4. 纸板含水量低，特别是高温磨光的纸张	1. 对模切机进行检测维修； 2. 垫板纸使用胶水固定牢固； 3. 选择合适的压痕模并调节压痕模位置； 4. 加大车间环境的湿度或在模切前先把纸板放置在车间里调湿

课 业

一、情境小课业

情境 - 任务	小课业	手段
1 – 1	在纸盒实物非印刷面标注纸盒线型、盒板命名（中英文）、纹向、作业线等基本元素	搜寻实物
1 – 2	根据尺寸计算方法，对某一基本纸盒进行尺寸计算，并手工绘图制作出实物	搜寻实物
1 – 3		
1 – 4	在两款纸盒实物非印刷面标注纸盒分类（一款管式，一款盘式）、纸盒分类、成型角，计算旋转角	
1 – 5	设计一款翻盖式巧克力包装纸盒	手工绘图、手工制作
1 – 6	设计一款花形锁巧克力包装折叠纸盒	
1 – 7	设计一款管盘式巧克力包装折叠纸盒	
1 – 8	设计一款巧克力塑料包装容器	手工绘图
1 – 9	设计一款巧克力包装折叠纸盒	计算机绘图
2 – 1	设计一款玻璃酒瓶及其瓶盖包装容器	
2 – 2		
2 – 3	设计一款锁底式酒包装折叠纸盒 设计一款自锁底酒包装折叠纸盒	
2 – 4	设计一款提手式酒包装折叠纸盒	计算机绘图、手工制作
2 – 5	设计一款 3×2 间壁封底式多件酒包装折叠纸盒 设计一款 3×2 间壁自锁底式多件酒包装折叠纸盒	
2 – 6	设计一款 3×2 非管非盘式多件酒包装折叠纸盒	
2 – 7	设计一款 3×2 正反揿式多件酒包装折叠纸盒	
2 – 8	设计一款 4×2 间壁衬格式多件酒包装折叠纸盒	
2 – 9	设计一款酒包装折叠纸盒并对其进行参数编辑及管理	计算机绘图
3 – 1	设计一款月饼个包装折叠纸盒	计算机绘图、机器打样、手工成型
3 – 2	设计一款月饼中包装盘式自动折叠纸盒 设计一款月饼中包装盘式折叠纸盒	
3 – 3	设计一款月饼中包装粘贴纸盒	
4 – 1	根据内装物尺寸及数量优化排列方式，并计算纸箱尺寸及抗压强度	实例计算
4 – 2	设计一款饮料金属罐包装	计算机绘图

续表

情境 - 任务	小课业	手段
4 - 3	根据内装物尺寸及数量，优化金属罐排列方式，计算包卷式纸箱尺寸及抗压强度	实例计算
4 - 4	根据产品堆码方式求解最大堆码层数	
4 - 5	设计一款酒包装折叠纸盒并进行装潢和三维动画成型	计算机绘图、装潢、三维成型

二、情境大课业

要求 \ 情境		情境一	情境二	情境三	情境四
1	课业题目	某品牌巧克力系列包装设计	某品牌酒类系列包装设计	某品牌月饼系列包装设计	某品牌春节礼品系列包装设计
2	设计内容	简单卡纸折叠纸盒设计、塑料包装容器设计	复杂卡纸折叠纸盒设计、玻璃酒瓶设计、瓶盖设计、	各包装折叠纸盒设计、组合包装折叠/粘贴纸盒设计	金属罐设计、瓦楞纸箱设计
3	课业步骤	1. 市场调研，资料收集、整理；　2. 设计立意、构思；　3. 材料选择、成本估算；　4. 用 Box - vellum、AutoCAD 绘制生产图纸；　5. 制作多媒体课件			
		6. 手工制作1:1 纸盒实物		6. 盒型打样机打样1:1 纸盒实物	
		7. 手工制作模切版	7. 激光切割机制作底模；　8. 电脑弯刀机弯刀	7. 制作纸盒模切版	7. 用 FoldUP! 3D 制作纸箱三维成型动画；　8. 制作纸箱模切版
4	课业目的	根据所学包装设计技巧，通过市场调研，资料收集、整理，针对某一品牌产品进行系列创意包装设计，并能运用相应计算机工具制图、手动机动制作实物及模切版，最终通过成果展示，综合锻炼每位学生的包装设计技能、表达能力、沟通能力及团队协作能力			
5	设计要求	1. 明确小组成员具体分工； 2. 深入市场、结合网络电子资源等充分调研； 3. 大胆构思、努力挖掘自己的创造潜力，设计独特，结构合理，造型美观，具有艺术表现力； 4. 环保性强，可回收利用，符合绿色包装和可持续发展的时代要求； 5. 注意材料选取与成本经济，使用便利、安全，对内装物具有良好的保护和保存性能			
6	课业组织	学生自由组合成为一个课业小组（4～6 人标准），每个成员均承担相应任务，必须参与作业的全过程。选择一款符合要求的产品，充分利用包装机房实训室、盒形打样实训室、模切版制作实训室进行课业制作。制作纸盒（箱）实物及模切版时，严格遵守实训室管理规范和安全操作规范			
7	课业提交内容	产品设计汇报（PPT 格式）、包装容器生产图纸（DXF 格式）、1:1 实物纸盒（箱）实物、三维动画（ai、f3m 格式，带装潢）、产品模切版			

续表

要求 情境		情境一	情境二	情境三	情境四
8	课业展示	按照评价列项精心设计多媒体课件，图文并茂、文字字数适中、清晰明了。以多媒体课件＋实物展示形式汇报课业内容完成情况，每位小组成员介绍自己的完成部分			
9	课业评价	课业评价包括小组自我评价、小组互评和教师评价三部分（参见附表3）			
10	时间安排	贯穿于每个学习情境，每个情境最后一次课进行本情境大课业成果汇报			

附　录

附表1　国际箱型标准及省料理想尺寸比例

比例常数	R_L	R_H	L	B	H	S_{min}	A_{min}
箱型编号 0100 组装代码	展开图与立体图						
箱型编号 0110 组装代码	展开图与立体图						
箱型编号 0200 组装代码 M/A	2 / 展开图与立体图	1	$(4V)^{\frac{1}{3}}$	$\frac{1}{2}(4V)^{\frac{1}{3}}$	$\frac{1}{2}(4V)^{\frac{1}{3}}$	$\frac{9}{4}(4V)^{\frac{2}{3}}$	0.79
箱型编号 0201 组装代码 M/A	2 / 展开图与立体图	2	$(2V)^{\frac{1}{3}}$	$\frac{1}{2}(2V)^{\frac{1}{3}}$	$(2V)^{\frac{1}{3}}$	$\frac{9}{2}(2V)^{\frac{2}{3}}$	1.00
箱型编号 0202 组装代码 M/A	2 / 展开图与立体图	3	$\frac{1}{3}(36V)^{\frac{1}{3}}$	$\frac{1}{6}(36V)^{\frac{1}{3}}$	$\frac{1}{2}(36V)^{\frac{1}{3}}$	$\frac{3}{4}(36V)^{\frac{2}{3}}$	1.14
箱型编号 0203 组装代码 M/A	2 / 展开图与立体图	4	$V^{\frac{1}{3}}$	$\frac{1}{2}V^{\frac{1}{3}}$	$2V^{\frac{1}{3}}$	$9V^{\frac{2}{3}}$	1.26

续表

比例常数	R_L	R_H	L	B	H	S_{min}	A_{min}
箱型编号	1	2	$\left(\dfrac{V}{2}\right)^{\frac{1}{3}}$	$\left(\dfrac{V}{2}\right)^{\frac{1}{3}}$	$2\left(\dfrac{V}{2}\right)^{\frac{1}{3}}$	$12\left(\dfrac{V}{2}\right)^{\frac{2}{3}}$	1.06
0204 组装代码 M/A	展开图与立体图						
箱型编号	$\dfrac{1}{2}$	1	$\dfrac{1}{2}\left(\dfrac{V}{2}\right)^{\frac{1}{3}}$	$(2V)^{\frac{1}{3}}$	$(2V)^{\frac{1}{3}}$	$\dfrac{9}{2}(2V)^{\frac{2}{3}}$	1.00
0205 组装代码 M/A	展开图与立体图						
箱型编号	1	3	$\left(\dfrac{V}{3}\right)^{\frac{1}{3}}$	$\left(\dfrac{V}{3}\right)^{\frac{1}{3}}$	$3\left(\dfrac{V}{3}\right)^{\frac{1}{3}}$	$18\left(\dfrac{V}{3}\right)^{\frac{2}{3}}$	1.21
0206 组装代码 M/A	展开图与立体图						
箱型编号	$\dfrac{3}{2}$	1	$\left(\dfrac{9}{4}V\right)^{\frac{1}{3}}$	$\dfrac{2}{3}\left(\dfrac{9}{4}V\right)^{\frac{1}{3}}$	$\dfrac{2}{3}\left(\dfrac{9}{4}V\right)^{\frac{1}{3}}$	$\dfrac{20}{3}\left(\dfrac{9}{4}V\right)^{\frac{2}{3}}$	1.60
0207 组装代码 M	展开图与立体图						
箱型编号	1	$\dfrac{5}{6}$	$\left(\dfrac{5}{6}V\right)^{\frac{1}{3}}$	$\left(\dfrac{5}{6}V\right)^{\frac{1}{3}}$	$\dfrac{5}{6}\left(\dfrac{5}{6}V\right)^{\frac{1}{3}}$	$10\left(\dfrac{5}{6}V\right)^{\frac{2}{3}}$	1.58
0208 组装代码 M	展开图与立体图						
箱型编号	2	$\dfrac{3}{2}$	$\left(\dfrac{8}{3}V\right)^{\frac{1}{3}}$	$\dfrac{1}{2}\left(\dfrac{8}{3}V\right)^{\frac{1}{3}}$	$\dfrac{3}{4}\left(\dfrac{8}{3}V\right)^{\frac{1}{3}}$	$\dfrac{27}{8}\left(\dfrac{8}{3}V\right)^{\frac{2}{3}}$	0.91
0209 组装代码 M/A	展开图与立体图						

比例常数	R_L	R_H	L	B	H	S_{min}	A_{min}
箱型编号	2	2	$(2V)^{\frac{1}{3}}$	$\frac{1}{2}(2V)^{\frac{1}{3}}$	$(2V)^{\frac{1}{3}}$	$\frac{9}{2}(2V)^{\frac{2}{3}}$	1.00
0210							
组装代码	展开图与立体图						
M							
箱型编号	2	2	$(2V)^{\frac{1}{3}}$	$\frac{1}{2}(2V)^{\frac{1}{3}}$	$(2V)^{\frac{1}{3}}$	$\frac{9}{2}(2V)^{\frac{2}{3}}$	1.00
0211							
组装代码	展开图与立体图						
M							
箱型编号	2	2	$(2V)^{\frac{1}{3}}$	$\frac{1}{2}(2V)^{\frac{1}{3}}$	$(2V)^{\frac{1}{3}}$	$\frac{9}{2}(2V)^{\frac{2}{3}}$	1.00
0212							
组装代码	展开图与立体图						
M/A							
箱型编号	2	$\frac{3}{2}$	$(\frac{8}{3}V)^{\frac{1}{3}}$	$\frac{1}{2}(\frac{8}{3}V)^{\frac{1}{3}}$	$\frac{27}{8}(\frac{8}{3}V)^{\frac{1}{3}}$	$\frac{27}{8}(\frac{8}{3}V)^{\frac{2}{3}}$	0.91
0214							
组装代码	展开图与立体图						
M							
箱型编号	2	$\frac{5}{2}$	$(\frac{8}{5}V)^{\frac{1}{3}}$	$\frac{1}{2}(\frac{8}{5}V)^{\frac{1}{3}}$	$\frac{5}{4}(\frac{8}{5}V)^{\frac{1}{3}}$	$\frac{45}{8}(\frac{8}{5}V)^{\frac{2}{3}}$	1.08
0215							
组装代码	展开图与立体图						
M							
箱型编号	2	$\frac{5}{2}$	$(\frac{8}{5}V)^{\frac{1}{3}}$	$\frac{1}{2}(\frac{8}{5}V)^{\frac{1}{3}}$	$\frac{5}{4}(\frac{8}{5}V)^{\frac{1}{3}}$	$\frac{45}{8}(\frac{8}{5}V)^{\frac{2}{3}}$	1.08
0216							
组装代码	展开图与立体图						
M							

注：上盖可以自动组装

续表

比例常数	R_L	R_H	L	B	H	S_{min}	A_{min}
箱型编号	2	$\frac{7}{2}$	$\left(\frac{8}{7}V\right)^{\frac{1}{3}}$	$\frac{1}{2}\left(\frac{8}{7}V\right)^{\frac{1}{3}}$	$\frac{7}{4}\left(\frac{8}{7}V\right)^{\frac{1}{3}}$	$\frac{63}{8}\left(\frac{8}{7}V\right)^{\frac{2}{3}}$	1.21
0217 组装代码 M		展开图与立体图					
箱型编号	2	4	$V^{\frac{1}{3}}$	$\frac{1}{2}V^{\frac{1}{3}}$	$2V^{\frac{1}{3}}$	$9V^{\frac{2}{3}}$	1.26
0218 组装代码 M		展开图与立体图					
箱型编号	2	3	$\left(\frac{4}{3}V\right)^{\frac{1}{3}}$	$\frac{1}{2}\left(\frac{4}{3}V\right)^{\frac{1}{3}}$	$\frac{3}{2}\left(\frac{4}{3}V\right)^{\frac{1}{3}}$	$\frac{27}{4}\left(\frac{4}{3}V\right)^{\frac{2}{3}}$	1.14
0225 组装代码 M		展开图与立体图	$(h)\leqslant(H)$				
箱型编号	2	2	$(2V)^{\frac{1}{3}}$	$\frac{1}{2}(2V)^{\frac{1}{3}}$	$(2V)^{\frac{1}{3}}$	$\frac{9}{2}(2V)^{\frac{2}{3}}$	1.00
0226 组装代码 M		展开图与立体图					
箱型编号	2	4	$V^{\frac{1}{3}}$	$\frac{1}{2}V^{\frac{1}{3}}$	$2V^{\frac{1}{3}}$	$9V^{\frac{2}{3}}$	1.26
0227 组装代码 M		展开图与立体图					
箱型编号	$\frac{2a}{3}$	$\frac{4a}{9}$	$(aV)^{\frac{1}{3}}$	$\frac{3}{2a}(aV)^{\frac{1}{3}}$	$\frac{2}{3}(aV)^{\frac{1}{3}}$	$\frac{1}{6a^2}\left(8a^2+36a+27\right)(aV)^{\frac{2}{3}}$	1.10
0228 组装代码 M/A		展开图与立体图					

续表

比例常数	R_L	R_H	L	B	H	S_{min}	A_{min}
箱型编号	$\frac{1}{2}$	$\frac{5}{6}$	$\frac{1}{2}\left(\frac{12}{5}V\right)^{\frac{1}{3}}$	$\left(\frac{12}{5}V\right)^{\frac{1}{3}}$	$\frac{5}{6}\left(\frac{12}{5}V\right)^{\frac{1}{3}}$	$5\left(\frac{12}{5}V\right)^{\frac{2}{3}}$	1.25
0229 组装代码 M	展开图与立体图						
箱型编号	2	2	$(2V)^{\frac{1}{3}}$	$\frac{1}{2}(2V)^{\frac{1}{3}}$	$(2V)^{\frac{1}{3}}$	$\frac{9}{2}(2V)^{\frac{2}{3}}$	1.00
0230 组装代码 M/A	展开图与立体图		$l_1+l_2=L+O$				
箱型编号	2	2	$(2V)^{\frac{1}{3}}$	$\frac{1}{2}(2V)^{\frac{1}{3}}$	$(2V)^{\frac{1}{3}}$	$\frac{9}{2}(2V)^{\frac{2}{3}}$	1.00
0231 组装代码 M/A	展开图与立体图		$b_1+b_2=B+O$				
箱型编号	1	$\frac{1}{4}$	$(4V)^{\frac{1}{3}}$	$(4V)^{\frac{1}{3}}$	$\frac{1}{4}(4V)^{\frac{1}{3}}$	$\frac{9}{2}(4V)^{\frac{2}{3}}$	1.59
0300 组装代码 M/A	展开图与立体图						
箱型编号	1	$\frac{1}{4}$	$(4V)^{\frac{1}{3}}$	$(4V)^{\frac{1}{3}}$	$\frac{1}{4}(4V)^{\frac{1}{3}}$	$\frac{9}{2}(4V)^{\frac{2}{3}}$	1.59
0301 组装代码 M/A	展开图与立体图						
箱型编号	1	$\frac{1}{2}$	$(2V)^{\frac{1}{3}}$	$(2V)^{\frac{1}{3}}$	$\frac{1}{2}(2V)^{\frac{1}{3}}$	$6(2V)^{\frac{2}{3}}$	1.33
0302 组装代码 M	展开图与立体图						

PACKAGING STRUCTURE & DIE-CUTTING PLATE DESIGN(THE SECOND EDITION)
包装结构与模切版设计(第二版)

续表

比例常数	R_L	R_H	L	B	H	S_{min}	A_{min}
箱型编号	1	$\frac{1}{4}$	$(4V)^{\frac{1}{3}}$	$(4V)^{\frac{1}{3}}$	$\frac{1}{4}(4V)^{\frac{1}{3}}$	$\frac{9}{2}(4V)^{\frac{2}{3}}$	1.59
0303 组装代码 M	展开图与立体图						
箱型编号	1	$\frac{1}{4}$	$(4V)^{\frac{1}{3}}$	$(4V)^{\frac{1}{3}}$	$\frac{1}{4}(4V)^{\frac{1}{3}}$	$\frac{9}{2}(4V)^{\frac{2}{3}}$	1.59
0304 组装代码 M	展开图与立体图						
箱型编号	1	$\frac{8}{b}$	$\frac{1}{2}(bV)^{\frac{1}{3}}$	$\frac{1}{2}(bV)^{\frac{1}{3}}$	$\frac{4}{b}(bV)^{\frac{1}{3}}$	$\frac{1}{2b^2}(b^2+20b+136)(bV)^{\frac{2}{3}}$	1.20
0306 组装代码 M/A	展开图与立体图						
箱型编号	1	$\frac{1}{4}$	$(4V)^{\frac{1}{3}}$	$(4V)^{\frac{1}{3}}$	$\frac{1}{4}(4V)^{\frac{1}{3}}$	$\frac{9}{2}(4V)^{\frac{2}{3}}$	1.59
0307 组装代码 M	展开图与立体图						
箱型编号	1	$\frac{1}{4}$	$(4V)^{\frac{1}{3}}$	$(4V)^{\frac{1}{3}}$	$\frac{1}{4}(4V)^{\frac{1}{3}}$	$\frac{9}{2}(4V)^{\frac{2}{3}}$	1.59
0308 组装代码 M	展开图与立体图						
箱型编号	1	$\frac{1}{4}$	$(4V)^{\frac{1}{3}}$	$(4V)^{\frac{1}{3}}$	$\frac{1}{4}(4V)^{\frac{1}{3}}$	$\frac{9}{2}(4V)^{\frac{2}{3}}$	1.59
0309 组装代码 M	展开图与立体图						

比例常数	R_L	R_H	L	B	H	S_{min}	A_{min}
箱型编号	1	$\dfrac{1}{c}$	$(cV)^{\frac{1}{3}}$	$(cV)^{\frac{1}{3}}$	$\dfrac{1}{c}(cV)^{\frac{1}{3}}$	$\dfrac{1}{2c^2}(4c^2+12c+1)(cV)^{\frac{2}{3}}$	1.14
0310 组装代码	展开图与立体图						
M + A							
箱型编号 0312 组装代码	展开图与立体图						
M/A							
箱型编号	2	1	$(4V)^{\frac{1}{3}}$	$\dfrac{1}{2}(4V)^{\frac{1}{3}}$	$\dfrac{1}{2}(4V)^{\frac{1}{3}}$	$6(4V)^{\frac{2}{3}}$	2.12
0313 组装代码	展开图与立体图						
M/A							
箱型编号	1	$\dfrac{1}{2}$	$(2V)^{\frac{1}{3}}$	$(2V)^{\frac{1}{3}}$	$\dfrac{1}{2}(2V)^{\frac{1}{3}}$	$6(2V)^{\frac{2}{3}}$	1.33
0314 组装代码	展开图与立体图						
M							
箱型编号	2	1	$(4V)^{\frac{1}{3}}$	$\dfrac{1}{2}(4V)^{\frac{1}{3}}$	$\dfrac{1}{2}(4V)^{\frac{1}{3}}$	$\dfrac{9}{2}(4V)^{\frac{2}{3}}$	1.59
0320 组装代码	展开图与立体图						
M/A							
箱型编号	2	$\dfrac{3}{2}$	$2\left(\dfrac{V}{3}\right)^{\frac{1}{3}}$	$\left(\dfrac{V}{3}\right)^{\frac{1}{3}}$	$\dfrac{3}{2}\left(\dfrac{V}{3}\right)^{\frac{1}{3}}$	$27\left(\dfrac{V}{3}\right)^{\frac{2}{3}}$	1.82
0321 组装代码	展开图与立体图						
M							

PACKAGING STRUCTURE & DIE-CUTTING PLATE DESIGN(THE SECOND EDITION)

包装结构与模切版设计(第二版)

续表

比例常数	R_L	R_H	L	B	H	$S_{\min}$	$A_{\min}$
箱型编号 0322 组装代码 M			展开图与立体图				
箱型编号 0323 组装代码 M			展开图与立体图				
箱型编号 0325 组装代码 A			展开图与立体图				
箱型编号 0330 组装代码 M/A	1	$\dfrac{1}{e}$	$(eV)^{\frac{1}{3}}$	$(eV)^{\frac{1}{3}}$	$\dfrac{1}{e}(eV)^{\frac{1}{3}}$	$\dfrac{2}{e^2}(e^2+6e+6)(eV)^{\frac{2}{3}}$	2.00
			展开图与立体图				
箱型编号 0331 组装代码 M/A	1	$\dfrac{1}{f}$	$(fV)^{\frac{1}{3}}$	$(fV)^{\frac{1}{3}}$	$\dfrac{1}{f}(fV)^{\frac{1}{3}}$	$\dfrac{2}{f^2}(f^2+6f+8)(fV)^{\frac{2}{3}}$	2.05
			展开图与立体图				
箱型编号 0350 组装代码 M			$(\sqrt{2}+1)\left(\dfrac{5}{72}V\right)^{\frac{1}{3}}$	$\dfrac{12}{5}\left(\dfrac{5}{72}V\right)^{\frac{1}{3}}$		$36\left(\dfrac{5}{72}V\right)^{\frac{2}{3}}$	0.85
			展开图与立体图				

比例常数	R_L	R_H	L	B	H	S_{min}	A_{min}
箱型编号 0351 组装代码 M/A			展开图与立体图				
箱型编号 0352 组装代码 M/A			展开图与立体图				
箱型编号 0400 组装代码 M			展开图与立体图				
箱型编号 0401	1	1	$V^{\frac{1}{3}}$	$V^{\frac{1}{3}}$	$V^{\frac{1}{3}}$	$6V^{\frac{2}{3}}$	0.84
组装代码 M			展开图与立体图				
箱型编号 0402	1	$\frac{3}{2}$	$\left(\frac{2}{3}V\right)^{\frac{1}{3}}$	$\left(\frac{2}{3}V\right)^{\frac{1}{3}}$	$\frac{3}{2}\left(\frac{2}{3}V\right)^{\frac{1}{3}}$	$9\left(\frac{2}{3}V\right)^{\frac{1}{3}}$	0.96
组装代码 M			展开图与立体图				

比例常数	R_L	R_H	L	B	H	S_{min}	A_{min}
箱型编号 0403 组装代码 M	展开图与立体图						
箱型编号	1	2	$\left(\dfrac{V}{2}\right)^{\frac{1}{3}}$	$\left(\dfrac{V}{2}\right)^{\frac{1}{3}}$	$2\left(\dfrac{V}{2}\right)^{\frac{1}{3}}$	$12\left(\dfrac{V}{2}\right)^{\frac{2}{3}}$	1.06
0404 组装代码 M	展开图与立体图						
0405 组装代码 M	展开图与立体图						
箱型编号	1	$\dfrac{1}{2}$	$(2V)^{\frac{1}{3}}$	$(2V)^{\frac{1}{3}}$	$\dfrac{1}{2}(2V)^{\frac{1}{3}}$	$\dfrac{9}{2}(2V)^{\frac{2}{3}}$	1.00
0406 组装代码 A	展开图与立体图						
箱型编号	$\dfrac{4}{3}$	$\dfrac{1}{3}$	$\dfrac{4}{3}\left(\dfrac{9}{4}V\right)^{\frac{1}{3}}$	$\left(\dfrac{9}{4}V\right)^{\frac{1}{3}}$	$\dfrac{1}{3}\left(\dfrac{9}{4}V\right)^{\frac{1}{3}}$	$6\left(\dfrac{9}{4}V\right)^{\frac{2}{3}}$	1.44
0409 组装代码 M	展开图与立体图						
箱型编号	$\dfrac{4}{3}$	$\dfrac{3}{4g}$	$\dfrac{4}{3}(gV)^{\frac{1}{3}}$	$(gV)^{\frac{1}{3}}$	$\dfrac{3}{4g}(gV)^{\frac{1}{3}}$	$\dfrac{1}{12g^2}(32g^2+72g+27)(gV)^{\frac{2}{3}}$	1.38
0410 组装代码 M/A	展开图与立体图						

续表

比例常数	R_L	R_H	L	B	H	S_{min}	A_{min}
箱型编号	2	$\dfrac{1}{2}$	$2V^{\frac{1}{3}}$	$V^{\frac{1}{3}}$	$\dfrac{1}{2}V^{\frac{1}{3}}$	$9V^{\frac{2}{3}}$	1.26
0411 组装代码 M/A	展开图与立体图						
箱型编号	2	$\dfrac{1}{2}$	$2V^{\frac{1}{3}}$	$V^{\frac{1}{3}}$	$\dfrac{1}{2}V^{\frac{1}{3}}$	$9V^{\frac{2}{3}}$	1.26
0412 组装代码 M	展开图与立体图						
箱型编号	$\dfrac{4}{3}$	$\dfrac{1}{3}$	$\dfrac{4}{3}\left(\dfrac{9}{4}V\right)^{\frac{1}{3}}$	$\left(\dfrac{9}{4}V\right)^{\frac{1}{3}}$	$\dfrac{1}{3}\left(\dfrac{9}{4}V\right)^{\frac{1}{3}}$	$6\left(\dfrac{9}{4}V\right)^{\frac{2}{3}}$	1.44
0413 组装代码 M/A	展开图与立体图						
箱型编号	2	$\dfrac{1}{2}$	$2V^{\frac{1}{3}}$	$V^{\frac{1}{3}}$	$\dfrac{1}{2}V^{\frac{1}{3}}$	$9V^{\frac{2}{3}}$	1.26
0415 组装代码 M/A	展开图与立体图						
箱型编号	2	$\dfrac{1}{2}$	$2V^{\frac{1}{3}}$	$V^{\frac{1}{3}}$	$\dfrac{1}{2}V^{\frac{1}{3}}$	$9V^{\frac{2}{3}}$	1.26
0416 组装代码 M	展开图与立体图						

PACKAGING STRUCTURE & DIE-CUTTING PLATE DESIGN(THE SECOND EDITION)

比例常数	R_L	R_H	L	B	H	S_{min}	A_{min}
箱型编号	2	$\dfrac{2}{h}$	$\left(\dfrac{h}{2}V\right)^{\frac{1}{3}}$	$\left(\dfrac{h}{2}V\right)^{\frac{1}{3}}$	$\left(\dfrac{2}{h}\right)^{\frac{2}{3}}V^{\frac{1}{3}}$	$\dfrac{2}{h^2}(h^2+3h+8)\left(\dfrac{h}{2}V\right)^{\frac{2}{3}}$	1.09
0420 组装代码 M/A	展开图与立体图						
箱型编号	2	$\dfrac{1}{2}$	$2V^{\frac{1}{3}}$	$V^{\frac{1}{3}}$	$\dfrac{1}{2}V^{\frac{1}{3}}$	$9V^{\frac{2}{3}}$	1.26
0421 组装代码 M/A	展开图与立体图						
箱型编号	2	$\dfrac{1}{2i}$	$2(iV)^{\frac{1}{3}}$	$(iV)^{\frac{1}{3}}$	$\dfrac{1}{2i}(iV)^{\frac{1}{3}}$	$\dfrac{1}{i^2}(2i^2+4i+1)(iV)^{\frac{2}{3}}$	0.94
0422 组装代码 M/A	展开图与立体图						
箱型编号	$\dfrac{1}{2}$	$\dfrac{1}{8}$	$(2V)^{\frac{1}{3}}$	$2(2V)^{\frac{1}{3}}$	$\dfrac{1}{4}(2V)^{\frac{1}{3}}$	$\dfrac{9}{2}(2V)^{\frac{2}{3}}$	1.00
0423 组装代码 M/A	展开图与立体图						
箱型编号	$\dfrac{1}{2}$	$\dfrac{1}{8}$	$(2V)^{\frac{1}{3}}$	$2(2V)^{\frac{1}{3}}$	$\dfrac{1}{4}(2V)^{\frac{1}{3}}$	$\dfrac{9}{2}(2V)^{\frac{2}{3}}$	1.00
0424 组装代码 M/A	展开图与立体图						

比例常数	R_L	R_H	L	B	H	S_{min}	A_{min}
箱型编号	1	$\dfrac{1}{j}$	$(jV)^{\frac{1}{3}}$	$(jV)^{\frac{1}{3}}$	$\dfrac{1}{j}(jV)^{\frac{1}{3}}$	$\dfrac{1}{j^2}(j^2+8j+8)(jV)^{\frac{2}{3}}$	1.18
0425 组装代码 M/A	展开图与立体图						
0426 组装代码 M	展开图与立体图						
0427 组装代码 M	展开图与立体图						
箱型编号	3	1	$3\left(\dfrac{V}{3}\right)^{\frac{1}{3}}$	$\left(\dfrac{V}{3}\right)^{\frac{1}{3}}$	$\left(\dfrac{V}{3}\right)^{\frac{1}{3}}$	$18\left(\dfrac{V}{3}\right)^{\frac{2}{3}}$	1.21
0428 组装代码 M	展开图与立体图						
箱型编号	4	1	$2(2V)^{\frac{1}{3}}$	$\dfrac{1}{2}(2V)^{\frac{1}{3}}$	$\dfrac{1}{2}(2V)^{\frac{1}{3}}$	$6(2V)^{\frac{2}{3}}$	1.33
0429 组装代码 M	展开图与立体图						

比例常数	R_L	R_H	L	B	H	S_{min}	A_{min}
箱型编号							
0430	展开图与立体图						
组装代码							
M/A							
箱型编号							
0431	展开图与立体图						
组装代码							
M							
箱型编号							
0432	展开图与立体图						
组装代码							
M							
箱型编号							
0433	展开图与立体图						
组装代码							
M							
箱型编号							
0434	展开图与立体图						
组装代码							
M							
箱型编号	2	$\frac{1}{4}$	$2(2V)^{\frac{1}{3}}$	$2(2V)^{\frac{1}{3}}$	$\frac{1}{4}(2V)^{\frac{1}{3}}$	$\frac{9}{2}(2V)^{\frac{2}{3}}$	1.00
0435	展开图与立体图						
组装代码							
M/A							

钉合

比例常数	R_L	R_H	L	B	H	S_{min}	A_{min}
箱型编号	1	$\dfrac{1}{k}$	$(kV)^{\frac{1}{3}}$	$(kV)^{\frac{1}{3}}$	$\dfrac{1}{k}(kV)^{\frac{1}{3}}$	$\dfrac{1}{2k^2}(3k^2+8k+8)(kV)^{\frac{2}{3}}$	0.95

0436							
组装代码	展开图与立体图						
M							

箱型编号	$\dfrac{1}{2}$	$\dfrac{1}{8}$	$(2V)^{\frac{1}{3}}$	$2(2V)^{\frac{1}{3}}$	$\dfrac{1}{4}(2V)^{\frac{1}{3}}$	$\dfrac{9}{2}(2V)^{\frac{2}{3}}$	1.00

0437							
组装代码	展开图与立体图						
M							

箱型编号	1	$\dfrac{1}{l}$	$(lV)^{\frac{1}{3}}$	$(lV)^{\frac{1}{3}}$	$\dfrac{1}{l}(lV)^{\frac{1}{3}}$	$\dfrac{2}{l^2}(l^2+2l+2)(lV)^{\frac{2}{3}}$	1.09

0440							
组装代码	展开图与立体图						
A							

箱型编号	1	$\dfrac{1}{l}$	$(lV)^{\frac{1}{3}}$	$(lV)^{\frac{1}{3}}$	$\dfrac{1}{l}(lV)^{\frac{1}{3}}$	$\dfrac{2}{l^2}(l^2+2l+2)(lV)^{\frac{2}{3}}$	1.09

0441							
组装代码	展开图与立体图						
A							

续表

比例常数	R_L	R_H	L	B	H	S_{min}	A_{min}
箱型编号	2	$\frac{1}{2}$	$2V^{\frac{1}{3}}$	$V^{\frac{1}{3}}$	$\frac{1}{2}V^{\frac{1}{3}}$	$9V^{\frac{2}{3}}$	1.26
0442		展开图与立体图					
组装代码							
M							
箱型编号	4	2	$2V^{\frac{1}{3}}$	$\frac{1}{2}V^{\frac{1}{3}}$	$V^{\frac{1}{3}}$	$9V^{\frac{2}{3}}$	1.26
0443		展开图与立体图					
组装代码							
M							
箱型编号	4	2	$2V^{\frac{1}{3}}$	$\frac{1}{2}V^{\frac{1}{3}}$	$V^{\frac{1}{3}}$	$9V^{\frac{2}{3}}$	1.26
0444		展开图与立体图					
组装代码							
M							
箱型编号	2	1	$2\left(\frac{V}{2}\right)^{\frac{1}{3}}$	$\left(\frac{V}{2}\right)^{\frac{1}{3}}$	$\left(\frac{V}{2}\right)^{\frac{1}{3}}$	$12\left(\frac{V}{2}\right)^{\frac{2}{3}}$	1.06
0445		展开图与立体图					
组装代码							
M							
箱型编号							
0446		展开图与立体图					
组装代码							
A							

比例常数	R_L	R_H	L	B	H	S_{min}	A_{min}
箱型编号	$\frac{2}{3}$	$\frac{3}{2m}$	$\frac{2}{3}(mV)^{\frac{1}{3}}$	$(mV)^{\frac{1}{3}}$	$\frac{3}{2m}(mV)^{\frac{1}{3}}$	$\frac{1}{3m^2}(4m^2+18m+27)(mV)^{\frac{2}{3}}$	1.18
0447 组装代码 M			展开图与立体图				
箱型编号	1	$\frac{1}{4}$	$(4V)^{\frac{1}{3}}$	$(4V)^{\frac{1}{3}}$	$\frac{1}{4}(4V)^{\frac{1}{3}}$	$\frac{9}{2}(4V)^{\frac{2}{3}}$	1.59
0448 组装代码 M			展开图与立体图				
箱型编号	1	$\frac{1}{4}$	$(4V)^{\frac{1}{3}}$	$(4V)^{\frac{1}{3}}$	$\frac{1}{4}(4V)^{\frac{1}{3}}$	$\frac{9}{2}(4V)^{\frac{2}{3}}$	1.59
0449 组装代码 M			展开图与立体图				
箱型编号	1	$\frac{1}{4}$	$(4V)^{\frac{1}{3}}$	$(4V)^{\frac{1}{3}}$	$\frac{1}{4}(4V)^{\frac{1}{3}}$	$\frac{9}{4}(4V)^{\frac{2}{3}}$	0.79
0450 组装代码 M			展开图与立体图				
箱型编号	1	$\frac{1}{4}$	$(4V)^{\frac{1}{3}}$	$(4V)^{\frac{1}{3}}$	$\frac{1}{4}(4V)^{\frac{1}{3}}$	$\frac{9}{4}(4V)^{\frac{2}{3}}$	0.79
0451 组装代码 M			展开图与立体图				

比例常数	R_{L}	R_{H}	L	B	H	$S_{\min}$	$A_{\min}$
箱型编号	1	$\frac{1}{4}$	$(4V)^{\frac{1}{3}}$	$(4V)^{\frac{1}{3}}$	$\frac{1}{4}(4V)^{\frac{1}{3}}$	$\frac{9}{4}(4V)^{\frac{2}{3}}$	0.79
0452 组装代码 A	展开图与立体图						
箱型编号	1	$\frac{1}{4}$	$(4V)^{\frac{1}{3}}$	$(4V)^{\frac{1}{3}}$	$\frac{1}{4}(4V)^{\frac{1}{3}}$	$\frac{9}{4}(4V)^{\frac{2}{3}}$	0.79
0453 组装代码 A	展开图与立体图						
箱型编号	2	$\frac{1}{4}$	$2(2V)^{\frac{1}{3}}$	$(2V)^{\frac{1}{3}}$	$\frac{1}{4}(2V)^{\frac{1}{3}}$	$\frac{9}{2}(2V)^{\frac{2}{3}}$	1.00
0454 组装代码 M	展开图与立体图						
箱型编号	$\frac{1}{2}$	$\frac{1}{8}$	$(2V)^{\frac{1}{3}}$	$2(2V)^{\frac{1}{3}}$	$\frac{1}{4}(2V)^{\frac{1}{3}}$	$\frac{9}{2}(2V)^{\frac{2}{3}}$	1.00
0455 组装代码 M	展开图与立体图						
箱型编号	1	$\frac{1}{8}$	$2V^{\frac{1}{3}}$	$2V^{\frac{1}{3}}$	$\frac{1}{4}V^{\frac{1}{3}}$	$9V^{\frac{2}{3}}$	1.26
0456 组装代码 M	展开图与立体图						
箱型编号	1	$\frac{1}{4}$	$(4V)^{\frac{1}{3}}$	$(4V)^{\frac{1}{3}}$	$\frac{1}{4}(4V)^{\frac{1}{3}}$	$\frac{9}{4}(4V)^{\frac{2}{3}}$	0.79
0457 组装代码 M	展开图与立体图						

比例常数	R_L	R_H	L	B	H	S_{min}	A_{min}
箱型编号	1	$\frac{1}{2}$	$(2V)^{\frac{1}{3}}$	$(2V)^{\frac{1}{3}}$	$\frac{1}{2}(2V)^{\frac{1}{3}}$	$6(2V)^{\frac{2}{3}}$	1.33

0458 组装代码 M	展开图与立体图			

箱型编号 0459 组装代码 A	展开图与立体图			

箱型编号	$\frac{1}{4}$	$\frac{1}{4}$	$\frac{1}{2}(2V)^{\frac{1}{3}}$	$2(2V)^{\frac{1}{3}}$	$\frac{1}{2}(2V)^{\frac{1}{3}}$	$\frac{9}{4}(2V)^{\frac{2}{3}}$	0.50

0460 组装代码 A	展开图与立体图			

箱型编号	4	2	$2V^{\frac{1}{3}}$	$\frac{1}{2}V^{\frac{1}{3}}$	$V^{\frac{1}{3}}$	$9V^{\frac{2}{3}}$	1.26

0470 组装代码 M	展开图与立体图			

箱型编号	4	1	$2(2V)^{\frac{1}{3}}$	$\frac{1}{2}(2V)^{\frac{1}{3}}$	$\frac{1}{2}(2V)^{\frac{1}{3}}$	$\frac{15}{2}(2V)^{\frac{2}{3}}$	1.67

0471 组装代码 M	展开图与立体图			

比例常数	R_L	R_H	L	B	H	S_{min}	A_{min}
箱型编号	4	1	$2(2V)^{\frac{1}{3}}$	$\frac{1}{2}(2V)^{\frac{1}{3}}$	$\frac{1}{2}(2V)^{\frac{1}{3}}$	$9(2V)^{\frac{2}{3}}$	2.00

0472	展开图与立体图	
组装代码		
M		

箱型编号	展开图与立体图	
0473		
组装代码		
M		

箱型编号	展开图与立体图	
0501		
M		

箱型编号	展开图与立体图	
0502		
组装代码		
M		

箱型编号	展开图与立体图	
0503		
组装代码		
M		

箱型编号	1	1	$V^{\frac{1}{3}}$	$V^{\frac{1}{3}}$	$V^{\frac{1}{3}}$	$6V^{\frac{2}{3}}$	0.84

0504		
组装代码	展开图与立体图	
M		

比例常数	R_L	R_H	L	B	H	S_{min}	A_{min}
箱型编号 0505 组装代码 M	展开图与立体图						
箱型编号 0507 组装代码 M	展开图与立体图						
箱型编号 0509 组装代码 M	展开图与立体图						
箱型编号	$\dfrac{1}{2}$	$\dfrac{1}{2}$	$\left(\dfrac{V}{2}\right)^{\frac{1}{3}}$	$2\left(\dfrac{V}{2}\right)^{\frac{1}{3}}$	$\left(\dfrac{V}{2}\right)^{\frac{1}{3}}$	$12\left(\dfrac{V}{2}\right)^{\frac{2}{3}}$	1.06
0510 组装代码 M	展开图与立体图						
箱型编号	$\dfrac{2}{3}$	$\dfrac{2}{3}$	$\left(\dfrac{2}{3}V\right)^{\frac{1}{3}}$	$\dfrac{3}{2}\left(\dfrac{2}{3}V\right)^{\frac{1}{3}}$	$\left(\dfrac{2}{3}V\right)^{\frac{1}{3}}$	$9\left(\dfrac{2}{3}V\right)^{\frac{2}{3}}$	0.96
0511 组装代码 M	展开图与立体图						

比例常数	R_L	R_H	L	B	H	S_{min}	A_{min}
箱型编号	1	1	$V^{\frac{1}{3}}$	$V^{\frac{1}{3}}$	$V^{\frac{1}{3}}$	$6V^{\frac{2}{3}}$	0.84
0512 组装代码 M	展开图与立体图						
箱型编号	1	1	$V^{\frac{1}{3}}$	$V^{\frac{1}{3}}$	$V^{\frac{1}{3}}$	$6V^{\frac{2}{3}}$	0.84
0601 组装代码 A	展开图与立体图						
箱型编号	1	1	$V^{\frac{1}{3}}$	$V^{\frac{1}{3}}$	$V^{\frac{1}{3}}$	$6V^{\frac{2}{3}}$	0.84
0602 组装代码 A	展开图与立体图						
箱型编号 0605 组装代码 A	展开图与立体图						
箱型编号 0606 组装代码 A	展开图与立体图						

比例常数	R_L	R_H	L	B	H	S_{min}	A_{min}
箱型编号	1	1	$V^{\frac{1}{3}}$	$V^{\frac{1}{3}}$	$V^{\frac{1}{3}}$	$6V^{\frac{2}{3}}$	0.84
0607 组装代码 A	展开图与立体图						
箱型编号	1	1	$V^{\frac{1}{3}}$	$V^{\frac{1}{3}}$	$V^{\frac{1}{3}}$	$6V^{\frac{2}{3}}$	0.84
0608 组装代码 A	展开图与立体图						
箱型编号	1	1	$V^{\frac{1}{3}}$	$V^{\frac{1}{3}}$	$V^{\frac{1}{3}}$	$6V^{\frac{2}{3}}$	0.84
0610 组装代码 M/A	展开图与立体图						
箱型编号	1	1	$V^{\frac{1}{3}}$	$V^{\frac{1}{3}}$	$V^{\frac{1}{3}}$	$6V^{\frac{2}{3}}$	0.84
0615 组装代码 M/A	展开图与立体图						
箱型编号	1	1	$V^{\frac{1}{3}}$	$V^{\frac{1}{3}}$	$V^{\frac{1}{3}}$	$6V^{\frac{2}{3}}$	0.84
0616 组装代码 M/A	展开图与立体图						

包装结构与模切版设计(第二版)

比例常数	R_L	R_H	L	B	H	S_{min}	A_{min}
箱型编号 **0620**							
组装代码 **A**			展开图与立体图				
箱型编号 **0621**							
组装代码 **M**			展开图与立体图				
箱型编号 **0700**	$\dfrac{16n}{9}$	$\dfrac{4n}{3}$	$\dfrac{4}{3}(nV)^{\frac{1}{3}}$	$\dfrac{3}{4n}(nV)^{\frac{1}{3}}$	$(nV)^{\frac{1}{3}}$	$\dfrac{1}{48n^2}(108n^2+144n+27)(nV)^{\frac{2}{3}}$	0.81
组装代码 **M**			展开图与立体图				
箱型编号 **0701**	2	$\dfrac{5}{2}$	$2\left(\dfrac{V}{5}\right)^{\frac{1}{3}}$	$\left(\dfrac{V}{5}\right)^{\frac{1}{3}}$	$\dfrac{5}{2}\left(\dfrac{V}{5}\right)^{\frac{1}{3}}$	$\dfrac{45}{2}\left(\dfrac{V}{5}\right)^{\frac{2}{3}}$	1.08
组装代码 **M**			展开图与立体图				
箱型编号 **0703**	2	$\dfrac{7}{2}$	$2\left(\dfrac{V}{7}\right)^{\frac{1}{3}}$	$\left(\dfrac{V}{7}\right)^{\frac{1}{3}}$	$\dfrac{7}{2}\left(\dfrac{V}{7}\right)^{\frac{1}{3}}$	$\dfrac{63}{2}\left(\dfrac{V}{7}\right)^{\frac{2}{3}}$	1.20
组装代码 **M**			展开图与立体图				
箱型编号 **0711**	$\dfrac{16p}{25}$	$\dfrac{4p}{5}$	$\dfrac{4}{5}(pV)^{\frac{1}{3}}$	$\dfrac{5}{4p}(pV)^{\frac{1}{3}}$	$(pV)^{\frac{1}{3}}$	$\dfrac{1}{40p^2}(64p^2+200p+12)(pV)^{\frac{2}{3}}$	1.05
组装代码 **M**			展开图与立体图				

续表

比例常数	R_L	R_H	L	B	H	S_{min}	A_{min}
箱型编号	$\dfrac{1}{2}q$	$\dfrac{7}{8}q$	$\left(\dfrac{2}{7}qV\right)^{\frac{1}{3}}$	$\dfrac{2}{q}\left(\dfrac{2}{7}qV\right)^{\frac{1}{3}}$	$\dfrac{7}{4}\left(\dfrac{2}{7}qV\right)^{\frac{1}{3}}$	$\dfrac{1}{2q^2}\,(7q^2+28q+6)\left(\dfrac{2}{7}qV\right)^{\frac{2}{3}}$	1.07
0712 组装代码 M			展开图与立体图				
箱型编号	$\dfrac{1}{2}r$	$\dfrac{5}{8}r$	$\left(\dfrac{2}{5}rV\right)^{\frac{1}{3}}$	$\dfrac{2}{r}\left(\dfrac{2}{5}rV\right)^{\frac{1}{3}}$	$\dfrac{5}{4}\left(\dfrac{2}{5}rV\right)^{\frac{1}{3}}$	$\dfrac{1}{2r^2}\,(5r^2+20r+14)\left(\dfrac{2}{5}rV\right)^{\frac{2}{3}}$	1.04
0713 组装代码 M			展开图与立体图				
箱型编号	$\dfrac{16}{9}s$	$\dfrac{4}{3}s$	$\dfrac{4}{3}(sV)^{\frac{1}{3}}$	$\dfrac{3}{4s}(sV)^{\frac{1}{3}}$	$(sV)^{\frac{1}{3}}$	$\dfrac{1}{48s^2}\,(108s^2+144s+27)\,(sV)^{\frac{2}{3}}$	0.81
0714 组装代码 M			展开图与立体图				
箱型编号	2	1	$2\left(\dfrac{V}{2}\right)^{\frac{1}{3}}$	$\left(\dfrac{V}{2}\right)^{\frac{1}{3}}$	$\left(\dfrac{V}{2}\right)^{\frac{1}{3}}$	$18\left(\dfrac{V}{2}\right)^{\frac{2}{3}}$	1.59
0715 组装代码 M			展开图与立体图				

比例常数	R_L	R_H	L	B	H	S_{min}	A_{min}
箱型编号	t	t	$(tV)^{\frac{1}{3}}$	$\frac{1}{t}(tV)^{\frac{1}{3}}$	$(tV)^{\frac{1}{3}}$	$\frac{1}{t^2}(3t^2+4t+1)(tV)^{\frac{2}{3}}$	1.11
0716 组装代码 M	展开图与立体图						
箱型编号 0717 组装代码 M	展开图与立体图						
箱型编号	$\frac{1}{2}$	$\frac{1}{8}$	$(2V)^{\frac{1}{3}}$	$2(2V)^{\frac{1}{3}}$	$\frac{1}{4}(2V)^{\frac{1}{3}}$	$\frac{9}{2}(2V)^{\frac{2}{3}}$	1.00
0718 组装代码 M	展开图与立体图						
箱型编号	1	$\frac{2}{u}$	$\left(\frac{u}{2}V\right)^{\frac{1}{3}}$	$\left(\frac{u}{2}V\right)^{\frac{1}{3}}$	$\left(\frac{2}{u}\right)^{\frac{2}{3}}V^{\frac{1}{3}}$	$\frac{2}{u^2}(u^2+4u+8)\left(\frac{u}{2}V\right)^{\frac{2}{3}}$	1.09
0747 组装代码 M	展开图与立体图						
箱型编号	1	$\frac{2}{u}$	$\left(\frac{u}{2}V\right)^{\frac{1}{3}}$	$\left(\frac{u}{2}V\right)^{\frac{1}{3}}$	$\left(\frac{2}{u}\right)^{\frac{2}{3}}V^{\frac{1}{3}}$	$\frac{2}{u^2}(u^2+4u+8)\left(\frac{u}{2}V\right)^{\frac{2}{3}}$	1.09
0748 组装代码 M	展开图与立体图						

比例常数	R_L	R_H	L	B	H	S_{min}	A_{min}
箱型编号 0751 组装代码 M			展开图与立体图				
箱型编号 0752 组装代码 M/A			展开图与立体图				
箱型编号 0759 组装代码 M	$\frac{4}{3}$	$\frac{1}{3}$	$\frac{4}{3}\left(\frac{9}{4}V\right)^{\frac{1}{3}}$	$\left(\frac{9}{4}V\right)^{\frac{1}{3}}$	$\frac{4}{3}\left(\frac{9}{4}V\right)^{\frac{1}{3}}$	$6\left(\frac{9}{4}V\right)^{\frac{2}{3}}$	1.44
			展开图与立体图				
箱型编号 0761 组装代码 M			展开图与立体图				
箱型编号 0770 组装代码 M	1	$\frac{1}{4}$	$(4V)^{\frac{1}{3}}$	$(4V)^{\frac{1}{3}}$	$\frac{1}{4}(4V)^{\frac{1}{3}}$	$\frac{9}{4}(4V)^{\frac{2}{3}}$	0.79
			展开图与立体图				
箱型编号 0771 组装代码 M	1	$\frac{1}{4}$	$(4V)^{\frac{1}{3}}$	$(4V)^{\frac{1}{3}}$	$\frac{1}{4}(4V)^{\frac{1}{3}}$	$\frac{9}{4}(4V)^{\frac{2}{3}}$	0.79
			展开图与立体图				

续表

比例常数	R_L	R_H	L	B	H	S_{min}	A_{min}
箱型 编号	2	$\frac{1}{2x}$	$2(xV)^{\frac{1}{3}}$	$(xV)^{\frac{1}{3}}$	$\frac{1}{2x}(xV)^{\frac{1}{3}}$	$\frac{1}{x^2}(2x^2+4x+1)(xV)^{\frac{2}{3}}$	0.94
0772 组装 代码 M	展开图与 立体图						
箱型 编号	$\frac{2}{3}$	$\frac{1}{4}$	$\frac{2}{3}(6V)^{\frac{1}{3}}$	$(6V)^{\frac{1}{3}}$	$\frac{1}{4}(6V)^{\frac{1}{3}}$	$\frac{9}{4}(6V)^{\frac{2}{3}}$	1.04
0773 组装 代码 M	展开图与 立体图						
箱型 编号	$\frac{2}{5}$	$\frac{5}{2y}$	$\frac{2}{5}(yV)^{\frac{1}{3}}$	$(yV)^{\frac{1}{3}}$	$\frac{5}{2y}(yV)^{\frac{1}{3}}$	$\frac{1}{5y^2}(3y^2+50y+125)(yV)^{\frac{2}{3}}$	1.17
0774 组装 代码 M	展开图与 立体图						
箱型 编号 0900 组装 代码 M	展开图与 立体图						
箱型 编号 0901 组装 代码 M	展开图与 立体图						

比例常数	R_L	R_H	L	B	H	S_{min}	A_{min}
箱型 编号 0902 组装 代码 M	展开图与 立体图						
箱型 编号 0903 组装 代码 M	展开图与 立体图						
箱型 编号 0904 组装 代码 M	展开图与 立体图						
箱型 编号 0905 组装 代码 M	展开图与 立体图						
箱型 编号 0906 组装 代码 M	展开图与 立体图						
箱型 编号 0907 组装 代码 M	展开图与 立体图						
箱型 编号 0908 组装 代码 M	展开图与 立体图						

续表

比例常数	R_L	R_H	L	B	H	S_{min}	A_{min}
箱型编号 0909 组装代码 M	展开图与立体图						
箱型编号 0910 组装代码 M	展开图与立体图						
箱型编号 0911 组装代码 M	展开图与立体图						
箱型编号 0913 组装代码 M	展开图与立体图						
箱型编号 0914 组装代码 M	展开图与立体图						
箱型编号 0920 组装代码 M	展开图与立体图						

比例常数	R_L	R_H	L	B	H	S_{min}	A_{min}
箱型编号 0921 组装代码 M	展开图与 立体图						
箱型编号 0929 组装代码 M	展开图与 立体图						
箱型编号 0930 组装代码 M	展开图与 立体图						
箱型编号 0931 组装代码 M	展开图与 立体图						
箱型编号 0932 组装代码 M	展开图与 立体图						

比例常数	R_L	R_H	L	B	H	S_{min}	A_{min}
箱型 编号 0933 组装 代码 M	展开图与 立体图		$3\times$ $2\times$				
箱型 编号 0934 组装 代码 M	展开图与 立体图		$4\times$ $6\times$				
箱型 编号 0935 组装 代码 M	展开图与 立体图		$2\times$ $1\times$ $2\times$				
箱型 编号 0940 组装 代码 M	展开图与 立体图						
箱型 编号 0941 组装 代码 M	展开图与 立体图						
箱型 编号 0942 组装 代码 M	展开图与 立体图						
箱型 编号 0943 组装 代码 M	展开图与 立体图						
箱型 编号 0944 组装 代码 M	展开图与 立体图						

比例常数	R_L	R_H	L	B	H	S_{min}	A_{min}
箱型编号 0945 组装代码 M	展开图与立体图						
箱型编号 0946 组装代码 M	展开图与立体图						
箱型编号 0947 组装代码 M	展开图与立体图						
箱型编号 0948 组装代码 M	展开图与立体图						
箱型编号 0949 组装代码 M	展开图与立体图						
箱型编号 0950 组装代码 M	展开图与立体图						
箱型编号 0951 组装代码 M	展开图与立体图						

比例常数	R_L	R_H	L	B	H	S_{min}	A_{min}
箱型 编号	展开图与 立体图						
0965							
组装 代码							
M							
箱型 编号	展开图与 立体图						
0966							
组装 代码							
M							
箱型 编号	展开图与 立体图						
0967							
组装 代码							
M							
箱型 编号	展开图与 立体图						
0970							
组装 代码							
M							
箱型 编号	展开图与 立体图						
0971							
组装 代码							
M							
箱型 编号	展开图与 立体图						
0972							
组装 代码							
M							

比例常数	R_L	R_H	L	B	H	S_{min}	A_{min}
箱型编号 0973 组装代码 M	展开图与立体图						
箱型编号 0974 组装代码 M	展开图与立体图						
箱型编号 0975 组装代码 M	展开图与立体图						
箱型编号 0976 组装代码 M	展开图与立体图						

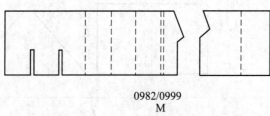

0982/0999
M

组合内衬编码

组合内衬的数量/片	编码	组合内衬的数量/片	编码
2	0982	11	0991
3	0983	12	0992
4	0984	13	0993
5	0985	14	0994
6	0986	15	0995
7	0987	16	0996
8	0988	17	0997
9	0989	18	0998
10	0990	19	0999

n	$n_L \times n_B \times n_H$			n	$n_L \times n_B \times n_H$		
4	$4 \times 1 \times 1$ $2 \times 2 \times 1$	$2 \times 1 \times 2$	$1 \times 1 \times 4$	24	$24 \times 1 \times 1$ $12 \times 2 \times 1$ $8 \times 3 \times 1$ $6 \times 4 \times 1$ $12 \times 1 \times 2$ $6 \times 2 \times 2$	$4 \times 3 \times 2$ $8 \times 1 \times 3$ $4 \times 2 \times 3$ $6 \times 1 \times 4$ $3 \times 2 \times 4$	$4 \times 1 \times 6$ $2 \times 2 \times 6$ $3 \times 1 \times 8$ $2 \times 1 \times 12$ $1 \times 1 \times 24$
5	$5 \times 1 \times 1$	$1 \times 1 \times 5$					
6	$6 \times 1 \times 1$ $3 \times 2 \times 1$	$3 \times 1 \times 2$ $2 \times 1 \times 3$	$1 \times 1 \times 6$	25	$25 \times 1 \times 1$ $5 \times 5 \times 1$	5×5	$1 \times 1 \times 25$
7	$7 \times 1 \times 1$	$1 \times 1 \times 7$		27	$27 \times 1 \times 1$ $9 \times 3 \times 1$	$9 \times 1 \times 3$ $3 \times 3 \times 3$	$3 \times 1 \times 9$ $1 \times 1 \times 27$
8	$8 \times 1 \times 1$ $4 \times 2 \times 1$	$4 \times 1 \times 2$ $2 \times 2 \times 2$	$2 \times 1 \times 4$ $1 \times 1 \times 8$	28	$28 \times 1 \times 1$ $14 \times 2 \times 1$ $7 \times 4 \times 1$ $14 \times 1 \times 2$	$7 \times 2 \times 2$ $7 \times 1 \times 4$ $4 \times 1 \times 7$	$2 \times 2 \times 7$ $2 \times 1 \times 14$ $1 \times 1 \times 28$
9	$9 \times 1 \times 1$ $3 \times 3 \times 1$	$3 \times 1 \times 3$	$1 \times 1 \times 9$				
10	$10 \times 1 \times 1$ $5 \times 2 \times 1$	$5 \times 1 \times 2$ $2 \times 1 \times 5$	$1 \times 1 \times 10$	30	$30 \times 1 \times 1$ $15 \times 2 \times 1$ $10 \times 3 \times 1$ $6 \times 5 \times 1$ $15 \times 1 \times 2$	$5 \times 3 \times 2$ $10 \times 1 \times 3$ $5 \times 2 \times 3$ $3 \times 2 \times 5$ $6 \times 1 \times 5$	$5 \times 1 \times 6$ $3 \times 1 \times 10$ $2 \times 1 \times 15$ $1 \times 1 \times 30$
12	$12 \times 1 \times 1$ $6 \times 2 \times 1$ $4 \times 3 \times 1$ $6 \times 1 \times 2$	$3 \times 2 \times 2$ $4 \times 1 \times 3$ $2 \times 2 \times 3$	$3 \times 1 \times 4$ $2 \times 1 \times 6$ $1 \times 1 \times 12$				
14	$14 \times 1 \times 1$ $7 \times 2 \times 1$	$7 \times 1 \times 2$ $2 \times 1 \times 7$	$1 \times 1 \times 14$	32	$32 \times 1 \times 1$ $16 \times 2 \times 1$ $8 \times 4 \times 1$ $16 \times 1 \times 2$	$8 \times 2 \times 2$ $4 \times 4 \times 2$ $8 \times 1 \times 4$ $4 \times 2 \times 4$	$4 \times 1 \times 8$ $2 \times 2 \times 8$ $2 \times 1 \times 16$ $1 \times 1 \times 32$
15	$15 \times 1 \times 1$ $5 \times 3 \times 1$	$5 \times 1 \times 3$ $3 \times 1 \times 5$	$1 \times 1 \times 15$				
16	$16 \times 1 \times 1$ $8 \times 2 \times 1$ $4 \times 4 \times 1$	$8 \times 1 \times 2$ $4 \times 2 \times 2$ $4 \times 1 \times 4$	$2 \times 2 \times 4$ $2 \times 1 \times 8$ $1 \times 1 \times 16$	33	$33 \times 1 \times 1$ $11 \times 3 \times 1$	$11 \times 1 \times 3$ $3 \times 1 \times 11$	$1 \times 1 \times 33$
18	$18 \times 1 \times 1$ $9 \times 2 \times 1$ $6 \times 3 \times 1$ $9 \times 1 \times 2$	$3 \times 3 \times 2$ $6 \times 1 \times 3$ $3 \times 2 \times 3$	$3 \times 1 \times 6$ $2 \times 1 \times 9$ $1 \times 1 \times 18$	35	$35 \times 1 \times 1$ $7 \times 5 \times 1$	$7 \times 1 \times 5$ $5 \times 1 \times 7$	$1 \times 1 \times 35$
20	$20 \times 1 \times 1$ $10 \times 2 \times 1$ $5 \times 4 \times 1$ $10 \times 1 \times 2$	$5 \times 2 \times 2$ $5 \times 1 \times 4$ $4 \times 1 \times 5$	$2 \times 2 \times 5$ $2 \times 1 \times 10$ $1 \times 1 \times 20$	36	$36 \times 1 \times 1$ $18 \times 2 \times 1$ $12 \times 3 \times 1$ $9 \times 4 \times 1$ $6 \times 6 \times 1$ $18 \times 1 \times 2$ $9 \times 2 \times 2$	$6 \times 3 \times 2$ $12 \times 1 \times 3$ $6 \times 2 \times 3$ $4 \times 8 \times 3$ $9 \times 1 \times 4$ $3 \times 3 \times 4$ $6 \times 1 \times 6$	$3 \times 2 \times 6$ $4 \times 1 \times 9$ $2 \times 2 \times 9$ $3 \times 1 \times 12$ $2 \times 1 \times 18$ $1 \times 1 \times 36$
21	$20 \times 1 \times 1$ $7 \times 3 \times 1$	$7 \times 1 \times 3$ $3 \times 1 \times 7$	$1 \times 1 \times 21$				
22	$21 \times 1 \times 1$ $11 \times 2 \times 1$	$11 \times 1 \times 2$ $2 \times 1 \times 11$	$1 \times 1 \times 22$				

续表

<table>
<tr><th>n</th><th colspan="3">$n_L \times n_B \times n_H$</th><th>n</th><th colspan="3">$n_L \times n_B \times n_H$</th></tr>
<tr><td>39</td><td>39×1×1
13×3×1</td><td>13×1×3
3×1×13</td><td>1×1×39</td><td rowspan="2">54</td><td>54×1×1
27×2×1
18×3×1
9×6×1
27×1×2
9×3×2</td><td>18×1×3
9×2×3
6×3×3
9×1×6
3×3×6</td><td>6×1×9
3×2×9
3×1×18
2×1×27
1×1×54</td></tr>
<tr><td>40</td><td>40×1×1
20×2×1
10×4×1
8×5×1
20×1×2
10×2×2</td><td>5×4×2
10×1×4
5×2×4
8×1×5
4×2×5</td><td>5×1×8
4×1×10
2×2×10
2×1×20
1×1×40</td></tr>
<tr><td rowspan="2"></td><td rowspan="2"></td><td rowspan="2"></td><td rowspan="2"></td><td>55</td><td>55×1×1
11×5×1</td><td>11×1×5
5×1×11</td><td>1×1×55</td></tr>
<tr><td rowspan="2">56</td><td rowspan="2">56×1×1
28×2×1
14×4×1
8×7×1
28×1×2
14×2×2</td><td rowspan="2">7×4×2
14×1×4
7×2×4
8×1×7
4×2×7</td><td rowspan="2">7×1×8
4×1×14
2×2×14
2×1×28
1×1×56</td></tr>
<tr><td>42</td><td>42×1×1
21×2×1
14×3×1
7×6×1
21×1×2</td><td>7×3×2
14×1×3
7×2×3
7×1×6
6×1×7</td><td>3×2×7
3×1×14
2×1×21
1×1×42</td></tr>
<tr><td>44</td><td>44×1×1
22×2×1
11×4×1
22×1×2</td><td>11×2×2
11×1×4
4×1×11</td><td>2×2×11
2×1×22
1×1×44</td><td rowspan="3">60</td><td rowspan="3">60×1×1
30×2×1
20×3×1
15×4×1
12×5×1
10×6×1
30×1×2
15×2×2
10×3×2
6×5×2</td><td rowspan="3">20×1×3
10×2×3
5×4×3
15×1×4
5×3×4
12×1×5
6×2×5
4×3×5
10×1×6</td><td rowspan="3">5×2×6
6×1×10
3×2×10
5×1×12
4×1×15
2×2×15
3×1×20
2×1×30
1×1×60</td></tr>
<tr><td>45</td><td>45×1×1
15×3×1
9×5×1
15×1×3</td><td>5×3×3
9×1×5
3×3×5</td><td>5×1×9
3×1×15
1×1×45</td></tr>
<tr><td rowspan="2">48</td><td rowspan="2">48×1×1
24×2×1
16×3×1
12×4×1
8×6×1
24×1×2
12×2×2
8×3×2</td><td rowspan="2">6×4×2
16×1×3
8×2×3
4×4×3
12×1×4
6×2×4
4×3×4
8×1×6</td><td rowspan="2">4×2×6
6×1×8
3×2×8
4×1×12
2×2×12
3×1×16
2×1×24
1×1×48</td></tr>
<tr><td rowspan="2">64</td><td rowspan="2">64×1×1
32×2×1
16×4×1
8×8×1
32×1×2
16×2×2</td><td rowspan="2">8×4×2
16×1×4
8×2×4
4×4×4
8×1×8</td><td rowspan="2">4×2×8
4×1×16
2×2×16
2×1×32
1×1×64</td></tr>
<tr><td>49</td><td>49×1×1
7×7×1</td><td>7×1×7</td><td>1×1×49</td></tr>
<tr><td>50</td><td>50×1×1
25×2×1
10×5×1
25×1×2</td><td>5×5×2
10×1×5
5×2×5</td><td>5×1×10
2×1×25
1×1×50</td><td>70</td><td>70×1×1
35×2×1
14×5×1
10×7×1
35×1×2</td><td>7×5×2
14×1×5
7×2×5
10×1×7
5×2×7</td><td>7×1×10
5×1×14
2×1×35
1×1×70</td></tr>
<tr><td>52</td><td>52×1×1
26×2×1
13×4×1
26×1×2</td><td>13×2×2
13×1×4
4×1×13</td><td>2×2×13
2×1×26
1×1×52</td><td>72</td><td>72×1×1
36×2×1
24×3×1
18×4×1
12×6×1
9×8×1</td><td>24×1×3
12×2×3
8×3×3
6×4×3
18×1×4
9×2×4</td><td>3×3×8
8×1×9
4×2×9
6×1×12
3×2×12
4×1×18</td></tr>
</table>

PACKAGING STRUCTURE & DIE-CUTTING PLATE DESIGN(THE SECOND EDITION)

包装结构与模切版设计(第二版)

续表

n	$n_L \times n_B \times n_H$			n	$n_L \times n_B \times n_H$		
72	$36 \times 1 \times 2$	$6 \times 3 \times 4$	$2 \times 2 \times 18$	96	$96 \times 1 \times 1$	$32 \times 1 \times 3$	$6 \times 2 \times 8$
	$18 \times 2 \times 2$	$12 \times 1 \times 6$	$3 \times 1 \times 24$		$48 \times 2 \times 1$	$16 \times 2 \times 3$	$4 \times 3 \times 8$
	$12 \times 3 \times 2$	$6 \times 2 \times 6$	$2 \times 1 \times 36$		$32 \times 3 \times 1$	$8 \times 4 \times 3$	$8 \times 1 \times 12$
	$9 \times 4 \times 2$	$4 \times 3 \times 6$	$1 \times 1 \times 72$		$24 \times 4 \times 1$	$24 \times 1 \times 4$	$4 \times 2 \times 12$
	$6 \times 6 \times 2$	$9 \times 1 \times 8$			$16 \times 6 \times 1$	$12 \times 2 \times 4$	$6 \times 1 \times 16$
75	$75 \times 1 \times 1$	$5 \times 5 \times 3$	$5 \times 1 \times 15$		$12 \times 8 \times 1$	$8 \times 3 \times 4$	$3 \times 2 \times 16$
	$25 \times 3 \times 1$	$15 \times 1 \times 5$	$3 \times 1 \times 25$		$48 \times 1 \times 2$	$6 \times 4 \times 4$	$4 \times 1 \times 24$
	$15 \times 5 \times 1$	$5 \times 3 \times 5$	$1 \times 1 \times 75$		$24 \times 2 \times 2$	$16 \times 1 \times 6$	$2 \times 2 \times 24$
	$25 \times 1 \times 3$				$16 \times 3 \times 2$	$8 \times 2 \times 6$	$3 \times 1 \times 32$
78	$78 \times 1 \times 1$	$13 \times 3 \times 2$	$3 \times 2 \times 13$		$12 \times 4 \times 2$	$4 \times 4 \times 6$	$2 \times 1 \times 48$
	$39 \times 2 \times 1$	$26 \times 1 \times 3$	$3 \times 1 \times 26$		$8 \times 6 \times 2$	$12 \times 1 \times 8$	$1 \times 1 \times 96$
	$26 \times 3 \times 1$	$13 \times 2 \times 3$	$2 \times 1 \times 39$	100	$100 \times 1 \times 1$	$10 \times 5 \times 2$	$5 \times 2 \times 10$
	$13 \times 6 \times 1$	$13 \times 1 \times 6$	$1 \times 1 \times 78$		$50 \times 2 \times 1$	$25 \times 1 \times 4$	$5 \times 1 \times 20$
	$39 \times 1 \times 2$	$6 \times 1 \times 13$			$25 \times 4 \times 1$	$5 \times 5 \times 4$	$4 \times 1 \times 25$
80	$80 \times 1 \times 1$	$8 \times 5 \times 2$	$5 \times 2 \times 8$		$20 \times 5 \times 1$	$20 \times 1 \times 5$	$2 \times 2 \times 25$
	$40 \times 2 \times 1$	$20 \times 1 \times 4$	$8 \times 1 \times 10$		$10 \times 10 \times 1$	$10 \times 2 \times 5$	$2 \times 1 \times 50$
	$20 \times 4 \times 1$	$10 \times 2 \times 4$	$4 \times 2 \times 10$		$50 \times 1 \times 2$	$5 \times 4 \times 5$	$1 \times 1 \times 100$
	$16 \times 5 \times 1$	$5 \times 4 \times 4$	$5 \times 1 \times 16$		$25 \times 2 \times 2$	$10 \times 1 \times 10$	
	$10 \times 8 \times 1$	$16 \times 1 \times 5$	$4 \times 1 \times 20$	108	$108 \times 1 \times 1$	$18 \times 2 \times 3$	$4 \times 3 \times 9$
	$40 \times 1 \times 2$	$8 \times 2 \times 5$	$2 \times 2 \times 20$		$54 \times 2 \times 1$	$12 \times 3 \times 3$	$9 \times 1 \times 12$
	$20 \times 2 \times 2$	$4 \times 4 \times 5$	$2 \times 1 \times 40$		$36 \times 3 \times 1$	$9 \times 4 \times 3$	$3 \times 3 \times 12$
	$10 \times 4 \times 2$	$10 \times 1 \times 8$	$1 \times 1 \times 80$		$27 \times 4 \times 1$	$6 \times 6 \times 3$	$6 \times 1 \times 18$
84	$84 \times 1 \times 1$	$28 \times 1 \times 3$	$4 \times 3 \times 7$		$18 \times 6 \times 1$	$27 \times 1 \times 4$	$3 \times 2 \times 18$
	$42 \times 2 \times 1$	$14 \times 2 \times 3$	$7 \times 1 \times 12$		$12 \times 9 \times 1$	$9 \times 3 \times 4$	$4 \times 1 \times 27$
	$28 \times 3 \times 1$	$7 \times 4 \times 3$	$6 \times 1 \times 14$		$54 \times 1 \times 2$	$18 \times 1 \times 6$	$2 \times 2 \times 27$
	$21 \times 4 \times 1$	$21 \times 1 \times 4$	$3 \times 2 \times 14$		$27 \times 2 \times 2$	$9 \times 2 \times 6$	$3 \times 1 \times 36$
	$14 \times 6 \times 1$	$7 \times 3 \times 4$	$4 \times 1 \times 21$		$18 \times 3 \times 2$	$6 \times 3 \times 6$	$2 \times 1 \times 54$
	$12 \times 7 \times 1$	$14 \times 1 \times 6$	$2 \times 2 \times 21$		$9 \times 6 \times 2$	$12 \times 1 \times 9$	$1 \times 1 \times 108$
	$42 \times 1 \times 2$	$7 \times 2 \times 6$	$3 \times 1 \times 28$		$36 \times 1 \times 3$	$6 \times 2 \times 9$	
	$21 \times 2 \times 2$	$12 \times 1 \times 7$	$2 \times 1 \times 42$	120	$120 \times 1 \times 1$	$8 \times 5 \times 3$	$4 \times 3 \times 10$
	$14 \times 3 \times 2$	$6 \times 2 \times 7$	$1 \times 1 \times 84$		$60 \times 2 \times 1$	$30 \times 1 \times 4$	$10 \times 1 \times 12$
	$7 \times 6 \times 2$				$40 \times 3 \times 1$	$15 \times 2 \times 4$	$5 \times 2 \times 12$
90	$90 \times 1 \times 1$	$15 \times 2 \times 3$	$5 \times 2 \times 9$		$30 \times 4 \times 1$	$10 \times 3 \times 4$	$8 \times 1 \times 15$
	$45 \times 2 \times 1$	$10 \times 3 \times 3$	$9 \times 1 \times 10$		$24 \times 5 \times 1$	$6 \times 5 \times 4$	$4 \times 2 \times 15$
	$30 \times 3 \times 1$	$6 \times 5 \times 3$	$3 \times 3 \times 10$		$20 \times 6 \times 1$	$24 \times 1 \times 5$	$6 \times 1 \times 20$
	$18 \times 5 \times 1$	$18 \times 1 \times 5$	$6 \times 1 \times 15$		$15 \times 8 \times 1$	$12 \times 2 \times 5$	$3 \times 2 \times 20$
	$15 \times 6 \times 1$	$9 \times 2 \times 5$	$3 \times 2 \times 15$		$12 \times 10 \times 1$	$8 \times 3 \times 5$	$5 \times 1 \times 24$
	$10 \times 9 \times 1$	$6 \times 3 \times 5$	$5 \times 1 \times 18$		$60 \times 1 \times 2$	$6 \times 4 \times 5$	$4 \times 1 \times 30$
	$45 \times 1 \times 2$	$15 \times 1 \times 6$	$3 \times 1 \times 30$		$30 \times 2 \times 2$	$20 \times 1 \times 6$	$2 \times 2 \times 30$
	$15 \times 3 \times 2$	$5 \times 3 \times 6$	$2 \times 1 \times 45$		$20 \times 3 \times 2$	$10 \times 2 \times 6$	$3 \times 1 \times 40$
	$9 \times 5 \times 2$	$10 \times 1 \times 9$	$1 \times 1 \times 90$		$15 \times 4 \times 2$	$5 \times 4 \times 6$	$2 \times 1 \times 60$
	$30 \times 1 \times 3$				$12 \times 5 \times 2$	$15 \times 1 \times 8$	$1 \times 1 \times 120$

n	$n_L \times n_B \times n_H$			n	$n_L \times n_B \times n_H$		
120	$40 \times 1 \times 3$ $20 \times 2 \times 3$ $10 \times 4 \times 3$	$5 \times 3 \times 8$ $12 \times 1 \times 10$ $6 \times 2 \times 10$			$144 \times 1 \times 1$ $72 \times 2 \times 1$ $48 \times 3 \times 1$	$16 \times 3 \times 3$ $12 \times 4 \times 3$ $8 \times 6 \times 3$	$8 \times 2 \times 9$ $4 \times 4 \times 9$ $12 \times 1 \times 12$
125	$125 \times 1 \times 1$ $25 \times 5 \times 1$	$25 \times 1 \times 5$ $5 \times 5 \times 5$	$5 \times 1 \times 25$ $1 \times 1 \times 125$		$36 \times 4 \times 1$ $24 \times 6 \times 1$ $18 \times 8 \times 1$ $16 \times 9 \times 1$	$36 \times 1 \times 4$ $18 \times 2 \times 4$ $12 \times 3 \times 4$ $9 \times 4 \times 4$	$6 \times 2 \times 12$ $4 \times 3 \times 12$ $9 \times 1 \times 16$ $3 \times 3 \times 16$
132	$132 \times 1 \times 1$ $66 \times 2 \times 1$ $44 \times 3 \times 1$ $33 \times 4 \times 1$ $22 \times 6 \times 1$ $12 \times 11 \times 1$ $66 \times 1 \times 2$ $33 \times 2 \times 2$ $22 \times 3 \times 2$ $11 \times 6 \times 2$	$44 \times 1 \times 3$ $22 \times 2 \times 3$ $11 \times 4 \times 3$ $33 \times 1 \times 4$ $11 \times 3 \times 4$ $22 \times 1 \times 6$ $11 \times 2 \times 6$ $12 \times 1 \times 11$ $6 \times 2 \times 11$	$4 \times 3 \times 11$ $11 \times 1 \times 12$ $6 \times 1 \times 22$ $3 \times 2 \times 22$ $4 \times 1 \times 33$ $2 \times 2 \times 33$ $3 \times 1 \times 44$ $2 \times 1 \times 66$ $1 \times 1 \times 132$	144	$12 \times 12 \times 1$ $72 \times 1 \times 2$ $36 \times 2 \times 2$ $24 \times 3 \times 2$ $18 \times 4 \times 2$ $12 \times 6 \times 2$ $9 \times 8 \times 2$ $48 \times 1 \times 3$ $24 \times 2 \times 3$	$6 \times 6 \times 4$ $24 \times 1 \times 6$ $12 \times 2 \times 6$ $8 \times 3 \times 6$ $6 \times 4 \times 6$ $18 \times 1 \times 8$ $9 \times 2 \times 8$ $6 \times 3 \times 8$ $16 \times 1 \times 9$	$8 \times 1 \times 18$ $4 \times 2 \times 18$ $6 \times 1 \times 24$ $3 \times 2 \times 24$ $4 \times 1 \times 36$ $2 \times 2 \times 36$ $3 \times 1 \times 48$ $2 \times 1 \times 72$ $1 \times 1 \times 144$

附表 3　课程评价表

一、单元小课业——个人考核标准

1. 纸盒（箱）手工设计制作考核

学年		学期	

专业：　　　　　　　　班级：　　　　　　　　姓名：

作业名称：

考核要点	分值	得分
线型应用（线型、作业线等）	10	
纹向设置	5	
纸盒命名（中/英）	10	
结构绘制（基本、细节结构）	35	
尺寸计算（基本、细节尺寸）	20	
外观效果（裁切、压痕、整洁）	15	
是否按时上交作业	5	
总　得　分		

2. 纸、塑料、玻璃、金属等包装容器计算机二维、三维设计考核

学年		学期	

专业：	班级：	姓名：

作业名称：		

考核要点	分值	得分
软件操作规范（线型、图层、图纸、标注等）	25	
结构绘制（基本、细节结构）	30	
尺寸设计（基本、细节尺寸）	40	
是否按时上交作业	5	
总　得　分		

3. 纸盒（箱）计算机三维动画纸盒制作考核

学年		学期	

专业：	班级：	姓名：

作业名称：		

考核要点	分值	得分
软件操作规范（图层、材料、贴图、输出等）	15	
设计效果（折叠顺序、角度、方向，装潢设计）	45	
错误检验与排除	35	
是否按时上交作业	5	
总　得　分		

二、项目考核——小组考核标准

1. 盒型打样考核

学年		学期	

专业：	班级：	考核名称：

小组成员：		

考核要点	分值	得分
纸板纹向选择	5	
打样机操作规范（开机、文件导入、加工中心操作、参数设置等）	30	
打样机操作熟练程度（完成时间）	20	
故障排除与设备维护	20	
成型质量（结构尺寸、压痕折叠）	10	
团队合作	15	
总　得　分		

2. 模切版底版制作考核

	学年		学期	

专业：　　　　　　　　　　　　　班级：

小组成员：

考核要点	分值	得分
电子文件制作（桥位设计、拼版设计、文字、曲线、路径、原点等设置）	20	
开机顺序	15	
十字刀缝调整（功率、速度、高度等参数）	15	
文件加工的正确性	30	
机器维护与故障排除	10	
团队合作（完成时间、加工精度等）	10	
总　得　分		

3. 模切版刀料加工考核

	学年		学期	

专业：　　　　　　　　　　　　　班级：

小组成员：

考核要点	分值	得分
电脑弯刀机的操作（开机、参数调整、上料、文件加工等）	50	
手动工具的操作（手动弯刀机、裁刀机、桥位机、鹰嘴机等）	25	
刀具的正确安装	15	
故障排除	10	
总　得　分		

4. 情境大课业综合考核

学习情境				专业	
年级		班		组号	
小组成员					

评价内容		分值（100）	自评/小组间互评/教师评									
			1	2	3	4	5	6	7	8	9	10
资讯	市场调研	5										
	查阅资料	5										
计划决策	成本分析	5										
	方案设计构思+创新性评价	30										

PACKAGING STRUCTURE & DIE-CUTTING PLATE DESIGN(THE SECOND EDITION) 包装结构与模切版设计（第二版）

续表

评价内容		分值（100）	自评/小组间互评/教师评									
			1	2	3	4	5	6	7	8	9	10
实施	工作态度	5										
	协作精神	5										
成果检验	纸盒结构设计制作	10										
	纸盒装潢设计制作	10										
	三维动画制作	10										
展示交流	PPT 设计	5										
	产品讲解 （思路清晰、 精神面貌、协作）	10										
小计												
总得分 （30%×小组间互评＋70%×教师评）												

三、整体考核权重

《包装结构与模切版设计》考核权重								
过程考核								终结考核
单元小课业				情境大课业				
纸盒手工设计制作	计算机二维、三维绘图	计算机三维动画纸盒制作	其他	盒型打样	模切版底版制作	模切版刀料加工	情境大课业综合考核	
11%	9%	4%	2%	6%	4%	4%	10%	50%

主要参考文献

［1］Chen Jinming. 1000 Packaging Structure ［M］. Hong Kong：Design Media Publishing Limted，2011.

［2］Pepin van Roojen（团体编著）. Special Packaging ［M］. Amsterdam：The Pepin Press BV，2011.

［3］Pepin van Roojen. Advanced Packaging ［M］. Amsterdam：The Pepin Press，2010.

［4］Pepin van Roojen. Complex Packaging ［M］. Amsterdam：The Pepin Press，2010.

［5］Pepin van Roojen. Fancy Packaging ［M］. Amsterdam：The Pepin Press，2010.

［6］George L. Wybenga Laszlo Roth. The Packaging Designer's Book of Patterms（Third Edition）［M］. America：John Wiley &Sons，Inc，2006.

［7］Josep M. Garrofe. Structural Greetings ［M］. Singapore：PAGEONE Press，2007.

［8］International Fibreboard Case Code（11th Edition）［M］. FEFCO/ESBO，2007.

［9］孙诚编著. 纸包装结构设计（第二版）［M］. 北京：中国轻工业出版社，2006.

［10］孙诚编著. 包装结构设计（第三版）［M］. 北京：中国轻工业出版社，2008.

［11］中国包装标准汇编通用基础卷 ［M］. 北京：中国标准出版社，2006.

［12］中国包装标准汇编术语卷 ［M］. 北京：中国标准出版社，2006.

［13］中国包装标准汇编纸包装卷 ［M］. 北京：中国标准出版社，2006.

［14］中国包装标准汇编金属包装卷 ［M］. 北京：中国标准出版社，2006．

［15］Haizan Shaw. Out of the Box：Ready–to–Use Structural Packaging ［M］. Singapore：PAGEONE Press，2006.

［16］华印传媒集团. 全球瓦楞纸板工业知名供应商 ［M］. 北京：华印传媒集团，2005.

［17］李宗鹏，周生浩编著. 纸盒包装设计制作刀版图 ［M］. 辽宁：辽宁美术出版社，2005.

［18］Josep M. Garrofe. Structural Packageing ［M］. Singapore：PAGEONE Press，2005.

［19］Agile Rabbit. Special Packaging ［M］. Amsterdam：The Pepin Press，2004.

［20］刘筱霞，金属包装容器 ［M］. 北京：化学工业出版社，2004.

［21］萧多皆编著. 纸盒包装设计指南 ［M］. 辽宁：辽宁美术出版社，2003.

［22］王德忠，金属包装容器 ［M］. 北京：化学工业出版社，2003.

［23］Agile Rabbit. Structural Package Designs ［M］. Amsterdam：The Pepin Press，2003.

［24］谭国民主编. 纸包装材料与制品 ［M］. 北京：化学工业出版社，2002.

［25］Mark S. Sanders and Ernest J. McCormick. 工程和设计中的人因学（第7版）［M］. 北京：清华大学出版社，2002.

［26］金国斌，现代包装技术 ［M］. 上海：上海大学出版社，2001.

［27］王德忠主编. 包装计算机辅助设计 ［M］. 北京：印刷工业出版社，1999.

［28］丁玉兰主编. 人类工效学 ［M］. 北京：北京理工大学出版社，1999.

［29］陈祖云主编. 包装材料与容器手册 ［M］. 广州：广东科技出版社，1998.

［30］Joseph F. Hanlon. Handbook of Package Engineering，（Third Edition）［M］. Florida：CRC Press，1998.

［31］张幼培编著. 瓦楞纸制品包装 ［M］. 厦门：厦门大学出版社，1997.

［32］Marsh Kenneth S，The Wiley Encyclopedia of Packaging Technology ［M］，America：J. Wiley and Sons. 1997.

［33］曾汉寿编著. 瓦楞纸箱设计 ［M］. 台湾：台湾包装工业出版社．1996.

［34］唐志祥主编. 包装材料与实用印刷技术 ［M］. 北京：化学工业出版社，1996.

［35］徐自芬，郑百哲主编. 中国包装工程手册 ［M］. 北京：机械工业出版社，1996.

［36］Pira International，International Packaging Sourcebook ［M］，Pira International Co.，1996.

［37］刘功，等. 包装测试［M］. 北京：中国轻工业出版社，1994.

［38］贝克主编. 包装技术大全［M］. 孙蓉芳，译. 北京：科学出版社，1992.

［39］黄金叶，方世杰编译. 纸包装结构设计手册［M］. 上海：上海远东出版社，1992.

［40］毛寿松编著. 商品包装容器设计［M］. 上海：上海科学技术出版社，1990.

［41］赵延伟，孙诚主编. 包装结构设计［M］. 长沙：湖南大学出版社，1989.

［42］陈中豪主编. 包装材料［M］. 长沙：湖南大学出版社，1989.

［43］〔苏〕Я. Ю 洛克申等著，张静芝等译. 生产马口铁容器的自动流水线［M］. 北京：轻工业出版社，1985.

［44］D. Satas，Web Processing and Converting Technology and Equipment［M］. New York：Van Nostrand Reinhold Co. Inc.，1984.

［45］李利文，孙诚，黄岩，等. 基于 X3D 的折叠纸盒包装结构虚拟设计［J］. 包装工程，2009，30（1）：103 - 105.

［46］魏娜，牟信妮，黄利强，等. 折叠纸盒锁底式结构的研究［J］. 包装工程，2008，29（10）：183 - 184.

［47］牟信妮，孙诚，魏娜，等. 纸盒网络设计系统的开发与实现［J］. 包装工程，2008，29（10）：158 - 161.

［48］黄岩，孙诚，王琳，等. 基于 OpenGL 的管式异型盒三维设计研究［J］. 包装工程，2008，29（10）：152 - 154.

［49］王琳，孙诚，黄岩，等. POP 瓦楞纸板展示架结构设计［J］. 包装工程，2008，29（10）：180 - 182.

［50］王琳，孙诚，黄岩，等. 葡萄包装结构设计中瓦楞纸箱开孔部位的研究［J］. 包装工程，2008，29（9）：19 - 20.

［51］黄岩，孙诚，刘霖，等. 微细瓦楞纸板及其在包装领域的应用［J］. 包装工程，2008，29（3）：216 - 218.

［52］牟信妮，孙诚，黄利强. 基于 Web 的纸盒设计系统的分析与实现［J］. 包装工程，2007，28（9）：58 - 60.

［53］陈志强，孙诚，李晓娟，等. 虚拟折叠纸盒设计的研究［J］. 包装工程，2007，28（8）：90 - 92.

［54］牟信妮，孙诚，李晓娟，等. 折叠纸盒纸板纹向设计［J］. 包装工程，2007，28（3）：103 - 105.

［55］都築訓佳. 容器包装削減の取組み［J］. 包装技術，2007，45（2）：129 - 131.

［56］中山裕一朗. 使える紙加工技術（連載）［J］. CARTON・BOX，2007（1）.

［57］孙诚，黄利强，等. 用创新精神建设"包装结构设计"国家精品课程［J］. 包装工程，2006，27（5）：66 - 68.

［58］尹兴，孙诚. 构建绿色物流体系下的绿色包装［J］. 包装工程，27（4）：104 - 105.

［59］段瑞霞，成世杰，孙诚. 基于 AutoCAD 开发折叠纸盒结构设计系统的研究［J］. 包装工程，2006，27（4）：95 - 97.

［60］车庆浩，孙诚，等. 新型四层瓦楞纸板的性能研究［J］. 包装工程，2006，27（3）：39 - 41.

［61］尹兴，孙诚，等. 任意四棱台折叠纸盒作业线设计条件分析［J］. 包装工程，2006，27（2）：141 - 143.

［62］魏娜，孙诚，等. 功能型折叠纸盒作业线的研究［J］. 包装工程，2006，27（1）：132 - 134.

［63］小舟. 专业纸箱/纸盒结构设计软件在中国市场的现状与展望［J］. 印刷技术，2005（21）：29 - 31.

［64］段瑞霞，孙诚. 盘式自动折叠纸盒结构设计中的数学模型［J］. 包装工程，2005，26（4）：84 - 85.

［65］横山　德禎. カートンアイルCarton File（連載）［J］. CARTON・BOX，2002.1～2004.12.

［66］笹崎达夫. 青果物包装の現在進行形［J］. CARTON・BOX，2004，23（267）：23 - 24.

［67］赵郁聪，王德忠，等. 直四棱台折叠纸盒自锁底成型条件的分析［J］. 包装工程，2004，25（4）：161 - 162.

［68］滨野　安神. 貼合工程のABC［J］. CARTON・BOX，2004 - 04.

［69］笹崎　达夫. ダンボール箱の設計技法（連載）［J］. CARTON・BOX，2004，23（263）：66 - 81.

［70］笹崎　达夫. カートンパンケーシの設計技法［J］. CARTON・BOX，2003.7.

［71］成世杰，孙诚. NAD 技术——包装 CAD 技术的挑战与发展［J］. 中国包装工业，2003（6）：40 - 42.

［72］千田建一. 紙器設計の基礎知識［J］. CARTON・BOX，2003.4.

［73］笹崎　达夫. ダンボル製造現場の基礎知識（連載）［J］. CARTON・BOX，2003，22（254）：38 - 58.

［74］成世杰，孙诚. 纸盒模切版设计中的几个问题［J］. 包装工程，2003，24（1）：32 - 34.

［75］佐藤　一登. JISZ1506（段ボール箱）JISZ1516（段ボール）の改正［J］. CARTON・BOX，2003，22（251）：18－19.

［76］孙诚，黄利强. 包装结构设计课程教改实践［J］. 北京印刷学院学报，2002，10（1）：46－48.

［77］西川　洋一. 手に食い込まない手穴形状［J］. CARTON・BOX，2001，20（236）：24－25.

［78］孙诚，黄利强. 纸箱结构设计中的绘图符号与计算机代码［J］. 纸箱，2001.3.

［79］木下　忠彦. 事例"前傾斜型テ"イスプレーカートン［J］. CARTON・BOX，2000.9.

［80］包装設計ヒント集（連載）［J］. CARTON・BOX，2000.5.

［81］奥村　喜代一. 紙器製造のABC 壓縮強度論［J］. CARTON・BOX，2000.4.

［82］横山　德禎. デザインカートンアイル（連載）［J］. CARTON・BOX，1999.1～2000.4.

［83］紙器の受注から納品まで（ご??）［J］. CARTON・BOX，2000.4.

［84］横山　德禎. カートンフアイル［J］. CARTON・BOX，2000.3.

［85］鯉沼　尚久. 廢棄しやすいギフト箱（連載）［J］. CARTON・BOX，2000.2.

［86］横山　德禎 日本酒キヤリーケース［J］. CARTON・BOX，2000.2.

［87］川端　洋一. 段ボール箱の壓縮強度論（連載）［J］. CARTON・BOX，1999.12～2000.2.

［88］西川　洋一. 曲面スタンデイングカートン［J］. CARTON・BOX，1999.9.

［89］孙诚，刘涛. 国际标准新箱型理想省料比例［J］. 中国包装工业，1999（1）：19－21.

［90］千田建一. 紙器. 段ボール編［J］. CARTON・BOX，1999.4.

［91］鸟栖工场等. 分割できる桟付きトレイ［J］. CARTON・BOX，1999.4.

［92］孙诚，许佳，黄利强. 圆柱体内装物排列方式的研究［J］. 中国包装工业，1998，6（10）：23－24.

［93］小櫃晴雄. トイレタリー商品の外装包装のfg［J］. 包装技术，1998，36（7）：706－714.

［94］王德忠. 纸盒程序库的结构设计［J］. 包装工程，1998，19（6）：15－19.

［95］永瀬　和夫. IDE－DEAMS Master Series™による3 次元設計［J］. 包装技术，1998.4.

［96］西峰　尚秀. ボトルのデザイン/エンジニアリング统合システム［J］. 包装技术，1998，36（4）：402－409.

［97］F. A. PAINE. THE Packaging Media B LACKIE & SONLTO，1997.

［98］石谷鎮雄. 緩衝包装段ボール化の事例——ノ・ートティプパソユン用MCパックの開発について［J］. 包装技術（日文），1996.8.

［99］孙诚. 国际标准箱型理想省料比例［J］. 中国包装工业，1995（6）：24－27.

［100］孙诚，刘晓艳，鲍振山. 包装提手的尺度设计［J］. 中国包装，1995，15（1）：69－70.

［101］フレッシエマンに贈為紙器・段ボール包装基礎講座［J］. CARTON・BOX，1995.4.

［102］横山　德禎. 話題のパッケジ——紙器・段ボールの展開図（連載）［J］. CARTON・BOX，1994.4～12.

［103］五十　岚清一. 段ボール箱の壓縮強度論［J］. CARTON・BOX，1994－11.

［104］横山　德禎. 紙器・段ボール箱の展開図（連載）［J］. CARTON・BOX，1994－10.

［105］Japan Environment Association. Environmentally Friendly Paper－Based Cushioning Materials［J］. Packaging Japan，1994.5.

［106］栗原　元久. CAD・CAM 导入の课题と今后の展望［J］. CARTON・BOX，1994，13（143）：77－85.

［107］栗原　元久. デジタルプリプレスと——CAD の位置付け［J］. CARTON・BOX，1994.1.

［108］青木　誠. トイレリーのデザインについて［J］. 包装技术，1993.10.

［109］新入社員研修セミナー［J］. CARTON・BOX，1993.4.

［110］李树，贾毅. 塑料吹塑成型与实例［M］. 北京：化学工业出版社，2006.

［111］郁文娟，顾燕. 塑料产品工业设计基础［M］. 北京：化学工业出版社，2007.

［112］张子成，邢继纲. 塑料产品设计［M］. 北京：国防工业出版社，2012.

［113］付宏生，刘京华. 塑料制品与塑料模具设计［M］. 北京：化学工业出版社，2007.

［114］杨占尧. 塑料注塑模结构与设计［M］. 北京：清华大学出版社，2004.

［115］M. JOSEPH GORDON JR（苑会林译）. 塑料制品工业设计［M］. 北京：化学工业出版社，2005.

［116］周威. 玻璃包装容器造型设计［M］. 北京：印刷工业出版社，2009.

［117］ GB/T 13521—1992　冠形瓶盖，国家技术监督局，1992.

［118］ BB/T 0034—2006　铝防伪瓶盖，国家发展和改革委员会，2006.

［119］ GB/T 17876—2010　塑料防盗瓶盖，2010.

［120］ BB/T 0048—2007　组合式防伪瓶盖，2007.